高职高专“十二五”规划教材

金属矿产地质学

张　燕　主编
武俊德　副主编

北京
冶金工业出版社
2011

内容提要

全书共分三篇11章，内容涵盖了地质学基础知识（包括地球的形状和构造、地壳的物质组成、地质作用、矿物、岩石、地史、地质构造和地形地质图等）；矿床学、水文地质学、矿产勘查和矿山地质学；矿产勘查资料的评审与应用；对各学科相关的基本概念、基础理论和基本方法等进行了系统的阐述。对近年来的地质学，特别是金属矿产资源勘查领域的进展进行了更新和补充，对矿产资源产业权、地质技术规范、地质勘查质量技术要求，相关典型实例等进行了补充。

本书可供高职高专采矿工程专业、矿物资源工程专业教学使用，也可供相关专业的工程技术人员参考使用。

图书在版编目(CIP)数据

金属矿产地质学/张燕主编．—北京：冶金工业出版社，2011.7

高职高专"十二五"规划教材

ISBN 978-7-5024-5603-0

Ⅰ.①金…　Ⅱ.①张…　Ⅲ.①金属矿床—地质学—高等职业教育—教材　Ⅳ.①P618.202

中国版本图书馆CIP数据核字(2011)第110494号

出版人　曹胜利
地　址　北京北河沿大街嵩祝院北巷39号，邮编100009
电　话　(010) 64027926　电子信箱　yjcbs@cnmip.com.cn
责任编辑　郭冬艳　美术编辑　李　新　版式设计　葛新霞
责任校对　王贺兰　责任印制　张祺鑫
ISBN 978-7-5024-5603-0
北京兴华印刷厂印刷；冶金工业出版社发行；各地新华书店经销
2011年7月第1版，2011年7月第1次印刷
787mm×1092mm　1/16；18.25印张；440千字；279页
36.00元

冶金工业出版社发行部　电话:(010)64044283　传真:(010)64027893
冶金书店　地址:北京东四西大街46号(100010)　电话:(010)65289081(兼传真)
(本书如有印装质量问题,本社发行部负责退换)

前　言

为了适应地质科学的飞速发展以及满足金属矿业开发对高素质技能型人才的需求和专业调整的需要，本着科学性、实用性、系统性和实践性的原则，我们编写了本教材。

本书内容力求反映国内外金属矿业开发和地质科学的最新成就，并反映国土资源部最新系列规范标准的基础上，简要地阐述了地球的形状和构造、地质作用、矿物、岩石、地质构造、地质年代和地形地质图等地质学基础知识，介绍了矿床、矿产勘查和矿山地质工作、矿床水文地质等基本知识以及阅读、评审和应用地质资料的基本内容和方法。该教材内容简练、重点突出，可作为高职高专采矿工程专业、矿物资源工程专业以及相关专业的教学用书，也可用于矿山企业在职干部和技术人员业务培训的教材。

本书由云南锡业职业技术学院和云锡（控股）有限责任公司共同组织编写。内容共分三篇11章，其中第1~3章、第5章、第10章由张燕编写；第7章、第8章、第11章由武俊德编写；第9章由区茂云编写；第4章和第6章由汪旋编写。全书由张燕、武俊德整理定稿。

在编写过程中，得到了云锡公司有关专家和其他兄弟院校同仁的热情帮助、尤其得到了昆明理工大学张锦柱教授的认真指导，在此一并表示感谢！

由于编写时间短促，编者水平有限，在教材的体系和内容等方面一定还存在着不少问题，敬请专家给予批评指正。

编　者

2011年1月

目　录

绪论 …… 1

第一篇　地质学基础

1　地球及其地质作用 …… 3
1.1　地球及地球的构造 …… 3
1.1.1　地球的形状和大小 …… 3
1.1.2　地球的构造 …… 4
1.1.3　地壳的物质组成 …… 7
1.2　地球的主要物理性质 …… 8
1.2.1　质量、密度和压力 …… 8
1.2.2　重力 …… 9
1.2.3　地磁 …… 9
1.2.4　地热（温度） …… 10
1.3　地质作用概述 …… 10
1.3.1　内力地质作用 …… 11
1.3.2　外力地质作用 …… 15
1.3.3　内外力地质作用的相互关系 …… 17
2　矿物 …… 19
2.1　矿物及晶体的概念 …… 19
2.1.1　矿物的概念 …… 19
2.1.2　晶质体和非晶质体的概念 …… 19
2.2　矿物的形态 …… 19
2.2.1　矿物的单体形态 …… 20
2.2.2　矿物集合体的形态 …… 21
2.3　矿物的物理性质 …… 22
2.3.1　颜色 …… 22
2.3.2　条痕 …… 23
2.3.3　光泽 …… 23
2.3.4　透明度 …… 23

2.3.5 硬度……24
2.3.6 解理……24
2.3.7 断口……25
2.3.8 相对密度……25
2.3.9 矿物的其他性质……25
2.4 矿物的化学性质及矿物分类……26
2.4.1 矿物的化学成分……26
2.4.2 类质同象与同质异象……26
2.4.3 胶体矿物……27
2.4.4 矿物中的水……28
2.4.5 矿物的化学式……28
2.4.6 矿物的共生……29
2.4.7 矿物的命名和分类……29
2.5 常见矿物的鉴定特征……31
2.5.1 第一大类——自然元素矿物……31
2.5.2 第二大类——硫化物矿物……32
2.5.3 第三大类——卤化物矿物……35
2.5.4 第四大类——氧化物及氢氧化物矿物……36
2.5.5 第五大类——含氧盐类……39

3 岩石……50
3.1 岩浆岩……50
3.1.1 岩浆岩的一般特征……50
3.1.2 岩浆岩的分类及各类岩石特点……56
3.1.3 岩浆岩的肉眼鉴定及命名……59
3.1.4 岩浆岩中的主要矿产……60
3.1.5 岩浆岩与开采技术有关的特点……61
3.2 沉积岩……61
3.2.1 沉积岩的一般特征……62
3.2.2 沉积岩的分类及各类岩石特点……65
3.2.3 沉积岩的肉眼鉴定及命名……69
3.2.4 沉积岩中的主要矿产……69
3.2.5 沉积岩与开采技术有关的特点……69
3.3 变质岩……70
3.3.1 变质岩的一般特征……70
3.3.2 变质岩的分类及各类岩石特点……72
3.3.3 变质岩的肉眼鉴定和命名……74
3.4 变质岩中的主要矿产……75
3.5 变质岩与开采技术有关的特点……75

3.6　岩石小结……75
3.6.1　三大类岩石的相互转化关系……75
3.6.2　三大类岩石的区别……76

4　地质构造……77

4.1　岩层产状及其测定……77
4.1.1　不同产状的岩层……77
4.1.2　岩层的产状要素……78
4.1.3　岩层的厚度和出露宽度……79
4.1.4　岩层产状要素的测定及表示方法……80
4.2　岩石变形的力学分析……81
4.2.1　岩石变形的概念……81
4.2.2　岩石的变形过程……82
4.2.3　岩石破裂形式……83
4.3　褶皱构造……84
4.3.1　褶皱的概念……84
4.3.2　褶曲要素……84
4.3.3　褶曲分类及力学分析……86
4.4　断裂构造……89
4.4.1　节理……89
4.4.2　断层……92
4.5　地质构造与成矿的关系……97
4.5.1　概述……97
4.5.2　层状构造与成矿的关系……98
4.5.3　褶皱构造与成矿的关系……99
4.5.4　断裂裂隙构造与成矿的关系……100
4.5.5　地质构造对矿山开采的影响……102
4.6　个旧矿区地质构造……104
4.6.1　个旧矿区地质背景……104
4.6.2　个旧矿区地质构造与成矿的关系……105

5　地质年代及地层系统……108

5.1　确定地质年代的方法……108
5.1.1　相对地质年代确定法……108
5.1.2　同位素地质年龄确定法……111
5.2　地质年代及地层系统……111
5.2.1　地质年代及地层单位的划分……111
5.2.2　地质年代表……112
5.2.3　我国地史概述……112

6 地形地质图及其阅读 …… 116
6.1 地形图简介 …… 116
6.1.1 地形等高线 …… 116
6.1.2 地形图的比例尺 …… 118
6.1.3 地形图的坐标系统 …… 119
6.1.4 图的方向 …… 120
6.1.5 地形图图式 …… 120
6.2 矿区（矿床）地形地质图 …… 121
6.3 地形地质图的读图步骤 …… 122
6.3.1 常用地质图例 …… 122
6.3.2 地形地质图的阅读方法 …… 122
6.4 不同产状的岩层在地形地质图上的表现 …… 123
6.4.1 水平岩层在地形地质图上的表现 …… 123
6.4.2 直立岩层在地形地质图上的表现 …… 123
6.4.3 倾斜岩层在地形地质图上的表现 …… 124
6.5 不同构造在地形地质图上的表现 …… 125
6.5.1 褶曲构造在地形地质图上的表现 …… 125
6.5.2 断层构造在地质图上的表现 …… 127
6.6 地质剖面图及其绘制方法 …… 128
6.6.1 实测剖面的填绘方法 …… 128
6.6.2 图切剖面的制图方法 …… 129

第二篇 矿 床

7 矿床概述 …… 131
7.1 矿床的基本概念 …… 131
7.1.1 矿床、矿体和围岩 …… 131
7.1.2 矿体的形状和产状 …… 132
7.1.3 矿石的组分、品位及品级 …… 133
7.1.4 矿石的结构和构造 …… 133
7.1.5 成矿作用与矿床的成因分类 …… 134
7.2 内生矿床 …… 135
7.2.1 概述 …… 135
7.2.2 岩浆矿床 …… 135
7.2.3 伟晶岩矿床 …… 139
7.2.4 接触交代矿床 …… 142
7.2.5 热液矿床 …… 147

7.2.6　火山成因矿床 …… 154
7.3　外生矿床 …… 161
7.3.1　概述 …… 161
7.3.2　风化矿床 …… 162
7.3.3　沉积矿床 …… 168
7.4　变质矿床 …… 173
7.4.1　概念、成矿作用及工业意义 …… 173
7.4.2　变质成矿作用及变质矿床分类 …… 174
7.5　层控矿床 …… 175
7.5.1　层控矿床的概念 …… 175
7.5.2　层控矿床分类 …… 175

第三篇　矿产勘查与矿山地质工作

8　矿产勘查 …… 177
8.1　矿业权 …… 177
8.1.1　矿业权的概念 …… 177
8.1.2　矿业权的法律特征 …… 177
8.1.3　矿业权与矿产资源所有权 …… 177
8.1.4　矿业权价值 …… 178
8.2　矿产资源/储量分类 …… 178
8.2.1　矿产资源的基本概念 …… 178
8.2.2　固体矿产资源/储量的分类 …… 179
8.3　矿产地质研究及矿产勘查 …… 180
8.3.1　矿产地质研究 …… 180
8.3.2　矿产的勘查 …… 183
8.4　原始地质编录和矿产取样 …… 194
8.4.1　原始地质编录 …… 194
8.4.2　矿产取样 …… 197
8.5　矿产地质勘查资料的综合及研究 …… 200
8.5.1　综合地质编录简介 …… 200
8.5.2　矿山常用综合地质图件 …… 201
8.6　矿产资源/储量估算 …… 202
8.6.1　矿床工业指标及其确定方法 …… 202
8.6.2　储量计算的基本参数 …… 203
8.6.3　储量计算方法 …… 204
8.7　地质综合研究简介 …… 205
8.7.1　地质勘查综合研究 …… 205

8.7.2 矿山地质综合研究 …… 206

9 矿山地质工作 …… 207

9.1 生产勘探 …… 207
9.1.1 生产勘探工程手段的选择 …… 208
9.1.2 生产勘探工程的总体布置 …… 214
9.1.3 生产勘探工程的间距（网度）及施工顺序 …… 215
9.1.4 生产勘探中的探采结合 …… 220
9.1.5 坑道水平钻在矿山找矿中的应用 …… 223
9.2 矿山地质管理 …… 224
9.2.1 矿产资源储量管理 …… 224
9.2.2 矿石质量管理 …… 228
9.2.3 现场施工生产中的地质管理 …… 231
9.2.4 采掘单元停采或结束时的地质工作 …… 232
9.2.5 矿石贫化与损失的计算及管理 …… 233

10 矿床水文地质 …… 241

10.1 地下水的基本知识 …… 241
10.1.1 地下水的赋存状态 …… 241
10.1.2 地下水的化学成分 …… 243
10.1.3 地下水的水质评价 …… 244
10.1.4 地下水的基本类型及特征 …… 245
10.2 矿区（矿床）水文地质图 …… 247
10.2.1 矿区（矿床）水文地质图的概念 …… 247
10.2.2 矿区水文地质图的阅读 …… 248
10.3 地下水涌水量预测和防治 …… 250
10.3.1 地下水动态观测 …… 250
10.3.2 地下水向井运动的基本规律 …… 251
10.3.3 矿坑涌水量的预测方法简介 …… 252
10.4 矿坑涌水量的测量方法 …… 255
10.4.1 直接观察法 …… 255
10.4.2 堰测法 …… 255
10.4.3 容积法 …… 256
10.4.4 水仓水泵观测法 …… 256
10.5 矿坑水害的防治 …… 256
10.5.1 矿区地面防排水 …… 256
10.5.2 矿床地下水疏干的原则 …… 257
10.5.3 矿床常用的地下水疏干方法 …… 258
10.5.4 注浆堵水 …… 260

10.5.5　漏水钻孔封堵…… 261
10.5.6　矿坑酸性水的防治与处理…… 261

11　固体矿产勘查资料的整理、评审及应用…… 263

11.1　固体矿产勘查资料的评审及应用…… 263
11.1.1　固体矿产勘查资料完善程度的评审…… 263
11.1.2　勘探和研究程度的评审…… 269
11.1.3　其他方面的评审…… 270
11.1.4　矿产勘查资料的在矿山建设中的应用…… 271
11.2　矿山地质资料的评审及应用…… 272
11.2.1　矿山地质资料的种类…… 272
11.2.2　矿山地质资料的应用及完备程度的评审…… 273
11.2.3　生产勘探程度及其他工作质量的评审…… 275

参考文献…… 278

绪 论

自然科学的基础学科分为数学、物理学、化学、生物学、地学和天文学6大门类。地质学是地学（即地球科学）的重要组成部分。

地质学是研究地球（主要是研究地球的固体表层地壳或岩石圈）的一门自然科学。具体来讲，它是研究地壳或岩石圈的构造、物质组成、发展变化以及矿产的形成和分布规律等内容的科学。地质学是在人类开采矿产资源和进行某些与地质条件有关的工程建设（如水利建设、交通建设）等生产实践活动中发展起来的。它的发展推动了采矿工业和某些工程建设的发展，而这些生产实践活动又为地质学的研究和发展积累了更丰富的实际资料。矿产资源是埋藏在地壳内，目前在技术上、经济上可以利用的天然物质。矿产资源的勘查研究和矿业的开发工作，必须运用地质学的理论和方法来进行。

地质学主要研究的对象是地壳或岩石圈，它既是与人类生活和生产密切相关的部分，也是容易直接观测和研究历史最久的部分，研究它主要是从野外现场和实验室两个方面入手。野外地质调查是以广阔的大自然作为实验室，直接积累丰富的原始地质资料，并收集各种岩矿标本或样品，为室内鉴定、化验及综合研究提供依据。在室内研究中，一方面对现场收集的矿物、岩石、矿石标本或样品进行鉴定、化验和分析；另一方面还要对现场调查所收集的文字记录和图纸等资料进行综合整理，并结合室内岩矿鉴定和化验结果，研究总结出规律性的结论，再用于指导实践。

地质工作贯穿于整个矿业开发过程中。在矿山企业设计前，采矿工程师要详细、全面阅读和审查地质勘查报告，运用地质资料了解和分析矿区地质条件，包括矿体的赋存特点、形状和产状、矿石质量、开采技术条件等，以便做出合理的设计，指导矿山基建和生产。比如在开采方面，是选择露天开采还是地下开采；若选择地下开采，是用平硐开拓还是竖井或是斜井开拓，以及采用何种采矿方法等，这些问题都要依据地质条件制定合理的方案。矿山投入基建和生产后，采矿工程师还要配合矿山地质工程师进一步查明矿床地质条件，为采矿设计、采掘进度计划编制提供更为详细和可靠的地质资料。同时，还要经常深入现场，及时调查生产中出现的地质问题，如矿体的突然错失或尖灭；矿体形状、产状、质量的急剧变化等而引起生产技术条件的改变；巨大破碎带的出现，意外的涌水、片帮、冒顶等可能造成的不安全问题；开采过程中采矿贫化损失率的突然增大；由于采空区处理不当或矿山大量排水而造成的地压陷落；有可能出现的工程地质或水文地质等问题的合理解决，都需要地质工作先行一步，再由地质、测量、采矿三个方面人员共同研究，针对具体问题采取适当措施予以解决。此外，矿产资源的综合利用问题，矿山生产过程的环境治理问题，也都离不开地质工作。因此，地质工作在矿业开发过程中的地位十分重要。

“金属矿产地质学”是矿物资源工程、采矿工程专业的技术基础课，其主要内容包括：

（1）地质学基础知识。着重阐述地质作用所产生的各种地质现象，常见矿物、岩石的各种特征及其肉眼鉴定方法，常见地质构造的基本特征及观察方法。

（2）矿床　重点阐述主要类型矿床的成矿过程、开采条件和地质特征。

（3）矿产勘查和矿山地质。主要阐述矿产勘查工作和矿山地质工作的主要内容与方法、矿床水文地质工作以及矿产勘查资料的评审及应用等。

通过本课程的学习，其目的是使学生掌握必要的地质学基础知识和有关地质工作的基本知识，了解地质作用所产生的主要地质现象；初步掌握常见矿物、岩石的各种特征及其肉眼鉴定方法；了解常见地质构造的基本特征和主要类型矿床的成矿过程和地质特征；概略了解矿产勘查工作和矿山地质工作的主要内容与方法；了解影响矿山生产的主要地质因素，如矿体形状、产状、围岩性质、地质构造和水文地质条件等；阅读和使用各种地质资料（尤其是图纸资料），根据已有的地质图件，绘制采矿工程所需的主要地质剖面图；能进行局部（如矿块）的储量计算等。

第一篇

地质学基础

1 地球及其地质作用

地球是人类居住的地方，人们开采的各种矿产赋存在地壳或岩石圈之中，各种矿产的形成是地壳物质运动和演变的结果。这些运动和变化不是孤立地进行的，而是与地壳内部和外部的物质及其运动有密切关系。因此，在学习地质学主要内容之前，应当对地球的构造，地壳及其运动有一个概略了解。

1.1 地球及地球的构造

1.1.1 地球的形状和大小

通常所说的地球形状是指地球固体外壳及其表面水体的轮廓。

人类在长期生产实践中，对于地球形状的认识经历了反复曲折的过程。当初人们确认地球的形状为圆球形。到 18 世纪末，人们普遍认识到地球为极轴方向扁缩的椭球。到 20 世纪 70 年代，由于人造地球卫星等空间技术的发展，大大推动了关于地球形状的深入研究。从地球卫星拍摄的地球照片和取得的数据可以确定出地球的确是一个球状体。它的赤道半径稍大（约 6378km），两极半径稍小（约 6357km），两者相差 21km。其形状与旋转椭球体很近似，但大地水准面不是一个稳定的旋转椭球体，而是有地方隆起，有地方凹陷，相差可达 100m 以上（图 1－1）；赤道面不是地球的对称面，从包含南北极的垂直于赤道平面的纵剖面来看，其形状与标准椭球体相比较，位于南极的南大陆比基准面凹进 30m，而位于北极的没有大陆的北冰洋却高出基准面 10m，同时，从赤道南纬度 60°之间高出基准面，而从赤道到北纬 45°之间低于基准面。用夸大的比例尺来看，这一形状是一

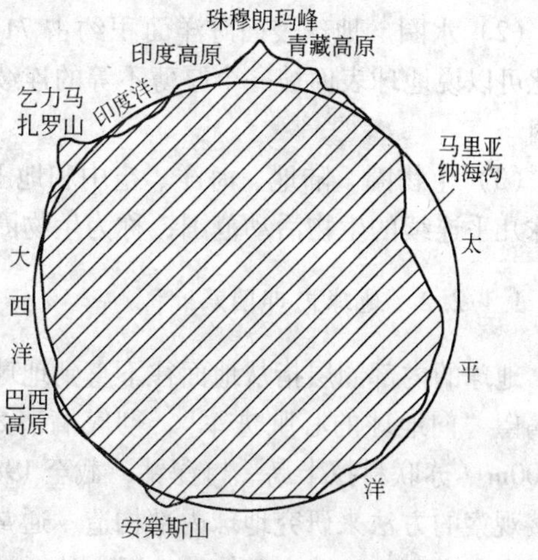

图 1－1 大地水准体（实线包围部分）和地球真实形状（引自王维，《地球的形状》）

个近似“梨”的形状（图1－2）。

地球围绕通过球心的地轴（连接地球南北极理想直线）自转，自转轴对着北极星方向的一端称为北极，另一端称为南极。地球表面上，垂直于地球自转轴的大圆称为赤道，连接南北两极的纵线称为经线，也称为子午线。通过英国伦敦格林威治天文台原地的那条经线为零度经线，也称为本初子午线。从本初子午线向东分作180°，称为东经，向西分作180°，称为西经。地球表面上，与赤道平行的小圆称为纬线。赤道为零度纬线。从赤道向南向北各分作90°，赤道以北的纬线称为北纬，以南的纬线称为南纬。

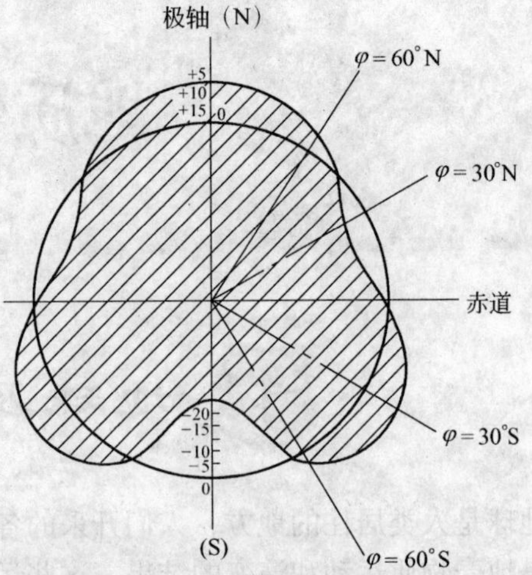

图1－2 根据卫星测量所得出的地球形状（夸大）（φ表示维度）（引自王维，《地球的形状》）

1.1.2 地球的构造

地球不是一个均质体，而是一个由不同状态与不同物质的同心圈层组成的球体。这些圈层可以分为地球外部圈层和地球内部圈层。

1.1.2.1 地球外部圈层

包围在地球外面的圈层有大气圈、水圈和生物圈，这些圈层我们都能直接观察到。

（1）大气圈。大气圈是包围着地球的空气圈。大气圈的上界为1200km，称其为大气的物理上界（根据大气中才有的而星际空间中没有的物理现象——极光确定的大气上界）。但空气全部质量的80%左右集中在距地面10多公里的大气层底层。风、云、雨、雪等常见的气象现象都在这一层中发生。

（2）水圈。地球表面海洋面积约占71%，陆地上还有河流、湖泊和地下水等分布，因此可以说地球表面被一个厚薄不等的连续的水层包围着。这一连续包围地球的水层称为水圈。

（3）生物圈。陆地、海洋、空中和地下土层中都有各种生物存在和活动，这个包围地球几乎连续的生物活动范围，称为生物圈。

1.1.2.2 地球内部圈层

地球的内部圈层指从地面往下直到地球中心的圈层，包括地壳、地幔和地核。虽然人们渴望“向地球的心脏进军”，彻底搞清楚地球内部的状况，但目前世界上深井记录为12000m（苏联科拉半岛一口深钻，截至1986年）只占地球半径的1/530，所以还不能用直接观察的方法来研究地球内部构造。通常采用地球物理方法，更主要的是利用地震波的传播变化来研究地球内部构造情况。地震波分为纵波（P）和横波（S）。纵波可以通过固体和流体，速度较快；横波只能通过固体，速度较慢。同时地震波的传播速度随着所通过介质的刚性和密度的变化而改变。

地震波速度变化明显的深度，反映了那里的地球物质在成分上或物态上有显著变化。这个深度，可以作为上下两种物质的分界面，称为不连续面，或称为界面。在地球内部最显著的不连续面是在大约2900km的深度处，S波传播到此深度终止，P波速度在此处也急剧降低。这个界面是古登堡在1914年提出的，所以又称为古登堡面，它构成地幔和地核的分界面。地震波的另一个显著不连续面，一般位于地表之下平均深度为33km处，这个界面是莫霍洛维奇在1909年发现的，因而称为“莫霍面”，它被确定为地壳和地幔的分界面，这样，通常根据古登堡面和莫霍面把固体地球分三大圈层，即地壳、地幔和地核（图1－3及表1－1）。

布伦在1955年根据地震波速度的变化和地球内部的密度变化，把固体地球分为七个圈层，分别称A、B、C、D、E、F、G层（表1－1）。

值得注意的是地震波分布情况表明，在上地幔中，有一个明显的低速层。这个低速层是古登堡最初于1926年提出来的。近年来，随着观测技术的发展和电子计算机的运用，确定低速层存在于60～250km的范围，并且具有明显的区域性。它是一个具有软塑性和流动性的层次，通常称为软流圈。

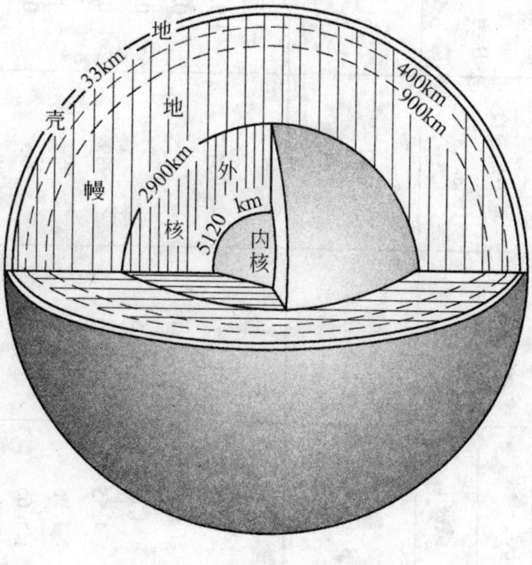

图1－3　地球内部圈层

软流圈的存在及其发现为地球的分圈提出了新的思考。直到现在，“地壳”这个术语仍然被用于标明莫霍面以上的固体地球部分，但是地球完整的刚性外壳，并不只是达到莫霍面，而是一直向下延伸到软流圈为止。这个完整的刚性部分，是固体地球的真正外壳。这样，现在有些学者提出了一种新的固体地球基本结构的划分方案：即岩石圈、软流圈、地幔圈（即软流圈之下至外核的部分，为一固体圈层）、外核液体圈（简称外核）和内核固体圈（简称内核）（表1－1）。

（1）地壳。莫霍面以上由固体岩石组成的地球最外圈层称为地壳。地壳的厚度相差很大，平均为33km，一般是大陆高山区较厚，可达70～80km，平原地区厚度约为30～45km，海洋地区较薄，有的地方仅有数公里。地壳的大陆部分和大洋部分在结构和演化历史上均有明显差异，因此，它可以分为大陆型地壳和大洋型地壳。大陆型地壳（简称陆壳）是指大陆及大陆架部分的地壳，它是具有上部为硅铝层和下部为硅镁层的双层结构（图1－4）。

硅铝层的物质组成与大陆出露的花岗岩成分相似，也称花岗质层。硅镁层的物质组成则与玄武岩成分相似，也称玄武岩质层。硅铝层与硅镁层之间的界面，称为康拉德面。康拉德面并不是一个普遍存在的不连续面。大陆型地壳是在原始古老地壳基础上发展起来的，最古老的岩石估计形成于41亿年以前。大陆型地壳由于经历多期的地壳运动，大部分岩石也发生了变形（褶皱、断裂等）。

表 1-1　地球的内部圈层和主要物理数据

圈层 名称			代号		深度/km	地震波速度/km·s^{-1} 纵波 v_p	地震波速度/km·s^{-1} 微波 v_s	密度/g·cm^{-3}	重力加速度 /10^2m·s^{-2}	压力/×10^{11}Pa	温度/℃
岩石圈	地壳		A			5.6~7.0	3.4~4.0	2.6~3.0	981 ~	1×10^{-6} ~	14
莫霍面					大陆 33				984	0.01	1000
软流圈	地幔	上地幔	B	B′	60	8.0	4.4	3.32			
						8.2	4.6	3.34	984.7	0.019	500~1100
				B″	100	7.8	4.2	3.4		0.031	700~1300
					150	7.7	4.0	3.5	~	0.049	800~1400
					250	8.2	4.55	3.6	989	0.068	1000~1600
					400	9.0	4.98	3.85	994	0.14	1200~2000
			C			10.2	5.65	4.1	995	0.218	1300~2250
					1000				994		
地幔圈		下地幔	D			11.43~13.32	6.35~7.11	4.6~5.7	986	0.4~1.34	1850~3000
											2500~3900
									1050		2800~4300
古登堡面					2898				1030	1.50	2850~4400
外核液体圈	地核	外核	E			8.1	0.0	9.7			
					3500	8.9	0.0	10.4	880	1.93	3700~4700
					4640	10.4	2.07	12.0	610	2.98	4500~5500
		过渡层	F		4900	10.4	1.24	12.5		3.2	4700~5700
					5155	11.0	3.6	12.7	430	3.32	4720~5720
内核固体圈		内核	G		5500	11.2	3.7	12.9	300	3.5	4900~5900
								13.0	0	3.7	5000~6000
					6371	11.3	3.7				

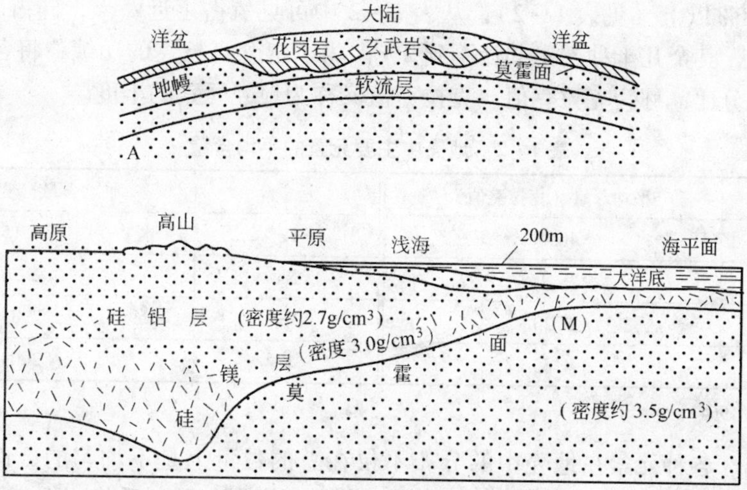

图 1－4　地壳的双层结构

大洋型地壳（简称洋壳）往往缺失硅铝层，仅仅发育硅镁层，不具双层结构，见图 1－4。大洋型地壳除上部覆盖着极薄的沉积物之外，几乎完全由富含 Fe、Mg 的火山岩、橄榄岩（硅镁层）组成。洋壳的岩石一般较年轻，最老的岩石形成于 2 亿年前，大部分岩石则是 1 亿年前以后形成的。

（2）地幔。地幔是指莫霍面到古登堡面以上的圈层。根据波速在 400km 和约 670km 深处上存在着两个明显的不连续面，可将地幔分成由浅至深的三个部分：上地幔、过渡层和下地幔。上地幔深度为 20～400km。目前研究认为，上地幔的成分接近于超基性岩即二辉橄榄岩的组成。在深度 60～250km 范围内，地震波速度明显下降，这一层称为低速层（软流圈）。目前人们认为，存在于软流圈中的熔融物质，是炽热的和熔融的，是能够发生某种形式的对流运动的。软流圈实际上是大规模岩浆活动的策源地，中源地震（70～300km）也发生于此。过渡层深度为 400～670km。地震波速度随深度加大的梯度大于其他两部分，是由橄榄石和辉石的矿物相转变吸热降温形成的。下地幔深度为 670～2900km，目前认为下地幔的成分比较均一，主要由铁、镍金属氧化物和硫化物组成。

（3）地核。古登堡面以下直至地心的部分称为地核。它又可以分为外核、过渡层和内核。外核只有 P 波才能通过，呈液态。过渡层和内核有 S 波出现，呈固态。地核的物质一般认为主要是铁，特别是内核，可能基本上是由纯铁组成。由于铁陨石中常含少量的镍，所以一些学者推测地核的成分中应含少量的镍。

1.1.3　地壳的物质组成

地壳乃至整个岩石圈是由固体岩石组成的，岩石是由矿物组成，而矿物又是由自然元素组成。如石英（SiO_2）这种矿物是由硅和氧两种化学元素组成的，所以说，化学元素是组成地壳的基本物质。

对地壳化学成分的研究，目前所能直接取得的资料仅来自地壳表层。许多研究者曾采集各地具有代表性的岩石标本进行分析，以求得地壳中各种元素的平均重量百分比。据克拉克等人的研究结果，仅O、Si、Al、Fe、Ca、Na、Mg、K 8种元素的平均含量，就占了地壳总量的98%以上（见表1－2），从表1－2中可见氧占了近一半，硅占了1/4。除以上8种元素外，其余几十种元素共计不到2%。为了纪念克拉克的功绩，将各种元素在地壳中重量的百分比，称为克拉克值。克拉克值又称为地壳元素的丰度。

表1－2　地壳中主要元素的平均含量　（%）

元　素	平均含量（克拉克值）	元　素	平均含量（克拉克值）
O	46.40	Ca	4.15
Si	28.15	Na	2.36
Al	8.23	Mg	2.33
Fe	4.63	K	2.09

注：据泰勒（1964）。

必须指出，各种元素在地壳中的分布不仅在总的数量上是不均匀的，而且在不同地区、不同深度的分布也是不均匀的。地壳中的各种元素在各种地质作用下，它们不断地发生分散和聚集。例如工业上常用的Cu、Pb、Zn、W、Sn、Mo等元素，它们在地壳中的含量是极少的，但在各种地质作用下，有时能在地壳的局部地区聚集起来，以至聚集到工业上能够开采利用的程度，这时，这些有用的元素就构成了可开采的矿床。例如Cu在地壳中的平均含量（克拉克值）是0.01%，但在某些地质作用下，可以在一些特殊地区聚集起来，达到1%以上，这就构成了铜矿床。

1.2　地球的主要物理性质

1.2.1　质量、密度和压力

1.2.1.1　质量和密度

根据牛顿万有引力定律，计算得出地球的质量为5.98×10^{27}g，再除以地球体积，则得出地球的平均密度为$5.52g/cm^3$。直接测出构成地壳各种岩石的密度是$1.5\sim3.3g/cm^3$，平均密度为$2.7\sim2.8g/cm^3$，尚有密度为$1g/cm^3$的水分布。因此推测地球内部物质密度更大，这个推测，为地震波在地球内部传播速度的观测所证实。据地震波传播速度与密度的关系，计算出地球内部密度随深度的增加而增加，见表1－1，地心密度可达$16\sim17g/cm^3$。

1.2.1.2　压力

地球内部的压力是指由上覆物质的质量而产生的静压力，因此是随着深度的增加而增大。其变化情况，根据地震波推测各深度的压力如下：

深度/m	100	500	1000	5000	10000
压力/MPa	2.7	13.5	27	130.5	270

上列数字仅代表压力随深度增加的一般规律。在各矿区，由于当地地质条件的差异，除上覆岩层质量之外，还受其他因素的影响。因此，具体地段的压力可能较表列数据略有增减。

1.2.2 重力

地球对物体的引力和物体因地球自转产生的离心力的合力称为重力。其作用方向大致指向地心。由万有引力 $F = m_1 m_2 / r^2$ 可知，地球的重力随纬度的增大而增加，两极最大，赤道最小。

如果把地球看作是一个理想的扁球体（旋转椭球体），并且内部密度无横向变化，所计算出的重力值，称为理论重力值。但由于各地海拔高度、周围地形以及地下岩石密度不同，以致测出的实际重力值不同于理论重力值，称为重力异常。比理论值大的称为正异常，比理论值小的称为负异常。存在一些密度较大物质的地区，如铁、铜、铅、锌等金属矿区，就常表现为正异常。而存在一些密度较小物质的地区，如石油、煤、盐类以及大量地下水等，就常表现为负异常。异常的大小取决于矿石与周围岩石的密度差、矿体的大小以及矿体的埋藏深度。根据这个原理进行找矿和地质调查的方法，称为重力勘探，是地球物理勘探方法之一。

但是，利用重力异常研究地质情况，必须对研究区的实测重力值进行校正，通过高程及地形校正后，再减去该区的理论重力值得出重力异常。

1.2.3 地磁

地球具有磁性，它吸引着磁针指向南北。但是，地磁两极与地理两极是不一致的（图1-5）。因此，地磁子午线与地理子午线之间有一定夹角，称为磁偏角，其大小因地而异。使用罗盘测量方位角时，必须根据磁偏角进行校正。磁偏角以指北针为准，偏东为正，偏西为负。

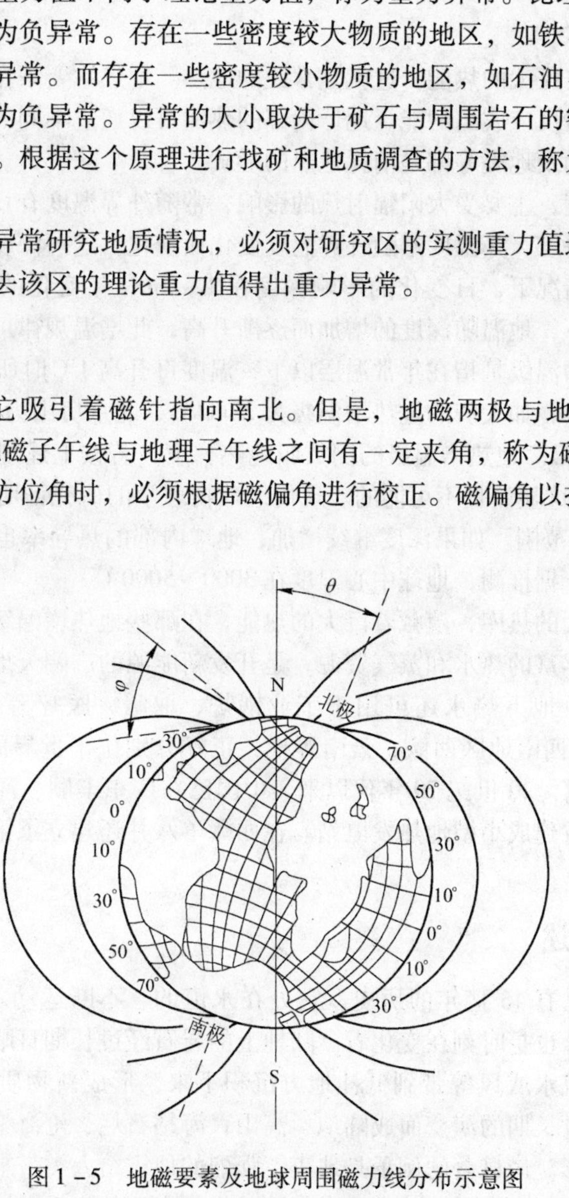

图1-5 地磁要素及地球周围磁力线分布示意图

θ—磁偏角；φ—磁倾角

磁针只有在赤道附近才能保持水平状态，向两极移动时逐渐发生倾斜。磁针与水平面的夹角，称为磁倾角。磁倾角以指北针为准，下倾者为正，上仰者为负。地质罗盘上磁针有一端捆有细铜丝，就是为了使磁针保持水平。我国处于地球北半球，因此，在磁针南端多捆有细铜丝，以校正磁倾角的影响。

地球上各地的磁偏角和磁倾角，一般都有一定的理论计算值，某些地区实测数字与理论计算值不一样，这种现象称为地磁异常。引起地磁异常的原因，一是地下有磁性岩体或矿体存在，二是地下岩层可能发生剧烈变位。因此，地磁异常的研究，对查明深部地质构造和寻找铁、镍矿床有着特殊的意义。地球物理学中的磁法探矿，就是利用上述原理。

1.2.4　地热（温度）

地球内部储存着巨大的热能，这就是常说的地热。地热主要来自放射性元素蜕变时析出的热以及化学元素反应放出的能。地球内部的热能可以通过不同的形式进行释放，如温泉、火山、构造运动及地震等都是消耗地热的形式。

地壳表层的温度，主要受太阳辐射热的影响，常随外界温度有日变化和年变化，但从地表向下到达一定深度，其温度不随外界温度变化而变化，这一深度称为常温层。它的深度因地而异，一般情况下，日变化的影响深度在 1～2m，年变化的影响深度为 15～30m 左右。在常温层以下，地温随深度的增加而逐渐升高，此增温规律可以用地热增温级或地热梯度表示。地热增温级是指在年常温层以下，温度每升高 1℃时所增加的深度。地热增温级的数值因地而异，如大庆的地热增温级为 20m/℃，北京房山为 50m/℃。地热增温级的平均数值是 33m/℃。地热增温级的倒数叫地热梯度。若按上述规律推算，地心的温度将达到 20×10^4℃，这显然是不可能的。现代地球物理学的研究证明，上述规律只适用于地表以下 20km 深度范围。如果深度继续增加，地球内部的热导率也将随之增加，地温的增加则会大大变慢。据推测，地球中心温度在 3000～5000℃。

地球是一个庞大的热库，蕴藏着巨大的热能，在那些地热增温级高于正常情况的所谓地热异常区蕴藏着丰富的热水和蒸气资源，是开发新能源的广阔天地。目前世界上有多个国家利用地热发电。地下热水还可用于工业锅炉、取暖、医疗等。中国东部沿海地区（包括台湾在内）和西南地区西藏、云南等地，正好分别位于世界的两条地热带范畴内，所以地热资源很丰富。20 世纪 70 年代以来，中国已在广东丰顺、河北怀来以及湖南、山东、江西、辽宁等省建成小型地热发电站。在西藏羊八井还建立了第一座直接利用地热汽发电的地热试验站。

1.3　地质作用概述

地球形成至今已有 46 亿年的历史，它处在永恒的、不断运动之中。它的地表形态、内部结构和物质成分也是时刻在变化着。陆地上的岩石经过长期日晒、风吹，逐渐破坏粉碎，脱离原岩而被流水或风等带到低洼地方沉积下来，形成新物质，结果高山被夷为平地。过去的大海经过长期的演变而成陆地、高山；海枯石烂、沧海桑田，地壳面貌不断变化，具有今天的外形。最显著的例子是地震，强烈的地震给人类带来灾难，产生山崩地裂及其他许多地质现象。所有引起地壳或岩石圈矿物、岩石的产生和破坏，从而使地壳面貌发生变化的自然作用，统称为地质作用。引起这些变化的自然动力，称为地质营力。地质作用按其能源不同，可以分为内力地质作用和外力地质作用两大类。

1.3.1 内力地质作用

由来自地球本身的动能和热能，所引起的各种地质作用，称为内力地质作用。其主要表现方式有地壳运动、岩浆作用、变质作用和地震等。岩浆岩、变质岩及其与之有关的矿产，便是内力地质作用的产物。

1.3.1.1 地壳运动

地壳自形成以来，一直处在缓慢的运动状态（地震、火山喷发、山崩除外），这种运动状态人们是不易察觉的，但因其范围广大，作用时间长，所以对地壳的改造作用是巨大的，它可以使海底上升变为陆地或高山，使陆地下降海水漫进成为海洋，也可以使整块大陆分裂为若干块，或使几块大陆合并为一块。因此，地壳运动在不断地改变着地球的面貌。

地壳运动是指组成地壳的物质（岩体）不断运动，改变它们的相对位置和内部构造的地质作用。按地壳运动的方向可分为水平运动和升降运动两种形式。

A 水平运动

地壳沿水平方向相对位移的运动称为水平运动。水平运动是地壳演变过程中，表现得相对较为强烈的一种运动形式，也是当前被认为形成地壳表层各种构造形态的主要原因。岩体的位移、层状岩石的褶皱现象都是地壳水平运动的具体表现。从板块构造理论的角度看，岩石圈表层和内部的各种地质作用过程主要受板块之间的相互作用控制，板块边界是构造活动最强烈的地区。板块的汇聚、离散、平错过程中均伴有大规模的水平位移。

地壳的水平运动要经过精确细致的大地测量才能观察到。如阿尔卑斯山北部边缘的三角点在五年时间内向它的东北方向的慕尼黑城移动了 0.25 ~ 1m。北美加利福尼亚沿岸，自 1868 ~ 1906 年的 38 年间，平均每年以 5.2cm 的速度向北移动。从这些例子可见运动是极其缓慢的，但经过漫长的地质时期，其结果是惊人的。多方面资料证实印度次大陆是从侏罗纪时以每年几厘米的速度从南半球漂移而来的。

B 升降运动

升降运动是指地壳沿垂直方向上升或下降的运动。升降运动在地壳演变过程中，是表现得比较缓和的一种形式。大地水准测量资料表明，芬兰南部海岸以每年 1 ~ 4mm 的速度上升；丹麦西部沿岸则以每年 1mm 的速度下降；英国的首都伦敦，现在正在下降，据推测，2000 年后整个城市将会被海水淹没。

地壳的升降运动对沉积岩的形成具有很大影响，不仅控制了沉积岩的物质来源和性质，同时也影响沉积岩的厚度和分布范围。这是因为，由上升运动控制的隆起区，是形成沉积岩的物质成分的供给区；而由下降运动所控制的沉降区，则是这些物质成分形成沉积物并转化为沉积岩的场所。

升降运动和水平运动是密切联系不能截然分开的，在地壳运动过程中都在起作用，只是在同一地区和同一时间以某一方向的运动为主，而在另一方向运动居次或不明显。它们在运动过程中也可以互相转化，即水平运动可以引起升降运动，甚至转化为升降运动，反之亦然。如山脉的形成，必然会同时引起陆地的上升。

1.3.1.2 岩浆作用

岩浆是由上地幔和地壳深处形成的，以硅酸盐为主要成分，炽热、黏稠、富含挥发分的高温高压熔融体是形成各种岩浆岩和岩浆矿床的母体。岩浆中尚含有一些金属硫化物和氧化物。按 SiO_2 的含量不同，岩浆分为超基性（小于45%）、基性（45% ~52%）、中性（52% ~65%）和酸性（大于65%）岩浆。一般 SiO_2 含量越多、挥发分越少、温度越低、压力越大的岩浆，其黏度就越大；反之就越小。黏度越小，越易流动；黏度越大，越不易流动。

在地壳运动的影响下，由于外部压力的变化，岩浆向压力减小的方向移动，上升到地壳上部或喷出地表冷却凝固成为岩石的全过程，统称为岩浆作用。由岩浆作用而形成的岩石，称为岩浆岩。岩浆作用按其活动的特点分为侵入作用和喷出作用，如图 1 -6 所示。

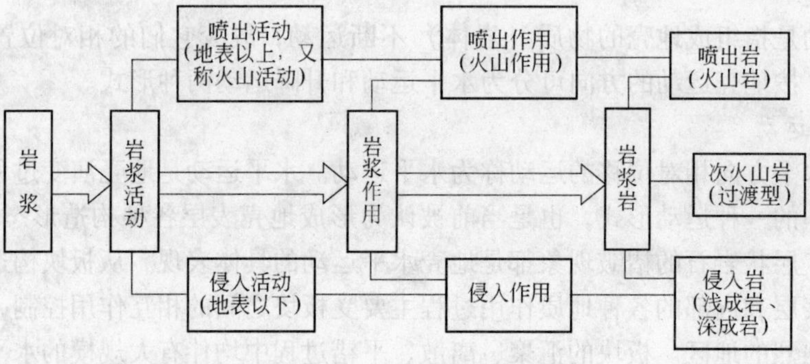

图 1 -6 岩浆作用

(1) 侵入作用。侵入作用是指岩浆上升运移到地壳内岩石中冷凝成岩浆岩的活动过程。形成的岩浆岩称为侵入岩。根据侵入深度不同，将侵入岩分为深成岩（深度大于3km）和浅成岩（深度小于3km）。

(2) 喷出作用。喷出作用又称火山作用。是指岩浆喷出地表冷凝成岩浆岩的活动过程。形成的岩浆岩称为喷出岩（又称为火山岩）。

由于岩浆侵入深度不同，直接影响到岩浆的温度、压力的大小、冷凝速度的快慢以及挥发物质的散失等。

上述三种岩浆岩在成分、结构和构造等方面也不相同。因此，岩石的成分、结构和构造等正是区别这三类岩石及岩浆作用方式的主要标志。这些问题，将在后续有关章节中分别讨论。

1.3.1.3 变质作用

由于地壳运动及岩浆活动，使已形成的矿物和岩石受到高温、高压及化学成分加入的影响，在基本保持固体的状态下，发生物质成分与结构、构造的变化，形成新的矿物和岩石，这一过程称为变质作用。由变质作用形成的岩石，称为变质岩。因变质作用的因素和方式不同，可以有不同的变质类型，形成不同的岩石。

(1) 动力变质作用。岩层由于受到构造运动的强烈应力作用，可以使岩石及其组成矿物发生变形、破碎，并常伴随一定程度的重结晶作用，这种作用称为动力变质作用。形成的岩石有断层角砾岩、碎裂岩、糜棱岩等，这些岩石是判断断裂带的重要标志。

（2）接触变质作用。由于岩浆活动，在侵入体和围岩的接触带，产生变质现象，称为接触变质作用。根据在变质过程中有无交代作用，又可分为两种类型：

1）热接触变质作用。热接触变质作用简称为接触变质作用，指主要由于侵入体放出的热能使围岩的矿物成分和结构、构造发生变化的一种变质作用。它主要表现为原岩成分的重结晶，如石灰岩变为大理岩，石英砂岩变为石英岩等。

2）接触交代变质作用。接触交代变质作用又称为接触交代作用，指岩浆结晶晚期析出大量挥发成分和热液，通过交代作用使接触带附近的侵入体和围岩的岩性和化学成分均发生变化的一种作用。典型的岩石主有矽卡岩、角岩等。

（3）区域变质作用。区域变质作用是大范围内由各种变质因素综合作用而产生的变质作用。所形成的变质岩，以重结晶和片理化现象显著为特征。规模巨大，分布面积广泛，且往往伴有混合岩化作用发生。形成的岩石主要有板岩、千枚岩、片岩、片麻岩和混合岩等。

1.3.1.4　地震

地震是地球（或岩石圈）某部分的快速颤动。是一种具有破坏性的地质作用。地球上天天都有地震发生，全世界每年大约有100万到1000万次。其中绝大多数属于微震，人们不能直接感觉到。有感地震每年约有5万次，具有破坏性的地震仅有18次左右，破坏性严重的地震每年有1~2次。可见地震就像刮风下雨一样，是一种经常发生的自然现象。

地震时，地下深处发动地震的地区称为震源（图1-7）。震源在地面上的垂直投影称为震中。震中到震源的距离称为震源深度。从震中到任一地震台（站）的地面距离，称震中距。

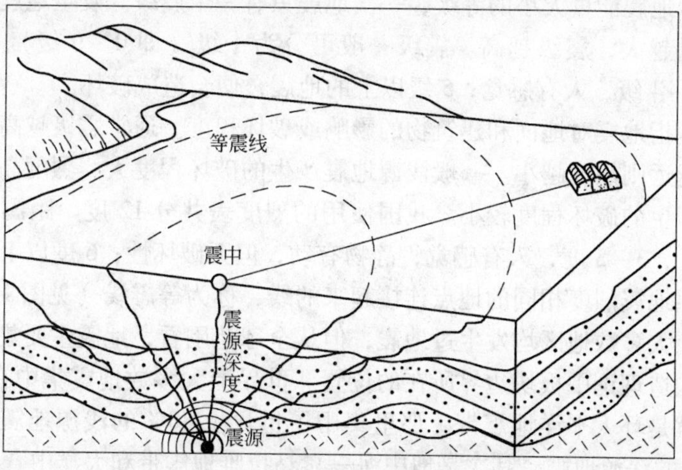

图1-7　震源、震中、等震线

根据震源深度不同可将地震分为深源地震（大于300km）、中源地震（70~300km）、浅源地震（小于70km）。一般破坏性地震，震源深度不超出100km范围。

A 地震的类型

地震按其成因可分为陷落地震、火山地震和构造地震三种类型。

a 陷落地震

陷落地震是由于巨大的地下岩洞塌陷冲击所引起的地震。石灰岩地区有时因岩溶发育而引起洞穴坍塌，可在附近造成微小震动，但不会影响到较远地区，所以山崩应该说是地震的后果而不是它的起因。

b 火山地震

火山地震是由于火山活动引起的地震。火山爆发时岩浆从地下深处向上运动，当岩浆冲破上覆岩层到达地面时，能激起地面震动，这就是火山地震。这一类地震一般都很小，即使严重，也多局限在火山活动地区，从智利（1906 年）地震发生两天后才开始的火山喷发，可知火山活动也可以是地震的后果。

c 构造地震

构造地震是由于地壳本身运动所造成的地震。由于板块运动等，岩石圈中各部分岩石均受到地应力的作用，当地应力作用尚未超过岩石的弹性限度时，岩石会产生弹性形变，并把能量积蓄起来。当地应力作用超过地壳某处岩石的弹性限度时，就会在那里发生破裂，或使原有的破碎带（断裂）重新活动，它所积累的能量急剧地释放出来，并以弹性波（地震波）的形式向四周传播，从而引起地壳的颤动，产生震撼山岳的地震。地震只是现象，而地应力的变化和发展才是它的实质。不断地探索地应力从量变到质变的活动规律，才能把握住地震的实质。

构造地震约占地震总数的 90%。构造地震活动频繁，延续时间长，影响范围大，破坏性强，因此造成的危害性也最大。

B 震级和地震烈度

地震能量的大小和所产生的破坏程度，分别由震级和地震烈度来表示。

震级是表示地震能量大小的等级，一次地震只有一个震级。发生地震时从震源释放出来的弹性波能量越大，震级越高。震级一般可分为十级（即 0 ~ 9 级）。小于 2.5 级的，人无感觉；2.5 ~ 4 级，人有感觉；5 级以上的地震，便会造成破坏。

地震烈度是指地震对地面和建筑物的影响或破坏程度。通常震级越高，震中地区烈度越大，距震中越远则烈度越小。一般浅源地震产生的破坏程度大、烈度高，而深源地震虽震级较大，但产生的破坏程度较小。我国使用的烈度表共分 12 度。距震中越近，烈度越高。一般情况下，3 ~ 5 度，人有感觉，静物有动，但无破坏性；6 度以上，房屋有不同程度的破坏。按照地震烈度相同的地点连接起来的线，称为等震线（见图 1 – 7）。

尽管世界上大多数地区均发生过地震，但从全球范围看，地震主要集中在几个狭长的带中，即板块构造理论中板块边界所在的位置。世界上大多数地震集中在几个地震带中，其中最重要的就是环太平洋地震带，那里集中了世界上 80% 的浅源地震，90% 的中源地震和几乎 100% 的深源地震。其次是地中海—喜马拉雅地震带和大洋中脊地震带。

我国正处于环太平洋地震带与地中海—喜马拉雅地震带所夹地带，是一个多地震活动的国家，地震分布十分广泛，1976 年的唐山地震（7.8 级）就位于环太平洋地震带上。

强烈地震造成了巨大灾害，严重威胁人类的生命和财产。虽然地震的预报目前仍存在一定的困难，但是实践证明，地震的发生是有前兆的，是可以预测和预防的。首先，在强烈地震之前，地下的岩石已经开始发生位移，在地面上则常有上升下降甚至倾斜现象。因此，可以在地面或水井、坑道、钻孔中安装各种仪器进行观测。其次，强烈地震之前，由于地下含水层受到挤压产生位移，破坏了地下水的平衡状态，使井水、泉水突然上升或下降，甚至干枯；地下水化学成分和物理性质也会突然变化。某些地区地震前，常有地声、地光、地电、地温、地磁、地重、地应力的异常现象。此外，人们还利用家畜及水中或地下生物的活动来预报地震，如1970年云南玉溪地震前，有牛羊不肯入栏和老鼠搬家现象。

通过对地震发生发展的研究，可以从中了解到很多关于地震的知识，获得有关地球构造、地震成因以及形成等方面知识，找出防震、抗震的措施，以减轻地震的危害。因此，人们关心地震，研究地震发生的规律性，也正是为了防治和减少地震带来的灾害。

1.3.2　外力地质作用

外力地质作用是在太阳能的主导之下，由地壳表面的水、空气、生物来完成的。外力地质作用其作用方式有风化、剥蚀、搬运、沉积和成岩作用。其总的趋势是削高填低，使地面趋于夷平。这些地质作用是互相连续的，而又是时时开始时时进行着的，是地表岩石的破坏过程，也是沉积岩和外生矿床的形成过程。

1.3.2.1　风化作用

在地表或靠近表层岩石，由于长期在阳光、空气、水和生物的作用下，发生崩裂、分解等变化过程，称为风化作用。按风化作用因素的不同，可以分为物理风化作用、化学风化作用和生物风化作用三种。

A　物理风化作用

岩石在风化过程中，只发生机械破碎，而化学成分不变的作用，称为物理风化作用。引起物理风化的主要因素是温度的变化（温差效应）（图1－8）、水的冻结（冰劈作用）和结晶胀裂等。如沙漠地区，岩石白天被阳光照射，温度可达60～80℃，到夜间则降至0℃以下，岩石随温度变化反复膨胀和收缩，胀缩转换越快，岩石破坏越快。此外，充填在岩石裂隙中的水的冻结和盐溶液的结晶都会使岩石裂隙胀大而破坏岩石。

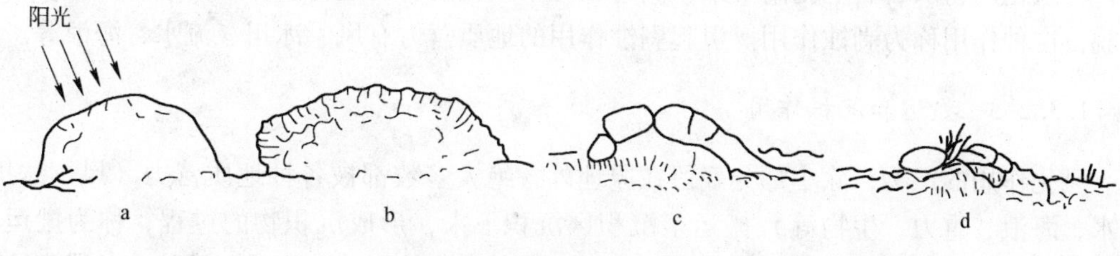

图1－8　物理风化作用示意图

B　化学风化作用

化学风化作用主要是在H_2O、O_2、CO_2以及各种酸类影响下引起岩石和矿物的化学分解作用。这种作用不仅破坏岩石和矿物，改变其化学成分，而且产生新矿物。如硬石膏与水结合，可形成石膏。

$$CaSO_4 + 2H_2O \longrightarrow CaSO_4 \cdot 2H_2O$$
（硬石膏） （石膏）

当水溶液中有多量的氧时，可促使某些矿物迅速氧化，如黄铁矿经氧化后可生成稳定的褐铁矿。

$$4FeS_2 + 14H_2O + 15O_2 \longrightarrow 2(Fe_2O_3 \cdot 3H_2O) + 8H_2SO_4$$
（黄铁矿） （褐铁矿）

当水中溶有 CO_2 时，将促使某些矿物发生分解而产生新的矿物。

$$4K[AlSi_3O_8] + 4H_2O + 2CO_2 \longrightarrow Al_4[Si_4O_{10}](OH)_8 + 8SiO_2 + 2K_2CO_3$$
（正长石） （高岭石）

纯水对碳酸盐几乎不起作用，若水中含有 CO_2 时，则使难以溶解的碳酸盐变成易溶解的重碳酸盐而造成化学风化：

$$CaCO_3 + CO_2 + H_2O \longrightarrow Ca(HCO_3)_2$$
（方解石） （碳酸氢钙）

总的说来，化学风化作用使一些原来在地壳中比较稳定和坚硬的矿物发生化学变化，形成在大气和水的环境中比较稳定但却是松软的矿物，如高岭石、褐铁矿等。化学风化作用使岩石的硬度降低，密度变小，矿物成分变化等。

C 生物风化作用

生物风化作用是指生物活动和死亡所引起岩石的破坏作用，既有机械破坏，也有化学分解。如植物生长在石缝中，根部挤压岩石（根劈作用），并分泌出酸类破坏岩石中的矿物以吸取养分。岩石孔隙中的细菌和微生物又析出各种有机酸、碳酸等，对岩石和矿物起着强烈的破坏作用。

自然界中，上述三种作用总是同时存在，互相促进的，但在具体地区可以有主次之分。地壳表层的岩石经过风化以后，除一部分物质溶解于水转移他处之外，难以风化的碎屑成分或化学残余物，就在原来岩石的表层上面残留下来。这个被风化了的岩石表层部分，通常称为风化带或称为风化壳。

1.3.2.2 剥蚀作用

将风化产物从岩石上剥离下来，同时也对未风化的岩石进行破坏，不断改变着岩石的面貌，这种作用称为剥蚀作用。引起剥蚀作用的地质营力有风、冰川、流水、海浪等。

1.3.2.3 搬运和沉积作用

风化作用的产物，除小部分残留在原地外，绝大多数都被各种地质营力（风、冰川、流水、海浪、重力、生物等）搬运至沉积区沉积下来，形成沉积物的过程，称为搬运和沉积作用。碎屑物质和黏土物质等以机械搬运为主，胶体及溶解物质以胶体溶液或真溶液的形式被搬运。

A 机械搬运沉积作用

被搬运的物质主要是物理风化过程中所形成的机械破碎物（碎屑、黏土等）。其搬运距离与碎屑物质的颗粒大小、形状、密度和介质的搬运能力（主要指流速）有关。其搬运方式，一般粗大的碎屑物多以滚动、滑动或跳跃的形式被搬运，细粒的可呈悬浮状态被搬运。在机械搬运的过程中，除对被搬运物质继续进行破坏外，还进行分选和磨圆作用。

由于搬运介质搬运能力的减弱，被搬运物质按颗粒大小、形状和密度在适当地段依次沉积下来，称为机械沉积。沉积物颗粒由粗变细，故形成的岩石依次为：砾岩、砂岩、粉砂岩、黏土岩等不同粒级的岩石。此外，在机械分异作用下，还可以形成许多有经济价值的砂矿床，如铂、金、锡、锆石、金刚石等。

B 化学搬运和沉积作用

化学搬运和沉积作用包括胶体溶液和真溶液的搬运和沉积作用两种情况。

(1) 胶体搬运和沉积作用。呈胶体溶液状态被搬运的物质，在搬运的过程中，当介质环境的变化（或其他种种原因），胶体质点所带电荷被中和时，就会因此凝聚，形成较大的质点沉淀下来。例如，由大陆淡水形成的胶体溶液和富含电解质的海水相遇时，即可引起胶体沉淀。故在海滨地区常可见由胶体沉积形成的赤铁矿、锰矿等。

(2) 真溶液物质的搬运和沉积作用。呈真溶液被搬运的物质流到适当的地区（注水盆地）以后，通过化学反应，或蒸发等过程，从溶液中沉淀出来，所形成的岩石称为化学岩。

C 生物搬运和沉积作用

生物对物质的搬运和沉积的作用方式可分为两个方面。

(1) 促进介质中某些物质的搬运和沉积。例如，铁矿床的生成与细菌有关。又如生物活动吸收和排放出的 CO_2，可影响碳酸盐的溶解和沉淀。

(2) 直接作为物质沉积，生成生物沉积岩。如可燃有机岩（煤、石油等），生物石灰岩、磷灰岩等。

1.3.2.4 成岩作用

使疏松的沉积物再经过压固、胶结、重结晶等作用后，变为沉积岩的过程，称为成岩作用。

(1) 压固作用。在沉积物形成的过程中，由于地壳不断下降接受沉积，先堆积下来的沉积物在上覆沉积物及水体的压力下，使体积压缩、孔隙度变小，水分减少（脱水），密度增大，逐渐变成沉积岩。由黏土沉积物变为黏土岩，由碳酸盐沉积物变为碳酸盐岩，主要是压固作用的结果。

(2) 胶结作用。在碎屑物质沉积的同时或稍后，水介质中以真溶液或胶体溶液性质搬运的物质，亦可随之发生沉积，形成泥质、钙质、铁质、硅质等沉积物。这些物质充填于碎屑沉积物颗粒之间，降低了沉积物的孔隙度，并使其黏着在一起，再经过压缩、脱水作用，并形成坚硬的碎屑岩。

(3) 重结晶作用。由于地壳下降，使化学沉积物或某些非晶质，细粒物质被埋在地下深处，在较高的温度和压力作用下改变结晶质或使颗粒变粗的作用称再结晶作用。如胶体物质变为黏土，松散的碳酸钙沉积（絮状物）变为坚硬的石灰岩等。

1.3.3 内外力地质作用的相互关系

自地壳形成以来，内力和外力地质作用在时间和空间两个方面，都是一个连续的过程。虽然它们时强时弱，有时以某种作用为主导，但始终是相互依存，彼此推进的。由于地壳表层是由内、外力地质作用共同活动，既对立又统一、既斗争又依存的场所，因而自然界中各种地质体无不留有内、外力地质作用的痕迹。

1.3.3.1　内外地质作用的相互作用

内力地质作用所引起的变化主要是建设性的，但有时也兼有破坏作用。例如岩浆（炽热的熔岩）上升或吞并和熔化上层某些部分，继而又凝固或侵入上层并破坏它的完整性，同时又把它填充胶结起来而成为一个新的比较复杂的整体。外力地质作用在大陆上主要是破坏性的，而在海洋中则主要是建设性的。

内动力地质作用总的趋势是造成地壳表面的起伏不平，外动力地质作用则为削高填低，使地壳趋于夷平。内力地质作用造成地壳表面的起伏不平，为外力地质作用创造了条件，外力地质作用的削高填低又为内力地质作用提供了便利。在内外力地质作用下，地壳就时时处在变化和发展之中，成为一个时时在变化和发展中的矛盾统一体。

1.3.3.2　地壳物质组成的相互转化

组成地壳表层的三大类岩石——岩浆岩、沉积岩和变质岩，并非静止不变，它们在内、外动力的作用下，是可以相互转化的。岩浆岩和变质岩是在特定的温度、压力和深度等地质条件下形成的，但随着地壳上升而暴露于地表，经外动力的长期作用，被风化、剥蚀、搬运，并在新的环境中沉积下来，后经成岩作用形成沉积岩。而沉积岩随着地壳下降埋深达到一定温度和压力时，又可以转变成变质岩，甚至熔融成为岩浆，再经岩浆作用形成岩浆岩。

随着岩石的转变，储存在岩石中的有用矿产也在不断变化，例如煤层或富含碳质的沉积岩，在遭受强烈变质后，可以形成石墨。岩浆岩和变质岩中常有很多稀有放射性矿物，呈分散状态存在，不便于开采和利用，经过剥蚀、搬运、沉积等外力地质作用后，常富集成为砂矿床。许多外生金属矿床也可以在不断的变质作用中逐渐富集，形成规模巨大的矿床。

2 矿 物

2.1 矿物及晶体的概念

2.1.1 矿物的概念

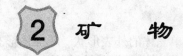

矿物是在各种地质作用中所形成的具有相对固定化学成分和物理性质的天然单质或化合物。是组成岩石和矿石的基本单位。如自然金（Au）、自然铜（Cu）、金刚石（C）等天然单质矿物；锡石（SnO_2）、黄铜矿（$CuFeS_2$）、方铅矿（PbS）等天然化合物矿物。矿物种类繁多，其中有许多有用的矿物，它们是发展现代化的工业、农业、国防事业、科学技术不可缺少的原料。

在已知的三千余种矿物中，除个别以气态（如碳酸气、硫化氢气等）或液态（如水、自然汞等）出现外，绝大多数均呈固态。固态物质按其内部质点有无按规律排列，可分为晶质体和非晶质体。绝大部分矿物是晶质体。各种矿物都具有一定的外表特征——形态和物理性质，它们可作为鉴别矿物的依据。

2.1.2 晶质体和非晶质体的概念

自然界中的绝大部分矿物都是晶质体。所谓晶质体，就是其内部质点（原子、离子或分子）呈规律排列，这种规律表现为质点在三维空间做周期性的平移重复，从而构成了所谓的格子构造，即表示这种重复规律的几何图形。因此，晶体的概念是：凡是内部质点按规律排列具有格子构造的固体称为结晶质，结晶质在空间的有限部分即为晶体。例如食盐（NaCl），由于其内部的 Na^+ 和 Cl^- 在空间的三个方向上按等距离排列，所以外表就呈现出立方体的晶形（图 2-1）。然而在多数情况下，由于受生长条件的限制，矿物晶形的发育常常不是很完善，但只要其内部的质点是按规律排列的，仍不失其结晶的实质。

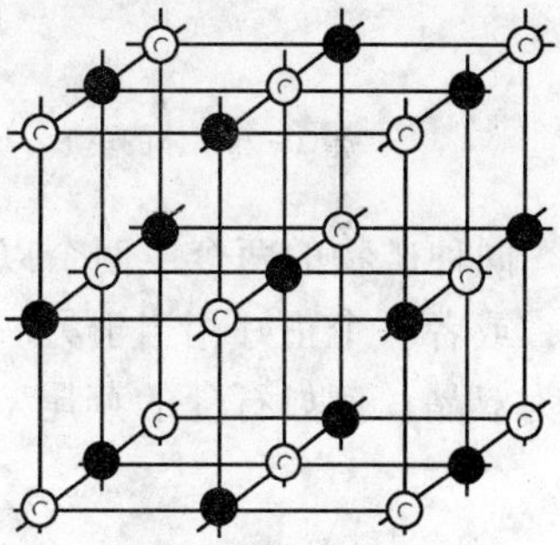

图 2-1 食盐晶体

非晶质体中内部质点的排列没有一定的规律，所以外表就不具有固定的几何形态。例如蛋白石（$SiO_2 \cdot nH_2O$）、褐铁矿（$Fe_2O \cdot nH_2O$）等。

晶质和非晶质并非是一成不变的，在一定的温度、压力条件下是可以相互转化的。例如结晶的黄铁矿可以变为非晶质的褐铁矿，而蛋白石则可以转化为结晶的石英。

2.2 矿物的形态

矿物的形态是指矿物的单体及集合体的外表形状。矿物的集合体是指同种矿物聚集在一起的整体。在自然界，矿物多数呈集合体出现，但是也出现具有规则几何多面体形态的单晶体，所以矿物的形态包括矿物的单体形态和集合体形态两大类。

2.2.1　矿物的单体形态

矿物的单体形态是指矿物单晶体的外表形状。单晶体形态可分为两种，一种是由单一形状的晶面所组成的晶体，称为单形。如黄铁矿的立方体晶形，就是由六个同样的正方形晶面所组成的（图 2-2a）；另一种是由数种单形聚合而成的晶体，称为聚形。如石英的晶体通常是由六方双锥和六方柱这两种单形聚合而成的（图 2-2b）。

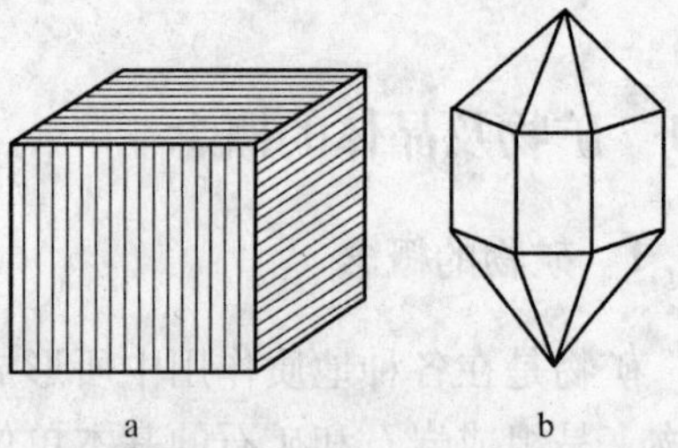

图 2-2　单形和聚形
a—黄铁矿的单形；b—石英的聚形

同一种矿物因形成时物理化学条件的不同，可以出现几种不同的晶形。例如磁铁矿的晶体除有八面体的单形外，还有菱形十二面体的单形以及八面体和菱形十二面体的聚形（图 2-3）。而不同的矿物又可以有相似的晶形，如岩盐、萤石、黄铁矿等都可以呈现立方体晶形。这在鉴定矿物时是必须注意的。

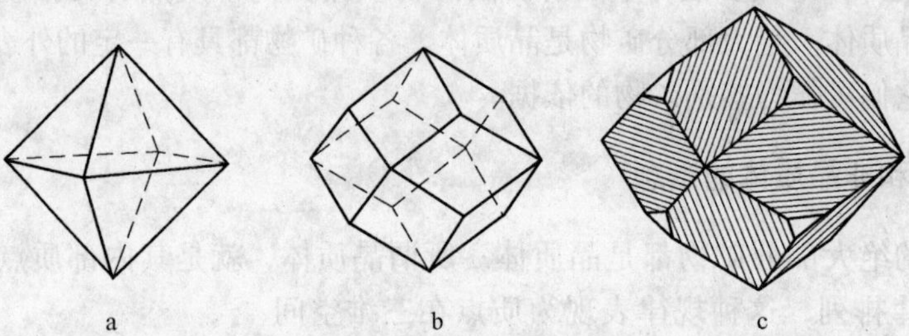

图 2-3　磁铁矿的几种晶形
a—八面体的单形；b—菱形十二面体的单形；c—八面体和菱形十二面体的聚形

同种矿物的两个或两个以上的晶体，其中相邻两晶体，一个恰好是另一个的镜像反应，或者一个正好相当于另一个旋转 180°的位置，则此两个或两个以上规律的连生体称为双晶。例如石膏的燕尾双晶、萤石的贯穿双晶以及斜长石的聚片双晶等（图 2-4）。

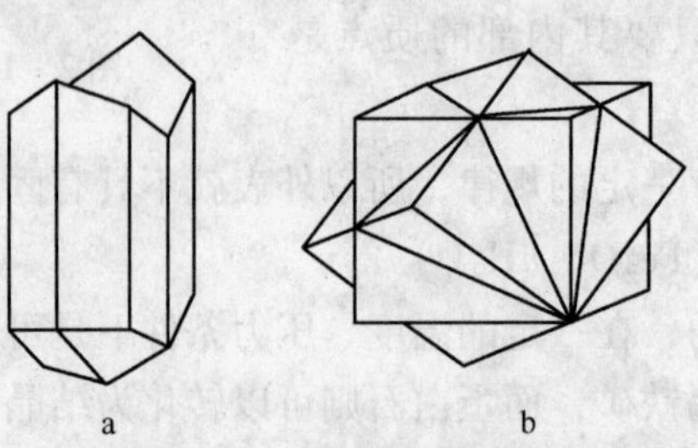

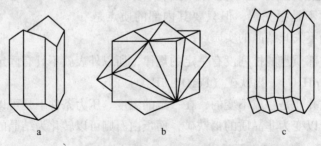

图 2-4　几种双晶形式
a—石膏的燕尾双晶；b—萤石的贯穿双晶；c—斜长石的聚片双晶

矿物的形态虽然众多，但就其在空间的发育状况即结晶习性而言，主要有三种类型：

(1) 一向延长。晶体沿一个方向发育，如绿柱石、电气石、石棉等常形成的柱状、针状、纤维状。

（2）二向延长。晶体沿两个方向发育，如重晶石、云母、绢云母等常形成的板状、片状、鳞片状。

（3）三向等长。晶体在空间的三个方向上发育均等，如磁铁矿、石榴子石等常形成的等轴粒状。

2.2.2 矿物集合体的形态

矿物集合体的形态是指矿物集合体的外表形状。在自然界中，绝大多数矿物是以集合体的形态出现。因此，矿物的集合体形态往往具有鉴定特征的意义，同时还反映矿物的生成环境。常见的集合体形态有：

（1）粒状集合体。粒状集合体由三向等长的矿物晶粒集合而成。按粒度的大小可分为粗粒（颗粒直径大于5mm）、中粒（颗粒直径介于5~2mm之间）和细粒（颗粒直径小于2mm）三种，当颗粒过于细小，以至肉眼无法分辨其界限时，一般称为致密块状，如块状磁铁矿。

（2）板状、片状、鳞片状集合体。这些集合体由二向延长晶质矿物集合而成。其中，矿物单体具有一定的厚度，形状如板者称为板状集合体，如黑钨矿；矿物单体呈大片者称为片状集合体，如云母；由细小的薄片状矿物集合而成的称为鳞片状集合体，如辉钼矿。

（3）柱状、针状、纤维状及放射状集合体。这些集合体由一向延长晶质矿物集合而成。其中，矿物单体为短而粗的柱状者称为柱状集合体，如辉石、角闪石等；矿物单体细长似针者称为针状集合体，如电气石；矿物单体细小如纤维者称为纤维状集合体，如石棉。若矿物单体围绕某一中心大致呈放射状排列的则称为放射状集合体，如阳起石（图2-5）。

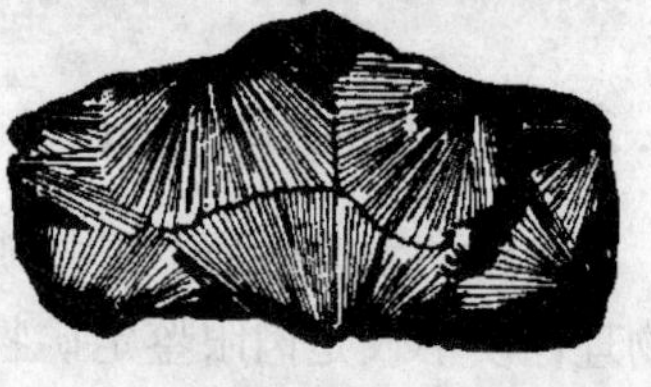

图2-5 阳起石的放射状集合体

（4）晶簇。一端固着于共同基底上，另一端自由发育成比较完好的单晶体集合而成，显示它是在岩石的空洞内生成的，这种集合体的形态称为晶簇。如石英、方解石的晶簇（图2-6）。生长晶簇的空洞叫晶洞。许多良好的晶体和宝石是在晶洞中发育而成的。

（5）树枝状集合体。其形状如树枝集合体形态，如树枝状锰矿（图2-7）。是矿物晶体沿某一方向生长过快而形成的。

图2-6 石英晶簇

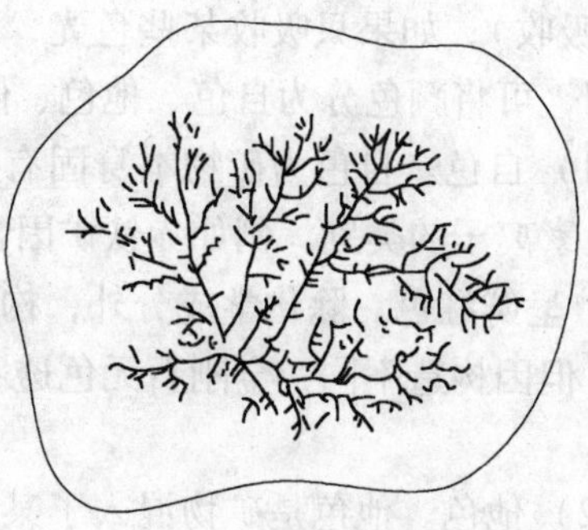

图2-7 树枝状锰矿

（6）结核状的集合体。矿物溶液或胶体溶液围绕着细小岩屑、生物碎屑、气泡等由中心向外层逐渐沉淀而形成球状、透镜状、姜状等集合体，称为结核。常见的有黄铁矿、菱铁矿等结核。结核小于2mm，形同鱼子状的称为鲕状，如鲕状赤铁矿（图2-8）。

（7）钟乳状集合体。溶液或胶体因失去水分而逐渐凝聚所形成，因此往往具有同心层状（即皮壳状）构造，如钟乳状方解石、孔雀石等。钟乳状可再细分为肾状、葡萄状和皮壳状，如肾状赤铁矿（图2-9）。

（8）土状集合体。土状集合体由疏松、柔软的粉末状物质聚集而成，如高岭石。

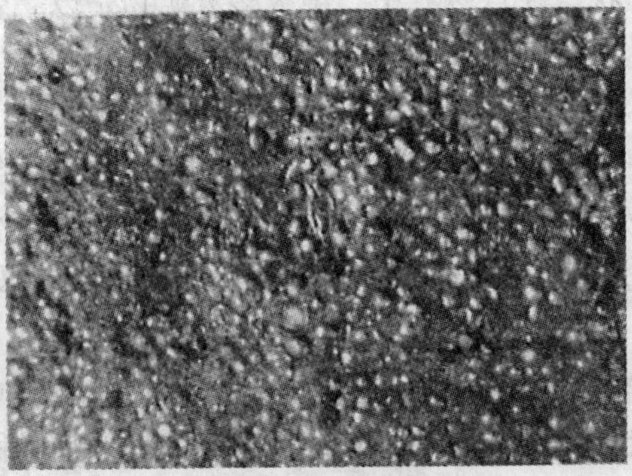

图2-8 鲕状赤铁矿

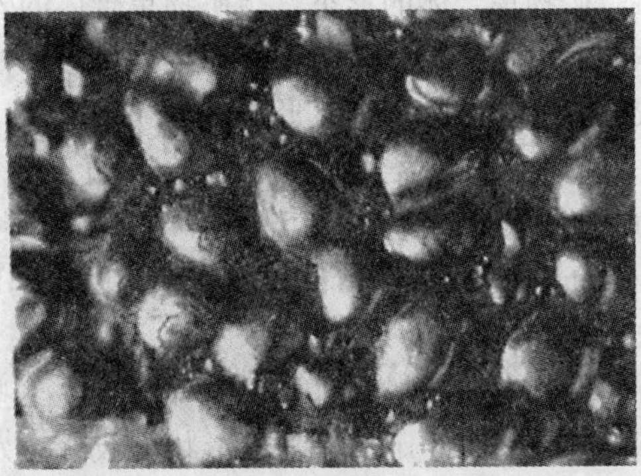

图2-9 肾状赤铁矿

2.3 矿物的物理性质

矿物的物理性质，是指矿物的光学、力学、电磁学、热学及其他方面的性质。矿物的物理性质不仅是肉眼鉴定矿物的重要依据，而且在物理探矿、采矿、选矿工作中也广泛被应用。

矿物的物理性质主要决定于它的晶体构造和化学成分，因而每种矿物都以其固有的物理性质与其他矿物相区别，所以我们可以根据矿物的物理性质来认识和鉴定矿物。下面着重介绍用肉眼和简单工具就能分辨的若干物理性质。

2.3.1 颜色

颜色是矿物对可见光波的吸收作用所引起的。太阳光是由七种不同波长的色光所组成的，当矿物对它们均匀吸收时，可因吸收的程度不同，使矿物呈现出白色、灰色、黑色（全部吸收）；如果只吸收某些色光，就呈现另一部分色光的混合色。根据矿物颜色产生的原因，可将颜色分为自色、他色、假色三种。

（1）自色。自色为矿物本身固有的颜色。自色主要取决于矿物的内部性质，特别是所含色素离子的类别。例如赤铁矿因含 Fe^{3+} 呈红色，孔雀石因含 Cu^{2+} 呈绿色，红宝石因含 Cr^{3+} 呈鲜红色。除化学成分外，构造也是形成自色的一个因素。如金刚石和石墨成分相同，但因构造不同，金刚石无色透明，而石墨则为黑色。自色比较固定，因而具有鉴定意义。

（2）他色。他色是矿物混入了某些杂质所引起的，与矿物的本身性质无关。他色不固定，随杂质的不同而异。如纯净的石英晶体是无色透明的（水晶），但含氧化铁则呈玫瑰色（即玫瑰石英），含锰就呈紫色（即紫水晶），含碳的微粒时就呈烟灰色（即墨晶）。由于他色多变而不稳定，所以对鉴定矿物没有很大的意义。

（3）假色。假色是由于矿物内部的裂隙或表面的氧化薄膜对光的折射、散射所引起的。其中由裂隙所引起的假色称为晕色，如云母解理面上常出现的虹彩；由氧化薄膜所引起的假色称为锖色，如斑铜矿表面常出现斑驳的蓝色和紫色。

矿物颜色复杂多样，初学者不易辨认。下面列出一些颜色比较标准的矿物，供学习时对照标本练习，识别矿物颜色。

绿 色——孔雀石	锡白色——毒 砂	铁黑色——磁铁矿	铜黄色——黄铜矿
蓝 色——蓝铜矿	铅灰色——方铅矿	钢灰色——镜铁矿	金黄色——自然金
黄 色——雄 黄	红 色——辰 砂	褐 色——褐铁矿	靛青色——铜 蓝

观察矿物颜色时，应注意在新鲜面上观察。

2.3.2 条痕

矿物粉末的颜色称为条痕。通常将矿物在素瓷条痕板上擦划得之。当矿物硬度大于条痕板时，可将矿物碾成粉末，放在白纸上观察。条痕可清除假色，减弱他色而显示自色，所以较为固定，具有重要的鉴定意义。例如赤铁矿有暗红、钢灰、铁黑等多种颜色，然而其条痕却均为樱红色。但条痕对于鉴定浅色的透明矿物没有多大意义，因为这些矿物的条痕几乎都是白色或近于无色，难以区别。

初学者观察条痕时，一定要注意，用矿物的新鲜部分在条痕板上轻轻擦划，力求获得较细的粉末，这样的条痕才准确。

2.3.3 光泽

矿物表面反射光线的能力称为光泽。按反光的强弱，光泽可分为金属光泽，半金属光泽和非金属光泽。

（1）金属光泽。矿物表面反光极强，如同金属磨光面所呈现的光泽，如方铅矿、黄铜矿等。

（2）半金属光泽。较金属光泽稍弱，暗淡而不刺目，如黑钨矿、磁铁矿等。

（3）非金属光泽。是一种不具金属感的光泽。可再细分为金刚光泽，如金刚石、闪锌矿；玻璃光泽，如水晶、方解石；油脂光泽，如石英、锡石断面上的光泽；丝绢光泽，如石棉；珍珠光泽，如白云母；蜡状光泽，如蛇纹石；土状光泽，如高岭石等。

实际观察光泽时应注意下列几点：

（1）光泽是矿物平滑表面（晶面、解理面）的反光现象，凸凹不平的表面（如断口）上的光泽，往往和晶面不同，如锡石晶面为金刚光泽，断口为油脂光泽。

（2）注意观察新鲜面，污染或风化会使光泽减弱。

（3）应将矿物表面迎着光线，反复转动，详细观察。

（4）一般条痕为黑色或金属色的矿物，呈金属光泽；浅色或彩色条痕的矿物，呈非金属光泽；褐色、红色条痕者，多为半金属光泽。

2.3.4 透明度

矿物透光的程度称为透明度。矿物对光线的吸收能力除和矿物本身的化学性质与晶体构造有关以外，还明显地与厚度及其他因素有关。因此，某些看来是不透明的矿物，当其磨成薄片时，却仍然是透明的，所以透明度只能作为一种相对的鉴定依据。为了消除厚度的影响，一般以矿物的薄片（0.03mm）为准。据此，透明度可以分为透明、半透明、不透明三级。

（1）透明矿物。透过矿物的薄片可清楚地看到对面的物体，如石英、方解石等。

（2）半透明矿物。透过矿物薄片可以模糊地看到对面的物体，如闪锌矿、辰砂等。

（3）不透明矿物。看不到薄片对面物体的矿物，如黄铁矿、方铅矿等。

以上所述的颜色、条痕、光泽和透明度都是由于矿物对光线的吸收、折射和反射表现出来的光学性质，所以上述各种光学性质之间，具有一定的内在联系（表2-1）。

表2-1 矿物颜色、条痕、光泽、透明度间的关系简表

颜色	无色	浅色	彩色	黑色或金属色（部分硅酸盐矿物除外）
条痕	白色或无色	浅色或无色	浅色或彩色	黑色或金属色
光泽	玻璃	金刚	半金属	金属
透明度	透明	半透明		不透明

2.3.5 硬度

矿物抵抗外力刻划、压入、研磨的能力称为矿物的硬度。肉眼鉴定矿物时，常用两个矿物相互刻划的简单方法来确定矿物的相对硬度，并以“摩氏硬度计”中所列举的十种矿物作为对比的标准（表2-2）。

表2-2 摩氏硬度计

硬度	矿物	硬度	矿物	硬度	矿物	硬度	矿物	硬度	矿物
1	滑石	3	方解石	5	磷灰石	7	石英	9	刚玉
2	石膏	4	萤石	6	正长石	8	黄晶	10	金刚石

用摩氏硬度计测定矿物硬度的方法很简单，即将欲测矿物和硬度计中的标准矿物相刻划。例如某矿物能被石英所刻划，但不能被长石所刻划，则该矿物的硬度必介于6~7之间，可以确定为6.5。若某矿物和方解石相刻划，彼此无损伤，说明二者硬度相等，该矿物硬度为3。但必须指出，摩氏硬度只是相对等级，并不是硬度的绝对数值，所以不能认为：金刚石比滑石硬10倍。另外，有些矿物在晶体的不同方向上，硬度是不一样的。例如蓝晶石，沿晶体轴向方向的硬度为4.5，而垂直该方向的硬度6.5。大多数矿物的硬度比较固定，所以具有重要的鉴定意义。在野外，可利用指甲（2~2.5）、铜钥匙（3）、小刀（5~5.5）、钢锉（6~7）来粗略地测定矿物的硬度。

2.3.6 解理

矿物晶体受力后，沿着一定的方向裂开成光滑面的特性称为解理（图2-10）。裂开的光滑面称为解理面。

各种矿物解理方向的数目不一，有一个方向的解理，如云母；有两个方向的解理，如斜长石；有三个方向的解理，如方解石；六个方向的解理，如闪锌矿。

根据矿物受力后，裂开的难易程度，解理片大小与厚薄，解理面的完善程度等，可将解理分为五级：

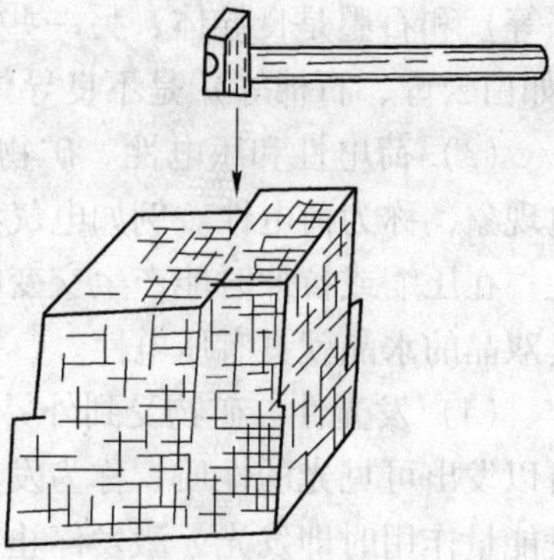

图 2－10　解理及解理面

（1）极完全解理。解理面非常平滑，矿物很容易裂成薄片，如云母、辉钼矿。

（2）完全解理。解理面平滑，矿物易分裂成薄板状或小块，如方解石、方铅矿。

（3）中等解理。解理面不甚平滑，如角闪石、辉石。

（4）不完全解理。解理面不易发现，如锡石、磷灰石。

（5）极不完全解理。实际上无解理，矿物碎裂后只出现断口，如石英、磁铁矿。

2.3.7　断口

矿物受打击后，沿任意方向发生不规则的断裂，其凹凸不平的断裂面称为断口。断口和解理是互为消长的，即解理程度越低的矿物才容易形成断口，解理程度越高的矿物不易出现断口。根据断口的形状，可分为贝壳状断口、参差状断口和锯齿状断口等。

（1）贝壳状断口。矿物破裂后具有弯曲的同心凹面，与贝壳很相似，如水晶上的贝壳状断口（图 2－11）。

（2）参差状断口。断裂面呈粗糙不平，参差不齐，绝大多数矿物具有此种断口，如黄铁矿。

（3）锯齿状断口。断面尖锐如锯齿，延展性很强的矿物常具此种断口，如自然铜。

图 2－11　水晶上的贝壳状断口

2.3.8　相对密度

矿物在空气中的重量与4℃时同体积水的重量比，称为相对密度。它与矿物的密度在数值上是相同的，但较密度更易于测定。根据相对密度的大小可把矿物分为轻级、中级、重级。

（1）轻级矿物：相对密度小于2.5，如石盐（2.1～2.2）、石膏（2.3）。

（2）中级矿物：相对密度为2.5～4，如石英（2.65）、方解石（2.6～2.8）。

（3）重级矿物：相对密度大于4，如锡石（6.8～7.0）、斑铜矿（4.9～5.3）。

2.3.9　矿物的其他性质

（1）磁性。矿物的颗粒或粉末能被永久磁铁所吸引的性质称为磁性。由于许多矿物均具有不同程度的磁性，大多数矿物磁性较弱，因此具有鉴定意义的只限于少数磁性较强的矿物。如磁铁矿、磁黄铁矿等。

（2）导电性。矿物对电流的传导能力称为导电性。有些金属矿物（如自然铜、辉铜矿等）和石墨是良导体，另一些矿物（如金红石、金刚石等）是半导体，还有一些矿物（如白云母、石棉等）是不良导体（即绝缘体）。

（3）荷电性和压电性。矿物受外界能量作用（如摩擦、加热、加压）时，能产生带电现象，称为荷电性。例如电气石在受热时，一端带正电荷，另一端带负电荷，称为热电性；在压缩或拉伸时能产生交变电，将机械能转化为电能的称为压电性，如纯净透明、不具双晶的水晶就具有压电性。

（4）发光性。矿物受到外界能量的激发（如加热、摩擦、紫外线或阴极射线照射等）可以发出可见光的性质，称为发光性。矿物的发光性可分为两种：1）荧光。当受外界激发能量作用时即发光，激发停止，光随之消失，如萤石在加热时，白钨矿在紫外线的照射下均能产生荧光。2）磷光。矿物受到外界能量激发时即发光，激发射线停止后，矿物继续发一段时间的光称为磷光，如磷灰石。

（5）放射性。这是含放射性元素的矿物所特有的性质，特别是含铀、钍的矿物，如晶质铀矿、方钍石均具有强烈的放射性。

除上述几种主要的物理性质外，某些矿物尚具有弹性、脆性、挠性、延展性、韧性、吸水性及臭味、咸味等。因仅对个别矿物有鉴定意义，故不详述。

2.4　矿物的化学性质及矿物分类

矿物是由地壳中各种化学元素结合而成的，所以它们都具有一定的化学性质。

2.4.1　矿物的化学成分

自然界中矿物的化学成分是复杂多样的，综合起来可分为单质和化合物。单质是由同一元素自相结合而成的矿物，如自然金（Au）、自然铜（Cu）、石墨（C）等。化合物是由两种或两种以上元素化合而成的矿物，如石英（SiO_2）、赤铁矿（Fe_2O_3）、方解石（$Ca[CO_3]$）等。

无论是单质还是化合物，其化学成分都不是绝对固定不变的，通常都是在一定的范围内有所变化。引起矿物化学成分变化的原因，对晶质矿物而言，主要是元素的类质同象代替。对胶体矿物来说，则主要是胶体的吸附作用。通常说某种矿物成分中含有的某些混入物，除因类质同象代替和吸附而存在的成分外，还包括一些以显微（及超显微）包裹体形式存在的机械混入物。

2.4.2　类质同象与同质异象

2.4.2.1　类质同象

晶体中的某种质点被性质相近的其他质点以不同比例互相置换或代替，而又不引起晶体构造发生根本变化的现象，称为类质同象。在晶体中，一种质点被另一种质点代替的限度是不同的。按可代替的限度，类质同象分两种类型：

（1）完全类质同象。完全类质同象指替代的质点能以任何比例混溶，形成一系列连续的中间化合物。如钨锰矿－钨铁矿系列中 Mn^{2+} 和 Fe^{2+} 之间可以任何比例互相置换，形成一系列的中间化合物：

$$MnWO_4—(Mn,\ Fe)\ WO_4—(Fe,\ Mn)\ WO_4—FeWO_4$$

钨锰矿　　钨锰铁矿　　钨铁锰矿　　钨铁矿

在这个系列中，矿物的结构类型相同，只是晶格常数略有变化。

(2) 不完全类质同象。不完全类质同象是质点的置换有一定限度，不能无限制的替换。如闪锌矿（ZnS）中的 Zn^{2+} 常被 Fe^{2+} 所置换，形成含铁的闪锌矿（Zn，Fe）S。但 Fe^{2+} 代替 Zn^{2+} 有一定的限度（不超过26%），若超过此限度，晶体结构将被破坏，这种现象称为不完全类质同象。此类矿物称为有限固溶体。

所谓固溶体是指在固态条件下，一种组分溶于另一种组分之中而形成的均匀的固体。

2.4.2.2　同质异象

化学成分相同的物质，在不同的物理化学条件下，可以生成不同的结晶构造，从而具有不同形态和物理性质的矿物，这种现象称为同质异象。最典型的例子是金刚石和石墨，虽然它们都是由碳所组成的，但两者的结晶构造和物理性质却截然不同，如图 2－12 和表 2－3 所示。

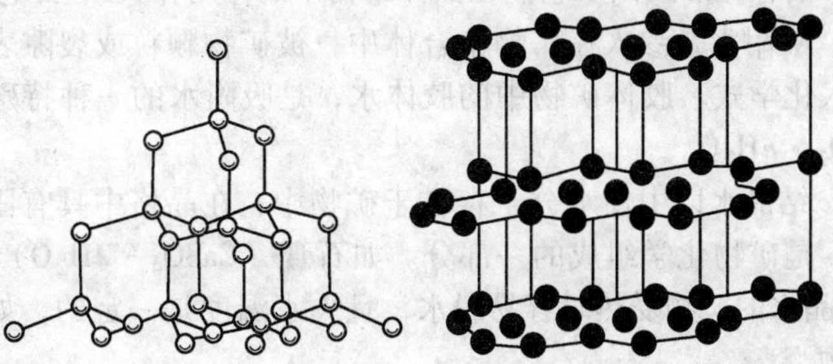

a　　b

图 2－12　金刚石（a）和石墨（b）的结晶构造

表 2－3　石墨和金刚石物理性质的比较

物理性质	石 墨	金刚石	物理性质	石 墨	金刚石
颜 色	灰色或铁黑色	无色(或带各种色调)	解 理	完 全	中 等
透明度	不透明	透 明	相对密度	2.09～2.23	3.50～3.53
光 泽	金 属	金 刚	导电性	强	弱
硬 度	1	10			

2.4.3　胶体矿物

胶体是一种物质的微粒（粒径 1～100nm）分散于另一种物质之中所形成的不均匀的细分散系。前者称为分散相（或分散质），后者称为分散媒（或分散介质）。无论是固体、液体或气体，既可作为分散相，也可作为分散媒。在胶体分散体系中，当分散媒远多于分散相时，称为胶溶体，而分散相远多于分散媒时，称为胶凝体，分散媒为水时，称为胶体溶液。

固态的胶体矿物基本上只有水胶凝体和结晶胶溶体两类。就胶体矿物形成的过程来说，胶体颗粒通常是原岩（或原矿）的微细碎屑，而分散介质一般是水，两者一起便构成了胶体溶液。胶体溶液中的胶体颗粒间或胶体颗粒与带异电荷离子间发生相互作用时，胶体颗粒便相互中和而失去电荷，从而凝聚下沉而与介质分离，经逐渐固结后，就形成了固态的胶体矿物。如带负电荷的 SiO_2 胶体颗粒和带正电荷的 $Fe(OH)_3$ 胶体颗粒相遇时，就凝聚而成含二氧化硅的褐铁矿。由于这一原因，胶体矿物的化学组成常常不是很固定。例如胶体成因的硬锰矿（$m MnO_2 \cdot MnO \cdot n H_2O$）不仅其主要组成 MnO_2 和 MnO 的含量变化很大，而且还常混入少量的 K_2O、BaO、CaO、ZnO 等组分，这是由于带负电荷的 MnO_2 胶体颗粒能够从水溶液中吸附 K^+、Ba^{2+}、Ca^{2+}、Zn^{2+} 等阳离子所致。除此而外，分散介质的干枯、温度的变化、生物的活动等都可以促使胶体的凝聚。

2.4.4 矿物中的水

自然界中矿物的形成，大多数都和水有密切的关系，所以在矿物中常含有水。水在矿物中的存在，直接影响到矿物的性质。如含水矿物往往相对密度小，硬度低，多为表生矿物等。

根据矿物中水的存在形式以及它们在晶体结构中的作用，大致可以分为以下几类：

（1）吸附水。吸附水是渗入在矿物集合体中，被矿物颗粒或裂隙表面机械吸附的中性水分子。不写入化学式。胶体矿物中的胶体水，是吸附水的一种特殊类型，写入化学式，如蛋白石 $SiO_2 \cdot n H_2O$。

（2）结晶水。结晶水以中性水分子存在于矿物中，在晶格中具有固定的位置，起着构造单位的作用，是矿物化学组成的一部分。如石膏（$CaSO_4 \cdot 2H_2O$）、胆矾（$CuSO_4 \cdot 5H_2O$）等。含结晶水的矿物受热时容易脱水，且失水温度是一定的，如胆矾失水。借此可以鉴定某些矿物。

$$CuSO_4 \cdot 5H_2O \xrightarrow{30℃} CuSO_4 \cdot 3H_2O \xrightarrow{100℃} CuSO_4 \cdot H_2O \xrightarrow{400℃} CuSO_4$$

（3）沸石水。沸石水为沸石族矿物所特有。沸石类矿物结构中具有巨大的孔隙及孔隙相连的通道，水可在其中停留或进出。加热至 80 ~ 400℃时水就失去，但结构不受破坏，物理性质虽可有些变化，但当矿物吸水后又可恢复。

（4）层间水。层间水是存在于层状硅酸盐结构层之间的中性水分子。如蒙脱石中，水分子联结成层，水的含量多少受交换阳离子的种类、温度、湿度的控制。加热至 110℃时，层间水大量逸出，体积缩小；在潮湿环境中又可重新吸水。

（5）结构水。结构水又称化合水。是以 $(OH)^-$、H^+、$(H_3O)^+$ 离子形式参加在矿物晶格中，如高岭石 $Al_4(Si_4O_{10})(OH)_8$。结构水在晶格中占有固定的位置，在组成上具有确定的含量比，以 $(OH)^-$ 形式最为常见。失水后晶体结构破坏。

2.4.5 矿物的化学式

矿物的化学成分，以化学式表示，其表示方法有实验式和构造式两种。

2.4.5.1 实验式

实验式只表示矿物组成元素的种类及其分子（原子）数量比。表示方法有两种：

（1）用元素的形式表示，如 SnO_2（锡石），$KAlSi_3O_8$（正长石）。

（2）用简单氧化物形式表示，如 $K_2O \cdot Al_2O_3 \cdot 6SiO_2$（正长石）。

2.4.5.2 构造式

构造式不仅表示元素的种类和数量比，还反映各元素的原子在分子构造中的相互关系，如正长石 $K[AlSi_3O_8]$。构造式的表示法有以下几种：

（1）阳离子写在前面，有多种阳离子时，同种元素按离子电价由低至高排列，不同种元素按碱性由强至弱排列。如 SnO_2（锡石），$CuFeS_2$（黄铜矿）。

（2）阴离子写在后面，阴离子团（络阴离子）用方括号“[ ]”括起来，不止一种阴离子时，主要的写在前面，附加的写在后面。例如 $Ca[CO_3]$（方解石），$K[AlSi_3O_8]$（正长石），$Cu_2[CO_3](OH)_2$（孔雀石）。

（3）对类质同象混合物，是将存在替换的原子或离子用圆括号“( )”括起来，并把含量多的写在前边，彼此之间用逗点分开，如$(Mn, Fe)WO_4$（黑钨矿），$(Zn, Fe)S$（铁闪锌矿）。

（4）胶体水以 nH_2O 表示，写在化学式最后，并用圆点隔开。如 $SiO_2 \cdot nH_2O$（蛋白石），$Fe_2O_3 \cdot nH_2O$（褐铁矿）。结晶水、沸石水、层间水也写在化学式最后，并用圆点分开。如 $CaSO_4 \cdot 2H_2O$（石膏），$CaSO_4 \cdot 5H_2O$（胆矾）。

胶体中吸附的成分及某些矿物中的机械混入物，均不能用化学式表示出来。

2.4.6 矿物的共生

自然界的矿物都不是孤立存在的，它们之中的某些矿物经常共同出现在同一种岩石或矿石之中。由同一时期、同一成因所造成的矿物共存现象称为共生，反之则称为伴生。例如在铜矿床的氧化带中，常常可以见到黄铜矿、黄铁矿、褐铁矿、孔雀石、蓝铜矿在一起的矿石。但黄铜矿和黄铁矿是由内力地质作用所形成的，而褐铁矿、孔雀石、蓝铜矿则是黄铜矿、黄铁矿的氧化产物，是由外力地质作用所形成的。因此，在这种情况下，黄铜矿和黄铁矿可以视为共生，孔雀石和蓝铜矿也可以视为共生，而它们彼此间却只能视为伴生。

在各种不同的成矿过程中，矿物共生常具有一定的组合规律。例如在热液成矿过程中，黑钨矿常和石英、方铅矿常和闪锌矿相组合。了解这种组合规律，不但可以帮助我们识别矿物，而且对有用矿物的寻找和综合利用都具有重要的指导意义。例如在基性岩浆岩中发现有黄铜矿、黄铁矿、磁黄铁矿时，就有可能找到在工业上非常重要的镍黄铁矿。

2.4.7 矿物的命名和分类

2.4.7.1 矿物的命名

矿物的命名，至今尚无统一的原则。现有的矿物名称，主要是根据化学成分、矿物形态、物理性质以及地名命名的。举例如下：

（1）根据成分命名：如钨锰铁矿 $(Mn, Fe)[WO_4]$，铌-钽铁矿 $(Fe, Mn)Nb_2O_6 \sim (Fe, Mn)Ta_2O_6$。

（2）根据某些特殊的物理性质命名：重晶石（比重较大），孔雀石（翠绿色），方解石（菱面体完全解理）等。

（3）根据成分和性质联合命名：如方铅矿（立方体完全解理，PbS），磁铁矿（强磁性，Fe_3O_4），赤铁矿（条痕樱红色，Fe_2O_3），黄铜矿（铜黄色，$CuFeS_2$）等。

（4）根据形态命名：石榴子石（菱形十二面体，四角三八面体，或两者的聚形），十字石（十字双晶），菊花石（放射状集合体）等。

（5）根据地名命名：如大理石（盛产于云南大理），高岭石（江西高岭地方产此矿物著名），香花石（产自湖南香花岭）。

2.4.7.2　*矿物的分类*

矿物的分类方法很多，根据不同的需要有不同的分类方法。并且随着人们对矿物的认识逐步加深而不断发展着。目前在矿物学中常用的和比较合理的是晶体化学分类法。它是以矿物成分和构造作为依据进行分类的。按晶体化学分类法，将矿物分为大类，类（亚类），族（亚族），种（亚种）等。具体分类如下：

第一大类	自然元素
第二大类	硫化物及其类似化合物
第一类	简单硫化物及其类似化合物
第二类	复杂硫化物
第三大类	卤化物
第一类	氟化物
第二类	氯化物、溴化物和碘化物
第四大类	氧化物和氢氧化物
第一类	氧化物
第二类	氢氧化物
第五大类	含氧盐
第一类	硅酸盐
第二类	硼酸盐
第三类	磷酸盐、砷酸盐和钒酸盐
第四类	钼酸盐、钨酸盐
第五类	铬酸盐
第六类	硫酸盐
第七类	碳酸盐
第八类	硝酸盐

2.4.7.3　*矿物的鉴定方法*

鉴定矿物的方法很多，而且随着现代科学技术的发展，还在不断地完善和创新之中。总的来说是借助于各种仪器，采用物理学和化学的方法，通过对矿物化学成分、晶体形态和构造及物理特性的测定，以达到鉴定矿物的目的。在矿物鉴定方法中，有相当一部分需要高度精密的仪器和良好的实验室条件，所以在野外和一般矿山常因条件较差而无法采用，而多数是采用肉眼鉴定法（即外表特征鉴定法），它主要是凭肉眼和一些简单的工具（小刀、钢针、放大镜、磁铁、条痕板等）来分析辨别矿物的外表特征（有时也配合一些简易的化学分析方法），从而对矿物进行粗略的鉴定。

肉眼鉴定步骤和描述方法：

（1）观察矿物的形态。是单体形态还是集合体形态。

（2）观察矿物的光学性质。包括颜色、条痕、光泽和透明度。

（3）试验矿物的力学性质。包括硬度、解理、断口、相对密度及其他力学性质。

（4）借助某些简易化学试验进一步鉴别矿物。

在鉴定矿物时，上述方法和步骤应逐一观察和试验。但对具体标本来说，不是所有特征都能观察得到的，往往在一块标本上只有几项特征比较突出，其他特征没有或不明显，这就需多选几块标本，反复进行观察和试验，并且要抓住主要特征进行观察。如方铅矿，只要鉴定出立方体晶形，铅灰色，强金属光泽，三组完全解理，相对密度大等特征，就足以确认为方铅矿。这样的典型特征，称为鉴定特征，也是我们鉴定矿物时的主要描述内容。

初学者要想熟练地掌握矿物的鉴定特征，就必须经常接触标本，反复实践，进行观察、试验、对比、分析，找出相似矿物的主要异同点和每种的典型特征。只有这样才能准确、迅速的鉴定矿物。切记，不可脱离标本死记硬背。此外，还需注意，鉴定矿物时要尽量选择新鲜面观察和试验，力求得到正确的鉴定结果。

肉眼鉴定矿物的方法虽然比较粗略，但它对一个有经验者来说，利用此法可以正确鉴别很多常见的矿物，同时它也是其他所有鉴定方法必不可少的先行环节和重要基础，所以不能等闲视之。

2.5 常见矿物的鉴定特征

前面扼要介绍了矿物的形态、物理性质、化学性质、分类与鉴定等有关矿物方面的基本知识，为了有助于在此基础上更好地鉴别和掌握矿物，特按上述分类顺序，列出金属矿产中一些常见矿物的主要鉴定特征，供鉴定矿物时参考。

2.5.1 第一大类——自然元素矿物

自然元素矿物是由一种元素（单质）组成的矿物。这类矿物种类不多，有工业意义的较少，并以固态为主。这里主要介绍自然金、自然铜、石墨、金刚石等。

(1) 自然金（Au）。化学组成：Au。常含 Ag、Cu、Pb、Bi 等杂质。

主要鉴定特征：通常为片状，分散颗粒状和块状集合体。颜色和条痕为金黄色。相对密度为 15.6 ~ 18.3。纯金相对密度为 19.3。具延展性。不易氧化，不溶于酸，可溶于王水中。热和电的良导体。注意与黄铜矿和黄铁矿的区别。

成因与产状：主要形成于热液矿床，也常出现于砂矿中。共生矿物为石英、黄铁矿，即所谓含金石英脉。

用途：为金矿石的重要有用矿物。主要用于装饰、货币和工业技术。

(2) 自然铜（Cu）。化学组成：Cu。一般较纯，有时含微量 Fe、Ag 等杂质。

主要鉴定特征：常呈鳞片状、粒状和不规则树枝状集合体。颜色和条痕均为铜红色，表面常蒙一层黑色氧化铜。金属光泽。相对密度为 8.5 ~ 8.9。具延展性。导电性能良好。易溶于稀硝酸，并有蓝绿色火焰反应。

成因与产状：多产于含铜硫化物矿床氧化带下部，为含铜矿物还原而成。常与赤铜矿、孔雀石、辉铜矿共生。是各种地质过程中的还原条件下的产物。

用途：为铜矿石的有用矿物之一。电气、机械、交通运输、化工、国防均广泛应用。

(3) 石墨（C）。化学组成：C。石墨很少是纯净的，通常含各种杂质。

主要鉴定特征：通常呈鳞片状，为片状集合体。颜色铁黑至钢灰色，条痕亮黑色。硬度为 1。具滑感，易污手。导电性良好。与辉钼矿的区别是：辉钼矿用针扎后，留有小圆孔，石墨用针一扎即破；在涂釉瓷板上辉钼矿的条痕色黑中带绿，而石墨的条痕不带绿色。

成因与产状：主要为煤层或含沥青质的沉积岩或碳质沉积岩受区域变质而成。分布广泛。

用途：可制作坩埚、碳极、铅笔芯、润滑剂；原子反应堆中的减速剂等。

(4) 金刚石（C）。化学组成：C，常含石墨，橄榄石等包裹体。

主要鉴定特征：晶体多呈八面体或菱形十二面体晶形（图2-13）。无色透明，或带蓝、黄、褐、黑等色。标准的金刚光泽，相对密度为3.50~3.53，硬度为10，性脆，具强色散性。紫外线照射后，发淡青蓝色磷光。

成因与产状：在高温高压下形成，常产于金伯利岩中，与橄榄石等共生。因硬度高，也常存在于砂矿床中。金刚石晶体一般很细小，质量以克拉计算（1克拉=0.2g）。

图2-13　金刚石的晶体

用途：金刚石是贵重的宝石。硬度高，现代工业技术上，可制作切削工具，镶嵌钻头等，粉末可作为研磨材料。

2.5.2　第二大类——硫化物矿物

硫化物矿物是一系列金属元素与S、Se、Te、As、Sb、Bi的化合物，其中以硫化物为主。本大类矿物已发现约350种，主要的有色金属，如Cu、Pb、Zn、Hg、Sb、Bi、Mo、Ni、Co等，均以硫化物为主要来源，故本大类矿物在国民经济中具有重大意义。

本大类矿物在物理性质方面，多为金属光泽，较深的条痕色，多数不透明，硬度低，密度大。化学成分上类质同象现象普遍存在。

(1) 辉铜矿（Cu_2S）。化学组成：含Cu79.8%，S20.2%。此外，常含Ag、Fe、Co、Ni、As等杂质。

主要鉴定特征：常为致密细粒状块体或粉末状。颜色铅灰（粉末状为黑色），条痕暗灰色。相对密度为5.5~5.8，硬度为2~3。略具延展性，用小刀刻划，可见光亮痕迹，具有导电性。溶于硝酸，溶液呈绿色。矿物小块加HNO_3后烧时，颜色呈鲜绿色，加HCl烧时，颜色呈天蓝色（即铜的焰色反应）。

成因与产状：主要形成于含铜硫化物矿床的次生富集带，亦可形成于内生过程中。常与斑铜矿、黄铁矿、赤铜矿等伴生。

用途：为铜矿石的重要有用矿物。

(2) 斑铜矿（Cu_5FeS_4）。化学组成：因含黄铜矿、辉铜矿固溶体，故成分变化较大，一般含Cu 52%~65%，Fe 8%~18%，此外常含有混入物Ag。

主要鉴定特征：通常为致密块状或粒状。新鲜面古铜红色。表面常被覆蓝、紫等斑状锖色，条痕灰黑色。相对密度为4.9~5.3，硬度为3，具导电性。

成因与产状：内生、外生成因的都有，分布普遍。

用途：组成铜矿石的重要有用矿物。

(3) 黄铜矿（$CuFeS_2$）。化学组成：含Cu 34.5%，Fe 30.5%，S 34.9%。并常含有微量的Ag、Au等。

主要鉴定特征：通常为致密块状及散粒状。铜黄色，常有暗红色和斑状锖色，条痕绿黑色。相对密度为4.1~4.3，硬度为3~4，金属光泽，性脆，能导电。

成因与产状：可形成于各种条件下，分布很广。主要为气液及火山成因矿床，常与各种硫化物矿物共生。

用途：组成铜矿石的重要有用矿物

（4）铜蓝（CuS）。化学组成：含 Cu 66.5%，混入物有 Fe 和少量的 Se，Ag，Pb 等。

主要鉴定特征：通常以粉末状或被膜状集合体出现。颜色为靛青蓝色，遇水则稍带紫色，条痕灰黑色，金属光泽。硬度为1.5~2，相对密度为4.59~4.67。

成因与产状：形成于含铜硫化物矿床次生富集带。常和黄铜矿、辉铜矿等伴生。

用途：为组成铜矿石的有用矿物。

（5）方铅矿（PbS）。化学组成：含 Pb86.6%。混入物主要为 Ag，其次有 Cu、Zn 等。

主要鉴定特征：晶体呈立方体、八面体（图2-14）。通常为粒状或块状集合体。颜色铅灰，条痕灰黑色。强金属光泽。完全的立方体解理。相对密度为7.4~7.6。

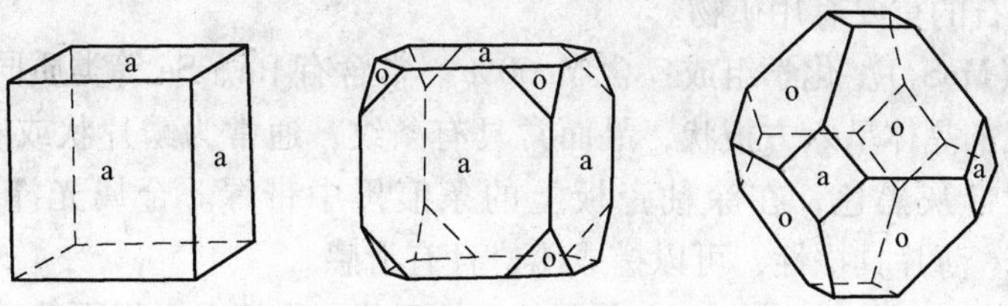

图2-14 方铅矿晶体

a—立方体；o—八面体

成因与产状：产于气液矿床和接触交代矿床中，与闪锌矿密切共生，其他共生矿物有黄铁矿、黄铜矿等。方铅矿在氧化带中不稳定，易生成铅矾（$PbSO_4$）和白铅矿（$PbCO_3$）等次生矿物。

用途：为铅矿石的重要有用矿物，并可综合利用 Ag、In 、Cd 等。

（6）闪锌矿（ZnS）。化学组成：含 Zn 67.1%，常含 Fe、Mn、In、Ge、Tl、Ga、Cd 等类质同象混入物。

主要鉴定特征：晶体为四面体，晶面上有三角形花纹。集合体常呈粒状或致密块状。颜色由浅褐、棕褐至黑色。条痕由白到褐色，金刚光泽到半金属光泽，断口为松脂光泽，透明至半透明，上述性质变化均由含铁量高低而定。相对密度为3.5~4。完全解理。硬度为3~4。

成因与产状：闪锌矿与方铅矿密切共生，产于气液矿床和接触交代矿床中。含铁多，色深者为早期结晶的产物。闪锌矿在氧化带中易分解，生成溶于水的 $ZnSO_4$ 后流失。围岩为碳酸盐时，可形成菱锌矿（$ZnCO_3$）。

用途：为锌矿石的重要有用矿物，闪锌矿中 In、Ge、Tl、Ga、Cd 等达到一定含量时，可综合利用。

（7）辉锑矿（Sb_2S_3）化学组成：含 Sb 71.4%。有时含 Ag、Au 等机械混入物。

主要鉴定特征：晶体呈柱状、针状，晶面上有纵纹，集合体为致密粒状、放射状

（图2-15）。颜色和条痕均为铅灰色。金属光泽。相对密度为4.6，硬度为2~2.5。具轴面解理，解理面上有横纹。往辉锑矿表面滴40% KOH溶液后，呈现黄色沉淀。

成因与产状：主要产于低温热液矿床中，常与辰砂、雄黄、雌黄、方解石等共生。

用途：为锑矿石的重要有用矿物。

（8）辉铋矿（Bi_2S_3）。化学组成。含Bi 81.2%，S 18.8%。常有少量Pb、Cu、Fe、As、Sb、Te等杂质。

主要鉴定特征：晶体为长柱状、针状，晶面上大多具有纵纹，集合体为致密粒状、放射状。微带铅灰的锡白色，条痕铅灰色。相对密度为6.4~6.8，硬度为2~2.5。熔点低，不导电。辉铋矿与辉锑矿很相似，但辉铋矿表面滴40% KOH溶液后不反应。

成因与产状：主要形成于高、中温热液矿床及接触交代矿床中。常与黑钨矿、锡石、毒砂等共生。

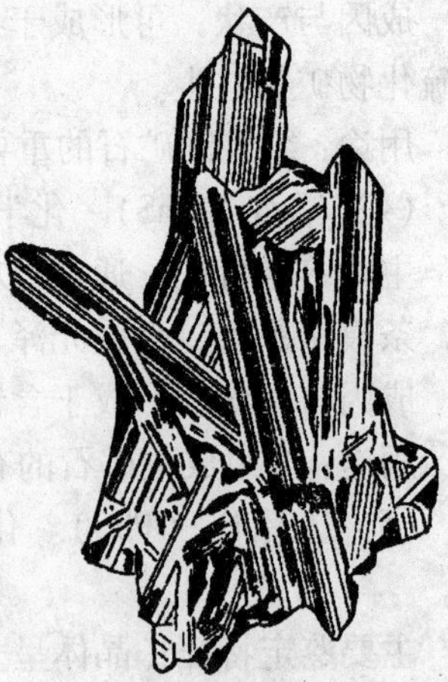
图2-15 辉锑矿晶簇

用途：为铋矿石的重要有用矿物。

（9）辉钼矿（MoS_2）。化学组成：含Mo60%。常含有Re、Se等类质同象混入物。

主要鉴定特征：晶体呈六方板状，晶面常具有条纹，通常为鳞片状或叶片状集合体。颜色铅灰，条痕微带灰黑色，在涂釉瓷板上的条痕黑中带绿。金属光泽。相对密度为4.7~5，硬度为1。薄片具挠性，可以搓成团，且有滑感。

成因与产状：产于高、中温热液矿床中者，与石英，黑钨矿、锡石等矿物共生。产于矽卡岩中者，与石榴子石、辉石、黄铜矿共生。在氧化带中易氧化，形成黄色粉末的钼华。

用途：为钼矿石的重要有用矿物。

（10）辰砂（HgS）。化学组成：含Hg86.2%，有时混入少量Se、Te杂质。

主要鉴定特征：晶体呈细小的厚板状或菱面体形，多为粒状、致密块状、被膜状集合体。颜色鲜红，条痕红色。相对密度为8.09，硬度为2~2.5。

成因与产状：产于低温热液矿床。常与辉锑矿、雌黄、雄黄、黄铁矿、方解石等共生。

用途：为汞矿石的重要有用矿物。

（11）黄铁矿（FeS_2）。化学组成：含Fe 46.6%，S53.4%。常有Co、Ni等类质同象混入物和As、Sb、Cu、Ag、Au等杂质。

主要鉴定特征：晶体呈立方体或五角十二面体等形状（图2-16）。相邻晶面常有互相垂直的晶面条纹，集合体呈致密块状，产于沉积岩中者常为结核状。浅铜黄色，条痕绿黑色。相对密度为4.9~5.2，硬度为6~6.5。金属光泽，性脆。参差状或贝壳状断口。

成因与产状：分布极广，可形成于各种成因的矿床中，具开采价值者，多为热液型。黄铁矿风化后形成褐铁矿，且褐铁矿常呈黄铁矿假象。

用途：主要用于制造硫酸或提制硫黄。

（12）磁黄铁矿（$Fe_{1-x}S$（$x=0\sim0.223$））。

化学组成：以FeS计算应含Fe 63.6%，S 36.4%，但$Fe_{1-x}S$中含有较多的硫，其含

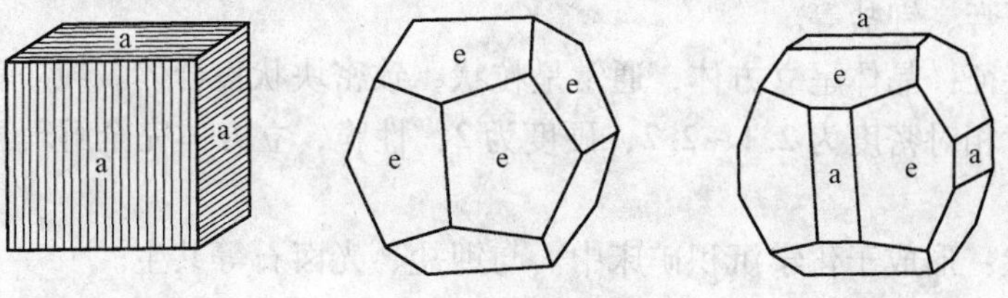

图 2-16　黄铁矿晶体
a—立方体；e—五角十二面体

量可达 39% ~40%。常含有 Cu、Ni、Co 等类质同象混入物。

主要鉴定特征：晶体少见，通常为致密块状集合体，暗铜黄色，表面常具暗褐锖色，条痕灰黑色。相对密度为 4.58 ~4.70，硬度为 4。粉末或碎屑能被永久磁铁所吸引。

成因与产状：形成于各种类型的内生矿床中。产于基性、超基性岩中者，为铜镍硫化矿床的主要矿物成分，与镍黄铁矿、黄铜矿密切共生。产于热液矿床和接触交代矿床中者，与方铅矿、闪锌矿、黄铜矿、毒砂等共生。

用途：主要为制造硫酸的原料。

（13）毒砂（硫砷铁矿）（FeAsS）。化学组成：含 Fe34.3%，As46%，S19.7%。常有 Co、Bi、Ni 等类质同象混入物和 Au、Ag、Sb 等机械混入物。

主要鉴定特征：晶体呈短柱状或柱状，晶面具纵纹，集合体为粒状或致密块状。锡白色，表面常带黄色锖色，条痕灰黑。相对密度为 5.9 ~6.2，硬度为 5.5 ~6。锤击后有蒜臭味。

成因与产状：主要形成于热液型和接触交代型矿床中。与黑钨矿、锡石、辉铋矿、黄铜矿、闪锌矿等共生。

用途：为提炼砷或各种砷化合物的重要原料。

2.5.3　第三大类——卤化物矿物

卤化物矿物是指由碱金属中的轻金属（主要为 K、Na、Ca、Mg）与卤族元素化合形成的矿物。此类矿物约有 100 种，其中包括了重要的农肥——钾盐，食用和化工原料——食盐以及在现代工业中具有重要意义的萤石等。

（1）萤石（CaF_2）。化学组成：含 Ca51.2%，F48.8%。有时含类质同象成分 Cl。含有 Fe_2O_3、Ce、TR、U 等杂质。

主要鉴定特征：晶体为立方体，少数为八面体和菱形十二面体，集合体常呈粒状或块状。无色透明者少见，多数被染成绿、黄、浅蓝、紫、紫黑等色，尤以浅绿、紫和紫黑色最常见，玻璃光泽。相对密度为 3.18，硬度为 4，性脆。加热时可失去颜色并可见发光现象（需在暗处观察）。用阴极射线照射发紫色（或带绿色）荧光。

成因与产状：大部分形成于热液矿床，在岩石裂隙中形成萤石矿床。萤石可与各种热液矿物共生。

用途：可作冶金工业熔剂；也用于化学工业，尖端技术；无色透明者可用作光学仪器。

（2）食盐（NaCl）。化学组成：含 Na 39.4%，Cl 60.6%，杂质有卤水、气泡、泥

质、有机质和石膏、钾盐等。

主要鉴定特征：晶体呈立方体，通常呈粒状，致密块状集合体。纯净者无色透明或白色，玻璃光泽。相对密度为2.1～2.2，硬度为2，性脆，立方体完全解理。易溶于水，有咸味。

成因与产状：形成于化学沉积矿床中。与钾盐、光卤石等共生。

用途：用于食料、防腐剂、化工原料、提取金属钠等。

2.5.4　第四大类——氧化物及氢氧化物矿物

该类矿物是指一系列金属和非金属元素的阳离子与 O^{2-} 和 OH^- 相结合而形成的化合物。本大类矿物目前已发现近300种，它们中有很多是重要的工业矿石，如Fe、Cr、Mn、Al、Ti、Sn、Nb、Ta、U及稀土元素的氧化物和氢氧化物。也有些氧化物本身就是重要的工业原料，如石英，刚玉等。

2.5.4.1　*第一类：氧化物矿物*

此类矿物具有以下通性：

（1）多数矿物由于含有Fe、Cr、Mn等色素离子，颜色较深；

（2）晶体构造中多数为离子键结合，形成这种氧化物的金属与氧的亲和力较大，因此矿物都具有较高的硬度，一般大于5.5，难于溶解，化学性质稳定，形成砂矿；

（3）多数为玻璃光泽至半金属光泽，半透明至不透明；

（4）含 Fe^{2+} 的矿物具有不同程度的磁性，含放射性元素者，则具放射性。大多数为半导体。

（1）刚玉（Al_2O_3）。化学组成：含Al 52.9%，常有Cr、Ti、Fe等微量杂质，因此显出各种颜色。

主要鉴定特征：晶体常呈桶状或短柱状（图2－17），柱面或双锥面上有条纹，集合体呈致密粒状或块状。蓝灰色或浅灰色，含杂质时可出现其他颜色。如红色（含Cr），棕色（含Fe），玻璃光泽。相对密度为3.95～4.1，硬度为9。

成因与产状：可形成于接触交代、区域变质、岩浆等成因类型的矿床或岩石中。

用途：可制作研磨材料、精密仪器轴承、宝石等。

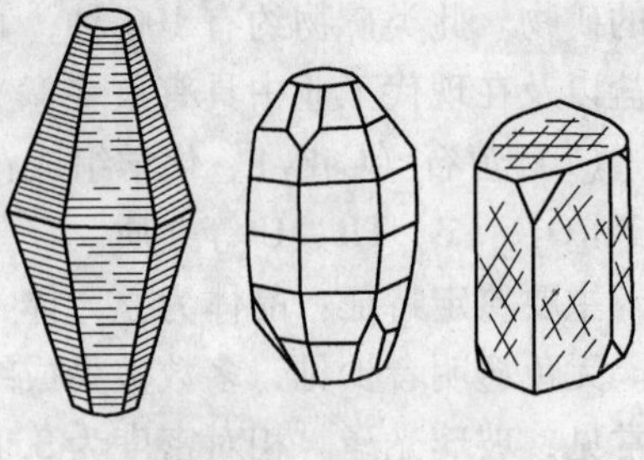

图2－17　刚玉的晶体

（2）赤铁矿（Fe_2O_3）。化学组成：含Fe70%，有时含Ti、Mg等类质同象混入物。

主要鉴定特征：晶体少见。通常呈致密块状、鲕状、豆状、肾状等集合体。常呈钢灰色或红色，条痕樱红色。金属光泽至半金属光泽。火烧后具有弱磁性，并可据此区别于磁铁矿，钛铁矿等。结晶呈片状并具金属光泽的赤铁矿称为镜铁矿，细小鳞片状者称为云母赤铁矿，红色粉末状的赤铁矿称为铁赭石。

成因与产状：形成于各种不同成因类型的矿床和岩石中，在氧化条件下形成。分布十分广泛。

用途：组成铁矿石的重要有用矿物。

（3）磁铁矿（Fe_3O_4）。化学组成：Fe_3O_4 系由 FeO 和 Fe_2O_3 组成，其中 FeO 31%，Fe_2O_3 69%，含 Fe 72.4%。常有 Ti、V、Cr、Ni 等类质同象混入物。含钛达 25% 称为钛磁铁矿，含钒、钛均较多时，称为钒钛磁铁矿。

主要鉴定特征：晶体多呈八面体，少数呈菱形十二面体，晶面上有平行于菱形晶面长对角线的条纹（图 2－18），集合体多呈致密粒状块体。颜色和条痕均为铁黑色。硬度为 5.5～6。但常发育八面体裂开。具强磁性。

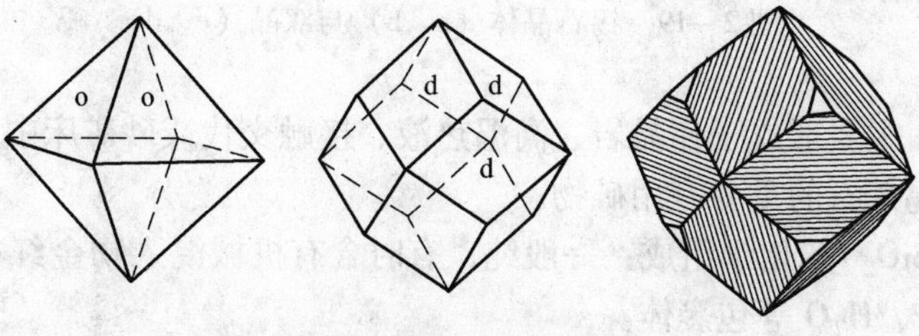

图 2－18　磁铁矿晶体
o—八面体；d—菱形十二面体

成因与产状：主要形成于内生和变质矿床中。常与赤铁矿、硫化物等共生。

用途：组成铁矿石的重要有用矿物。

（4）铬铁矿（$FeCr_2O_4$）。化学组成：铬铁矿组成中类质同象广泛，Cr^{3+} 往往被 Fe^{3+}，Al^{3+} 置换；Fe^{2+} 常被 Mg^{2+} 置换，因此成分变化比较大。

主要鉴定特征：晶体呈细小的八面体，通常呈粒状和致密块状等集合体。黑色，条痕棕黑至褐色。相对密度为 4～4.8，硬度为 5.5～7.5。半金属光泽，具弱磁性。

成因与产状：几乎只产于超基性岩中，与橄榄石密切共生。

用途：组成铬矿石的唯一有用矿物。

（5）钛铁矿（$FeTiO_3$）。化学组成：含 Fe 36.8%，Ti 31.6%，类质同象成分有 Mg、Mn 等。

主要鉴定特征：晶体呈厚板状或菱面体状，但少见。集合体多呈散粒状，致密块状。钢灰色或铁黑色，条痕黑色或褐色（褐色者含赤铁矿）。相对密度为 4.72，硬度为 5～6。半金属光泽，微具磁性。将矿粉溶于磷酸中，冷却稀释后加入 Na_2O_2，溶液呈黄褐色，即钛的反应。

成因与产状：主要形成于岩浆结晶作用晚期。在花岗伟晶岩和碱性伟晶岩中与长石、白云母、石英等共生；在基性岩中与磁铁矿共生。

用途：组成钛矿石的重要有用矿物。

（6）锡石（SnO_2）。化学组成：含 Sn 78.6%，类质同象成分有 Fe，Mn。其次为 Nb、Ta、W 及其他稀有元素。

主要鉴定特征：晶体呈四方双锥状或双锥柱状，常见有膝状双晶（图 2－19），集合体呈不规则粒状或致密块状。常因含 Fe、Mn、Nb、Ta 等被染成棕褐色至黑色，无色透明者少见，条痕白色至浅褐色。相对密度为 6.8～7.0，硬度为 6～7。晶面金刚石光泽，断口油脂光泽，贝壳状断口。具 Sn－Zn 反应（将锡石颗粒置于锌板上，加一滴 HCl，过 2～3min 后，锡石表面形成一层锡白色金属锡膜）。

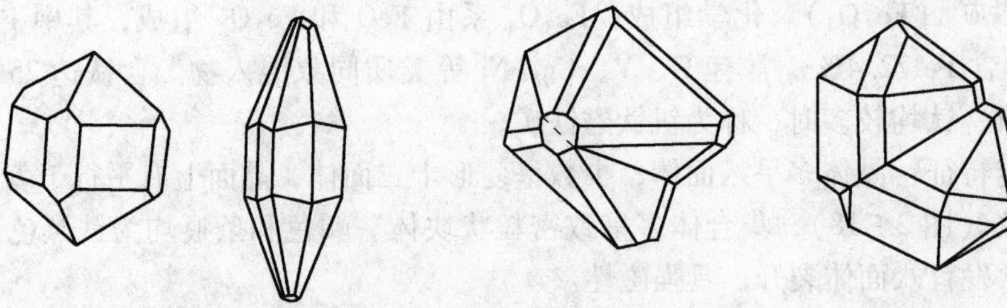

图 2－19　锡石晶体（a、b）与双晶（c、d）

成因与产状：主要形成于伟晶岩、高温热液、接触交代或砂矿床中。

用途：组成锡矿石的重要有用矿物。

（7）石英（SiO_2）。化学组成：一般纯，有时含有机械混入物金红石、阳起石、电气石、赤铁矿、CO_2、H_2O 等包裹体。

主要鉴定特征：晶体常为六方柱和菱面体聚形，晶面上常见横纹（图 2－20），集合体多呈块状或晶簇状。纯净石英无色透明，脉石英为乳白色，他色石英的颜色多种多样。如紫水晶（紫色，含 Mn），烟水晶和墨水晶（褐色至黑色，含 C），蔷薇水晶（淡红色，含 Ti），黄水晶（黄色，含 Fe）及绿水晶、碧玉等。硬度为 7。晶面玻璃光泽，断口油脂光泽，贝壳状断口。具压电性。隐晶质的石英称为石髓；具不同颜色的同心层或平行带状者称为玛瑙。

成因与产状：形成于各种成因的岩石或矿床中。分布极广泛，但大的晶体常形成于伟晶岩或热液充填矿床的晶洞中。

用途：一般可制作玻璃、陶瓷、磨料等；优质晶体可制作光学仪器、压电石英；色美者可制作宝石。

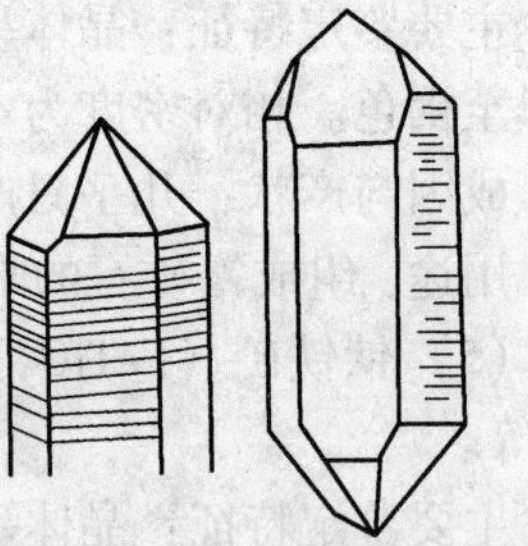

图 2－20　石英晶体（α 石英）

（8）软锰矿（MnO_2）。化学组成：含 Mn63.2%，细粒和隐晶质块体者常含有 Fe_2O_3、SiO_2、H_2O 等。

主要鉴定特征：晶体少见，通常呈隐晶质块状、细粒状、粉末状等集合体。颜色、条痕均为黑色。半金属光泽或暗淡无光，相对密度为 5，硬度为 2～6（硬度低时易污手）。滴 H_2O_2 剧烈起泡。

成因与产状：形成于氧化条件下。主要生成于外生矿床中，常与硬锰矿、水锰矿等共生。

用途：组成锰矿石的重要有用矿物。

2.5.4.2　第二类：氢氧化物

氢氧化物主要是原生矿物分解后形成的氢氧化物水溶胶就地或异地凝聚形成。常具鲕状、钟乳状、土状、多孔状、致密状等隐晶质集合体。其晶体极为细小，成分混杂，属所谓“细分散多矿物集合体”。用肉眼往往只能大致区分以哪种元素的氢氧化物为主。其名称也只能按其主要成分，笼统地称为铝土矿、褐铁矿、硬锰矿等。这些名词一般不指具体矿物，而是指以某些氢氧化物为主的矿物集合体。

(1) 铝的氢氧化物——铝土矿（铝矾土）($Al_2O_3 \cdot nH_2O$)。化学组成：为含水氧化铝矿物组成的一种混合物，主要包括一水硬铝矿（$HAlO_2$）、一水软铝矿（AlO [OH]）、三水铝矿($Al[OH]_3$)等三种矿物。此外尚含有褐铁矿、高岭土、蛋白石等矿物及 Ga、Ge、U 等稀有分散元素和放射性元素，应注意综合利用。

主要鉴定特征：一般铝土矿多呈豆状、土状或块状集合体。颜色变化大，有灰白、灰褐到黑灰。相对密度为2.43~3.5，硬度为2.5~7。玻璃光泽或土状光泽。有黏土气味。

成因与产状：主要形成于风化和沉积矿床中。在湖泊、海洋的近岸浅海地带形成者，往往规模很大。

用途：重要的铝矿石；铝土矿还是人工磨料、耐火材料、高铝水泥的原料

(2) 锰的氢氧化物——硬锰矿（$mMnO \cdot MnO_2 \cdot nH_2O$)。化学组成：成分不定，一般 Mn 35%~60%，H_2O 4%~6%，常含有 K、Ba、Ca、Co 等元素。含 Co 量较多者称为“钴土”。

主要鉴定特征：晶体少见，通常呈钟乳状、肾状、葡萄状，具同心层状构造，有时亦呈致密块状或树枝状。实质上是多种含水氧化锰的细分散多种矿物集合体的总称。颜色和条痕均为黑色。相对密度为4.4~4.7，硬度为4~6。半金属光泽。取少许铋酸钠粉末，置于矿物表面，再加1~2滴浓硝酸，几分钟后，矿物表面呈棕红色斑点，即 Mn 的反应。呈土状、烟灰状者称为锰土。

成因与产状：形成于风化或沉积矿床中。常与软锰矿伴生。进一步氧化、脱水即形成软锰矿。

用途：组成锰矿石的重要有用矿物

(3) 铁的氢氧化物——褐铁矿（$Fe_2O_3 \cdot nH_2O$)。化学组成：铁的氢氧化物集合体，成分比较复杂，统称为褐铁矿。其中主要包括纤铁矿（FeOOH）和针铁矿（FeOOH），通常用化学式 $Fe_2O_3 \cdot nH_2O$ 来表示。此外，常含有 Cu、Pb、Ni、Co 等硫化物的氧化产物。

主要鉴定特征：通常呈钟乳状、多孔状、结核状、土状、块状等集合体。黄褐色至黑褐色，条痕黄褐色至红褐色，相对密度、硬度变化大。半金属光泽或土状光泽。

成因与产状：由含铁矿物风化而成，特别是金属硫化物矿床出露地表时，更容易形成由褐铁矿形成的铁帽（俗称)。地表各种含铁矿物形成的氢氧化铁胶体也可在湖、海沉积中凝聚下来成为褐铁矿。

用途：富集时为组成铁矿石的有用矿物；此外可作为颜料。

2.5.5 第五大类——含氧盐类

包括各种含氧的酸根（如$[CO_3]^{2-}$、$[SO_4]^{2-}$、$[SiO_4]^{4-}$等）与金属元素所组成的盐类矿物。本类矿物数量很多，几乎占全部已知矿物的三分之二。其中尤以硅酸盐为最多。

2.5.5.1 第一类：硅酸盐

硅酸盐矿物包括所有含硅酸根的矿物。在自然界中分布最广，是主要的造岩矿物。现已发现的硅酸盐矿物约800余种，占已知矿物的四分之一，占地壳总质量的80%。硅酸盐矿物不仅是岩浆岩，变质岩的主要造岩矿物，而且在沉积岩中也占有相当重要的地位。

（1）橄榄石$(Mg,Fe)_2[SiO_4]$。化学组成：通常所说的橄榄石是镁橄榄石（$Mg_2[SiO_4]$）、铁橄榄石（$Fe_2[SiO_4]$）这一类质同象系列的中间成分，或称为普通橄榄石。其中含 MgO 45% ~50%，Fe 8% ~12%，并常含有 Mn、Ni、Co 等。

主要鉴定特征：晶体不常见，通常呈粒状集合体。颜色为橄榄绿（浅黄绿色），黄绿至黑绿。相对密度为3.3 ~3.5（含铁多者大些），硬度为6.5 ~7.5。玻璃光泽，半透明，贝壳状断口，性脆。

成因与产状：为岩浆成因矿物，主要产于超基性、基性岩中，常与铬铁矿、辉石等共生。橄榄石受热液作用或风化作用后可变为蛇纹石 、菱镁矿等。

用途：含镁量高的可作为耐火材料；透明者可制作宝石；铸造用砂。

（2）石榴子石　$A_3B_2[SiO_4]_3$。化学组成：化学式中 A 代表二价阳离子：Mg^{2+}、Fe^{2+}、Mn^{2+}、Ca^{2+}；B 代表三价阳离子 Al^{3+}、Fe^{3+}、Cr^{3+} 等。等价阳离子可以互相取代，形成类质同象矿物系列，即铁铝石榴子石系列$(Mg、Fe、Mn)_3Al_2[Si_4]_3$ 和钙铝石榴子石系列 $Ca_3(Al、Fe、Cr)_2[SiO_4]_3$。

主要鉴定特征：晶体呈菱形十二面体和四角三八面体（图2 -21），集合体为散粒状。有肉红、褐、绿、紫等颜色。玻璃光泽或油脂光泽。相对密度为3.5 ~4.2，硬度为6.5 ~7.5。断口参差状。

成因与产状：主要由接触交代和变质作用所形成。常与透辉石、绿帘石、蓝晶石、硅线石等矿物共生。

用途：可作为研磨材料；透明色美者可制作宝石。

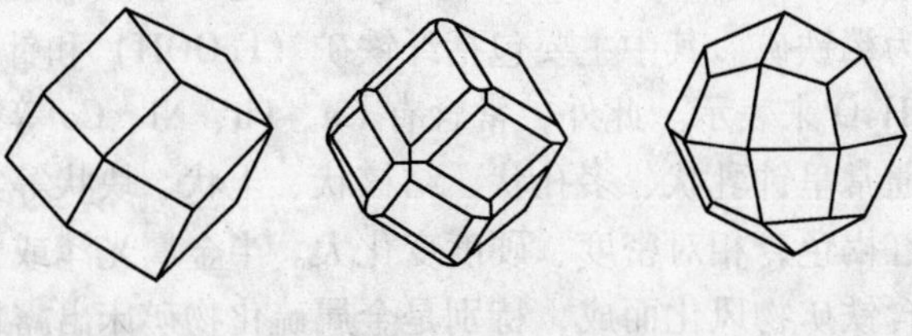

图2 -21　石榴子石的晶体

（3）红柱石 $Al_2[SiO_4]O$。化学组成：含 $Al_2O_3$63%，$SiO_2$36.9%，常混有 Fe、Mn 等杂质。

主要鉴定特征：晶形呈柱状，横断面近于四方形，集合体常呈粒状及放射状（形似菊花者又称为菊花石）。常为灰色、黄色、褐色、玫瑰色、红色等，玻璃光泽。相对密度为3.1 ~3.2，硬度为7 ~7.5，中等解理。

成因与产状：主要由接触变质形成，常见于泥质岩石和侵入体接触带。少数见于区域变质岩中。

用途：用于制作耐火材料和耐酸材料的原料；也可从中提取铝。

（4）黄玉 $Al_2[SiO_4](F,OH)_2$。化学组成：含 Al_2O_3 48.2% ~62%，$SiO_2$28.2% ~39%，F13% ~20.4%，H_2O 可达2.45%，杂质有气体，液体等包裹物。

主要鉴定特征：晶体呈柱状，晶面有纵纹（图2－22），通常为致密粒状集合体。有浅黄、浅蓝、浅绿、浅红等颜色。相对密度为3.52～3.57，硬度为8。玻璃光泽。一组解理完全，贝壳状断口。

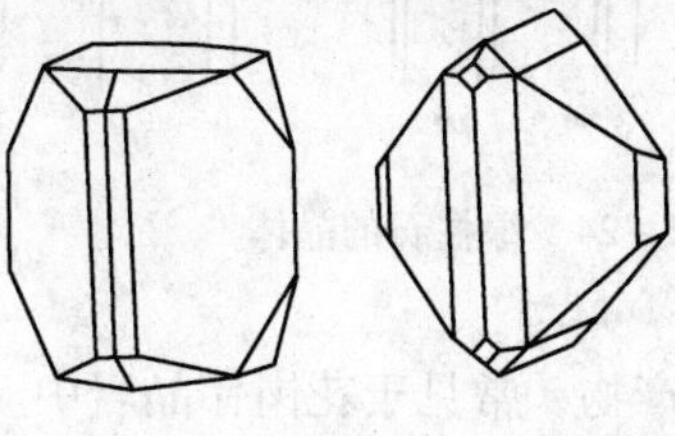

图2－22　黄玉

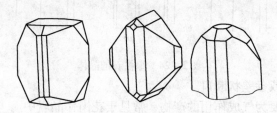

成因与产状：典型的高温气成矿物。常见于花岗伟晶岩脉，云英岩及钨锡石英脉内。

用途：作为研磨材料，制作仪器轴承；透明色美者制作宝石。

（5）绿帘石 $Ca_2(Al,Fe)_3[Si_2O_7][SiO_4]O(OH)$。化学组成：富含 Fe_2O_3，含量可达17%。

主要鉴定特征：晶体呈柱状者常见，少数为板状，柱状者晶面有明显条纹，集合体多为密集粒状或放射状。颜色黄绿至黑绿。玻璃光泽。相对密度为3.35～3.38，硬度为6.5。

成因与产状：主要为热液蚀变产物，广泛存在于矽卡岩和经热液作用的岩浆岩和沉积岩中。

用途：暂无实用价值

（6）电石气 $Na(Fe,Mg)_3Al_6[Si_6O_{18}][BO_3]_3(OH)_4$。化学组成：电气石为成分非常复杂的硼铝硅酸盐矿物。由于类质同象替换关系，成分不固定，并常含 Fe、K、Li、Mn、Cr、F、Cl 等混入元素。

主要鉴定特征：晶体呈柱状，晶面上有明显的纵纹，其横断面为球面三角形（图2－23），集合体多为放射状、棒状、束针状。常呈暗蓝色、暗褐色及黑色，也有绿色、浅黄色、浅红色、玫瑰色等。晶体两端或晶体中心与边缘部分表现出不同的颜色（即多色现象）。相对密度为2.9～3.25，硬度为7～7.5。玻璃光泽。加热或摩擦，晶体两端带不同电荷——热电性。

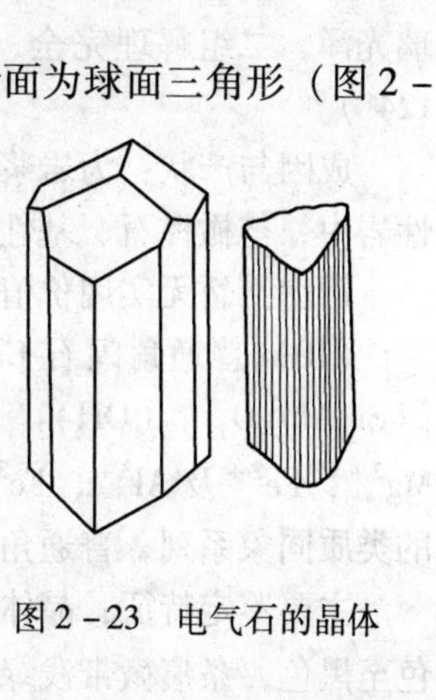

图2－23　电气石的晶体

成因与产状：主要由气成作用形成，常见于伟晶岩脉，石英脉和云英岩中，与石英、长石、云母、黄玉、锡石、绿柱石等矿物共生。

用途：大的晶体可制作无线电器材，薄片制作偏光器，色彩美丽者可制作宝石。

（7）绿柱石 $Be_3Al_2[Si_6O_{18}]$。化学组成：含 Be14.1%，$Al_2O_3$19%，混入物有碱金属氧化物及水等。

主要鉴定特征：晶体呈六方柱状，柱面有纵纹（图2－24），晶体粗大，最大者可长达1m以上，集合体呈晶簇状。一般为带绿色调的白色，常呈浅蓝绿色或黄绿色，有时呈玫瑰色或无色透明。相对密度为2.63～2.91，硬度为7.5～8。晶面玻璃光泽，垂直柱面

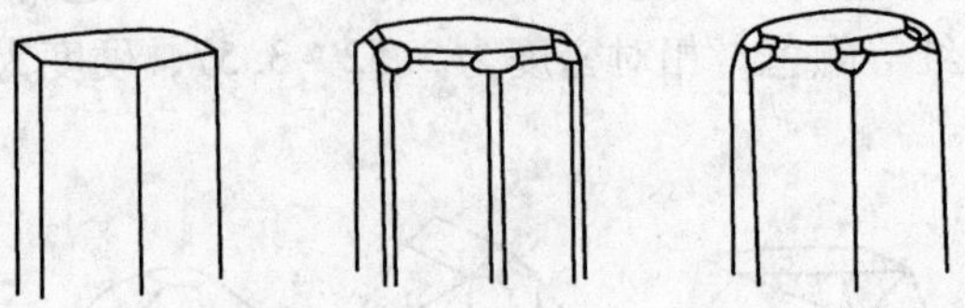

图 2－24 绿柱石的晶体

解理不完全，贝壳状或参差状断口。

成因与产状：主要为气成作用的产物，常见于花岗伟晶岩中。

用途：组成铍矿石的重要有用矿物。色美者可制作宝石，其中以祖母绿最佳。

（8）透辉石 $CaMg[Si_2O_6]$。化学组成：CaO 25.9%，MgO 18.5%，SiO_2 55.6%。类质同象混入物有 Mn、V、Cr 等。

主要鉴定特征：晶体呈短柱状（岩浆岩中）或长柱状（矽卡岩中常见），其横断面呈假正方形或八边形，集合体呈粒状或放射状。浅灰色或浅绿色。相对密度为 3.27～3.38，硬度为 5.5～6。玻璃光泽，二组解理交角为 87°。

成因与产状：主要形成于接触交代过程中，为矽卡岩的主要矿物成分，常与石榴石、硅灰石等矿物共生。此外还广泛分布于基性岩和超基性岩中。

用途：节能陶瓷原料，钢铁工业中可作为保护渣和保温帽原料。

（9）普通辉石 $Ca(Mg,Fe,Al)[(Si,Al)_2O_6]$。化学组成：普通辉石为辉石族矿物中常见的一种，成分较其他辉石复杂，富含 MgO，FeO 和 Al_2O_3，Fe_2O_3；并常含有 Na、Ti、Cr 等杂质。

主要鉴定特征：晶体常呈短柱状，横断面近等边的八边形（图 2－25），集合体呈致密粒状。颜色为黑绿色或褐黑色，条痕灰绿色，相对密度为 3.2～3.6，硬度为 5～6。玻璃光泽，二组解理完全，交角为 87°及 93°。（而角闪石的二组完全解理交角为 56°及 124°）。

成因与产状：为岩浆成因的矿物。常见于基性岩中，与橄榄石、基性斜长石等矿物共生。

用途：暂无实用价值。

（10）普通角闪石 $Ca_2Na(Mg,Fe)_4(Al,Fe)[(Si,Al)_4O_{11}]_2(OH)_2$。化学组成：成分不定，$Mg^{2+}$，$Fe^{2+}$ 及 Al^{3+}，Fe^{3+} 变化很大，形成复杂的类质同象系列，普通角闪石为其中常见者。

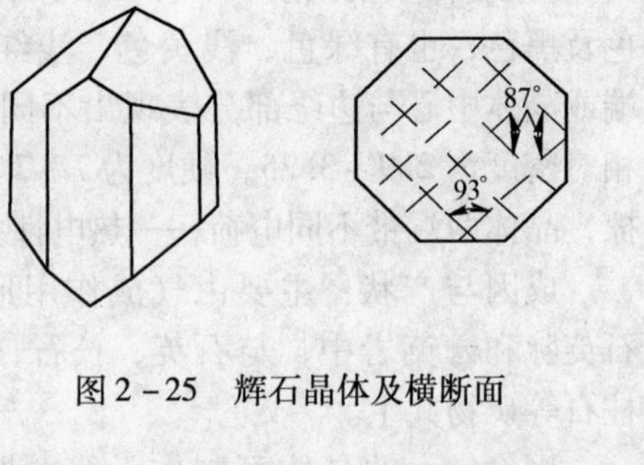

图 2－25 辉石晶体及横断面

主要鉴定特征：晶体呈长柱状或针状。深绿色至黑色，条痕微带浅绿的白色。相对密度为 3.1～3.3，硬度为 5.5～6。玻璃光泽，其横断面呈假六方形，两组解理中等，交角为 56°。

成因与产状：为岩浆成因或变质成因矿物，常见于基性、中性岩浆岩和变质岩中。

用途：用作水泥优质充填原料。

（11）透闪石 $Ca_2Mg_5[Si_4O_{11}]_2(OH)_2$。化学组成：含 CaO 13.8%，MgO 24.6%，SiO_2 58.8%，H_2O 2.8%。

主要鉴定特征：晶体呈长柱状或针状，集合体为放射状或纤维状。颜色浅灰。相对密度为2.9～3.0，硬度为5～6。玻璃光泽，性脆，两组解理交角为56°。

成因与产状：形成于岩浆期后和变质作用。常见于矽卡岩或结晶片岩中。

用途：节能陶瓷原料。

(12) 硅灰石 $Ca[SiO_3]$。化学组成：CaO 48.3%，SiO_2 51.7%，有时含少量 Mg^{2+}、Mn^{2+}、Fe^{2+} 等。

主要鉴定特征：晶体呈板状或柱状，集合体呈片状或放射状。白色，微带浅灰或浅红。相对密度为2.78～2.91，硬度为4.5～5。玻璃光泽。易溶于酸。

成因与产状：为接触变质成因的矿物，主要产于大理岩和矽卡岩中，常与石榴石、透闪石等矿物共生。

用途：节能陶瓷原料；塑料、橡胶制品的填充、增强改性剂；连铸保护渣基料；新型建材等。

(13) 滑石 $Mg_3[Si_4O_{10}](OH)_2$。化学组成：CaO 31.9%，SiO_2 63.4%，H_2O 4.7%，Fe^{2+} 可以代替 Mg^{2+}，还可含有 Al^{3+}、Mn^{2+}、Ca^{2+}、Ni^{2+} 等。

主要鉴定特征：晶体呈板状，但少见，通常呈片状或致密块状集合体。白色，微带浅黄色、浅褐色或浅绿色等。相对密度为2.7～2.82，硬度为1。玻璃光泽或油脂光泽，解理面显珍珠光泽。一组解理极完全。薄片有挠性，且具滑感和绝缘性。

成因与产状：富镁质的岩石受热液蚀变的产物。常与菱镁矿、赤铁矿等共生。

用途：为造纸、陶瓷、橡胶、香料、药品、耐火材料的重要原料。

(14) 叶蜡石 $Al_2[Si_4O_{10}](OH)_2$。化学组成：Al_2O_3 28.3%，SiO_2 66.7%，H_2O 5.0%，此外，还含有少量 Mg、Fe。

主要鉴定特征：与滑石很相似，可用酸度法区别，其方法是在条痕板上滴一滴水，先用矿物研磨 1min，如溶液 pH＝6 为叶蜡石，pH＝9 则为滑石。

成因与产状：富铝岩石受热液作用的产物。主要由中酸性喷出岩、凝灰岩或酸性结晶片岩，经热液作用变质而成。

用途：作为填料或载体，用于造纸、橡胶、油漆、日用化工。在雕刻工艺和印章制作中，叶蜡石已有很悠久的历史。

(15) 蛇纹石 $Mg_6[Si_4O_{10}](OH)_8$。化学组成：MgO 43.6%，SiO_2 43.4%，H_2O 13.0%，杂质不多，可含少量 Fe^{2+}、Fe^{3+}、Al^{3+}、Ni^{2+} 等。

主要鉴定特征：通常呈致密块状，少数呈片状或纤维状等集合体。颜色多为深浅不同的绿色（如黑绿、暗绿、黄绿）。玻璃光泽或蜡状光泽。相对密度为2.5～2.6，硬度为2.5左右。

成因与产状：主要由富镁质的岩石受热液蚀变而成。白云质灰岩或白云岩受热蚀变亦可形成蛇纹石。

用途：可炼制钙镁磷肥；制耐火材料；作为细工石材。蛇纹岩体还是铬矿的找矿标志。

(16) 石棉。分别与蛇纹石、透闪石、阳起石的成分相同。

主要鉴定特征：为纤维状的集合体。包括：蛇纹石石棉，又称为温石棉，即纤维状蛇纹石的集合体；角闪石石棉，即透闪石石棉（纤维状透闪石集合体）；阳起石石棉，纤维状阳起石集合体。石棉是三者的总称，其颜色有灰白色、浅黄色、浅绿色等。相对密度为3.2~3.3，硬度为2~4。丝绢光泽。具有耐热、绝缘等性能。蛇纹石石棉以其能溶于 HCl 区别于角闪石石棉。

成因与产状：富含镁质的岩石或矿物经热液蚀变或接触交代而成。

用途：用作隔热、保温、绝缘、防火、过滤等方面材料的原料。

(17) 高岭石 $Al_4[Si_4O_{10}](OH)_8$。化学组成：$Al_2O_3$39.5%，$SiO_2$46.5%，H_2O14.0%，此外，还含有少量 Mg、Ca、Na、K 等杂质。

主要鉴定特征：结晶颗粒细小。多呈土状或疏松块状等集合体。主要为白色或灰白色，也有浅黄色、浅绿色、浅褐色等。相对密度为2.58~2.60，硬度为1~2.5。土状光泽。鳞片具挠性，干燥时具吸水性，用水潮湿后具可塑性。黏舌。有粗糙感。

成因与产状：主要由富含铝硅酸盐矿物的火成岩及变质岩风化而成。有时也为低温热液对围岩蚀变的产物。

用途：用于陶瓷、造纸、橡胶工业等。

(18) 金云母 $K_2Mg_6[Al_2Si_6O_{20}](OH,F)_4$。化学组成：完全不含 Fe^{2+} 的金云母中，K_2O 11.3%，MgO 29.0%，Al_2O_3 12.2%，SiO_2 43.2%，H_2O 4.3%，常含类质同象杂质 Fe^{2+}、F 等。

主要鉴定特征：晶体呈假六方板状、短柱状；集合体呈片状或鳞片状。常呈黄褐色或红褐色，有时呈灰绿色或无色透明。相对密度为2.7~2.85，硬度为2.5。玻璃光泽，解理面上显珍珠光彩。一组极完全解理，薄片具弹性。

成因与产状：主要产于富镁的岩石如白云岩或富镁石灰岩与岩浆岩的接触变质带中，和透闪石、镁橄榄石等共生。主要为岩浆和变质成因的矿物。

用途：可作为绝缘材料。

(19) 黑云母 $K(Mg,Fe)_3[AlSi_3O_{10}](OH,F)_2$。化学组成：为金云母之富铁者(FeO>26%)。

主要鉴定特征：晶体呈板状或短柱状，集合体呈片状。黑色、深褐色、绿黑色；相对密度为3.02~3.12；其他同金云母。

成因与产状：主要为岩浆和变质成因的矿物。是主要造岩矿物之一。大的晶体常见于花岗伟晶岩脉中。

用途：细片常用作建筑材料充填物，如云母沥青毡。

(20) 白云母 $KAl_2[AlSi_3O_{10}](OH)_2$。化学组成：$K_2O$ 11.8%，Al_2O_3 38.4%，SiO_2 45.3%，H_2O 4.5%，可有少量的 Fe、Mg、Mn、V、Cr 等代替 Al。含 V 和 Cr 高者分别称为钒云母和铬云母；Na 代替 K 而以 Na 为主者称为钠云母。

主要鉴定特征：晶体呈板状或片状，集合体多呈致密片状块体。薄片一般无色透明，并具弹性。相对密度为2.76~3.00，绝缘性极好。其他同金云母。呈极细小鳞片状集合体并具丝绢光泽者，称为绢云母。

成因与产状：内生和变质作用均可形成。常见于花岗岩、伟晶岩、云英岩和变质岩中，与黑云母共生。

用途：电气工业上用作绝缘材料。超细粉可作为橡胶、塑料、油漆、化妆品、各种涂料的填料。云母粉还可以制成云母陶瓷、云母纸等。

(21) 绿泥石。绿泥石实际是绿泥石族矿物的统称，包括一系列类质同象矿物（叶绿泥石类、镁绿泥石类等）。本族矿物中用肉眼无法区分，现综述介绍如下：

化学组成：成分变化很大，一般化学式为 $(Mg,Fe^{2+},Fe^{3+},Al)_6[(SiAl_8)O_{20}](OH)_4$——$(Mg,Fe^{2+},Al)_6(OH)_{12}$。

主要鉴定特征：通常呈片状、板状或鳞片状集合体，沉积形成的鲕绿泥石通常呈鲕状或隐晶质。颜色浅绿至深绿。相对密度为2.60~3.40，硬度为2~3。玻璃光泽或珍珠光泽；一组极完全解理．薄片具有挠性，但无弹性，以此可与绿色云母相区别。还具滑感。

成因与产状：主要由中、低温热液作用和浅变质作用所形成。产于变质岩及中、低温热液蚀变的围岩中。

用途：鲕绿泥石大量聚积时，可作为铁矿石。

(22) 海绿石 $K_{<1}(Fe^{3+},Fe^{2+},Al,Mg)_{2\sim3}[Si_3(Si,Al)O_{10}](OH)_2 \cdot nH_2O$。

主要鉴定特征：晶体极少见。通常为极细小的粒状集合成直径1~数毫米的圆粒，散布于砂岩、黏土岩或石灰岩中。暗绿色或黑绿色。相对密度为2.2~2.8，硬度为2~3。一般无光泽。

成因与产状：仅形成于浅海沉积岩和近代海底沉积物中。

用途：可作为肥田粉或绿色染料。

(23) 斜长石。化学组成：斜长石包括由钠长石 $Na[AlSi_3O_8]$ 和钙长石 $Ca[Al_2Si_2O_8]$ 所组成的一系列类质同象矿物。化学成分可表示为 $(100-n)Na[AlSi_3O_8] \cdot nCa[Al_2Si_2O_8]$，其中 n 值变化范围为0~100。

主要鉴定特征：完整晶体少见，经常为聚片双晶，解理面上可见到明暗相间的双晶条纹，集合体为粒状、片状或致密块状。常为白色或灰白色。相对密度为2.61~2.76，硬度为6~6.5。玻璃光泽，两组解理完全，其解理交角为86°24′~86°50′（钠长石），89°24′（基性斜长石）。

成因与产状：内生、变质作用均可形成。广泛产于岩浆岩和变质岩中。主要造岩矿物之一。

用途：用于陶瓷工业；色彩美丽者可制作装饰品。

(24) 正长石 $K[AlSi_3O_8]$。化学组成：K_2O 16.9%，Al_2O_3 18.4%，SiO_2 64.7%，经常含有钠长石分子，有时可达30%，此外，可含微量Fe、Ba、Rb、Cs等混入物。

主要鉴定特征：晶体呈短柱状或厚板状，双晶常见。集合体为粒状或致密块状。多为肉红色或黄褐色。相对密度为2.57，硬度为6~6.5。玻璃光泽，其两组解理完全正交（交角90°）而得名，当两组解理交角为89°40′时称为钾微斜长石。

成因与产状：主要形成于岩浆期和伟晶岩期，多存在于酸性及部分中性岩浆岩中。

用途：用作陶瓷、玻璃和钾肥的原料

2.5.5.2 第二类：磷酸盐、钨酸盐、硫酸盐矿物

本类矿物在地壳中含量不多，但矿物种类繁多，富集后可形成有用矿产资源。

(1) 磷灰石。化学组成：磷灰石化学组成非常复杂，一般化学式为 $Ca_5[PO_4]3(F,Cl)$，其中阳离子中阴离子团均被类质同象成分所代替，并有 F^-，Cl^-，$(OH)^-$，$[CO_3]^{2-}$、O^{2-} 等附加阴离子。矿物中 P_2O_5 含量约为40%左右。

主要鉴定特征：晶体呈六方柱状或厚板状（图2－26）。集合体为粒状、致密块状、土状和结核状等。有灰白色、黄绿色、翠绿色等。相对密度为3.18～3.21，硬度为5，解理不完全至中等，玻璃或油脂光泽，性脆。于暗处以锤击或用火烧其粉末均发绿光。将钼酸铵粉末置于磷灰石上，加硝酸时，生成黄色磷钼酸铵沉淀。

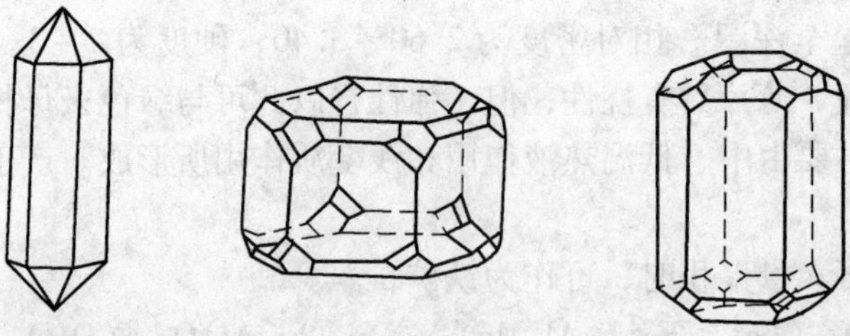

图2－26 磷灰石的晶体

成因与产状：主要为外生沉积形成；内生成因次之；变质成因也有。

用途：组成磷矿石的重要有用矿物。为制造磷肥的主要原料，并可综合利用。

（2）白钨矿（钨酸钙矿）Ca［WO_4］。化学组成：含 WO_4 80.6%，类质同象成分有Mo、Cu及少量稀有元素。

主要鉴定特征：晶体为双锥状（图2－27），集合体为粒状，致密块状。多为灰白色，时带浅黄色、褐色。相对密度为5.8～6.2，硬度为4.5～5，解理中等。油脂或金刚光泽。紫外光照射下可发浅蓝色荧光。

成因与产状：主要形成于矽卡岩矿床中。常与石榴石、透辉石、黄铜矿、辉铜矿、黄铁矿、硅灰石等矿物共生。

用途：组成钨矿石的重要有用矿物。

（3）黑钨矿（钨锰铁矿）（Mn，Fe）［WO_4］。化学组成：含 WO_4 约45%，有时含有Nb、Ta、Sn等混入物。

主要鉴定特征：晶体呈厚板状或短柱状（图2－28），集合体多为刃片状或粒状。黑褐色至黑色（含Mn多者色浅，含Fe多者色深），条痕黄褐色（含Mn多）或褐黑色（含Fe多），相对密度为6.7～7.5，硬度为4.5～5.5，半金属光泽，一组完全解理。含铁多者具弱磁性，性脆。

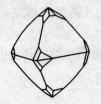

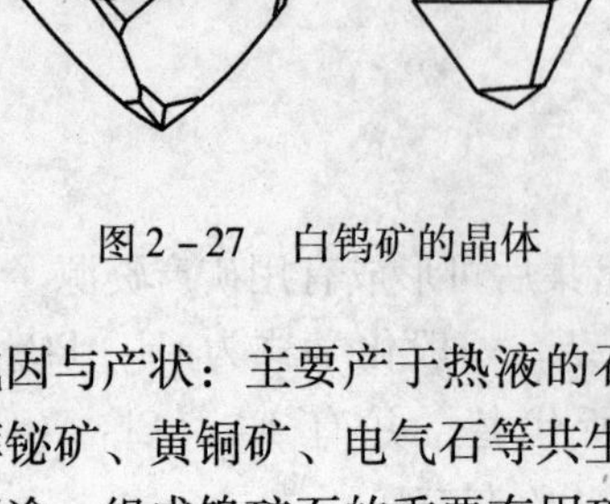

图2－27 白钨矿的晶体

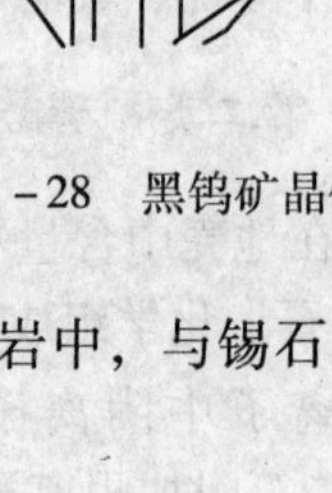

图2－28 黑钨矿晶体

成因与产状：主要产于热液的石英脉及脉旁云英岩化围岩中，与锡石、毒砂、辉钼矿、辉铋矿、黄铜矿、电气石等共生。

用途：组成钨矿石的重要有用矿物。

(4) 硬石膏 $CaSO_4$。化学组成：CaO 41.19%，SO_3 58.81%，常含 Sr。

主要鉴定特征：晶体呈板状或厚板状，集合体呈致密粒状或纤维状。多为白色，有时带浅蓝、浅灰或浅红等色调。相对密度为2.8～3，硬度为3～3.5。玻璃光泽。三组解理完全，且相互直交。

成因与产状：硬石膏主要由地层中的石膏受地下深处的压力和温度的作用脱水而形成。当硬石膏层暴露于地表，即吸收水分再形成石膏。

用途：可作为农肥、水泥、玻璃、建筑等原料。

(5) 石膏 $CaSO_4 \cdot 2H_2O$。化学组成：CaO 32.57%，SO_3 46.50%，H_2O 20.93%，常含黏土等机械杂质。

主要鉴定特征：晶体呈板状或柱状，通常呈纤维状、叶片状、粒状、致密块状等集合体。多为白色，也有灰、黄、红、褐等浅色。相对密度为2.3，硬度为1.5。玻璃光泽，性脆。发育三组解理，解理块裂成夹角为66°的菱形块。微溶于水。

成因与产状：主要形成于沉积作用中，为湖泊或封闭海湾中化学沉积物。常与石盐、石膏等共生。

用途：可作为水泥、建筑、陶瓷、农肥等原料，还可用于造纸、医疗等方面。

(6) 重晶石 $BaSO_4$。化学组成：含 BaO 65.7%，常有 Sr、Ca 等杂质，有时还有 Fe_2O_3，黏土，有机质等杂质。

主要鉴定特征：晶体呈板状，集合体多为粒状或致密块状。纯净者无色透明，但往往被杂质染成灰白色、淡红色、淡褐色等。相对密度为4.3～4.5，硬度为3～3.5。玻璃光泽，解理面珍珠光泽。性脆。用火烧时有"噼啪"响声。

成因与产状：为热液或沉积成因。常与萤石、方解石、闪锌矿、方铅矿等共生。

用途：用于钻井、化工、橡胶和造纸工业。

2.5.5.3 第三类：碳酸盐

碳酸盐在地壳上分布很广，已知矿物近100种，占地壳总量的1.7%，其中以钙和镁的碳酸盐矿物最多。碳酸盐中，类质同象和同质多象现象普遍存在。由于 $[CO_3]^{2-}$ 属弱酸的酸根，遇强酸（HCl）易发生分解，放出 CO_2，发生泡沸现象。这是碳酸盐矿物突出的共性。

(1) 方解石 $CaCO_3$。化学组成：CaO 56%，常含 Mg、Fe、Mn 及稀土元素等类质同象混入物。

主要鉴定特征：晶形多样，常见的有菱面体和复三方偏三角面体（图2－29），集合体多呈粒状、钟乳状、致密块状、晶簇状等。多为白色，有时因含杂质染成各种色彩。相对密度为2.6～2.8，硬度为3。玻璃光泽，透明或半透明。无色透明，晶形较大者称为冰洲石。完全菱面体解理。遇冷稀 HCl 起泡。

成因与产状：各种地质作用均可形成。可产于各种岩石中，是石灰岩的主要组成矿物。

用途：可作为石灰、水泥原料、冶金熔剂等。冰洲石具有极强的双折射率和偏光性能，被广泛应用于光学领域。

(2) 菱镁矿 $MgCO_3$。化学组成：含 MgO 47.6%，混入物有 Fe、Mg、Ca 等。

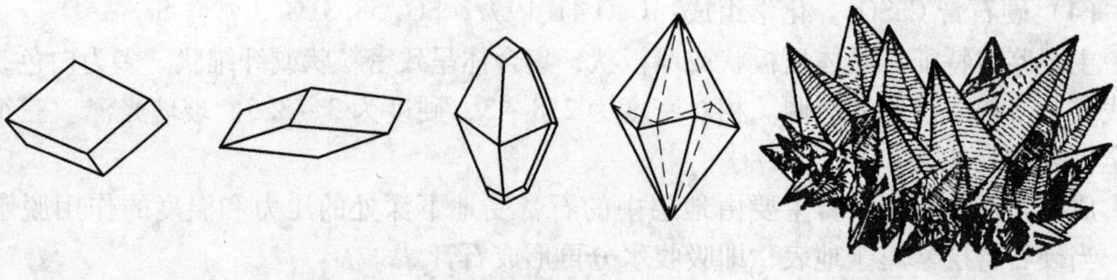

图 2-29　方解石的晶体

主要鉴定特征：晶体少见，通常为致密粒状集合体。多为白色，有时微带浅黄或浅灰。相对密度为 2.9~3.1，硬度为 4~4.5。玻璃光泽。完全菱面体解理。加冷稀 HCl 不起泡，遇热 HCl 溶解，并有泡沸现象。

成因与产状：由热液或风化作用所形成。常与白云石、滑石、方解石等共生。

用途：用于耐火材料及提取镁等。

（3）菱锌矿 $ZnCO_3$。化学组成：ZnO 64.9%，CO_2 35.16%，常含 Fe^{2+}。

主要鉴定特征：晶体不常见，通常呈土状、钟乳状、皮壳状等。常为白色，有时微带浅绿、浅褐或浅红。相对密度为 4.1~4.5，硬度为 5。玻璃光泽，性脆。

成因与产状：主要分布于石灰岩中铅锌硫化物矿床的氧化带。是闪锌矿氧化分解所形成，与孔雀石、褐铁矿、白铅矿等共生。

用途：组成锌矿石的有用矿物

（4）菱铁矿 $FeCO_3$。化学组成：FeO 62.1%（Fe 48.2%），有时含有 Mg、Mn 等。

主要鉴定特征：晶体呈菱面体，集合体呈粒状、结核状、钟乳状等。颜色为浅褐、灰色或深褐。相对密度为 3.9，硬度为 3.5~4.5。玻璃光泽，性脆。加热 HCl 起泡，加冷 HCl 时缓慢作用，形成黄绿色的 $FeCl_3$ 薄膜。碎块烧后变红，并显磁性。

成因与产状：形成于还原条件下。沉积型的常产于黏土、页岩及煤层内；也有热液成因的。

用途：组成铁矿石的有用矿物。

（5）菱锰矿 $MnCO_3$。化学组成：MnO 61.71%（Mn 47.79%），CO_2 38.29%，常含有 Ca、Fe。

主要鉴定特征：晶体呈菱面体，但不常见，通常呈粒状、肾状、结核状等集合体。常为玫瑰色，氧化后为褐黑色。相对密度为 3.6~3.7，硬度为 3.5~4.5。玻璃光泽。菱面体解理完全，性脆。

成因与产状：有内生热液成因和外生沉积成因的。常见于海相沉积锰矿床中。

用途：组成锰矿石的重要有用矿物。

（6）白云石 $CaMg[CO_3]_2$。化学组成：CaO 30.41%，MgO 21.86%，CO_2 47.73%，常含 Fe、Mn。

主要鉴定特征：晶体为菱面体，晶面常弯曲呈马鞍状（图 2-30）。集合体呈粒状、多孔状或肾状。主要为灰白色，有时微带浅黄色、浅褐色、浅绿色等。相对密度为 2.8~2.9，硬度为 3.5~4。玻璃光泽。菱面体完全解理，解理面弯曲呈鞍状。

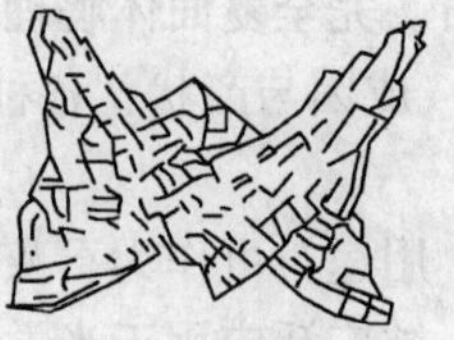

图 2-30　白云石的晶体

遇冷稀 HCl 缓慢起泡与方解石区别。

成因与产状：主要为外生沉积成因，与方解石、石膏、硬石膏共生；也有热液成因的，多与硫化物矿物共生。

用途：用作耐火材料、冶金熔剂的原料。

（7）白铅矿 $PbCO_3$。化学组成：含 PbO 83.5%，Pb 77.5%。混入物有 PbS、Ag_2S 等。

主要鉴定特征：晶体呈板状或假六方双锥状，集合体呈致密块状、钟乳状和土状。多为白色，有时微带浅色。相对密度为 6.4~6.6，硬度为 3~3.5。金刚光泽，断口油脂光泽。贝壳状断口。性脆。加 HCl 起泡。

成因与产状：为铅锌硫化物矿床氧化带的次生铅矿物。往往与铅矾、方铅矿等矿物伴生。

用途：组成铅矿石的有用矿物。

（8）孔雀石 $Cu_2[CO_3](OH)_2$。化学组成：含 CuO 71.9%，Cu 57.4%，CO_2 19.9%，H_2O 8.2%。常混有 CaO、Fe_2O_3、SiO_2 等。

主要鉴定特征：晶体呈柱状，极少见，通常呈肾状、葡萄状、放射纤维状集合体。绿色，条痕淡绿色。相对密度为 3.9~4.1，硬度为 3.5~4，解理完全。玻璃光泽至金刚石光泽，纤维状者具丝绢光泽。遇 HCl 起泡，以此与相似的硅孔雀石相区别。

成因与产状：仅产于含铜硫化物矿床的氧化带，常与蓝铜矿、辉铜矿等矿物共生。

用途：组成铜矿石的有用矿物；还可用作颜料；致密色美者，可用来雕刻工艺品。

（9）蓝铜矿 $Cu_3[CO_3]_2(OH)_2$。化学组成：含 CuO 69.2%，Cu 55.3%。

主要鉴定特征：晶体呈短柱状或厚板状，通常为细小晶簇、致密块状及放射状等集合体。深蓝色，土状者为浅蓝色。相对密度为 3.7~3.9，硬度为 3.5~4，玻璃光泽至土状光泽。遇 HCl 起泡。

成因与产状：仅产于含铜硫化物矿床的氧化带，常与辉铜矿、孔雀石等矿物共生。

用途：组成铜矿石的有用矿物；还可用作颜料；致密色美者，可用来雕刻工艺品。

3 岩　石

岩石是矿物的集合体，是各种地质作用的产物，是构成地壳的物质基础。

岩石学是研究岩石的种类、成分、结构构造、产状、成因、变化、分布规律与矿产关系及用途的科学。地壳中的绝大部分矿产都形成于岩石中。如大部分金属矿产于岩浆岩中或其形成与岩浆岩有直接或者间接的联系，煤则产在沉积岩里。大多数岩石本身就是重要矿产，如花岗岩、大理岩可用作天然的建筑和装饰石料。此外，冶金用的耐火材料和熔剂、农业用的无机肥料以及部分能源，都来自天然岩石。

在研究提高耐火材料、铸石、陶瓷、水泥、玻璃等和其他人造岩石的质量时，需要大量应用岩石学的基本知识及研究方法。最近 30 年来，在此基础上产生了一门与岩石学有密切关系的新学科——工艺岩石学。

组成地壳的岩石种类繁多，根据其成因和岩石本身特征的不同可分为三大类：岩浆岩、沉积岩和变质岩。

（1）岩浆岩。岩浆岩是地壳深处的岩浆沿地壳裂隙上升，冷凝结晶而成的岩石。埋于地下深处或接近地表的岩浆岩称为侵入岩，喷出地表的岩浆岩称为喷出岩（也称为火山岩）。岩浆岩是内力地质作用的产物，其特征为：一般较坚硬，组成岩石的绝大多数矿物为结晶质，常具结晶结构，块状、流纹状及气孔状构造。原生节理发育。

（2）沉积岩。沉积岩是先形成的岩石（岩浆岩、沉积岩和变质岩）经外力地质作用而形成。其特征是：常具碎屑状、鲕状等特殊结构及层状构造，并富含生物化石和结核。

（3）变质岩。变质岩是早先形成的岩石（岩浆岩、沉积岩和变质岩）经变质作用而形成的，与原岩迥然不同的新岩石。其特征是：多具明显的片理构造。

三大类岩石的分布情况各不相同，沉积岩主要分布于大陆地表，占陆壳面积的 75%；距地表越深，则岩浆岩和变质岩越多，沉积岩越少。据统计，岩浆岩占地壳体积的 66%，变质岩占 20%，沉积岩占 9%。由此可见沉积岩分布面积虽广，但仅占地壳表面积很薄的一层，岩浆岩才是地壳的主要组成物质。所以沉积岩、变质岩主要是由岩浆岩经各种地质作用演化而来的，并且大部分矿产也都与形成岩浆岩的岩浆有密切关系。

3.1　岩浆岩

岩浆岩又称火成岩，是地下深处的岩浆侵入地壳或喷出地表冷凝结晶而成的岩石。

岩浆是在地壳深处或上地幔天然形成、富含挥发组分、高温黏稠的硅酸盐熔融体，是形成各种岩浆岩和岩浆矿床的母体（火山喷发物就是岩浆）。

3.1.1　岩浆岩的一般特征

岩浆岩的特征主要体现在物质成分、结构构造和产状几个方面。

3.1.1.1　*岩浆岩的物质成分*

岩浆岩的物质成分包括化学成分和矿物成分。研究物质成分不仅有助于了解各类岩浆岩的内在联系、成因及次生变化，而且可以作为岩浆岩分类的主要根据。因此，对物质成分及其变化规律的研究，是岩浆岩岩石学的主要任务之一。

A 岩浆岩的化学成分

岩浆岩化学成分复杂，几乎包括了地壳中的所有元素，其中最多的是 O、Si、Al、Fe、Mg、Ca、Na、K、Ti 等九种，占岩浆岩总含量的99%以上。

岩浆岩的化学成分常用氧化物表示，其中 SiO_2 为最多（平均占 59.14%），其次为 Al_2O_3 占 15.34%。因此岩浆岩多由硅酸盐类矿物组成。岩浆岩中各种氧化物随 SiO_2 含量的增减而作有规律的变化（图 3-1）。根据 SiO_2 的含量，可以把岩浆岩分成四类：

超基性岩	$SiO_2<45\%$	基性岩	SiO_2 45% ~52%
中性岩	SiO_2 52% ~65%	酸性岩	$SiO_2>65\%$

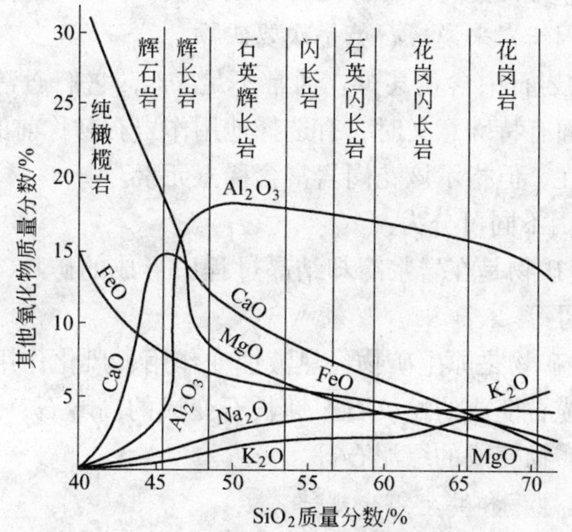

图 3-1 岩浆岩中主要氧化物之间的关系

从图 3-1 中可以看出，随着 SiO_2 含量的增加，FeO 及 MgO 含量逐渐减少，也就是说基性岩中 FeO 及 MgO 的含量比酸性岩中要多，CaO 在超基性岩中很少，基性岩中大量出现，以后随 SiO_2 含量的增加又逐渐减少。Al_2O_3 在基性岩中大量出现，随着 SiO_2 含量增加略有变少的趋势。K_2O 和 Na_2O 在超基性岩中几乎没有，而在酸性岩中却有显著增加。了解上述变化规律，不仅有助于探讨岩浆岩的成因，而且对于了解岩浆岩中的矿物成分也有很大好处。

B 岩浆岩的矿物成分

岩浆岩的矿物种类较多，其中主要有长石族，石英，辉石族、角闪石族、云母族，橄榄石族矿物及少量其他矿物。这些构成岩石的矿物通称为造岩矿物。

（1）根据造岩矿物的化学成分特征（颜色）分类如下：

1）硅铝矿物（浅色矿物）。SiO_2 和 Al_2O_3 的含量较高，不含铁镁，其中包括石英、长石及似长石类，这些矿物颜色较浅，故又称为浅色矿物。

2）铁镁矿物（暗色矿物）。FeO 和 MgO 含量较多，而 SiO_2 和 Al_2O_3 含量较低，包括橄榄石类、辉石类、角闪石类及黑云母类等。这些矿物的颜色一般较深，故又称为暗色矿物。

在岩石学中，将暗色矿物的百分含量称为色率，肉眼鉴定时，色率是分类命名的依据之一。如花岗岩类（酸性岩类）含暗色矿物 10% 以下，闪长岩类（中性岩类）约为 30% ~50%，橄榄岩类（超基性岩类）则几乎不含浅色矿物。

（2）根据矿物在岩石中的相对含量及在岩浆岩分类中的作用可分类如下：

1）主要矿物。主要矿物是指岩石中含量多并在确定岩石大类名称上起主要作用的矿物。例如花岗岩类，主要矿物是石英和钾长石，没有石英或石英含量不够，则岩石为正长岩类，没有钾长石则为石英岩或脉石类，所以对花岗岩来说，石英、长石为主要矿物。

2）次要矿物。次要矿物是指岩石中含量次于主要矿物的矿物，对划分岩石大类不起主要作用，但对确定岩石种属起一定作用，含量一般小于 15%，如闪长岩类的闪长岩中有石英（含量达 5%）称为石英闪长岩，无石英或石英 <5%，则称为闪长岩，但二者均属闪长岩大类，所以对闪长岩来说，石英是次要矿物。

3）副矿物。副矿物岩石中含量甚少，通常不足 1%，它们通常不参与岩石命名，只有对岩石成因或成矿方面有特殊意义时，有选择地用作岩石名称前的点缀。如独居石花岗岩，独居石以副矿物存在，但指示该花岗岩富含稀土元素。

（3）根据矿物的成因不同可分为：

1）原生矿物。原生矿物是在岩浆冷却结晶过程中形成的矿物，如橄榄石、辉石、角闪石、长石、石英、云母等。

2）次生矿物。次生矿物是原生矿物经热液蚀变作用、风化作用等外界因素的影响而形成的新矿物，如由橄榄石变成的蛇纹石；钾长石变成的高岭石；斜长石变成的黝帘石、绿帘石、绢云母；暗色矿物变成的绿泥石等。

C　岩浆中矿物结晶顺序和共生组合规律

不同类型的岩石，有着比较固定的矿物组合（图 3 -2）。岩浆在冷凝过程中，由于物理化学条件不断变化，各种主要造岩矿物结晶析出有一定的顺序，而且先析出的矿物与岩浆发生反应，使矿物成分发生变化而产生新的矿物。1922 年美国人鲍温在实验室观察相当玄武岩熔浆的冷却结晶过程并结合野外观察，得出玄武岩岩浆造岩矿物的结晶顺序以及它们的共生组合关系，称为鲍温反应系列。

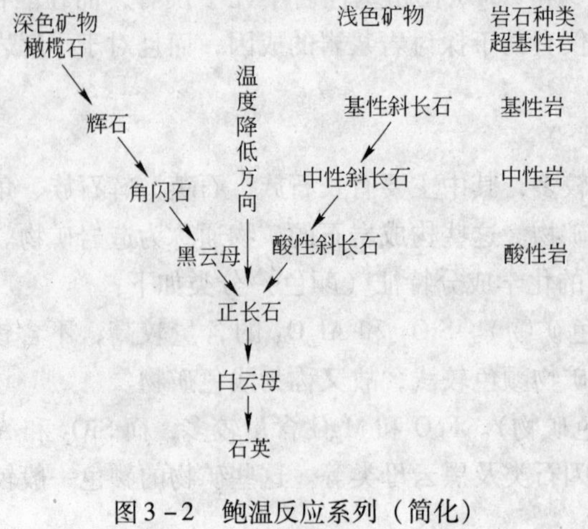

图 3 -2　鲍温反应系列（简化）

鲍温反应系列在一定程度上说明了岩浆中矿物结晶顺序和共生组合规律，提供了简易掌握岩浆岩分类的方法。纵行表示从高温到低温矿物结晶的顺序；横行表示在同一水平位置上的矿物大体是同时结晶，按共生规律组成一定类型的岩石。例如辉石和基性斜长石（富钙的斜长石）组成基性岩，不可能与石英共生；正长石、酸性斜长石（富钠的斜长石）、石英、黑云母等组成酸性岩，不可能与橄榄石共生。在纵行方向矿物相距越远，共生的机会越少。其他如基性岩、中性岩的矿物组合规律如图3-2所示。

岩浆岩中的矿物，是岩浆的化学成分在一定的物理、化学条件下有规律的结合。所以，研究岩浆岩的矿物成分，对了解岩浆岩的化学元素成分、成因、生成环境及生成后的变化等有重要意义。同时矿物成分又是岩浆岩分类、命名的重要依据之一。

3.1.1.2 岩浆岩的结构构造

岩浆岩的结构和构造是岩石的外表特征，它们反映了岩石生成时的环境。同时是岩石分类和鉴定的主要依据之一。

A 岩浆岩的结构

岩浆岩的结构主要是指组成岩浆岩的矿物颗粒大小（绝对大小和相对大小）和结晶程度及它们之间的相互关系等。最常见的结构有：

(1) 等粒结构。岩石中的矿物全部为显晶质粒状，且主要矿物大小近于相等的结构（图3-3）。根据矿物颗粒大小分为粗粒（粒径>5mm）、中粒（粒径5~2mm）、细粒（粒径2~0.2mm）三种。这种结构是在温度和压力较高，岩浆温度缓慢下降的条件下形成的。主要是深成岩所具有的结构。

(2) 不等粒结构。岩石中的同种主要矿物大小不等，但分不出大小悬殊的两群的结构。

(3) 斑状结构及似斑状结构。岩石由两类大小明显不同的颗粒组成，大的矿物晶体散布在较细物质之间的结构（图3-4）。大的晶体称为斑晶，细小的部分称为基质。当基质为隐晶质或玻璃质时为斑状结构；当基质为显晶质时，为似斑状结构。这种结构主要是由于矿物结晶的时间先后不同造成的。在地下深处，温度、压力较高，部分物质先结晶，生成一些较大的晶体——斑晶。随着岩浆继续上升到浅处或喷出地表，尚未结晶的物质，由于温度下降较快，迅速冷却形成结晶细小或不结晶的基质。斑状结构常见于喷出岩或浅成岩；似斑状结构常见于浅成岩和中深成岩中。

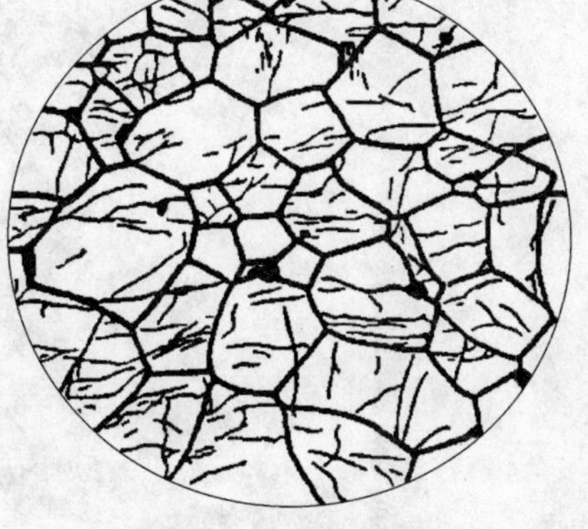

图3-3　等粒结构

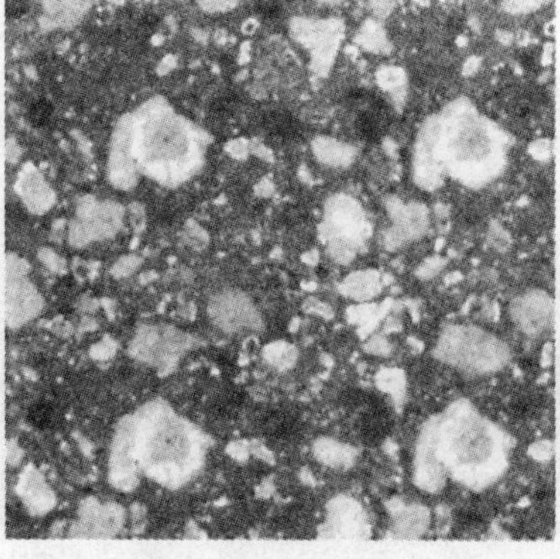

图3-4　斑状结构

(4) 隐晶质结构。组成岩石的矿物颗粒细小，只有在显微镜下可分辨其矿物颗粒。岩石外貌呈致密状，但略具粗糙感。它是在岩浆很快冷却的情况下形成的，常为喷出岩所具有。

(5) 玻璃质结构。组成岩石的矿物全部由玻璃质组成，岩石断面光滑，具玻璃光泽，为喷出岩所特有的结构。

B　岩浆岩的构造

岩浆岩的构造是指组成岩石的不同矿物集合体之间，在空间上的排列方式和充填方式所反映出来的岩石整体的外表特征。常见的构造有：

(1) 块状构造。组成岩石的各种矿物，在整块岩石中呈各项均匀地分布，岩石各部分在结构和成分上都是一致的，是侵入岩，特别是深成岩最常见的一种构造（图 3－5)。

(2) 斑杂构造。指岩石的不同部位，其颜色、矿物成分或结构差异很大，整个岩石呈不均匀的斑斑块块，杂乱无章。

(3) 带状构造。由于岩石各部分的成分、颜色或粒度有差异并相间成带状分布而成(图 3－6)。主要发育在超基性岩和伟晶岩体中。如辉长岩中常见有暗色矿物（辉石、橄榄石等）和浅色矿物（斜长石）组成黑白相间的条带。

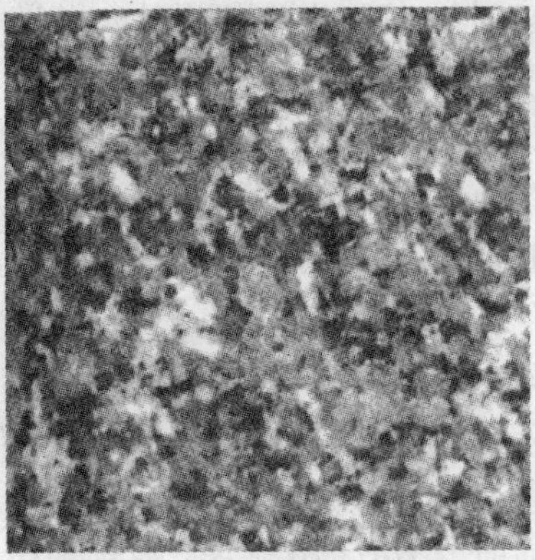

图 3－5　块状结构

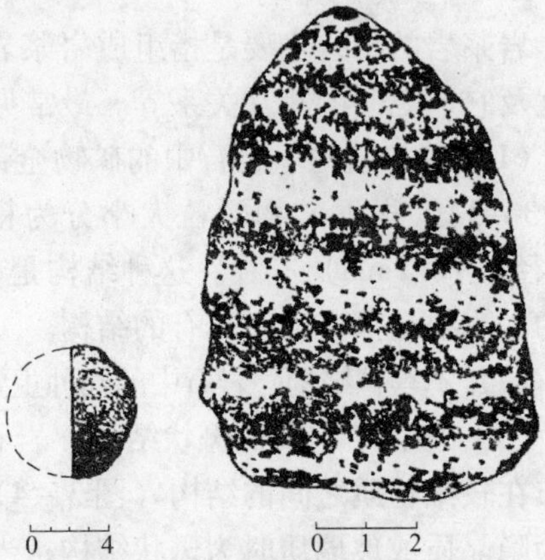

图 3－6　带状结构

(4) 气孔状和杏仁状构造。岩浆喷出地表后，迅速冷却，气体逸出，留下许多大小不等略近圆形或椭圆形的空洞分布在岩石中，称为气孔状构造（图 3－7)。当气孔被后来的硅质、钙质等所充填，便形成杏仁状构造（图 3－8)，为喷出岩所特有的构造。

图 3－7　气孔构造

图 3－8　杏仁构造

（5）流纹构造。是由不同颜色的条纹或拉长的气孔，长条状矿物沿一定方向排列，所表现出来的熔岩流的流动构造（图3－9），如流纹岩所具有的构造。

图3－9　流纹构造

岩浆岩的结构和构造特征，反映了岩浆岩的生成环境和生成条件，不仅是岩浆岩分类和命名的重要依据，而且是影响开采技术条件的因素之一。

3.1.1.3　*岩浆岩的产状*

岩浆岩产状是指岩体形态、大小、深度以及与围岩的关系。由于生成条件和所处环境不同，岩浆岩的产状是多种多样的（图3－10）。

A　*深成岩产状*

（1）岩基。岩基是出露面积大于100km^{2}的深成侵入体，是规模最大的侵入体，通常与围岩呈不和谐接触，平面上常呈椭圆形，见图3－10。通常由花岗岩类岩石组成。近年地球物理资料表明，基底是有底界的，最大深度可达10～30km，许多岩基向下逐渐变小，甚至超覆于围岩之上。

（2）岩株。岩株是出露面积小于100km^{2}的深成侵入体。平面上呈近圆形或不规则状，与围岩呈不和谐接触。岩株可独立产出，但其下部常与岩基相连，构成岩基的顶部突起部分，见图3－10。

深成作用的岩浆规模比浅成作用的大，由于温度高、压力大，在侵入的过程中对围岩有同化现象，因此在岩体边缘多有捕虏体。这些捕虏体是岩浆上升过程中，从围岩掉下来的碎块，这在浅成岩中一般是很少见的。

B　*浅成岩产状*

（1）岩盘。又称岩盖，指侵入于岩层之间、上凸下平状侵入体。与围岩呈和谐接触，从中央到边缘厚度由大变小，最厚处可达1km，平面上呈圆形或椭圆形，岩性多为中酸性岩，见图3－10。

（2）岩盆。与岩盘一样，其不同点是侵入体的中央部位向下凹、形似面盆。岩性多由基性或碱性岩组成，见图3－10。

（3）岩床。又称为岩席，指厚度较均匀的与围岩层理面或顶底板近于平行的层状侵入体。与围岩呈和谐接触。接触面平坦，但上、下岩层皆受热力影响而发生变化，表示岩床系由岩浆侵入作用所造成，岩性多为基性岩，见图3－10。

（4）岩墙。指厚度较稳定，形状较规则，切穿围岩层理或片理的板状侵入体。与围岩呈不和谐接触。岩墙常成群出现，相互平行或呈放射状、环状产出。形状不规则的岩墙或其分支称为为岩脉，见图 3－10。

C　喷出岩的产状

喷出岩规模大小视喷出作用的强弱而定。常常由熔岩被或熔岩流形成层状及由火山碎屑物形成火山堆。熔岩被是熔岩大量涌出地表时，覆盖在广大地面上的岩体。熔岩流是熔岩大量涌出自火山口向前流动的舌状岩体，见图 3－10。

研究岩浆岩的产状，不仅可以帮助我们了解岩浆岩的形成条件及形成环境，而且也涉及岩浆岩的分类问题。

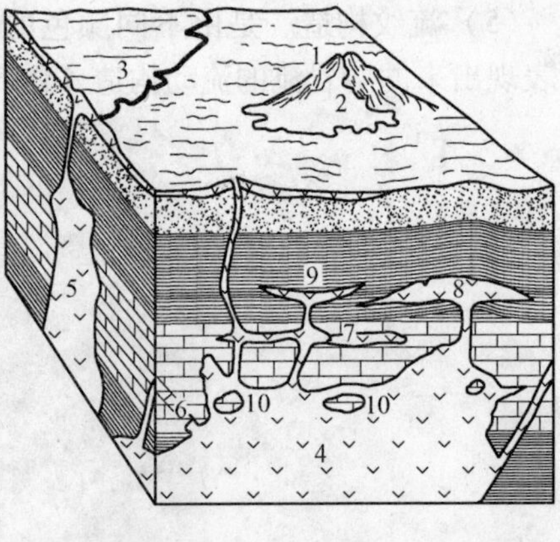

图 3－10　岩浆岩的产状

1—火山堆；2—熔岩流；3—熔岩被；4—岩基；5—岩株；6—岩墙；7—岩床；8—岩盘；9—岩盆；10—捕虏体

3.1.2　岩浆岩的分类及各类岩石特点

岩浆岩的种类很多，目前已知有 1000 余种。为了便于研究和掌握，必须给予岩浆岩以科学的分类。本书根据岩浆岩的化学成分、矿物成分、结构构造及产状等，归纳成岩浆岩分类简表（表 3－1）。

表中横行按岩浆岩的化学成分及矿物成分排列，自左至右依次为超基性岩、基性岩、中性岩、酸性岩。其下列出它们的主要物质成分。在超基性岩中主要是橄榄石（或辉石）。在酸性岩中以含大量石英和钾长石为标志。中、基性岩以斜长石为主，酸性岩以钾长石为主，而超基性岩不含或很少含长石类矿物。上述橄榄石、辉石、石英、长石，分别作为鉴定不同岩类的指示矿物。从表中尚可看出，随着暗色矿物含量由超基性岩到酸性岩逐渐减少，岩石颜色亦随之变浅。

表中纵行按岩石产状排列，由上到下依次为喷出岩、浅成岩、深成岩。同时列出岩石相应的结构构造。同一纵行的岩石成分相同或近似，故列为一个岩类，只因产状不同（表现为结构构造不同）而有不同的岩石名称。

肉眼鉴定岩浆岩时，将所鉴别岩石的颜色、矿物成分、产状及与之相应的结构构造分类后，便可从表 3－1 中查出岩石名称。

现将表内主要岩浆岩的特征简述于后。

3.1.2.1　超基性岩类（橄榄岩—辉岩类）

本类岩石 SiO_2 含量小于 45%，不含或少含铝硅酸盐，FeO 达 10% 左右，MgO 达 40% 左右。反映在矿物成分上，主要为橄榄石、辉石，其次为角闪石、黑云母等深色矿物，不含石英和长石（或极少量长石）等浅色矿物。故岩石颜色较深，一般为黑色或绿黑色，密度大，呈致密块状构造。常见的岩石有橄榄岩、辉岩，形成不大的岩体。喷出岩少见。由于含 MgO 量高，所以蚀变易生成蛇纹石、滑石、菱镁矿等含镁的次生矿和次闪石、绿泥石等。和超基性岩有关的矿产有铬、镍、钴、铂族元素及金刚石。

（1）橄榄岩。主要矿物以橄榄石为主，其次为少量辉石或角闪石，不含长石和石英；岩石为暗绿色或黑色粒状（中～粗粒结构），块状构造。岩石中若辉石数量特别多时，则过渡为辉岩。

（2）辉岩。矿物成分以辉石为主（95%以上），含少量橄榄石；具粗粒结构，块状构造。细小的橄榄石散嵌在辉石晶体内，颜色多呈绿褐色或黑色。辉岩岩体一般都不大，且多围绕着橄榄岩及纯橄榄岩的边缘产出。

（3）金伯利岩。金伯利岩又称为角砾云母橄榄岩，岩石主要由橄榄石、辉石和金云母组成，尚含少量磁铁矿、磷灰石、石榴子石等。岩石一般都已蛇纹石化。岩体常呈管状出现，亦有呈岩墙、岩脉产出者。因为爆发的关系，岩石中夹有大量的角砾（由超基性岩、变质岩、沉积岩组成）。

表 3－1 主要岩浆岩分类简表

岩类和SiO_2含量/%			超基性岩<45	基性岩45～52	中性岩52～65		酸性岩>65
产状	结构	构造	主要矿物成分				
			橄榄石	富钙斜长石 辉石			石英 钾长石 富钠斜长石 黑云母 角闪石
喷出岩	玻璃质	气孔、杏仁、流纹、块状	火山玻璃岩(黑曜岩、浮岩等)				
喷出岩	隐晶、斑状、细粒	气孔、杏仁、流纹、块状	金伯利岩	玄武岩	安山岩	粗面岩	流纹岩
浅成岩	伟晶、细晶等	块状	各种脉岩类(伟晶岩、细晶岩、煌斑岩等)				
浅成岩	隐晶、斑状、细粒	块状	苦橄玢岩	辉绿岩	闪长玢岩	正长斑岩	花岗斑岩
深成岩	中粗粒状、似斑状	块状	橄榄岩	辉长岩	闪长岩	正长岩	花岗岩

注：1. 在主要矿物成分一栏中，黑线表示主要矿物，断线表示次要矿物。
2. 表中玢岩和斑岩都是斑状结构岩石，习惯上玢岩的斑晶为富钙或含钙中等的斜长石；而斑岩中的斑晶为钾长石、富钠斜长石或石英。

岩管大小不一，由数十米至数千米。世界著名的南非金刚石矿床即产于这类岩石中。20世纪80年代以来，我国已在山东、辽宁等地找到了角砾云母橄榄岩岩管、岩脉及原生的金刚石矿床。

3.1.2.2 基性岩类（辉长岩—玄武岩类）

本类岩石 SiO_2 的含量为45%～52%，比超基性岩稍高，FeO，MgO，Al_2O_3，CaO 比超基性岩低。表现在矿物成分上为浅色矿物增多，暗色矿物和浅色矿物含量约为1∶1，故岩石颜色比超基性岩浅，一般为灰黑色，主要矿物成分为辉石和基性斜长石，次要矿物为橄榄石、角闪石。密度较大，侵入岩常呈致密块状构造和带状构造，而喷出岩常具气孔和杏仁构造。常见的岩石有辉长岩、辉绿岩和玄武岩。

（1）辉长岩。颜色为灰色、灰黑色或暗绿色；主要矿物有辉石和斜长石，次要矿物有角闪石、橄榄石；具辉长结构（辉石与斜长石成等轴他形颗粒，系两者同时从岩浆中析出的结果），块状构造；辉长岩体一般不大，常呈岩盆、岩株、岩床产出。若斜长石含量增多，达85%以上，而不含或很少含暗色矿物者，称为斜长岩。

(2) 辉绿岩。辉绿岩矿物成分与辉长岩相当，呈灰绿色、深灰色；具辉绿结构（斜长石呈完好的自形晶，辉石呈他形晶充填在斜长石晶体的空隙中）。这类岩石常呈岩床、岩墙产出。

(3) 玄武岩。矿物成分相当于辉长岩，深灰色、灰绿色或黑色；隐晶质结构，气孔或杏仁构造，柱状节理特别发育。由海底喷发而形成的玄武岩称为细碧岩，浅绿色、杏仁状或枕状构造特别明显。枕状团块之间由碧石胶结。玄武岩因其基性岩浆黏度小，易于流动，通常以大面积的熔岩流产出，我国云、贵、川等地，即有大面积的玄武岩分布。

3.1.2.3 中性岩类（闪长岩—安山岩类）

本类岩石 SiO_2 含量比基性岩多，一般在52% ~65%之间，FeO、MgO、CaO 的含量低于基性岩，而 Al_2O_3、K_2O、Na_2O 均高于基性岩，其中 K_2O 达2%左右，Na_2O 达3%左右，在正长岩—粗面岩中，两者更高，可达4% ~5%，故有碱性岩之称。反映在矿物成分上，暗色矿物相应减少，主要为角闪石，次为辉石和黑云母；浅色矿物显著增多，主要为中性斜长石，有时出现少量钾长石和石英（正长岩—粗面岩类中主要为钾长石）。由于暗色矿物和浅色矿物含量比近1:2，故岩石颜色较浅，一般为灰色或浅灰色。常见的有闪长岩、闪长玢岩、安山岩、正长岩、正长斑岩和粗面岩等。

(1) 闪长岩。岩石呈浅灰色、绿灰色。矿物成分主要为中性斜长石（含量60%以上，在风化面上可见中部显绿色，边缘显白色的环带现象），角闪石（含量40%以下，呈黑色或绿黑色的长柱晶体。次生变化后，常变为绿泥石，使岩石显绿色），其次为辉石和黑云母，有时含少量的正长石和石英。具等粒结构、块状构造。

(2) 闪长玢岩。矿物成分与闪长岩相当，多为灰色、灰绿色。具明显的斑状结构，斑晶主要是灰白色斜长石和黑色、绿黑色的角闪石；基质呈隐晶质，多为灰色和暗绿色。闪长玢岩常为岩脉和岩体边缘部分。

(3) 安山岩。矿物成分相当于闪长岩，为灰色、紫红色、浅黄色、红褐色等。具斑状结构，斑晶为灰白色，长柱状或板状斜长石和棕色角闪石，有时为隐晶质结构。块状、气孔状或杏仁状构造，其中杏仁状构造特别明显，气孔中常为方解石所充填。安山岩和玄武岩的区别主要是：安山岩颜色浅些，斑晶中斜长石大些，无法区别时可定为玄武岩—安山岩。

(4) 正长岩与正长斑岩。正长岩为浅灰色、灰色或肉红色。与闪长岩不同的是，正长石大量出现，也含少量斜长石，暗色矿物有角闪石和黑云母。常具等粒结构，块状构造。这类岩石常与酸性岩、基性岩共生，或以岩盘单独产出。正长斑岩的特点与正长岩相似，区别在于正长斑岩具明显的斑状结构。

(5) 粗面岩。岩石呈浅灰色、浅黄色或粉红色。主要矿物为碱性长石，其次为黑云母，此外尚有少量斜长石和角闪石。常具粗面结构（系长条状的碱性长石微晶近于平行的流状排列）及斑状结构，斑晶为碱性长石，基质为隐晶质，其成分也以碱性长石为主。一般为块状构造，有时可见流纹构造及多孔状构造。

粗面岩与流纹岩、安山岩极为相似，主要区别在于粗面岩的斑晶为钾长石，没有石英（或极少）；而流纹岩中有明显的石英；安山岩的斑晶主要是斜长石。因此，只要把岩石中钾长石、斜长石和石英三种矿物及其含量搞清楚，即可区分。

3.1.2.4 酸性岩类（花岗岩—流纹岩类）

本类岩石 SiO_2 含量特高，超过65%，属于 SiO_2 过饱和岩石，FeO、CaO 的含量较少，K_2O 和 Na_2O 各占3.5%左右。反映在矿物成分上，浅色矿物占优势，含量可达90%，除含大量石英外（石英含量大于20%），尚有钾长石和斜长石；暗色矿物仅占10%以下，主要有黑云母和角闪石。故岩石颜色一般很浅，常为浅灰红色，密度较小。本类岩石分布很广，特别是侵入岩常呈岩基大面积分布。常见的岩石有花岗岩、花岗斑岩和流纹岩等。

（1）花岗岩。岩石多为灰白色、肉红色，略具黑色斑点；主要由钾长石（以正长石为主)、酸性斜长石、石英（可达20%以上）组成，并含有少量的黑云母或角闪石；具花岗结构（石英、长石呈半自形等轴颗粒），块状构造。根据矿物晶粒大小，又可分为粗粒、中粒和细粒花岗岩。花岗岩通常钾长石含量多于斜长石，如果钾长石与斜长石含量约略相等，称为石英二长岩；如果斜长石含量多于钾长石，且暗色矿物增多，称为花岗闪长岩。

花岗岩是分布最广的深成岩类，其分布面积占所有侵入岩面积的80%以上。花岗岩质地均匀、坚固、颜色美观，广泛用作地基、桥梁、纪念碑等的建筑石料。

关于花岗岩的成因，有结晶分异理论和花岗岩化成因两种基本学说。结晶分异理论认为玄武岩质岩浆通过结晶分异可形成花岗岩质岩浆。实验证明，由玄武质岩浆可以得出花岗岩质，即玄武岩浆可依次生成辉长岩—闪长岩—花岗岩等一系列岩石。花岗岩浆是岩浆后期分异的残余体，这种残余岩浆侵入地壳某些部位就形成今天的花岗岩。但数量只有5%。这表明玄武岩质岩浆分异而形成花岗岩是存在的，但数量是极少的。

花岗岩化成因说认为，花岗岩可以是在地壳不太深的部位，由原来组成地壳的岩石，通过花岗岩化就地形成花岗岩或者形成深熔花岗岩浆，再次侵位而成。所谓花岗岩化，就是来自上地幔的碱性流体物质，上升到地壳的某个深度（如十几千米），通过裂隙贯入交代、代换或扩散、渗透使原来的岩石改造成花岗岩。如果这个过程发生在更深的部位(20km左右)，就形成了由部分熔化的深熔花岗岩浆，使得周围的岩石改造成花岗岩。这一花岗岩化理论，在目前基本上能为大多数地质工作者所接受。

（2）花岗斑岩。为酸性岩浆的浅成岩。成分相当于花岗岩，岩石为肉红色或灰白色；具斑状结构，斑晶为肉红色钾长石和黑云母，角闪石次之基质由细小的长石、石英及其他矿物组成。其他特征与花岗岩类似。常呈岩墙、岩脉产出。

（3）石英斑岩。其成分、结构，产状基本与花岗斑岩相同，区别在于石英斑岩中，斑晶为高温石英，有时还有透长石。

（4）流纹岩。为酸性喷出岩，成分与花岗岩基本相同，呈浅灰色、粉红色，也有呈灰黑色、绿色或紫色者；具斑状结构，斑晶为石英及透长石，以流纹状构造为其特征，但也有气孔构造者。常呈岩钟或厚度较大、分布面积不广的岩流产出。

3.1.3 岩浆岩的肉眼鉴定及命名

3.1.3.1 岩浆岩的肉眼鉴定

岩浆岩的特征表现在颜色、矿物成分、结构和构造等方面，并借以观察和区别各种岩石，其肉眼鉴定的方法步骤如下：

（1）观察岩石的颜色。组成岩浆岩的暗色矿物和浅色矿物，是随着 SiO_2 含量的增多，浅色矿物相对增多，暗色矿物减少。因而组成岩石矿物的颜色就构成了岩石的颜色。一般超基性岩呈黑色—绿黑色—暗绿色；基性岩呈灰黑色—灰绿色；中性岩呈灰色—灰白色；酸性岩呈肉红色—淡红色—白色。所以，颜色可以作为肉眼鉴定岩浆岩的特征之一。

（2）观察矿物成分。组成岩浆岩的矿物为浅色矿物（如石英、正长石、斜长石等），暗色矿物（如橄榄石、辉石、角闪石、黑云母等）。在鉴定时，一定要准确的鉴定出岩石的矿物成分，它是鉴定岩石的关键内容，特别是主要矿物，它是鉴定岩石大类名称的依据，然后再根据次要矿物定出大类中岩石种属的名称。

鉴定时，应先观察有无橄榄石、辉石、石英、长石等及其数量，因为它们都是判别不同类别岩石的指示矿物。此外，尚须注意黑云母，它经常与酸性岩有关。在野外观察时，还应注意矿物的次生变化，如黑云母容易变为绿泥石或蛭石，长石容易变为高岭石等，这对已风化岩石的鉴别非常重要。

（3）观察岩石的结构构造。岩石的结构构造是决定该类岩石属于喷出岩、浅成岩或深成岩的依据之一。一般喷出岩具隐晶质结构、玻璃质结构、斑状结构，流纹构造、气孔或杏仁构造。浅成岩具细粒状、隐晶状、斑状结构，块状构造。深成岩具等粒结构、块状构造。

综合上述几方面特征，即可区别不同类型的岩石。

3.1.3.2 *岩浆岩的命名*

随着岩石学的不断发展，岩石分类标志及命名要素逐渐增多，岩石的名称亦随之复杂。但总的来说，岩石的名称大体包括基本名称和附加名称两部分。

基本名称是岩石名称必不可少的部分，它是由岩石中的主要矿物所决定的。反映着岩石的最基本特征，是岩石分类的基本单元，如“花岗岩”、“闪长岩”等。附加名称是说明岩石不同特征的各种各样的形容词（如颜色、结构、构造以及次要矿物等），一般位于岩石基本名称之前，如黑云母花岗岩。

命名时，需首先结合岩石产状，分出是侵入岩还是喷出岩，然后用肉眼观察其主要矿物成分及含量，决定其大类，定出岩石的基本名称，再根据次要矿物成分及含量，进一步确定出附加名称。如某种岩浆岩，根据其产状定为侵入岩，又知主要矿物为辉石、基性斜长石；次要矿物为少量橄榄石，因此，可初步定名为橄榄辉长岩。

总之，准确识别岩石并给以正确的名称，对采矿工作者来说是一项十分重要的工作。如果在所工作的矿区内，把岩石的类型及具体名称弄错了，不同类型的岩石名称混淆不清，或把同种岩石看成不同的岩石，就不能正确指导矿床的开采，甚至造成严重错误，浪费大量资金。因此，采矿工作者应该熟练掌握肉眼鉴别岩石的方法。

3.1.4 岩浆岩中的主要矿产

岩浆岩中蕴藏着许多重要的金属和非金属矿产。

与超基性和基性岩浆岩有关的矿产有：铬、镍、铜、铁、钒、钛、金刚石、铂及铂族金属等。例如内蒙古和甘肃的铬铁矿，河北和四川的钒钛磁铁矿，甘肃和四川的铜镍矿，山东的金刚石矿等，均产于超基性岩或基性岩中。

产于中性的闪长岩或其接触带中的矿产有：铜、铁及稀土元素矿床等。例如河北的铜矿床，湖北的铁矿、安徽的铜矿以及四川西南部的稀土元素矿床等，其形成均与闪长岩有关。

在正长岩、石英正长岩和正长斑岩中，常有稀土元素、磷灰石及磁铁矿等。例如东北、河北的磷灰石、江西的稀土元素、四川的磁铁矿等。

与酸性和中酸性岩浆岩有关的矿产有钨、锡、钼、铋、铜、铅、锌、金、铀、钍及稀土等。例如江西的钨矿、云南的锡矿、湖南的铅锌矿、山东的金矿等，均与该地区的花岗岩或花岗闪长岩有成因上的关系。

3.1.5 岩浆岩与开采技术有关的特点

岩浆岩的矿物成分和结构构造等特点，不仅是鉴别岩浆岩，对岩浆岩进行分类和命名的主要依据，而且也是决定该类岩石开采技术的重要因素，现分别叙述如下：

（1）岩浆岩的矿物成分与采掘的关系。岩浆岩中最常见的矿物是石英、长石、角闪石、辉石、橄榄石等。这些矿物都是硬度较大的矿物。所以未经强烈蚀变和剧烈错动的岩浆岩一般强度都较大，稳定性都比较好，有利于采用高速度、高效率的采掘方法。

但值得注意的是：在酸性岩中，含有较大量的游离的二氧化硅，在其中进行采掘作业时，有产生硅肺病的可能，必须加强通风防尘措施，预防硅肺病。

（2）岩浆岩的结构与采掘的关系。在岩浆岩的结构中，对采掘影响最大的是颗粒的粗细。在相似条件下，隐晶质、细粒、均粒的岩石比粗粒和斑状的岩石强度大。例如玄武岩为隐晶质结构，而辉长岩为粗粒结构，所以玄武岩的抗压强度可高达500MPa，辉长岩的抗压强度仅120～360MPa。又如花岗岩具斑状结构，其抗压强度只有120MPa，而同一成分的细粒花岗岩，因具等粒结构，其抗压强度可达260MPa。强度大的岩石虽然较难凿岩，但容易维护，甚至可以不需支护，给采掘工作以很大的方便。

（3）岩浆岩的构造与采掘的关系。块状构造最大特点是岩石各个方向的强度相近，从而增加了岩石的稳定性。所以岩浆岩的块状构造，不像沉积岩的层理构造和变质岩的片理构造那样对凿岩、爆破和支护等有明显的影响。

岩浆岩的原生节理（即岩浆岩生成时冷凝收缩所产生的裂隙）的存在，如玄武岩的柱状节理、细碧岩的枕状节理等，降低了岩石的稳固性，影响了岩石的爆破效果。

采矿工作最基本的作业是破碎岩石，但井巷维护也是很重要的方面。这两方面的工作，对岩石的物理力学性能的要求是不相同的，有时甚至是矛盾的。从爆破方面考虑，希望岩石容易破碎，但从井巷维护方面，又希望岩石稳固性强。因此，对岩石采掘性质的研究应注意综合这两个方面的要求，作全面分析，选择合理的技术措施，既要提高爆破效果，又要便于井巷维护，才能多、快、好、省地开发地下矿产资源。

3.2 沉积岩

由沉积物经过压固、脱水、胶结及重结晶作用形成的坚硬岩石称为沉积岩。沉积岩在地壳表层呈层状广泛分布，这是区别于其他类型岩石的重要标志之一。

3.2.1　沉积岩的一般特征

沉积岩是在常温、常压条件下，经外力地质作用而形成。因此，它的矿物组成、结构构造以及颜色等，都具有区别于其他两大类岩石的独特特征，这些是我们认识和区分沉积岩的依据。

3.2.1.1　沉积岩的物质成分

组成沉积岩的矿物有两类。一类是来自原岩的陆源碎屑矿物（又叫继承矿物），主要是在外力地质作用过程中，抵抗风化能力较强的石英、正长石、白云母等；另一类是在沉积过程中形成的同生矿物（又叫自生矿物），主要有方解石、白云石、岩盐、石膏、高岭石、菱铁矿、褐铁矿等，这些矿物常大量的出现于沉积岩中。如果将沉积岩与岩浆岩中的矿物成分相比较，则可看出两者有显著的区别。

（1）在岩浆岩中大量存在的矿物，如橄榄石、辉石、角闪石、黑云母等铁镁矿物，因它们在地表条件下不稳定，故在沉积岩中极为罕见。

（2）游离的 SiO_2 在岩浆岩中绝大部分以石英出现，而沉积岩中除石英外，尚有大量的石髓、蛋白石等变种。

（3）岩浆岩中很少有的矿物，如黏土矿物、岩盐、石膏及碳酸盐矿物等，在沉积岩中这些矿物却占有显著的地位。这是由于它们是在地表常温常压下而 O_2、CO_2、H_2O 充足的条件下形成的。

（4）在沉积物颗粒之间，还有胶结物（就是把松散沉积物联结起来的物质）。

1）泥质胶结物。如泥土或黏土，其胶结成的岩石硬度较小，易碎，断面呈土状。

2）钙质胶结物。其成分为钙质，胶结的岩石硬度比泥质胶结的大，呈灰白色。滴冷稀盐酸起泡。

3）硅质胶结物。胶结物为二氧化硅，胶结的岩石强度比前两种的都大，呈灰色。

4）铁质胶结物。胶结物为氢氧化铁或三氧化二铁，胶结的岩石坚硬程度也较大，常呈黄褐色或砖红色。

胶结物在岩石中的含量超过 25% 时，即可参加岩石的命名。如钙质长石石英砂岩即系长石石英砂岩中钙质胶结物超过了 25%。

3.2.1.2　沉积岩的颜色

沉积岩的颜色受沉积岩中碎屑成分、矿物成分和胶结物成分的影响。胶结物是泥质、钙质、硅质的沉积岩，颜色一般较浅。胶结物为铁质的，颜色一般较深。含碳质、沥青质及细分散黄铁矿的岩石，常呈灰色、深灰色或黑色。含海绿石、绿泥石、孔雀石等绿色矿物的沉积岩，多呈绿色。含硬石膏、天青石等的多呈蓝色。

沉积岩的颜色往往反映了当时的沉积环境及成岩后的变化。在氧化环境下，由于有机物质发生分解，铁为三价，因而颜色为红色或褐色；在还原环境下，因有机物质较多，铁为二价，沉积岩常为蓝色、绿色、深灰色和黑色。

沉积岩经风化作用后颜色变浅的现象，称为褪色现象。岩石风化后的颜色称为次生色或风化色。

描述岩石颜色时，常与自然界中常见的物质颜色相比较，如天蓝色、瓦灰色、砖红色、肉红色、猪肝色、橘黄色等。沉积岩的颜色常常是岩层的特殊标志。

3.2.1.3 沉积岩的结构

沉积岩的结构是由其组成物质的形态特征、性质、大小及其所含数量决定的。根据其成因，沉积岩的结构可分为碎屑结构、泥质结构、结晶结构、胶状结构、生物结构。

（1）碎屑结构与泥质结构。由碎屑物质胶结起来而形成的，是碎屑沉积岩（简称碎屑岩）和泥质岩所具有的结构。按照颗粒大小和形状分类见表3－2。

表3－2 碎屑粒级分类

分类粒级/mm		碎屑名称		胶结的岩石	碎屑结构名称	
>2		砾角（带棱角）		角砾岩	砾角状结构	碎屑结构
		砾		砾岩	砾状结构	
2～0.05	2～0.5	砂	粗砂	粗砂岩	砂状结构	
	0.5～0.25		中砂	中砂岩		
	0.25～0.10		细砂	细砂岩		
	0.10～0.05		微细砂			
0.05～0.005	0.05～0.01	粉砂	粗粉砂	粉砂岩	粉砂质结构	
	0.01～0.005		细粉砂			
<0.005			泥（黏土）	黏土岩（泥质岩）	泥质结构	
刚沉积的石灰岩，因水浪打击、冲刷而成碎屑（其形态多呈扁平状），再被同类沉积物胶结而成					竹叶状结构	

（2）结晶结构。是物质从真溶液或胶体溶液中沉淀时的结晶作用以及非晶质、隐晶质的重结晶作用和交代作用所产生的，是化学岩所具有的结构。如石灰岩、白云岩是由许多细小的方解石、白云石晶体集合而成的。沉积岩的结晶结构与岩浆岩的结晶结构类似，但其成因和物质组成两者截然不同。沉积岩的结晶结构又可以分为：

1）晶质结构，由结晶颗粒直径大于0.01mm的矿物集合体组成。

2）隐晶质结构，由颗粒直径在0.01～0.001mm之间的微晶矿物集合体组成。

3）胶状结构的颗粒直径小于0.001mm。

（3）鲕（豆）状结构。具有同心圆状的圆形或椭圆形颗粒，形似鱼子，称为鲕状结构。鲕粒直径一般在0.5～2mm之间，鲕粒的形成系胶体物质围绕碎屑等，在浅海浅水环境中沉积而成。鲕粒直径大于2mm者，可称为豆状构造。

（4）生物结构。由生物遗体及其碎片组成，是生物化学岩所具有的结构，如生物介壳结构和珊瑚结构等。

3.2.1.4 沉积岩的构造

沉积岩的构造是指其组成部分的空间分布和它们相互之间的排列关系。常见的沉积岩构造有：

A　层理（状）构造

由于季节性的气候变化及先后沉积下来的物质颗粒的形状、大小、成分和颜色不同而显示出来的成层现象。层与层之间的接触面称为层面。上、下两个层面之间的岩石称为岩层。根据岩层中每个单层厚度的不同，可将沉积岩层划分为：

块状	单层厚度大于 1m
厚层状	单层厚度为 1 ~ 0.5m
中厚层状	单层厚度为 0.5 ~ 0.1m
薄层状	单层厚度为 0.1 ~ 0.01m
页片状	单层厚度小于 0.01m

层理构造是绝大多数沉积岩最典型、最重要和最基本的特征。按层理形态可分为：

（1）水平层理。层的形状为直线状，层与层互相平行，且平行于层面。此种层理最为常见，是在沉积环境比较稳定的条件下形成的（图 3 – 11）。

（2）波状层理。层成对称或不对称，规则或不规则的波状线，其总方向平行于层面。形成于波浪运动的浅水地区。这种层理在细砂岩或粉砂岩中常见。

（3）斜层理。细层与主要层理面斜交。斜层理是沉积物在水介质中做单向运动时产生的。斜层理的倾斜方向代表了当时水流的方向（图 3 – 12）。

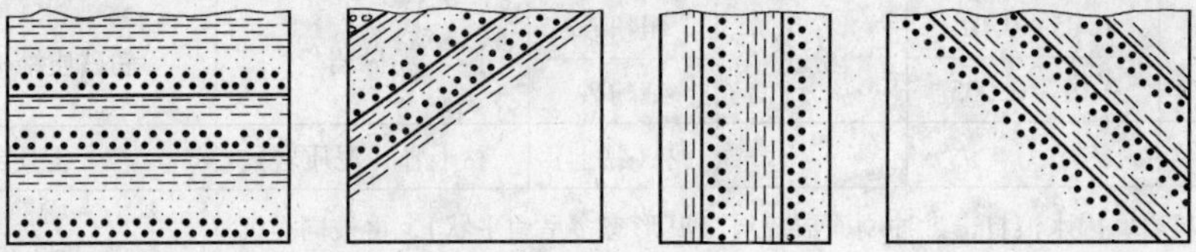

图 3 – 11　岩层产状不同的各种水平层理

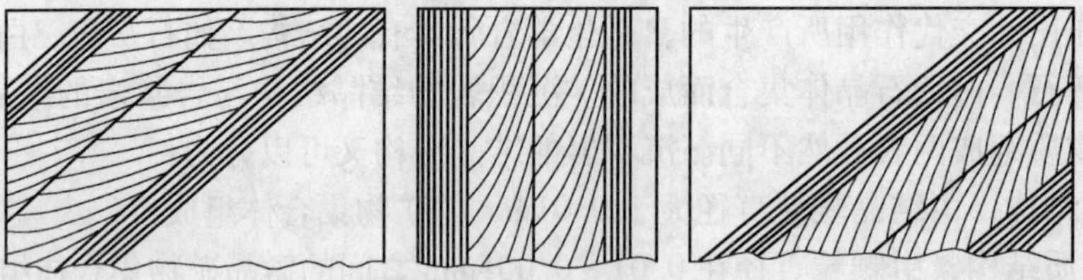

图 3 – 12　岩层产状不同的各种斜层理

（4）页理。由极细粒的矿物平行排列而形成的极薄的页片状小层称为页理。为页岩所具有的典型构造。

对层理的研究，不仅可以帮助我们正确划分与对比地层、判断地层是否倒转，而且可以帮助我们推断沉积物的沉积环境和确定水流的运动方向。

B　块状构造

岩石层理不清楚，矿物颗粒排列无一定规律。

3.2.1.5　沉积岩的其他特征

这些特征包括沉积岩岩层面上的特征如波痕、泥裂、雨痕等和沉积岩中特有的包裹物如化石、结核等。

（1）波痕。由于河流或波浪等介质的运动，在沙质沉积物表面所形成的一种波状起伏现象，形似波纹。当介质定向运动时，形成不对称波痕，迎流坡较缓，顺流坡较陡；当介质作来回往复运动时，常形成对称波痕。其两坡坡角基本相等（图3－13）。当坡峰较明显而坡谷较宽缓时，坡峰所在一侧为顶，坡谷所在一侧为底。

（2）泥裂。未固结的沉积物露出水面，受暴晒而干涸时，发生收缩所产生的裂缝（图3－14）。泥裂常见于黏土岩和碳酸盐岩中，在平面上裂缝连成多边形，在剖面上裂缝则呈现上宽下窄的楔形。泥裂的尖端总是指向底面的，据此可以指示地层的顶底面。

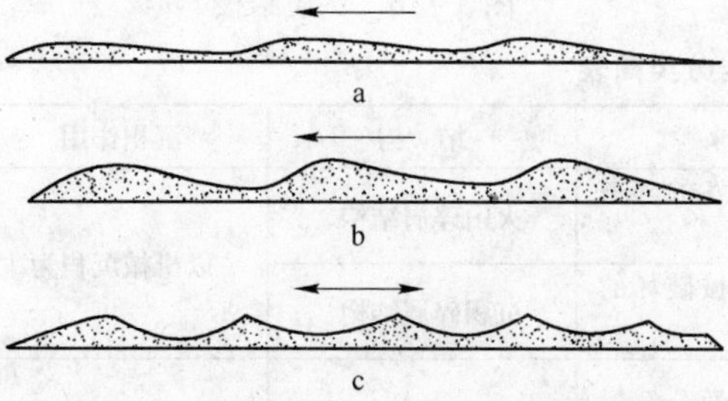

图3－13 波痕剖面

a—风成波痕；b—水流波痕；c—浪成波痕

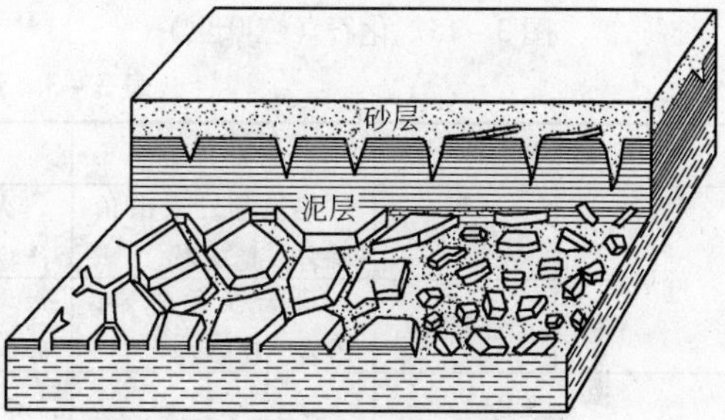

图3－14 泥裂

（3）叠层构造（叠层面）。由蓝绿藻类细胞丝状体或球状体分泌的黏液，将细屑物质黏结变硬而成。它的生长因季节变化，藻类分泌物的多少也有变化，因而出现纹层。具叠层构造的岩石称为叠层石。现代叠层石广泛分布于潮汐浅水带，是良好的环境标志。

（4）虫迹。岩层表面具有的圆筒状或压扁了的梗状小脊，呈弯曲状或树枝状分布，称为虫迹。系食泥或食砂的蠕虫或其他爬行动物在软泥表面留下的通道或爬痕。

（5）雨痕。雨点滴落在湿润而柔软的泥质或砂质沉积物的表面上时，便形成圆形或椭圆形的凹穴，在适当的条件下，在沉积岩层面上保存下来，这种凹穴称为雨痕。多半是保存在当时干旱气候地区的泥质岩中。

（6）化石。古代海陆生物的遗骸、碎片或印模，经过石化作用保存在沉积岩中，称为化石（图3－15）。根据不同的化石，可以推断沉积岩的成因和确定沉积岩的时代等。

（7）结核。在沉积岩中，常有集中起来呈圆球状或其他不规则形状的沉积物质（或矿物集合体），其成分与周围岩石显著不同，这种物质称为结核。常见的结核有铁质的、锰质的、泥质的、钙质的和硅质的。结核在地层中的分布与岩性有密切关系，例如在黄土中经常见到钙质结核（又称姜结人）（图3－16）。煤系地层中广泛出现黄铁矿、菱铁矿结核，石灰岩中多见燧石结核等。

沉积岩的上述特征，不仅可以帮助我们认识各种沉积岩及其生成环境，而且可借以区别岩浆岩和变质岩。

3.2.2 沉积岩的分类及各类岩石特点

根据沉积岩的成因、物质成分及结构等，可将沉积岩分为碎屑岩、黏土岩及生物化学岩三大类（表3－3）。

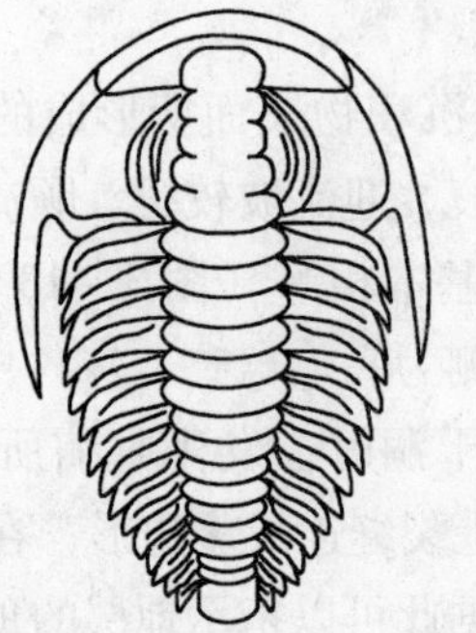

图 3 – 15　化石（三叶虫）

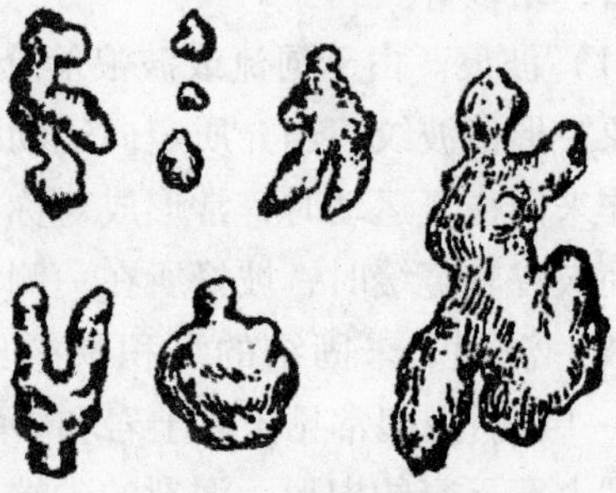

图 3 – 16　钙质结核

表 3 – 3　沉积岩分类简表

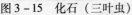

类别		岩石名称	物质来源	结构	沉积作用
碎屑岩	火山碎屑岩	集块岩，火山角砾岩，凝灰岩	火山喷发的碎屑产物	火山碎屑结构	以机械沉积为主
	正常碎屑岩	砾岩及角砾岩，砂岩，粉砂岩	母岩机械破坏的碎屑产物	沉积碎屑结构	
黏土岩		黏土，泥岩，页岩	母岩化学分解过程中形成的新生矿物及少量细碎屑	泥质结构	机械沉积和胶体沉积
化学岩及生物化学岩		铝、铁、锰质岩，硅、磷质岩，碳酸盐岩，盐岩，可燃有机岩	母岩化学分解过程中形成的可溶物质、胶体物质以及生物化学作用产物和生物遗体	胶体结构，结晶结构和生物碎屑结构	化学，胶体化学及生物化学沉积和生物遗体堆积

3.2.2.1　火山碎屑岩类

火山碎屑岩是沉积岩和喷出岩之间的过渡产物，是由火山喷发的碎屑物质，在地表经短距离搬运或就地沉积而成的。

火山碎屑岩根据碎屑颗粒大小又可分为集块岩、火山角砾岩和凝灰岩。

（1）火山角砾岩。火山角砾岩火山碎屑物质占 90% 以上，碎屑直径一般为 2 ~ 100mm（大于 100mm 者称为集块岩），多为火山角砾。火山角砾呈棱角状，分选性差，常为火山灰所胶结。颜色多种，常呈暗灰色、蓝灰色、褐灰色、绿色及紫色等。这类岩石多具孔隙并以此为其特征。

（2）凝灰岩。凝灰岩为典型的火山碎屑岩。碎屑颗粒一般小于 2mm，由岩屑、晶屑、玻屑三种碎屑物组成，含量达 90% 以上。火山碎屑物也呈棱角状，胶结物为极细的火山灰。外表颇似砂岩或粉砂岩，但比砂岩表面粗糙。岩石颜色多呈灰色、灰白色，亦有黄色和黑红色等。凝灰岩是很好的建筑材料，有时也可用作水泥原料。

3.2.2.2　正常碎屑岩类

正常碎屑岩是沉积岩中最常见的岩石之一，是指由 50% 以上的碎屑物（包括矿物碎屑及岩石碎屑）组成的岩石。它们的形成主要与外动力地质因素有关，大都为机械破碎的产物经搬运沉积而成。碎屑岩中，也可混入纯化学沉淀物质与黏土物质，并且多以胶结物的形式存在，当这些混入物的含量增多而超过50%时，则分别过渡为化学岩或黏土岩。碎屑岩按碎屑颗粒大小又可分为砾岩、砂岩、粉砂岩三种。

（1）砾岩。砾岩是由粒径大于2mm的圆形或椭圆形的砾石（或称卵石），经胶结而成的岩石（图3－17）。不同的砾岩，其砾石成分和胶结物各不相同。具砾状结构、层状构造，但层理一般都不发育。若砾岩多为棱角状，则称为角砾岩（图3－18）。

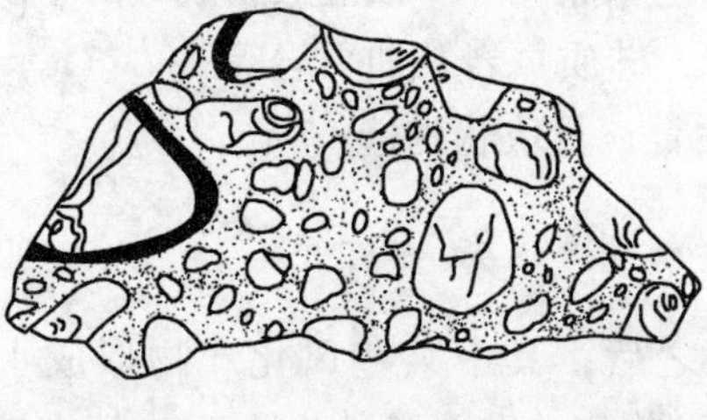

图3－17 砾岩

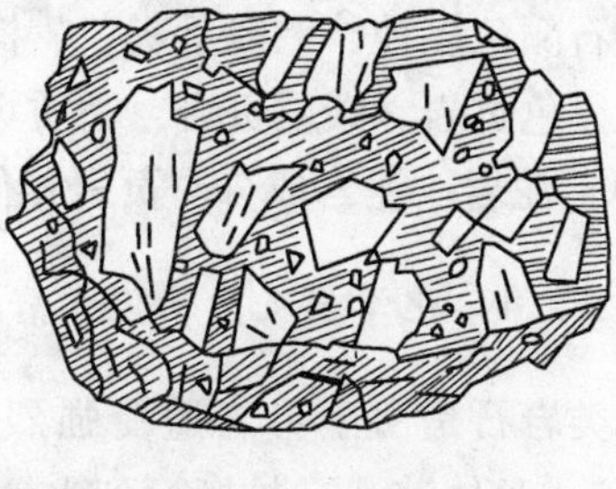

图3－18 角砾岩

（2）砂岩。一般所说的砂岩是砂质岩石的总称，是由各种成分的砂粒被胶结而成的岩石。砂粒直径在2～0.05mm之间，胶结物可有泥质、钙质、铁质和硅质等。其中未经胶结的称为砂，已被胶结的称为砂岩。砂岩具有砂状结构，砂粒成分主要为石英，其次是长石、岩屑以及白云母和重矿物等。这类岩石若按碎屑颗粒大小，可以分为粗粒砂岩（砂粒直径2～0.5mm）、中粒砂岩（0.5～0.1mm）、细粒砂岩（0.1～0.05mm）。若按砂粒成分又可划分为石英砂岩（石英含量在90%以上，含少量长石及燧石）、长石砂岩（石英占30%～60%，长石在30%以上，尚有少量云母及岩屑）、硬砂岩（石英少于60%，长石20%～30%，岩屑在20%以上）。砂岩常显示出斜层理。

（3）粉砂岩。粉砂岩由直径为0.05～0.005mm的砂粒经胶结而成，其成分以石英为主，有少量长石、云母、绿泥石、重矿物及泥质混入物等。岩石外貌颇似泥质岩，但较坚硬，并有粗糙感。粉砂岩中常见薄的水平层理的波状层理。

第四纪沉积物中的黄土及黄土岩亦属于粉砂岩类。黄土中粉砂粒级占50%以上，其次是黏土。成分复杂（有石英、长石、碳酸盐及黏土矿物），颜色浅黄或暗黄，质轻而多孔（孔隙占总体积的40%～55%），易研成粉末，含有多量的奇形怪状的钙质结核，无明显层理，垂直节理发育，其质点结合力强，常被侵蚀呈陡峭的山崖。我国西北一带广泛分布，最厚达400余米，成为著名的黄土高原。

3.2.2.3 黏土岩类

又称为泥质岩。是沉积岩中最常见的一类岩石，约占沉积岩总体积的50%～60%。它是介于碎屑岩与化学岩之间的过渡类型，并具有独特的成分、结构和性质等特征。

这类岩石是由含量在50%以上，直径小于0.005mm的物质所组成的。主要矿物成分是黏土矿物，如高岭石、蒙脱石及水云母等。尚有少量极为细小的石英、长石、云母、碳酸盐及重矿物等。具典型的泥质结构，质地均一，有细腻感。可塑性和吸水性很强，岩石吸水后体积增大。根据其固结程度这类岩石可分为黏土、页岩、泥岩三种。

（1）黏土。黏土为松散的土状岩石，含黏土颗粒在50%以上，黏土与砂之间由于黏土颗粒、砂粒等含量不同，有亚黏土（黏土含量为10% ~30%），亚砂土（黏土含量为3% ~10%）及砂土（黏土含量小于3%）等过渡类型。黏土根据其中所含主要矿物成分的不同又可分为：高岭石黏土、蒙脱石黏土和水云母黏土。

(2) 页岩。页岩由松散黏土经硬结成岩作用而成。为黏土岩的一种构造变种，具页理结构。

页岩成分复杂，除各种黏土矿物外，尚有少量石英、绢云母、绿泥石、长石等混入物。岩石颜色多种，一般呈灰色、棕色、红色、绿色和黑色等。依混入物成分的不同，又可分为黑色页岩、碳质页岩、钙质页岩、铁质页岩、硅质页岩及油页岩等。

(3) 泥岩。泥岩成分与页岩相似，但层理不发育，具块状构造。

3.2.2.4　化学岩及生物化学岩类

这类岩石是由于母岩遭受强烈化学分解作用之后，其中某些风化产物形成水溶液（真溶液或胶体溶液）被搬运到水盆地中，通过蒸发作用、化学反应和在生物的直接或间接作用下沉淀而成的。这类岩石的数量和分布均比碎屑岩和黏土岩少，但它们却占有非常重要的地位，它们本身许多就是有经济价值的矿产，如石灰岩、白云岩、铁质岩、锰质岩、铝质岩、磷块岩等。这类岩石在地壳中分布得最广的是碳酸盐岩，其次是硅质岩。

(1) 石灰岩。石灰岩是一种主要由方解石矿物组成的碳酸盐岩，常含少量白云石、黏土及石膏等混入物。质纯者一般为灰白色，含有机质及杂质时色较深，呈浅黄色、浅红色、灰黑色及黑色等。以加冷稀盐酸强烈起泡为其显著特征。石灰岩有多种成因，因此具有不同的结构类型，如鲕状结构、结晶结构和生物结构等。石灰岩可用于烧制石灰、水泥等。

(2) 白云岩。白云岩矿物成分以白云石为主，尚含少量方解石、石膏、菱镁矿及黏土等。白云岩的外表特征与石灰岩极为相似，但加冷稀盐酸不起泡或起泡微弱，具有粗糙的断面，且风化表面多出现格状溶沟（刀砍纹）。具结晶结构和鲕状结构，白云岩形成于高盐环境中，常与蒸发岩、石灰岩互层。质纯的白云岩是一种有用的冶金熔剂及化工原料。白云岩中随着方解石含量的增多，有逐渐向石灰岩过渡的类型（表3-4）。

表3-4　石灰岩与白云岩及其过渡岩石的划分

岩　类	方解石含量/%	白云石含量/%	岩石名称	简　称
石灰岩类	100 ~ 90	0 ~ 10	石灰岩	灰　岩
	90 ~ 75	10 ~ 25	含白云质石灰岩	含云灰岩
	75 ~ 50	25 ~ 50	白云质灰岩	云灰岩
白云岩类	50 ~ 25	50 ~ 75	灰质白云岩	灰云岩
	25 ~ 10	75 ~ 90	含灰质白云岩	含灰云岩
	10 ~ 0	90 ~ 100	白云岩	白云岩

(3) 泥灰岩。泥灰岩是碳酸盐岩与黏土岩之间的过渡类型。颜色较浅，多为浅灰色、浅黄色、浅绿色、天蓝色、红棕色及褐色等。泥灰岩中黏土含量在25% ~50%之间（黏土含量为5% ~25%则称为泥质灰岩）。泥灰岩通常为隐晶质或微粒结构，加冷稀盐酸起泡，且有黄色泥质沉淀物残留。

（4）硅质岩。硅质岩主要由蛋白石、石髓及石英组成，SiO_2 含量在70%～90%之间，此外尚有黏土、碳酸盐、铁的氧化物等。这类岩石包括硅藻土、燧石岩、碧玉铁质岩和硅华，其中以燧石岩最为常见。燧石岩致密坚硬，锤击之有火花，多呈结核状、透镜状产出，也有呈层状产于碳酸盐岩之中的。颜色多为深灰色和黑色，但也有红色、黄色，甚至白色者。常具隐晶质结构，带状构造。

3.2.3　沉积岩的肉眼鉴定及命名

层理构造，碎屑结构是沉积岩特有的特征，在鉴定时，应予充分注意。

在鉴定碎屑岩时，除观察颜色、碎屑成分及含量外，尚须特别注意观察碎屑的形状和大小，以及胶结物的成分。

在鉴定泥质岩时，则需仔细观察它们的构造特征。

在鉴定化学岩时，除观察其物质成分外，还需判别其结构、构造，并辅以简单的化学试验，如用冷稀盐酸滴试，检验其是否起泡。

根据对上述特征的观察分析，即可给不同沉积岩以恰当的命名。沉积岩的一般命名方法，仍以主要矿物为准，定出基本名称，然后再结合岩石的颜色、层理规模、结构及次要矿物的含量等，定出附加名称，如灰白色中粒钙质长石石英砂岩，深灰色中厚层鲕状灰岩等。

3.2.4　沉积岩中的主要矿产

沉积岩中蕴藏着极为丰富的矿产。据统计，沉积岩中的矿产占世界全部矿产总产值的70%～75%。在我国绝大部分铝矿、磷矿，大多数锰矿、铁矿都蕴藏于沉积岩中或与沉积岩有关。如我国著名的宣龙式铁矿、宁乡式铁矿、涪陵式铁矿等，都产于不同时代的沉积岩中。

号称工业粮食的煤，全部蕴藏于沉积岩中。

被誉为工业血液的石油，全部生成于沉积岩中，而且绝大部分都储存于沉积岩中。

盐矿是真溶液沉积的矿产，是钾、钠、钙、镁的卤化物及硫酸盐等矿物所组成的沉积矿产的总称。如云南西部的钾盐以及青海、西藏的盐卤等。

除此之外，尚有金、钨、锡、金刚石及各种稀有元素矿产，常以砂矿的形式赋存于砂、砾石中。

有的沉积岩本身就是矿产，如作为水泥原料和耐火材料的黏土岩，作为玻璃和陶瓷原料的石英砂岩，作为水泥及冶炼辅助原料的石灰岩和白云岩等。

3.2.5　沉积岩与开采技术有关的特点

在沉积岩的所有特征中，影响开采技术条件的主要是矿物成分和结构构造。

3.2.5.1　*矿物成分与采掘的关系*

沉积岩中对采掘有影响的矿物成分有以下几类。

（1）二氧化硅类矿物。二氧化硅类矿物主要有石英、燧石和蛋白石等。含这类矿物特多的岩石有石英砂岩、硅质灰岩和燧石灰岩。上述矿物的特点是硬而脆，所以当岩石中这些矿物含量高时，岩石的稳固性好。在掘进过程中，虽难以凿岩，但爆破效果好，且一般不需支护。但因含游离的二氧化硅多，要特别注意防尘。

（2）碳酸盐类矿物。碳酸盐类矿物主要有方解石、白云石、菱镁矿、菱锰矿等。含这类矿物多的岩石有石灰岩、白云岩和泥质灰岩等。这类岩石凿岩及爆破性能均好，岩体稳固性也较强，有利于采用快速掘进的方法。但由于其含方解石较多，易于溶解而产生溶孔和溶洞，常是地下水活动的通道和储存的场所，矿山开采时，可能引起矿坑突然涌水而造成重大事故。因此，必须加强水文地质工作，搞好防排水措施。

（3）黏土类矿物。黏土类矿物主要有高岭石、蒙脱石和水云母等。含这类矿物多的岩石有各种黏土岩、页岩及泥岩。这类岩石的特点是硬度小，具可塑性，遇水膨胀、软化和黏结。具有凿岩性好（不包括黏土）、稳固性差、爆破性也差的特点。同时，它们长期受水浸泡时，会使地下坑道变形，露天边坡不稳，矿车结底，溜井和凿岩机水眼堵塞等。但是，只要加强防排水措施，就可以避免或减少上述问题的发生。

3.2.5.2 *岩石结构与采掘的关系*

岩石结构对采掘的影响在于矿物颗粒的粗细，即具粗粒结构的岩石比具细粒结构的岩石强度偏低。但是，碎屑岩的物理力学性能主要取决于胶结物的成分和性质，泥质胶结比铁质或硅质胶结的岩石硬度小，稳固性差。

3.2.5.3 *岩石构造与采掘的关系*

沉积岩最大特点是具有层理构造，这种构造的存在，使岩石在各方向的强度不同，在其他条件相同或相似的情况下，层理越发育，岩石的稳固性能越低，各方向上的强度差异也越大。一般是平行岩石层理方向的抗压强度和抗剪强度小，抗张强度大，而垂直于岩石层理方向，则情况正好相反。

在这类岩石中开凿巷道时，若顺着层理方向掘进，不仅爆破效果不好，而且容易产生冒顶、片帮事故，给采掘以不利的影响；如果斜交，特别是垂直层理方向掘进时，则可以提高爆破效果，也可增加顶板及两帮的稳固性。

在矿山开拓及采准中，针对层理发育、稳定性差的岩石，采用了锚杆喷浆的新支护技术，取得了简易、牢固、节省坑木的效果。

以上从三个方面分析了沉积岩与开采技术有关的特点，值得注意的是，在研究沉积岩的采掘特点时，应该把上述几方面的特征，有机地联系起来，全面进行分析，正确掌握这类岩石与采掘的关系，才能找出最经济、最合理、最有效的采掘措施。

3.3 变质岩

变质岩是由原来的岩石（岩浆岩、沉积岩和变质岩）在地壳中受到高温高压以及化学成分渗入的影响，在固体状态下，发生剧烈变化后形成的新的岩石。因而，变质岩不仅具有自身独特的特点，而且还常常保留着原岩的某些特征。

3.3.1 变质岩的一般特征

3.3.1.1 *变质岩的矿物组成及特点*

组成变质岩的矿物，大致可以分为两部分：一部分是与岩浆岩和沉积岩共有的矿物，主要有石英、长石（正长石、微斜长石和斜长石）、云母、角闪石、辉石、方解石和白云石等；另一部分是变质岩所特有的矿物，主要有石榴子石、红柱石、蓝晶石、阳起石、硅灰石、透辉石、透闪石、矽线石、十字石、蛇纹石、滑石和绿泥石等，这些特征矿物常是鉴别变质岩的标志。

3.3.1.2　变质岩的结构

变质岩几乎都具结晶结构，但由于变质作用的程度不同，又可分为变余结构、变晶结构和压碎结构。

（1）变余结构。由于变质作用进行得不彻底，部分原岩的矿物成分和结构特征仍被保留下来，称为变余结构。这种结构对于判断原来岩石属何类别，有着很大的意义。如变质岩的原岩是砂状沉积岩，则可出现变余砂粒结构（或变余泥质结构）；若变质岩的原岩是岩浆岩，则可能出现变余斑状结构等。变余结构一般常见于变质较轻的岩石中。

（2）变晶结构。在固态条件下经重结晶形成的矿物晶体称为变晶，含有此种矿物的岩石结构称为变晶结构。由于这种结构是原岩中各种矿物同时再结晶所形成的，所以矿物晶体互相嵌生，晶形的发育程度并不取决于矿物的结晶顺序，而是取决于矿物的结晶能力，这是与岩浆岩的结晶结构不一样的（岩浆岩的结晶结构一般是先形成的矿物，自形程度比后生成的矿物高）。变晶结构又可分为：

1）等粒变晶结构。变晶颗粒的大小近乎相等。石英岩、大理岩常具此种结构。

2）斑状变晶结构。斑状变晶结构与岩浆岩中的斑状结构相似。即在岩石中，细粒的基质上分布一些较大的变斑晶的粗大晶体。组成变斑晶的矿物，大多是结晶能力强的矿物，如石榴子石、电气石、蓝晶石、十字石等。片岩、片麻岩常具这种结构。

3）鳞片变晶结构。一些鳞片状矿物沿一定方向平行排列，如云母片岩等。

（3）压碎结构。由于动力变质作用，使岩石发生破碎而形成的岩石结构，如碎裂岩等。

3.3.1.3　变质岩的构造

变质岩的构造是识别各种变质岩的重要标志。

（1）片理构造。片理构造不仅是识别各种变质岩而且是区别于其他岩类的重要特征。片理构造的形成，是由于岩石中片状、板状和柱状矿物（如云母、长石、角闪石等），在定向压力的作用下重结晶，垂直压力方向呈平行排列而形成的。顺着平行排列的面，可以把岩石劈成一片一片的小型构造形态，称为片理。根据形态的不同，片理构造又可以分为以下几种：

1）板状构造（劈理构造）。柔软的泥质岩石受挤压后，形成易劈成薄板的构造，称为板状构造，劈开面称为板理面。劈开面上常有鳞片状绢云母散布，是板岩所具有的构造。

2）千枚状构造。片理清晰，片理面上有许多细小的绢云母鳞片作有规律的分布，使岩石呈现丝绢光泽，即称为千枚状构造，是千枚岩所具有的构造。

3）片状构造。由一些片状或柱状、针状矿物（如云母、滑石、绿泥石、角闪石、矽线石等）平行排列而成，片理特别清楚，是片岩所具有的构造。

4）片麻状构造。岩石中的深色矿物（黑云母、角闪石等）和浅色矿物（长石、石英等）相间呈条带状分布，在岩石的外观上，构成一种黑白相间的断续条带状构造，片麻岩具这种构造。

5）眼球状构造。在片麻状构造中，常有某种颗粒粗大的矿物（如石英、长石），呈透镜状或扁豆状，沿片理方向排列，形似眼球，故此得名。

（2）块状构造。矿物无定向排列，其分布大致呈均一状，如石英岩、大理岩常具这种构造。

（3）条带状构造。岩石中的矿物成分分布不均匀，某些矿物有时相对集中呈宽的条带，有时呈窄的条带，这些宽窄不等的条带相间排列，便构成条带状构造。混合岩常具这种构造。

（4）斑点构造。当温度升高时，原岩中的某些成分（如碳质）首先集中凝结或起化学变化，形成矿物集合体斑点，其形状、大小可有不同，某些板岩具有这种构造。

3.3.2 变质岩的分类及各类岩石特点

根据变质岩的成因即变质作用类型，可将变质岩分为三大类：区域变质岩、接触变质岩和动力变质岩（表3－5）。

表3－5 变质岩分类简表

类别	岩石名称	主要矿物	构造		变质作用
区域变质岩	板岩	肉眼不能辨识	片理	板状，千枚状，片状，片麻状	区域变质
	千枚岩	绢云母			
	片岩	石英、云母（绿泥石）等			
	片麻岩	石英、长石、云母、角闪石等			
	大理岩	方解石、白云石	块状	糖粒状，致密状	
	石英岩	石英	片理	条带或片麻状	混合岩化作用
	混合岩	石英、长石等			
接触变质岩	大理岩	方解石、白云石	块状	糖粒状，致密状，斑点或致密状或斑杂状	热力变质
	石英岩	石英			
	角页岩	长石、石英、角闪石、红柱石			接触交代
	矽卡岩	石榴子石、透辉石等			
动力变质岩	构造角砾岩	原岩碎块	角砾状，条带或眼球状		动力变质
	糜棱岩	原岩碎屑			

常见变质岩的主要特征如下。

（1）板岩。板岩是由泥质岩类经受轻微变质而成。因而，其结晶程度很差，尚保留较多的泥质成分，具变余泥质结构，板状构造。板理面上可见有散布的绢云母或绿泥石鳞片。与页岩的区别是，质地坚硬用锤击之能发出清脆的响声。因板岩可沿板理面裂开呈平整的石板，故广泛用作建筑石料。

（2）千枚岩。千枚岩的原岩成分大多与板岩相同，少数可由隐晶质的酸性岩浆岩变质而成，属浅变质岩石，但变质程度比板岩深，原泥质一般不保留，新生矿物颗粒较板岩粗大，有时部分绢云母有渐变为白云母的趋势。主要矿物除绢云母外，尚有绿泥石、石英等。岩石中片状矿物形成细而薄的连续的片理，沿片理面呈定向排列，致使这类岩石具有明显的丝绢光泽和千枚状构造。岩石常呈绿色、黄色、灰色、红色、黑色等。千枚岩在空间上与板岩共生，并可相互过渡。

（3）片岩。片岩是中级变质的结晶岩石，具典型的片状构造，其片理是由片状和柱状矿物定向排列而成，如云母、绿泥石、滑石等，此外尚含有石榴子石、蓝晶石、十字石等变质矿物。岩石为鳞片变晶结构，斑状变晶结构等。片岩与千枚岩、片麻岩极为相似，但其变质程度（结晶程度）较千枚岩深。而片岩与片麻岩的区别，除在构造上不同外，最主要的是片岩中不含或很少含长石。根据片岩中片状矿物种类不同，又可分为云母片岩、绿泥石片岩、滑石片岩、石墨片岩等。

（4）片麻岩。片麻岩具典型的片麻状构造。中－粗粒花岗变晶结构或斑状变晶结构。片麻岩可由各种沉积岩、岩浆岩和原已形成的变质岩经变质作用而成。这类岩石变质程度较深，矿物大都重结晶，且结晶粒度较大，肉眼可以辨识。主要矿物为石英和长石，其次为云母、角闪石、辉石等，此外尚可含少量的石榴子石、矽线石、堇青石、十字石、蓝晶石和石墨等典型变质矿物。岩石颜色较浅。

片麻岩和片岩可以是逐渐过渡的，两者有时无清晰划分界限，但大多数片麻岩都含有相当数量的长石，因此，习惯上常根据是否含有粗粒长石来划分。

（5）大理岩。较纯的石灰岩和白云岩在区域变质作用下，由于重结晶而变为大理岩，也有部分大理岩是在热力接触变质作用下产生的。这类岩石多具等粒变晶结构，块状构造。因主要矿物为方解石，故滴冷稀盐酸强烈起泡，以此可与其他浅色岩石相区别。大理岩色彩多异，有纯白色大理岩（又称为汉白玉)，浅红色、淡绿色、深灰色及其他各种颜色的大理岩，同时常因其中含有杂质而呈现出美丽的花纹，故广泛用作建筑石料和雕刻原料。

（6）石英岩。由较纯的石英砂岩经变质而成，变质以后石英颗粒和硅质胶结物合为一体。因此，石英岩的硬度和结晶程度均较砂岩高。主要矿物成分为石英，尚有少量长石、云母、绿泥石、角闪石等，深变质时还可出现辉石。质纯的石英岩为白色，因含杂质常可呈灰色、黄色和红色等。这类岩石亦多具等粒变晶结构，块状构造。石英岩有时易与大理岩相混，其区别在于大理岩和盐酸起泡，且较石英岩硬度小。石英岩在区域变质作用和接触变质作用下均可形成，以前种方式更为主要。

（7）角岩。由泥质岩石在热力接触变质作用下形成。是一种致密微晶质硅化岩石。其主要成分为石英和云母，其次为长石、角闪石，尚有少量石榴子石、红柱石、矽线石等标准变质矿物。

（8）矽卡岩。矽卡岩是接触变质岩的典型代表，是由石榴子石、透辉石以及一些其他钙铁硅酸盐矿物组成的岩石。它是在石灰岩或白云岩与酸性或中酸性岩浆岩的接触带或其附近形成的。岩石的颜色常为深褐色、褐色、褐绿色。具粗粒—中粒状变晶结构，纤维变晶结构，致密块状构造。根据矽卡岩的矿物成分可分为：

1）简单矽卡岩。主要由钙铁石榴子石和透辉石组成，还可含少量硅灰石、符山石、方柱石等矿物，其中金属矿物很少。

2）复杂矽卡岩。由简单矽卡岩再经热液蚀变而成。除前述之主要矿物外，还可有绿帘石、阳起石或磁铁矿、黄铜矿等金属矿物。

伴随着矽卡岩的生成，可以造成若干重要金属矿产。因此，这类岩石可以认为是一种重要的找矿标志。

(9) 混合岩。原来的变质岩（片岩、片麻岩、石英岩等），由于许多相当于花岗岩的物质（来自上地幔的碱性流质），沿片理贯注或与原岩发生强烈的交代作用（称为混合岩化作用）而形成的一种特殊岩石，称为混合岩，是在深成褶皱区的超变质作用下形成的。混合岩通常由两部分组成：一部分为原岩，如云母片岩、斜长角闪岩等组成，称为基体；另一部分是混合岩化过程中的活动组分，成分以钾长石、石英为主，称为脉体。混合岩的构造多样，脉体在基体中常呈眼球状，条带状及片麻状等。根据混合岩化作用的强度，可将混合岩分为：注入混合岩、顺层混合岩、花岗质混合片麻岩和混合花岗岩等四大类。

(10) 构造角砾岩。构造角砾岩是高度角砾岩化的产物。碎块大小不一，形状各异，其成分决定于断层移动带岩石的成分。破碎的角砾和碎块已离开原来的位置杂乱堆积，带棱角的碎块互不相连，被胶结物所隔开。胶结物以次生的铁质、硅质为主，亦见有泥质及一些被磨细的本身为岩石的物质。

(11) 碎裂岩。在压应力作用下，岩石沿扭裂面破碎，方向不一的碎裂纹切割岩石，碎块间基本没有相对位移，碎块外形相互适应，这样的岩石称为碎裂岩。可根据破碎轻微部分的岩性特征确定其原岩名称。命名时可在原岩名称前冠以“碎裂”两字，如碎裂花岗岩。

(12) 糜棱岩。糜棱岩是粒度比较小的强烈压碎岩，岩性坚硬，具明显的带状、眼球状纹理构造。带状构造在标本上很像流纹，不同条带中矿物粒度、成分及颜色都有差异，它是在压碎过程中，由于矿物发生高度变形移动或定向排列而成。在受压碎较浅的部分，残留有较大的眼球状矿物，这些残留矿物多已发生碎裂、形变，晶粒边缘已经磨碎或圆化。此岩石往往伴随有些重结晶或少量新生矿物析出物，如绢云母、绿泥石及绿帘石等。

后三类岩石均系构造运动产生的局部应力使原岩破碎、粒化，甚至重结晶而形成的。多呈狭长带状分布，并有一定局限性。构造角砾岩和碎裂岩分布地带常是矿液上升通道和沉淀的场所，某些矿体即分布其中或其附近，因而具有找矿意义。但是，这些地带也常因岩石稳固性差，给采矿工作带来困难。

3.3.3　变质岩的肉眼鉴定和命名

肉眼鉴定变质岩主要是根据构造和矿物成分。在矿物成分中，应特别注意哪些为变质岩所特有的矿物，如石榴子石、十字石、红柱石、硅灰石等以及变斑晶矿物。

根据变质岩所具有的构造，可将其划分为两类：一类是具有片理构造的岩石，其中包括片麻岩、片岩、千枚岩和板岩；另一类是不具片理构造的块状岩石，主要包括石英岩、大理岩和矽卡岩。

鉴定具片理状构造的岩石时，首先根据片理构造的类型，很容易将上述岩石分开，然后根据变质矿物和变斑晶矿物进一步给所要鉴定的岩石定名，如片岩中有石榴子石呈变斑晶出现时，则可定名为石榴子石片岩；若滑石、绿泥石出现较多时，则称为绿泥石或滑石片岩。

对块状岩石，则结合其结构和成分特征来鉴别，如石榴子石占多数的矽卡岩，则称为石榴子石矽卡岩；含较多硅灰石的大理岩则可称为硅灰石大理岩。

3.4 变质岩中的主要矿产

变质岩中，蕴藏着许多重要的金属与非金属矿产。

与接触变质岩有关的矿产有铁、铜、铅、锌、锡、钨、钼、铍、石棉等。如湖北的铁矿、安徽的铜矿、湖南的铅锌矿和钨矿、云南的锡矿、辽宁的铝矿等都是由接触交代作用所形成的矿床。

与区域变质岩有关的矿产有铁、石墨、滑石、菱镁矿、刚玉及磷矿等。例如鞍山的铁矿，山东栖霞的滑石矿，莱阳的石墨矿，灵寿的刚玉矿以及海州的磷矿等，都是经区域变质作用形成的。

在其他变质作用下，也可形成某些重要矿产，例如超基性岩在热液作用下，可形成石棉、滑石、菱镁矿。在花岗岩经自变质而形成的云英岩中常含有钨矿、锡矿等。

值得注意的是，某些变质岩本身就是很重要的矿产。例如大理岩特别是纯大理岩和蛇纹石大理岩，就是很珍贵的建筑石料及雕刻石料；板岩也是良好的建筑材料。

3.5 变质岩与开采技术有关的特点

变质岩对采掘的影响也取决于岩石的矿物组成和结构构造。

（1）矿物组成对采掘的影响。矿物常因含一定数量的滑石、绿泥石和云母等，对采掘影响较大，这些矿物光滑柔软，且多呈片状，因而稳定性极差，不少矿山常因此而冒顶片帮，故在采矿过程中必须引起足够重视。至于所含其他矿物组分，大多与岩浆岩和沉积岩相似，它们的采掘特点可参照前节相应内容。

（2）结构构造对采掘的影响。结构对采掘的影响不甚突出，而构造对采掘影响较为明显。

变质岩的构造尤以片理构造对采掘影响更大。如千枚岩、片岩及板岩的片理（或板理）比较发育，岩石沿片理延伸方向结合力较低，故上述岩石的稳定性极差。一般情况下，岩石的片理越发育，各方向的强度相差越大，在平行片理的方向抗压强度和抗剪强度小，抗拉强度大；垂直片理的方向则恰好相反。

岩石片理发育时，对采掘极为不利，必须加强支护，其有效的办法是在垂直片理的方向，采用锚杆喷浆，即可增强该类岩石的稳定性，避免冒顶和片帮。

露天开采时，因片理所造成的岩石稳定性差，从而影响岩体的边坡稳定；但另一方面有时可提高爆破的效果。

3.6 岩石小结

3.6.1 三大类岩石的相互转化关系

岩石是地壳的组成物质，是地质作用的产物，按其成因不同分为岩浆岩、沉积岩、变质岩三大类。地质作用在不断进行着，所以三大类岩石也在不断地发生、发展、变化着。并且在一定的地质条件下三者是互相转化的。

岩石的原始物质是岩浆，岩浆在侵入活动过程中冷凝结晶形成各种岩浆岩。岩浆岩在外力作用下，经风化、剥蚀、搬运、沉积、成岩等作用后可以形成沉积岩。岩浆岩、沉积岩在大规模的地壳运动、岩浆活动中又可以在温度、压力、具化学活动性的流体的影响下变成变质岩，甚至重熔、形成某些岩浆，冷凝又可形成岩浆岩。而当地壳运动使变质岩出露地表时，它又可以在外力作用下形成沉积岩。三大类岩石就这样不停地发展、变化着。但是，它们和宇宙间的一切矛盾一样，并不是彼此孤立地存在的，无论在产状分布上或是在岩石成因上，都是彼此依存、相互转化的。尤其是在成因上，它们互为因果的关系更为明显，在一定条件下互相转化。出露在地表的任何岩石（岩浆岩、沉积岩、变质岩），在大气圈、水圈和生物圈的共同作用下，经风化、剥蚀、搬运、沉积、固结形成新的沉积岩。任何岩石在构造作用下进入地壳深处，在温度不太高的情况（一般小于800℃）下，将产生不同程度的变质，形成新的变质岩。当地壳深处温度升高到一定程度（一般大于800℃）时，岩石将发生局部熔融，形成岩浆。岩浆的侵入和喷出活动，形成各种岩浆岩。这些变化不是简单的重复，而是复杂多变的，从而使地球上的岩石千姿百态。同时，变化过程中一些有用组分在特定条件下富集，形成可供人类利用的矿产。

3.6.2 三大类岩石的区别

由于三大类岩石的成因不同，岩石的特征也不同。它们之间的主要区别见表3－6。

表3－6 三大类岩石的区别

特征	岩浆岩	沉积岩	变质岩
矿物成分	均为原生矿物，其成分复杂，但较稳定，常见的有：石英、长石、角闪石、辉石、橄榄石和黑云母等	次生矿物占相当数量，矿物成分简单，但一般多不固定，常见的有：石英、正长石、白云母、方解石、白云石、高岭石、绿泥石和海绿石等	除具有原岩的矿物成分以外，尚有典型的变质矿物，如石榴子石、透辉石、矽线石、蓝晶石、十字石、红柱石、阳起石、符山石
结构	以粒状、斑状结构为其特征	以碎屑、泥质及生物碎屑结构为其特征	以变晶、变余、压碎结构为其特征
构造	具流纹、气孔及块状构造	多具层理构造	多具片理构造
产状	多具侵入体出现，少数喷出岩呈不规则形状产出	层状或大透镜状	随原岩的产状而定
分布	以花岗岩、玄武岩分布最广	黏土岩分布最广，次为砂岩，再次为石灰岩	以区域变质岩分布最广

4 地质构造

地质构造是指组成地壳的岩层和岩体在内、外动力地质作用下发生的变形，从而形成诸如褶皱（背斜、向斜）、断裂（断层、节理、劈理）以及其他各种面状和线状构造等。地质构造因此可依其生成时间分为原生构造与次生构造。次生构造是构造地质学研究的主要对象，而原生构造一般是用来判断岩石有无变形及变形方式的基准。

地质构造的研究无论是在地球科学理论还是在生产实践中均具有重要意义。研究地质构造的理论意义在于阐明地壳构造在空间上的相互关系和时间上的发育顺序，探讨地壳构造的演化和地壳运动规律及其动力来源；其实践意义在于，应用地质构造的客观规律指导生产实践，解决矿产分布、水文地质、工程地质、地震地质及环境地质等方面有关的问题。地壳中矿产的分布也是受一定的地质构造控制的，因此，必须加强对地质构造的认识和研究，以便为矿山开采中的设计以及工程地质问题等提供依据。

4.1 岩层产状及其测定

岩层是指由两个平行的或近于平行的界面所限制的岩性相同或近似的层状岩石。岩层的上下界面称为层面，分别称为顶面和底面。地壳表层的岩石，常表现出层状构造的特征，如沉积岩的层理构造，变质岩中的片理、片麻理，层状的火山岩等。层状构造是反映构造变形的最基本标志，是确定褶皱和断层等构造的前提。

4.1.1 不同产状的岩层

岩层在地壳中的空间方位称为岩层的产状。绝大多数沉积岩在形成时，是水平或近于水平的。但由于岩层沉积环境和所受的构造运动不同，可以改变其原始水平状态，使之有不同的产状。归纳起来，可分为水平岩层、倾斜岩层、直立岩层和倒转岩层。

（1）水平岩层。沉积物固结成为岩石之后，在没有遭受强烈的水平运动，而只受地壳的升降运动的情况下，它仍然保持其水平状态，这种岩层称为水平岩层。但是，绝对水平的岩层在自然界是很难找到的，一方面是由于岩层形成时，本身就不可能是绝对水平的；另一方面，即使是大规模的升降运动，也总会出现局部的差异性。一般，将层面基本是水平的，倾角不超过5°的岩层都近似地看作水平岩层。

（2）倾斜岩层。岩层由于地壳运动（主要是水平运动）的影响，改变了原始状态，形成倾斜岩层。倾斜岩层是指岩层层面与水平面有一定交角（倾角大于0°，小于90°）的岩层。倾斜岩层分布广，是一种基本的构造类型。在一定范围内，如果岩层向一个方向倾斜，而倾角又近于相等则称为单斜岩层。单斜岩层往往是褶皱构造的一部分。

（3）直立岩层。指岩层层面与水平面直交或近于直交的岩层，即直立起来的岩层。在强烈构造运动挤压下，常可形成直立岩层。

（4）倒转岩层。指岩层翻转、老岩层在上而新岩层在下的岩层。倒转岩层主要是在强烈挤压下岩层褶皱倒转过来形成的。

4.1.2　岩层的产状要素

因为岩层产状的几何定量确定是描述地质构造几何形态的基础，为了表明岩层空间分布状态，就需要查明岩层的产状及其在地质图上的表现。

确定一个岩层的产状有三个要素：走向、倾向和倾角（图4-1）。这里把岩层面看成平面，产状要素确定了岩层面在空间的延伸方向、倾斜方向和倾斜度。

（1）走向。岩层层面与水平面的交线称为走向线（图4-1中 *AOB*），也就是同一层面上等高两点的连线；走向线两端延伸的方向即岩层的走向，岩层的走向用方位角（由正北方向沿顺时针旋转与该方向所成的夹角）表示。走向线的两头各指向一方，例如一头指向东，另一头指向西，该岩层的走向就是东西方向，简称东西走向。因此岩层的走向有两个方向，它们的方位角相差180°。岩层走向的地质意义在于它们代表了岩层的水平延伸方向。

（2）倾向。在岩层面上垂直走向线向下所引的直线称为真倾斜线，简称倾斜线（图4-1中 *OD*），它表示岩层的最大坡度；倾斜线在水平面上的投影所指示的方向称岩层的真倾向，简称倾向（图4-1中 *OD′*）。岩层的倾向也用方位角表示，但只有一个，它与两个走向相垂直。其他斜交于岩层走向线并沿斜面向下所引的任一直线，称为视倾斜线（图4-2中 *HD* 和 *HC*）。它们在水平面上的投影所指的方向，称为视倾向（图4-2中 *OD* 和 *OC* 的方向）。

（3）倾角。层面上的倾斜线和它在水平面上投影的夹角叫岩层的真倾角，简称倾角（图4-1中角 α），它表示岩层面与水平面之间的夹角。倾角的大小表示岩层的倾斜程度。视倾斜线与其水平投影线间的夹角叫视倾角（图4-2中角 β 和 β'）。过岩层面上任一点可作无数条视倾斜线，因此岩层的视倾角可有无数个，任何一个视倾角都小于该层面的真倾角。

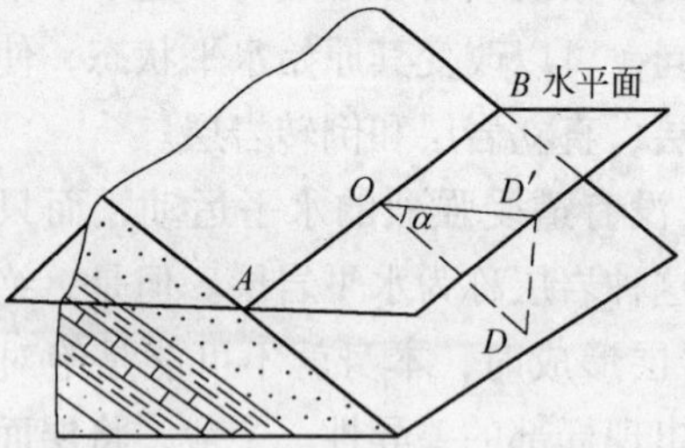

图4-1　岩层的产状要素示意图

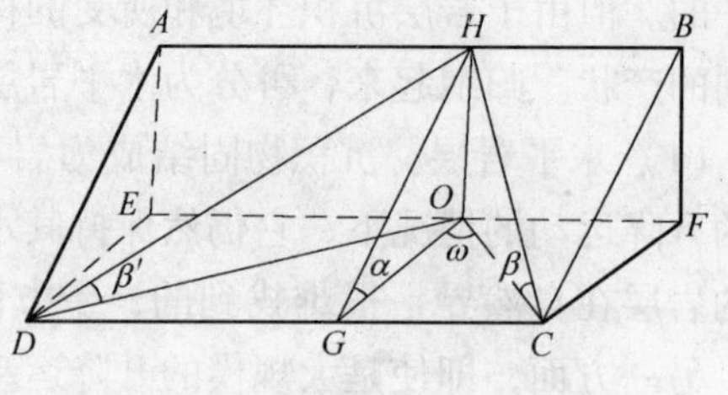

图4-2　真倾角与视倾角的关系

真倾角和视倾角有一定的几何关系，如图4-2所示。

图4-2中 *ABCD* 为层面，*EFCD* 为水平面，*AB*、*CD* 为走向线，*HGO* 面为与走向垂直的断面，α 为倾角（真倾角），*HCO* 面为与走向斜交的任一断面，β 为视倾角，ω 代表真倾向和视倾向之间的夹角。真倾角与视倾角的关系可用数学公式表示：

$$\tan\beta = \tan\alpha \cdot \cos\omega$$

从上式可以得出，视倾向愈接近真倾向时，其倾角值也越来越大，最后趋近于真倾角值；视倾向偏离真倾向越远，即越靠近岩层走向，则其视倾角越小，以至趋近于零。

4.1.3 岩层的厚度和出露宽度

岩层顶面和底面之间的垂直距离，称为真厚度（图 4－3 中 T）。岩层除有真厚度外，还有视厚度和铅直厚度。只有当剖面是垂直于岩层走向切制时，才出现真厚度；其他不垂直于岩层走向切制的剖面图中，出现的都是视厚度（图 4－3 中 h）。岩层顶面和底面之间沿铅直方向的距离，称为铅直厚度（图 4－3 中 H）。

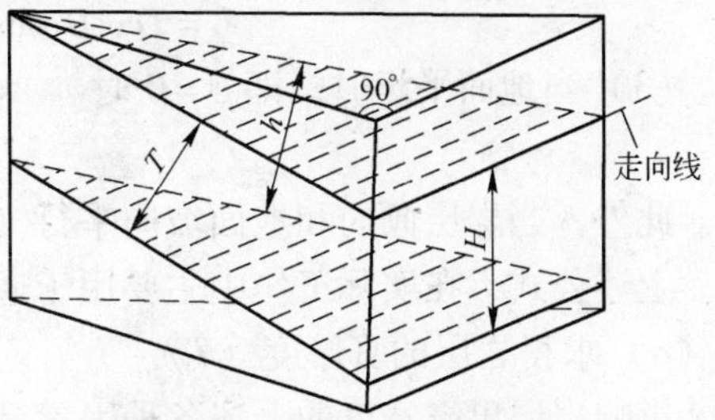

图 4－3 三种厚度的立体图

对同一个岩层来说，真厚度只能有一个数值，但视厚度可以有无数个数值，因剖面切制线和岩层走向之间的夹角大小而异。当夹角为 90°时，视厚度等于真厚度；当夹角为 0°时（即剖面切制线和岩层走向重合），视厚度等于铅直厚度。因此，对同一岩层来说，三者的关系是：铅直厚度 $H \geqslant$ 视厚度 $h \geqslant$ 真厚度 T。

铅直厚度的变化视岩层倾角的大小而定。同一岩层当其倾角不变时，则在各个方向的剖面上，其铅直厚度是相等的。

真厚度和铅直厚度换算关系式： $T = H\cos\alpha$

真厚度在岩层的延展方向上也是会有变化的。但是，这种变化不是出于几何学的原因，而是由于沉积条件的变化所引起的岩层的横向变厚、变薄或尖灭。

实际工作中，为了研究地层的发育情况和地质构造特征，往往要测制一系列地层剖面。在测制地层剖面工作中，除要观察分析地层的岩性、化石、层序和接触关系外，还要测算岩层的厚度，尤其在矿产勘探工作中，矿层的厚度是矿层评价的重要指标之一，也是计算矿产储量的一个基本参数。所以弄清岩层的真厚度、视厚度和铅直厚度十分重要。例如，当巷道不垂直于倾斜岩层走向掘进时，两帮岩层所显示的厚度应为视厚度，同样，在倾斜矿层中钻探，铅直钻孔所见的矿层厚度应是铅直厚度（如是斜孔，情况更为复杂），如果误认为是真厚度来估算矿量，将造成很大的错误。

岩层的出露宽度（L）指岩层在地表的出露宽度在水平面上的投影（也就是地形地质图上表现出来的岩层宽度）。它受岩层的真厚度（T）、地面坡度（β）和岩层倾角（α）三者的影响（图 4－4 和图 4－5），可以有以下三种情况：

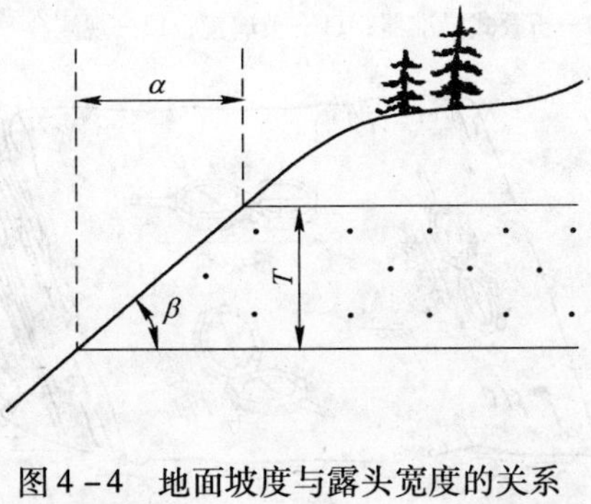

图 4－4 地面坡度与露头宽度的关系

α—露头宽度；T—岩层真厚度；β—地面坡度

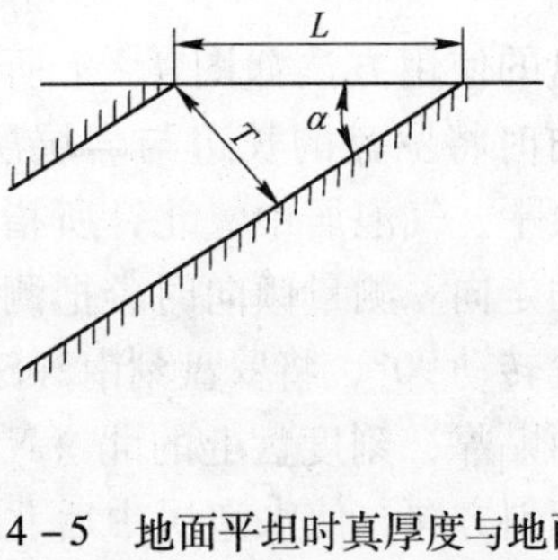

图 4－5 地面平坦时真厚度与地面出露宽度、岩层倾角的关系

（1）当岩层倾向与坡向相反时

$$L = T\cos\beta/\sin(\alpha+\beta)$$

（2）当岩层倾向与坡向相同时

$$L = T\cos\beta/\sin(\alpha-\beta)\ （当\ \alpha>\beta）$$

$$L = T\cos\beta/\sin(\beta-\alpha)\ （当\ \alpha<\beta）$$

（3）当地面平坦时，即 $\beta=0$ 时

$$L = T/\sin\alpha$$

此外，当岩层倾向和地面坡向平行（即 $\alpha=\beta$）时，岩层沿坡面出露直至坡度发生变化。上述公式，在实际工作中主要用于通过岩层出露宽度（L）、地面坡度（β）和岩层倾角（α）求得岩层的真厚度（T）。

影响岩层出露宽度的上述各种因素是相互结合相互制约的，在实际工作中应根据具体情况分析比较。

4.1.4　岩层产状要素的测定及表示方法

4.1.4.1　地质罗盘

若岩层面在野外或矿井下出露清晰，可用地质罗盘直接测量其产状要素。另外，也可采用一些间接的方法来求产状要素，例如在大比例尺地形地质图上求产状要素。目前，测定岩层产状仍然普遍采用地质罗盘，罗盘种类虽多，但任何一种罗盘总是由三个主要部件构成：方位角刻度盘、磁针及测斜仪。我国目前广泛使用国产地质罗盘，其构造如图4－6所示。

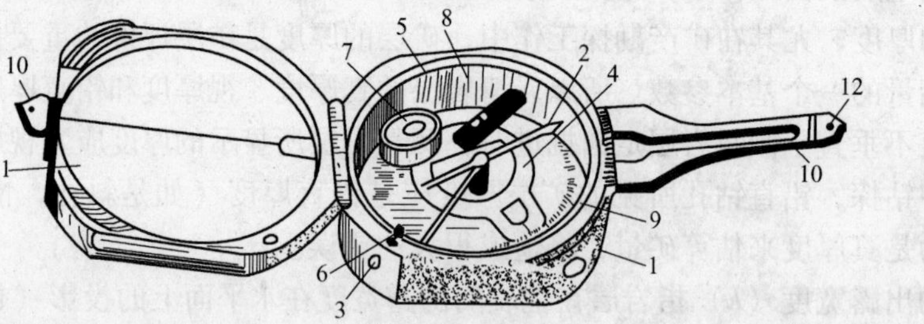

图4－6　罗盘构造

1—底盘；2—磁针；3—方位角刻度校正螺丝；4—测斜仪；5—方位角刻度盘；6—磁针制动器；7—水准器气泡；8—测斜仪水准气泡；9—倾斜角刻度；10—折叠式瞄准器；11—玻璃镜；12—观测孔

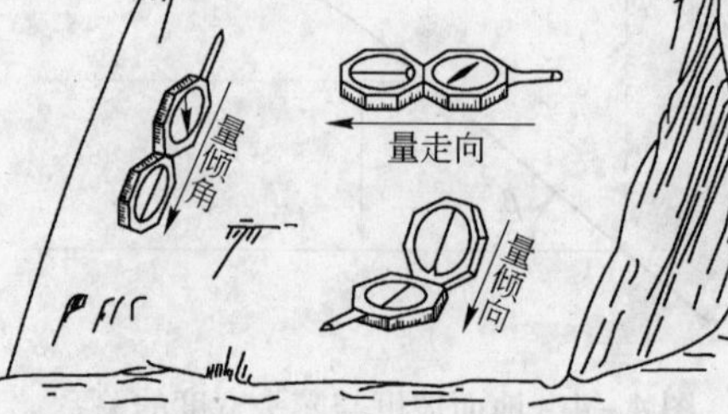

图4－7　岩层产状测量方法示意图

罗盘的使用方法如图4－7所示。测量岩层走向时将罗盘的长边与岩层层面贴靠，将罗盘放平、气泡居中，北针所指的度数即为所求的走向。测量倾向时，把测定走向的罗盘位置转动90°，将罗盘刻南（S）字的短边与层面贴靠，刻度盘上的北（N）字朝向岩层的倾斜方向，使水泡居中后北针所指的度数即为所求的倾向。注意，当罗盘置于岩

层下层面测量时，岩层倾向则由南针读出。测量岩层倾角时，将罗盘竖起以其长边贴靠层面，并与走向线垂直，罗盘指针上挂的倾斜仪所指度数就是所求的倾角。表示走向和倾向都用方位角。

在野外测量产状要素，往往只记录倾向和倾角，只有当岩层近于直立时，才记录走向。

4.1.4.2 *岩层产状的表示方法*

岩层的产状要素可用文字和符号两种方法表示。由于地质罗盘上方位标记有的用象限角表示，也有的用360°的圆周角表示，因此，文字表示方法也有两种：

（1）方位角表示法。一般只记倾向和倾角，适用于野外记录、地质报告和剖面图中。如SE135°∠35°（或135°∠35°），前面是倾向方位角值，后面为倾角值，即倾向为南东135°，倾角35°。

（2）象限角表示法。以北和南的方向作为0°，一般测记走向、倾角和倾向象限。如N65°W/25°SW，即走向为北偏西65°，倾向南西，倾角25°。

野外工作中，目前，常将测定到的岩层产状用方位角记录，象限法应用较少。

在地质图上，岩层产状要素是用符号来表示。常用的产状符号如下：

30 倾斜岩层，长线代表走向，短线代表倾向，数字代表倾角。长短线必须按实际方位描绘在图上

 岩层产状是水平的

 岩层直立，箭头指向新岩层

 岩层倒转，箭头指向倒转后的倾向，即指向老岩层

4.2 岩石变形的力学分析

岩层之所以由水平岩层变成倾斜岩层、直立岩层以及倒转岩层，无疑是受到力的作用的结果；岩层发生褶皱和断裂，也同样是这一原因。所以，研究地质构造，除了对各种构造形态进行详细的观察和描述外，还必须研究在不同应力条件的作用下，岩石的变形规律。这样，才能揭示出地质构造的发生、发展和组合规律。为此，在讨论各种地质构造的特征之前，先介绍岩石变形的基本知识。

4.2.1 岩石变形的概念

当物体受到力的作用后，其内部各点间相互位置发生改变，称为变形。变形可以是体积的改变，也可以是形状的改变，或二者均有改变。物体的外部形态和体积的改变，是其内部质点发生变化的宏观表现。地壳表层的岩层，大多数是沉积形成的。当它未受到外力之前，一般是水平的。但在自然界，水平岩层极少见到，绝大多数岩层均已倾斜，甚至弯曲成各种褶皱，即改变了原始面貌，发生了变形。已经变形的岩石，也会继续受到力的作用，进一步发生变形，使原有变形不断受到改造。

变形物体所受的力，可分为两种，即外力和内力。外力是指施加于物体的力；内力是指物体受外力作用，内部产生的与外力相抗衡的力，也就是物体抵抗外力发生形变时产生

的各部分之间相互作用的力。在物体内任一截面上单位面积的内力，称为应力，应力的大小以 kgf/cm^2（$1kgf/cm^2=10^5Pa$）来表示。在地壳内岩石中的应力，称为地应力。更确切地说：组成地壳的岩石，在构造运动所产生的构造力的作用下，其内部各点产生的应力，称为地应力，也称为构造应力。构造应力分布的空间称为构造应力场，或简称应力场。

但无论岩石的变形多么复杂，它的基本形式也只有五种：拉伸、压缩、剪切、弯曲、扭转（图 4－8）。

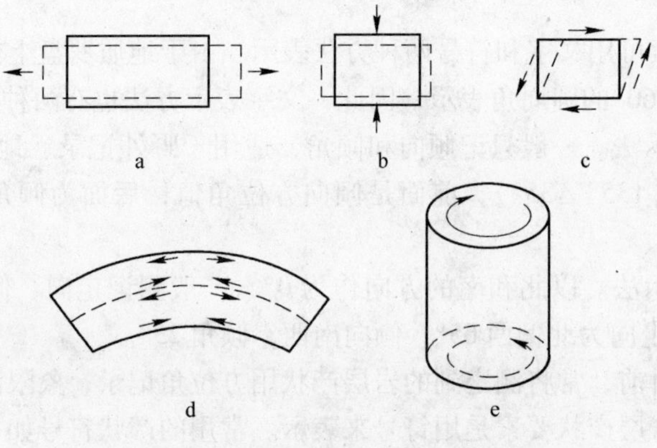

图 4－8　岩石变形的五种基本形式
a—拉伸；b—压缩；c—剪切；d—弯曲；e—扭转

为了说明构造应力场，也就是构造应力的空间分布规律，通常采用“应变椭球体”来作几何形象的解释。

设想物体和岩石变形前内部某一点为一小圆球体，变形后这个圆球体就会变成一个椭球体，该椭球体称为应变椭球体。椭球的最长轴 A 与伸展最长或缩短最小的方向一致，即 AA' 为张应力最大的方向；椭球的最短轴 C 与缩短最大或伸展最小的方向一致，即 CC' 为张应力最大的方向；椭球的中轴 B 垂直于这两个方向；椭球中有两个圆切面，它的半径等于 B 轴的长度，代表最大剪切面（受最大剪应力作用的面）的位置（图 4－9）。

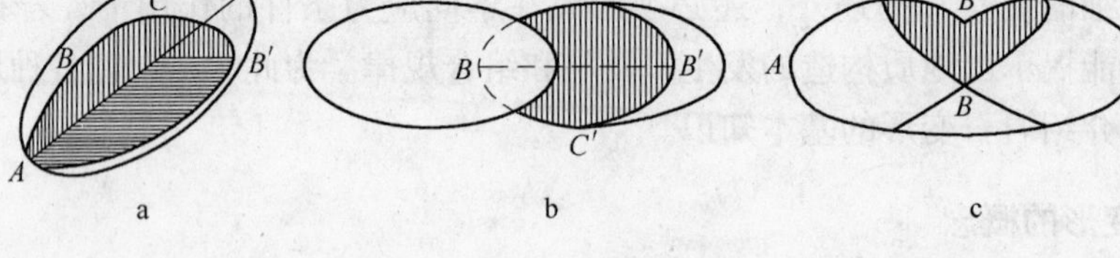

图 4－9　应变椭球体

在构造运动过程中，实际上张应力、压应力和剪应力都同时存在，并按椭球体中各种应力的相互关系而分布，构成应力场。这三种应力的任何一种都可使球体变成“应变椭球体”。应用应变椭球体来分析地质构造的力学成因及其几何分布规律，是既简便而又有效的方法。

4.2.2　岩石的变形过程

材料力学中已讲过，固体材料的变形过程，一般可分为三个阶段：弹性变形阶段、塑性变形阶段、破裂变形阶段。

一是弹性变形阶段，岩石受外力（不超过弹性极限）发生变形，当外力解除后变形立即消失，岩石又完全恢复到变形前的状态，这种变形即为弹性变形。地震冲击波的传播就是地壳内岩石具有弹性变形的一个表征。但岩石发生的纯粹弹性变形很少留下痕迹，因而对研究地质构造没有多大的现实意义，仅在地震研究、工程建设等方面具有一定意义。

二是塑性变形阶段，岩石受外力（超过弹性极限）发生变形，当外力解除后，变形的岩石不能恢复其原来的形状，而形成永久变形，并仍然保持其连续完整性，这种变形称为塑性变形。在地壳中普遍地保留下了属于塑性变形的褶皱构造等主要地质现象。

三是破裂变形阶段，岩石受外力达到或超过岩石的强度极限时，岩石内部的结合力遭到破坏，就会产生破裂面，岩石失去连续完整性，这种变形即为断裂变形。岩石的强度极限又称破裂极限，是指在常温常压下使岩石开始出现破裂时的应力值。地壳中广泛地存在各种断裂构造，即属于此种变形。

上述是固体材料在实验室常温、常压、常速下变形时的基本规律。在自然界中，由于岩石所处的温度、压力条件，受力方式，受力时间、应变速度的不同以及物体内部的化学键类型和晶格结构的不同，其变形特点也不相同。

4.2.3 岩石破裂形式

岩石受力后发生变形，经过弹性阶段和塑性阶段，最后发生断裂，破坏了岩石的连续完整性。即使是同一岩石，由于作用于其中的应力性质不同，其效果差异很大。岩石在外力作用下抵抗破坏的能力，称为强度。应力性质不用，岩石表现不同的强度。一般说来，岩石的抗压强度 > 抗剪强度 > 抗张强度。总结起来，岩石的破坏形式基本有两种：张裂和剪裂。

张裂的方向垂直于张应力或平行于压应力，张应力起主导作用。当岩石所受的最大张应力超过了岩石抗张强度时，便在它的内部垂直最大张应力方向（即平行 σ_1 应力主轴的方向）上产生破裂面。岩石受到拉伸和压缩时均可产生张裂，当岩石受到压缩时，因为它的抗压强度大于抗张强度几十倍，因此不易压裂。但是，在岩石试件的受力面上放一块铅垫板等柔软物质，使岩石试样能够在垂直于压力的方向上自由地伸长，则产生了平行于压力方向的张裂面（图 4-10）。因此，张裂的方向垂直于最大张应力，或平行于最大压应力。

剪裂是由最大剪应力引起的，剪裂面与最大剪应力作用的方向平行。最大剪应力作用的平面是位于应力主轴 σ_1 和 σ_3 之间，并与 σ_1 轴相交为 45°。

当岩石受压力作用时（即压缩时），最大剪应力超过岩石的抗剪强度，岩石沿着最大剪应力作用的方向滑动，造成一对剪裂面（图 4-11），由于岩石内摩擦的存在，剪切面与主压应力作用方向的交角往往小于 45°，但是经过显著的塑性变形以后，这个交角可以大于 45°。

岩石在拉伸的情况下，也可以产生剪裂，剪裂面与主压应力 σ_1 的方向斜交，交角一般为 45°左右，有时在剪裂形成以前，出现“颈缩”现象，然后再发生与主压应力 σ_1 斜交的剪裂面。

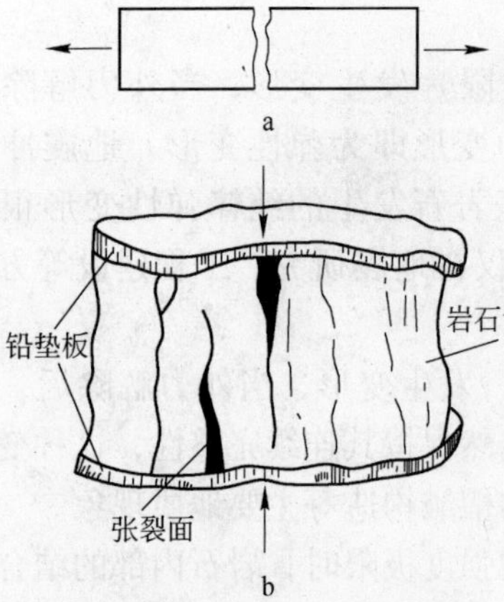

图 4－10　岩石的张裂

a—在纵向拉伸时产生的张裂；

b—夹在铅垫板之间被挤压的岩石试件产生的张裂

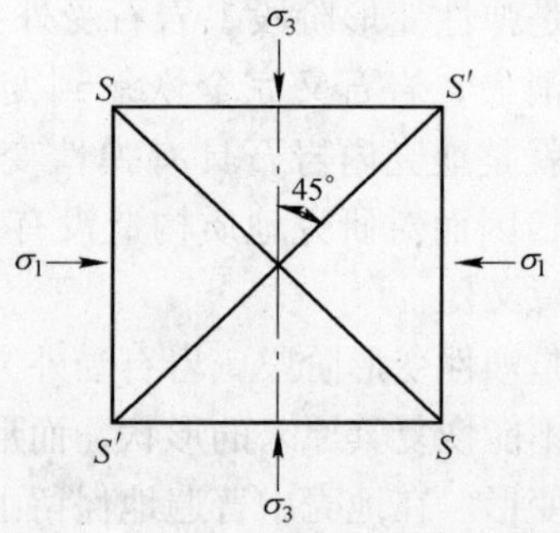

图 4－11　岩石在压缩下产生的一对共轭剪裂面（S 和 S'）

4.3　褶皱构造

4.3.1　褶皱的概念

层状的岩石经过变形后，形成弯弯曲曲的形态，但是岩石的连续完整性基本没有受到破坏，这种构造称为褶皱构造。它是地壳中广泛发育的一类地质构造。褶皱的规模相差很大，小至手标本或显微镜下的显微褶皱，大至卫星相片上的区域性褶皱。研究褶皱的形态、产状、分布和组合特点及其形成方式和时代，对于揭示一个地区地质构造的形成规律和发展史具有重要意义。许多矿产在成因上或矿体产状和空间分布上与褶皱有密切关系；有些矿体本身就是褶皱层。褶皱构造还程度不同地影响水文地质和工程地质条件。因此，研究褶皱具有重要的理论意义和实际意义。

褶皱的基本单位是褶曲，褶曲是发生了褶皱变形岩层中的一个弯曲。

褶曲的形态是多种多样的，但其基本形态只有两种：背斜和向斜。背斜是岩层向上突出的弯曲，两翼岩层从中心向外倾斜，其核心部位的岩层时代较老，外侧岩层较新。向斜是岩层向下突出的弯曲，两翼岩层自两侧向中心倾斜，核心部位的岩层较新，外侧岩层较老，称为向斜。由于风化剥蚀，造成背斜地段岩层在地面的出露特征是：从中心到两侧，岩层从老到新对称性重复出现。向斜的出露特征恰好与之相反，从中心到两侧岩层从新到老对称性重复出现。

背斜和向斜，最初是由两翼岩层的倾向相背和相向而得名。后来发现也有相反的情况。例如，两翼形态为扇形的褶曲，其两翼岩层产状，上中下各不相同，有的部分相背，有的部分相向。因此，区别背斜和向斜的主要依据是以核部与两翼岩层的相对新老关系进行判断。

4.3.2　褶曲要素

为了便于对褶曲进行分类和描述褶曲的空间形态特征，首先应该了解褶曲要素，习惯上把褶曲的各个组成部分称为褶曲要素，主要有：

(1) 核部。核部简称为核，通常指褶曲的中心部位的岩层。当剥蚀后，把褶曲出露地表最中心部分的岩层称为核。

(2) 翼部。翼部简称为翼，指褶曲核部两侧的岩层，即一个褶曲两边的岩层。两翼岩层与水平面的夹角称为翼角。翼部的形态可以是多种多样的，有开张的（图4-12）、平行的（图4-13）、扇形的（图4-14）、箱形的（图4-15）。

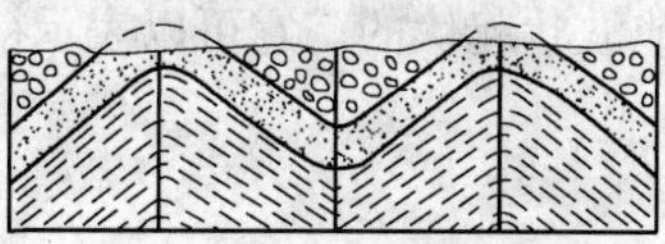

图4-12 两翼开张的褶曲

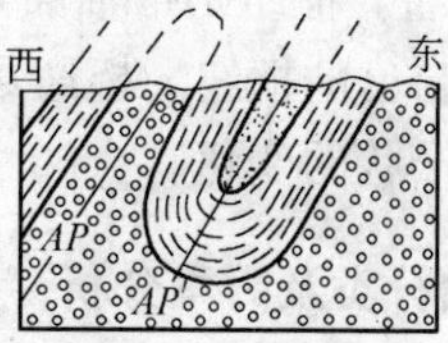

图4-13 两翼平行的褶曲

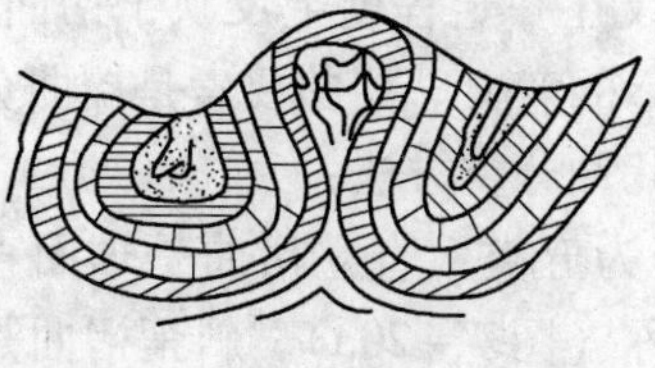

图4-14 两翼呈扇形的褶曲

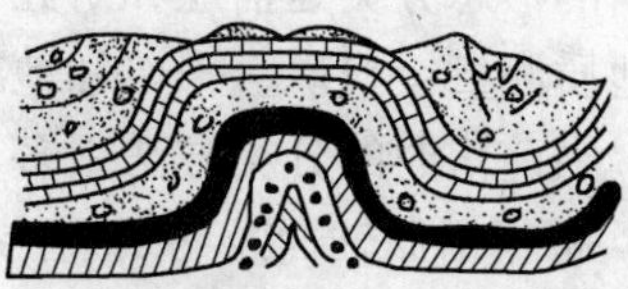

图4-15 两翼呈箱形的褶曲

(3) 轴面。轴面是平分褶曲两翼的假想的对称面（图4-16中的*ABCD*）。其形态是多种多样的，可以是一个简单的平面，也可以是一个复杂的曲面。轴面的产状可以是直立的（图4-17），也可以是倾斜的（图4-18）和水平的（图4-19）。

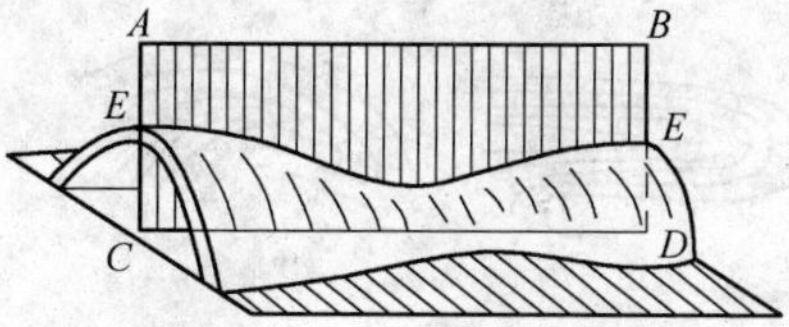

图4-16 褶曲的轴面（*ABCD*）、轴（*CD*）和枢纽（*EE*）

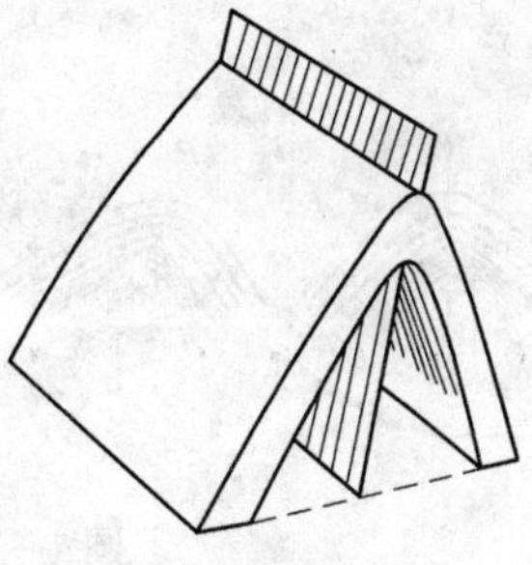

图4-17 轴面直立的褶曲

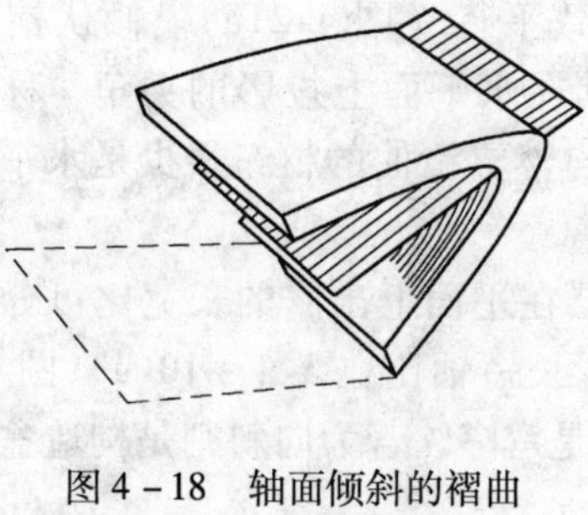

图4-18 轴面倾斜的褶曲

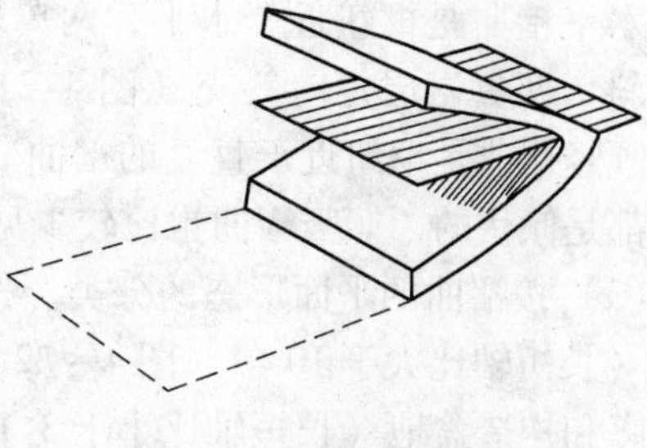

图4-19 轴面水平的褶曲

（4）轴。轴是指轴面与水平面的交线（图 4－16 中的 *CD*）。因此，轴永远是水平的。当轴面是平面时，轴为水平直线；当轴面为曲面时，轴为一水平的曲线。轴向代表褶曲延伸的方向，轴的长度可以反映褶曲的规模。

（5）转折端。转折端是指褶曲两翼汇合的部分，即褶曲从一翼向另一翼过渡的中间弯曲部分。

（6）枢纽。枢纽是指轴面与岩层面的交线（图 4－16 中的 *EE*）。每一个发生了褶曲的层面都有自己的枢纽。枢纽可以是水平的、倾斜的或波状起伏的。它可以表示褶曲在其延长方向上产状的变化。

4.3.3　褶曲分类及力学分析

4.3.3.1　褶曲的分类

褶曲的形态分类是描述和研究褶曲的基础，它不仅在一定程度上反映了褶曲的成因，而且对地质测量、找矿、采矿和地貌研究等都具有实际的意义。褶曲要素是褶曲分类的重要根据。当前褶曲的分类方法很多，下面介绍常用的几种分类方法：

（1）根据褶曲轴面及两翼岩层产状分类。一共分为五类：直立褶曲是轴面直立或近于直立，两翼岩层倾向相反，倾角大致相等，两翼对称（图 4－20a）。斜歪褶曲是轴面倾斜，两翼岩层倾斜方向相反，倾角大小不等，两翼不对称（图 4－20b）。倒转褶曲是轴面倾斜，轴面倾角更小，两翼岩层倾斜方向相同，其中一翼岩层发生倒转（图 4－20c）。平卧褶曲是也称横卧褶曲，轴面水平或近于水平，两翼岩层的产状也近于水平，一翼岩层层序正常而另一翼岩层发生倒转（图 4－20d）。翻卷褶曲是轴面翻转向下弯曲，通常由平卧褶曲转折端部分翻卷而成（图 4－20e）。

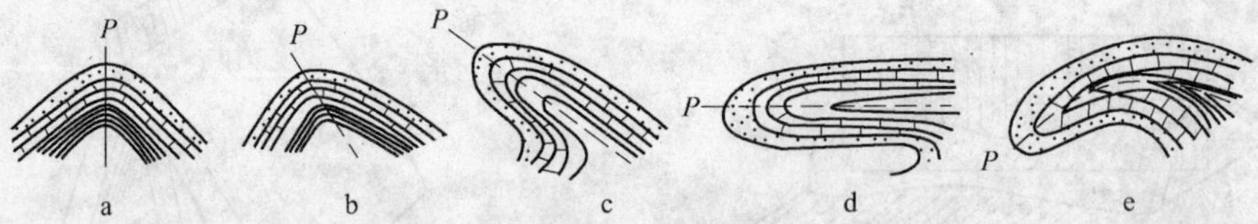

图 4－20　根据轴面产状划分的褶曲形态

a—直立褶曲；b—斜歪褶曲；c—倒转褶曲；d—平卧褶曲；e—翻卷褶曲；*P*—褶曲轴面

（2）按枢纽产状的分类。按枢纽产状，褶曲可分为水平褶曲、倾伏褶曲和倾竖褶曲。水平褶曲是枢纽近于水平，两翼岩层的走向大致平行（图 4-21a）。倾伏褶曲是枢纽倾斜，两翼岩层走向斜交（图 4-21b）。枢纽与其在水平面上投影的夹角，称为倾伏角。倾竖褶曲是枢纽近于直立的褶曲（图 4-21c）。自然界褶曲的枢纽很少是水平的，大多数都是倾伏的，倾竖褶曲也比较少见。

（3）按褶曲的平面形态的分类。按褶曲核部岩层在平面上出露的长宽比可分为线状褶曲（长短轴比大于 10∶1，图 4－22）、短轴褶曲（长短轴比在 3∶1～10∶1，图 4－23）及穹窿和构造盆地（长短轴比小于 3∶1，若为背斜则是穹窿，若为向斜则是构造盆地，图 4－23）。

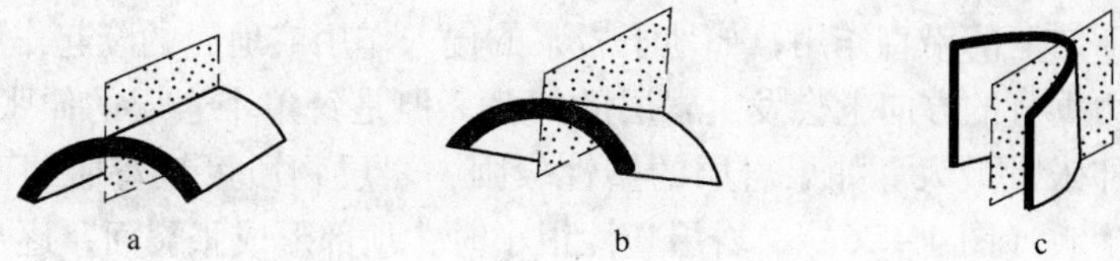

图4-21 根据枢纽产状划分的褶曲形态

a—水平褶曲；b—倾伏褶曲；c—倾竖褶曲

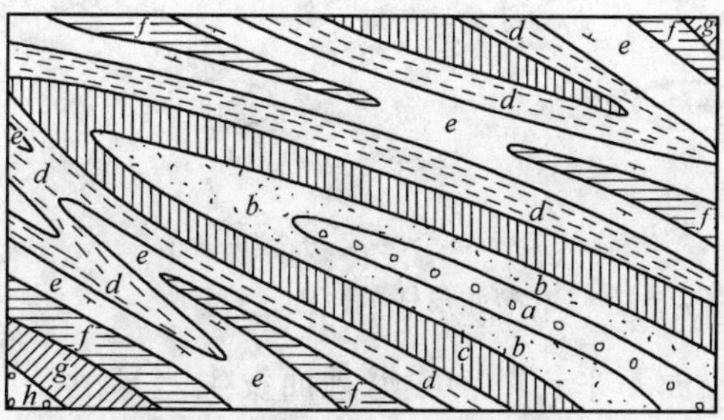

图4-22 线状褶曲

（线状向斜和线状背斜，*a*～*g* 岩层从老到新）

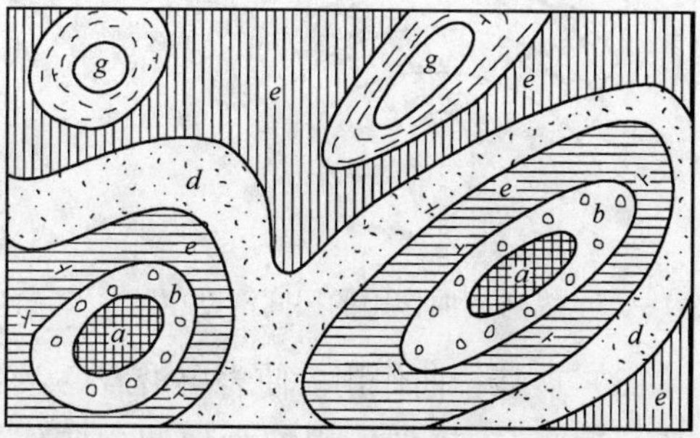

图4-23 短轴褶曲（右），穹窿和构造盆地（左）

（*a*～*g* 岩层从老到新）

4.3.3.2 褶曲的成因及力学分析

搞清一个褶曲或一个地区内诸褶曲的形成机制，对于区域构造分析和指导找矿等地质生产工作都有重要意义。从造成岩层褶曲的力的作用方式和岩石在褶曲过程中物质运动方式来划分，褶曲形成机制可以分成纵弯褶曲作用、横弯褶曲作用、剪切褶曲作用和柔流褶曲作用四种类型。

（1）纵弯褶曲作用。岩层受到顺层挤压力的作用而发生褶皱，称为纵弯褶曲作用。地壳中大多褶曲是由此作用所形成的。岩层在长期缓慢的水平侧压力作用下，发生永久性的弯曲变形后形成弯曲褶曲。岩层受到侧向压力时，对单个岩层来说，外侧发生拉伸，内侧发生了压缩，外侧和内侧之间有一个既没有拉伸也没有压缩的面，称为中和面（图4-24），随着受力的增加以及弯曲加剧，中和面也会不断地向内侧移动。

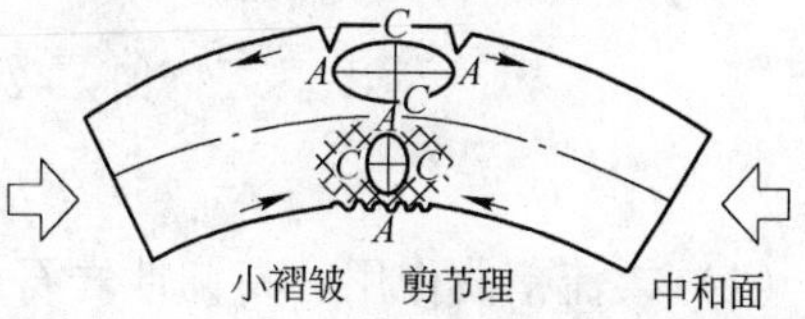

图4-24 单个岩层纵弯曲的示意剖面图

在受力的同时，岩层不同部位可能产生一系列有规律分布的内部小构造。在外侧的拉伸部分，常产生垂直于层面的楔状张节理。在褶曲的内侧受到顺层的派生压应力，常形成两组共轭剪节理，或者在岩层面上形成一系列小褶曲。

当一套岩层形成弯曲褶曲时，在岩层之间会发生层间滑动。一般背斜中各相邻的上层相对向背斜转折端滑动，各相邻的下层则相对向相反方向，即向相邻向斜的转折端滑动（图4-25）。纵弯褶曲作用中岩层的层面起着重要的作用，其主要是依靠岩层间的相互滑动（层间滑动）而形成褶曲，且各岩层真厚度基本上保持不变，或者变化很小。

（2）横弯褶曲作用。岩层受到和层面垂直的外力作用而发生的褶曲，称为横弯褶曲作用。它是指自下向上的铅直作用，如地下岩浆的侵入作用或地壳的隆起作用。在此过程中，沿着与作用力垂直的方向上会发生岩层的伸张。但是每单个岩层的伸张的程度不同，位于外侧的岩层伸张量最大。如果岩层的塑性较强，岩层物质可从弯曲的顶部向翼部流动，易形成顶薄褶皱（图4－26a）；岩层塑性很小时，顶部形成张裂面，逐步可发展成正断层和地堑（图4－26b）。

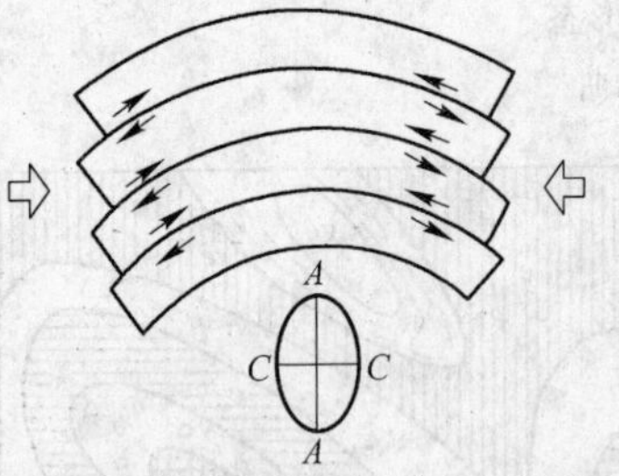

图4－25　纵弯褶曲作用的层间滑动

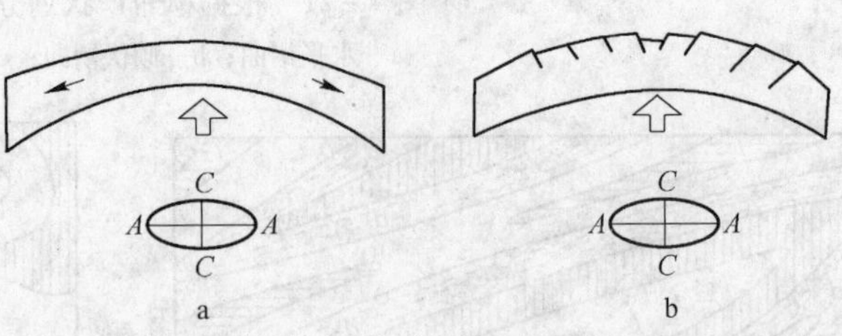

图4－26　横弯褶曲形成的剖面示意图

（3）剪切褶曲作用。使岩层沿着一系列与层面不平行的密集劈理面发生差异滑动而形成“褶曲”，这种作用称为剪切褶曲作用。这种作用一般见于柔弱岩层（泥质页岩）中，柔弱的岩石在褶曲过程中，早期有显著的塑性流动，褶曲的翼部被拉薄，转折端明显地增厚（图4－27a），后期则产生密集的剪切破裂面，层面沿着这些面发生差异滑动则显现出弯曲的外貌（图4－27b）。在坚硬岩层与柔弱岩层互层的情况下，一般坚硬岩层发生纵弯褶曲作用，而柔弱岩层则发生剪切褶曲作用。

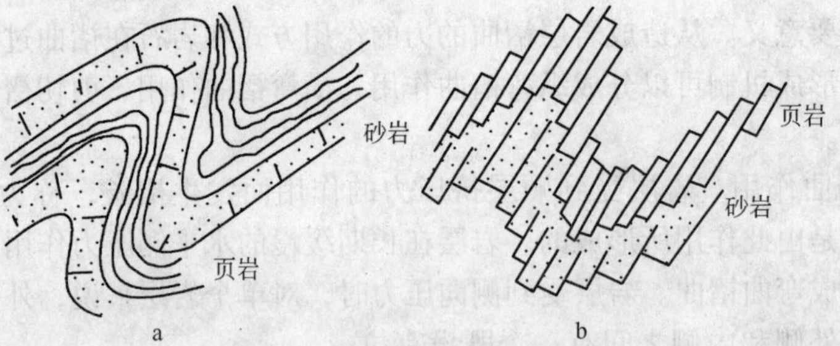

图4－27　剪切褶曲作用示意图

a—雏形；b—完成形

（4）柔流褶曲作用。高韧性岩石或岩石处于高温高压环境下变成高韧性体，受到外力的作用，而发生类似黏稠的流体那样的流动变形，从而形成复杂多变的褶曲（也称流褶曲），这时的原岩层面已全遭破坏，这种作用称为柔流褶曲作用。而塑性很高的岩层受力作用后，不能将力传递很远，往往形成幅度很小、形态复杂的小褶曲。在深度变质的岩石中肠状褶曲即是一种常见的流状褶曲（图4－28）。

图4－28　长英质脉岩的肠状褶皱

4.4 断裂构造

地壳中岩石（岩层或岩体），在受力情况下容易产生断裂和错动，总称为断裂构造。断裂构造破坏了岩石的完整性，并可使两侧岩块沿断裂面发生位移。对于断裂构造来说，若其两侧岩石未沿断裂面发生位移或仅有微量的位移，称为节理（或者裂隙）；若两侧的岩石沿断裂面发生了明显的位移，则称为断层。

4.4.1 节理

节理多为小型的断裂构造。沿着节理劈开的面称为节理面，其产状也可用产状三要素来描述。节理常与断层和褶曲相伴生，它们是在同一构造作用下形成的有规律的组合。节理的规模大小不一，一般延长几十厘米至几十米，小的要在显微镜下观察，长的沿走向有几百米。

按其表露的明显程度不同，可将节理分为张开的、闭合的和隐蔽的三种。前者两壁张开，明显可见，这种节理能大量吸收地表径流，是地下水和矿液运移的良好通道和储集场所；闭合节理两壁密闭，中间没有空隙，但肉眼能清楚的辨明其存在；后者为一种毛发状的裂隙，肉眼不易察觉，当岩石受到打击力作用时，会见到岩石沿隐蔽节理面裂开。

岩石中的节理发育程度也有很大的差异。一般是，构造运动强度越大岩石越具较大的脆性，而岩层厚度越小时节理越发育。节理是有规律地成群出现，成因相同又相互平行的节理构成一个节理组。几个有成因联系的节理组构成一个节理系。

4.4.1.1 节理的成因分类

根据节理的成因，节理可分为非构造节理和构造节理两大类。

（1）非构造节理。非构造节理是由各种外力作用形成的节理。一般分布不广，局限于一定的深度范围内或一定类型的岩石中。节理形态不规则、延伸短，多呈张开状。非构造节理由于主要分布在地表附近岩石中，对地下采矿一般无明显影响，但对地下水的活动和工程建设影响较大。根据形成的外力不同进一步分为：原生节理；风化节理；滑坡、崩塌和陷落作用等产生的节理；卸荷节理及人工节理。

（2）构造节理。构造节理是指地壳运动过程中，岩石受构造作用力而产生的节理。构造节理是最广泛存在的节理，其特点是产状和方位比较稳定，与区域构造或局部构造存在一定的关系，发育的范围和深度均较大。构造节理按其力学成因不同，又可分为剪节理和张节理。

1）剪节理。剪节理是岩石在剪应力作用下形成的节理。节理面与最大主应力方向斜交，交角一般小于45°。节理面平直光滑，在平面上呈直线状延伸；节理沿走向和深度方向常延伸较远；两壁紧闭。剪节理发育较为密集，即节理间间距小、频度高。剪节理常同时出现两组，彼此互相交叉切割，构成共轭“X”型剪节理系。

2）张节理。张节理是由岩石在张应力作用下形成的节理，张节理面粗糙不平，节理产状不稳定，在平面上婉曲或呈锯齿状延伸；节理沿走向延伸不远即消失；两壁张开，有肉眼可见的节理壁距，是地下水的良好通道和储存场所，也可能被石英脉、方解石脉等充填。张节理发育较稀疏，同组相邻两条张节理之间的间距较大。

上述是以成因对节理进行的分类，还可以按其形态分类。根据节理产状和岩层产状的关系可分为：走向节理、倾向节理、斜向节理；根据节理的产状和褶曲轴的关系可分为：纵节理、横节理、斜节理。

4.4.1.2　节理的观测和统计

节理的现场观测和统计的步骤如下：

(1) 观测点的选择。观测点易选择在露头良好，构造特征清楚，岩层产状稳定，节理比较发育的地段，且构造越复杂，观测点越多。

(2) 节理性质的研究。在节理的观测点上除了进行一般的地质观测外，对节理还要进行更为详细的观察。根据野外观测的节理特点，尽可能确定节理的力学性质。

(3) 节理的分期和配套。分期是根据节理的交切和错动关系来确定节理形成的先后顺序。后期形成的节理常错断前期节理，互切则表明两组节理是同时形成的。配套主要依据共轭节理的组合关系，并辅之以节理发育的总体特征及其与有关地质的关系来判定。

(4) 节理的测量和记录。观测点上的全部节理要进行测量和记录，测量和观察的结果一般填入一定表格，以便整理。一般性节理观察点记录表格如表 4－1 所示。

表 4－1　节理观测点记录表

点号及位置	地层时代、层位和岩性	岩层产状和构造部位	节理产状	节理组系及其力学性质和相互关系	节理分期和配套	节理密度	节理面特征及充填物	备　注

4.4.1.3　节理资料的分析

节理的整理和统计一般采用图表形式，主要有玫瑰花图、极点图和等密图等。

(1) 节理玫瑰花图。节理玫瑰花图可分为走向玫瑰花图和倾斜玫瑰花图，其编制方法如下：

1) 节理走向玫瑰花图。将所测节理按其在 270°～360°、0°～90°范围内的走向方位角依次排，根据走向按每 5°或每 10°分组，统计每一组内的节理数和平均走向。作一半圆，自圆心沿半径引射线，射线的方位代表每组节理的平均走向的方位角，射线的长度代表每一组节理的条数或百分数。然后用折线把射线的端点连起来，即得节理走向玫瑰花图（图 4－29）。这种图可以清楚地反映出节理的组数和各组节理延伸的优势方向。由图 4－29 可以看出，发育较好的节理有：走向 330°、走向 30°、走向 60°、走向 300°和走向东西的共五组。

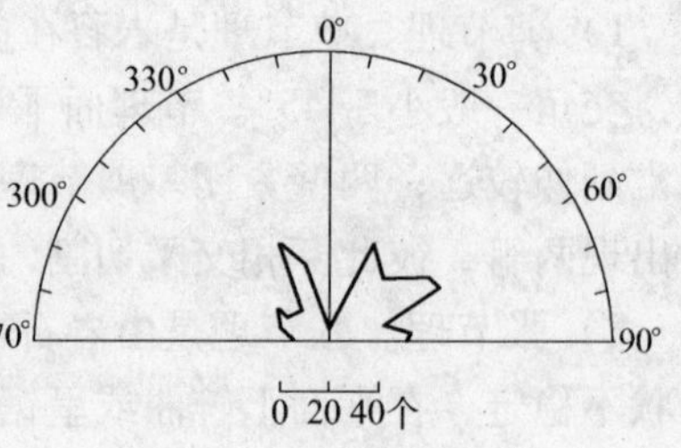

图 4－29　节理走向玫瑰花图

2) 节理倾向玫瑰花图。先把测得的节理根据倾向以每 5°或每 10°分组，统计每一组内节理个数和平均倾向。节理倾向玫瑰花图需在一整圆上完成，首先自圆心沿半径引射线，射线的方位代表每组节理平均倾向的方位角，射线的长度代表每一组节理的个数或百分数，然后用折线把射线的端点连接起来，即得到节理倾向玫瑰花图（图4－30）。用上述方法，还可以编制出节理倾角玫瑰花图，只是把沿半径一定长度代表各组平均倾角。

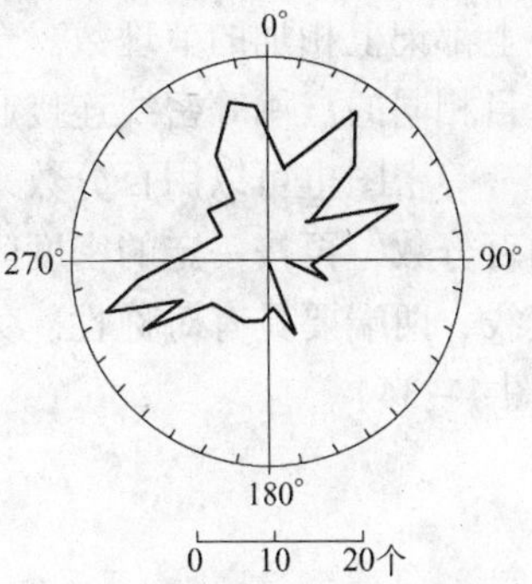

图4－30 节理倾向玫瑰花图

（2）节理极点图及等密图。节理极点图是利用极等面积投影网作成的，一般常采用施密特网作为等面积投影网（图4－31）。其圆周上的度数（0～360°）表示节理的倾向，半径上的数值表示节理的倾角度数（中心为0°，边缘为90°）。因此，任意产状的节理均可投影到网上。工作中将测量获得的各条节理按其产状数据投影到网上，就得到了极点图（图4－32）。

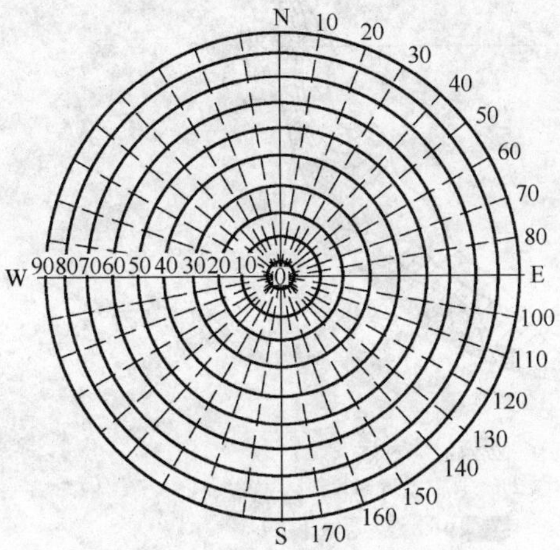

图4－31 施密特投影网

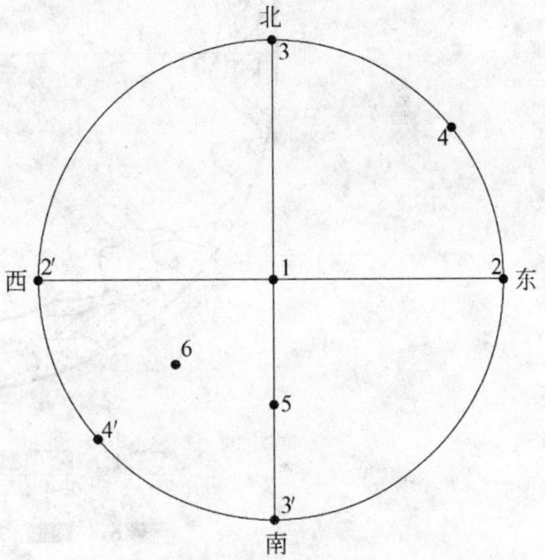

图4－32 节理极点图

由图4－32可看出点1代表水平节理，点2是走向南北的直立节理，点5是走向东西向南倾斜45°的节理。

节理等密图是在节理极点图的基础上编制的。将已经做好的极点图的东西及南北半径各十等分，分成图4－33中的方格网后用中心密度计和边缘密度计统计节理极点数。先用中心密度计从左到右，由上到下，顺次统计小圆内的节理数（极点数），把每次小圆中的节理极点数记在十字中心。边缘密度计统计位于边缘的节理极点数时，将两端极点数加起来，记在有“＋”中心的那一个残缺小圆内。如果两个小圆中心均在圆周，则在圆周的两个圆

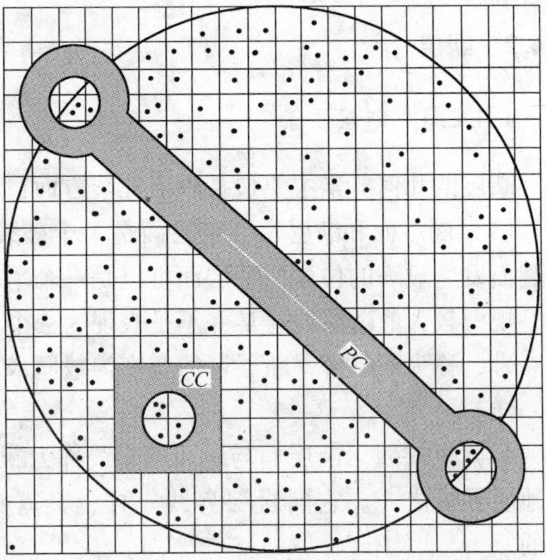

图4－33 计算节理极点密度的方法

心上都记上相加的节理数。全部统计完节理极点后，根据极点数多少，决定等密线距，把数目相同的点用等密线连接起来，便成了等密图。

等密图也可以用百分数来表示，即统计完各处极点的数目后，将数值换算为总极点数的百分数，再按一定的密度间隔绘密度等值线制成的。在连等值线时，应注意圆周上的等值线，两端要具有对称性。为了图件醒目清晰，在相邻等值线间可以着色或画线条花纹（图 4－34）。

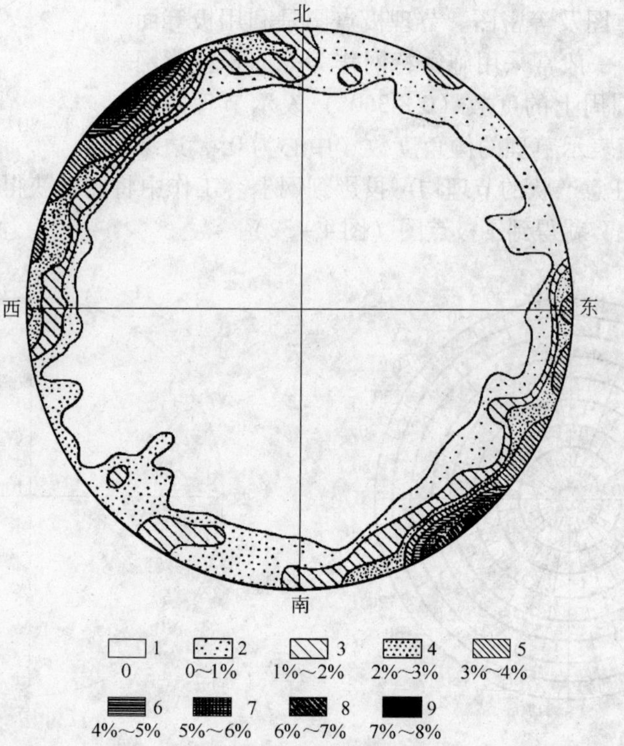

图 4－34 节理等密图

4.4.2 断层

4.4.2.1 *断层要素*

断层的几何要素主要包括以下几个方面：

（1）断层面和断层带。断层面是一个破裂面，把岩石分为两个断块，断块沿着这个破裂面发生显著的位移。断层面可以是一个平面，也可以是一个曲面。有时许多断层，特别是规模较大的断层，通常并不是表现为一个单一的断层面，而是表现为具有一定宽度的破裂带，称为断层带，断层带的宽度为数厘米至数千米不等。断层面产状的表示法和岩层面一样。

（2）断层线。断层面与地面的交线称为断层线，实际上就是断层面在地表的出露线，是地质界线之一。它同岩层界线一样，其露头形态是由本身产状和地形起伏情况所决定的。

（3）断盘。被断层面分开的两侧岩块称为断盘。

1）上盘和下盘。断层面如果是倾斜的，则在断层面上面的断块称为上盘；断层面下面的断块称为下盘。断层面垂直则没有上下盘之分，一般是依据两侧岩块相对于断层的方位来称谓。

2）上升盘和下降盘。根据两盘相对位移的关系，将相对上升的岩块称为上升盘，相对下降的岩块称为下降盘。应该指出，上升盘与上盘，下降盘与下盘，切勿混淆起来，上升盘可以是上盘，也可以是下盘；下降盘可以是下盘，也可以是上盘。

（4）断层位移。断层位移是断裂面两侧岩块相对移动的泛称。在找矿和采矿工作中经常需要分析断层的位移。目前测算位移的依据主要为相当点和相当层。

相当点，系指未断开前的一个点在断层位移以后成为两个点，图4－35a中的*a*、*b*两点即为断层的相当点。它们之间的距离即断层的真位移，称为总滑距（*ab*）。总滑距在断层面走向线上的投影分量称为走向滑距（*ac*）、在断层面倾斜线上的投影分量称为倾向滑距（*bc*）、在水平面上的投影分量称为水平滑距（*ad*）。

相当层，指同一个岩层由于断层将其错开后分别在断层两盘的不同位置出现。以相当层测算的位移是相对位移，均以“断距”称之。实际应用中，一般是利用相当层来测算断层两盘的相对位移（断距），而且通常在垂直岩层走向的剖面上进行测算（图4－35b）。所测的断距有：

1）地层断距。断层面两侧同一层面之间的垂直距离（*ho*）。

2）铅直地层断距。断层面两侧同一层面之间的铅直距离（*hg*）。

3）水平断距。断层面两侧同一层面之间的水平距离（*hf*）。

上述三种断距构成两个直角三角形，即图4－35b中的$\triangle hog$和$\triangle hof$，其中$\angle\alpha = \angle gho$ = 地层倾角。因此，若已知地层倾角及其中一种位移，便可计算其他两种位移。

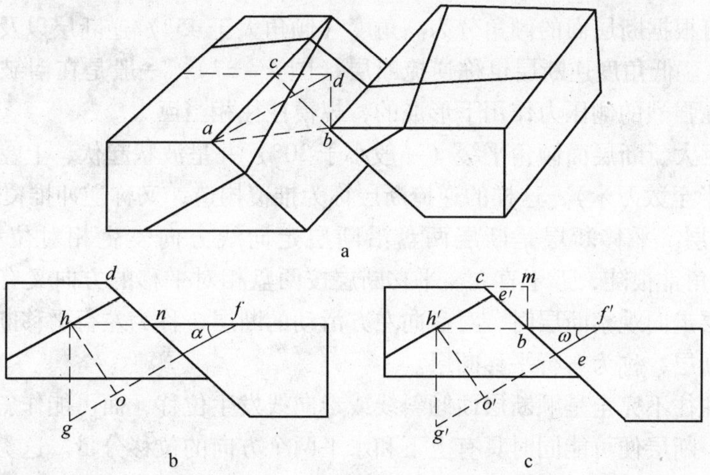

图4－35　断层位移图

a—断层位移立体图；b—垂直于被断地层走向之剖面图；c—垂直于断层走向之剖面图

在不同方向的剖面上，除铅直地层断距外，量出的其他断距的值是不相同的。图4－35c表示在垂直于断层走向，而与岩层走向斜交的剖面上的各种断距。其中有地层断距

$h'o'$、铅直地层断距 $h'g'$、水平断距 $h'f'$。

必须说明由于断层面产状和地层产状的变化等，一条断层的断距在不同地段常是不相同的。实际应用中，因为相当点一般是难以确定的，所以通常用相当层来测算断层的位移情况。

4.4.2.2　断层类型

断层分类方法很多，一般可以从以下几个方面对其进行分类：

(1) 按断层两盘相对位移的特征，将断层分为正断层、逆断层、平移断层三种基本类型。

1) 正断层。正断层是上盘沿断层面相对向下运动，下盘相对向上运动的断层（图4－36a）。断层面倾角较陡，常大于45°。正断层后相当层间出现拉开的一段水平断距，说明这种断层一般是在水平方向引张力或重力作用下形成的。

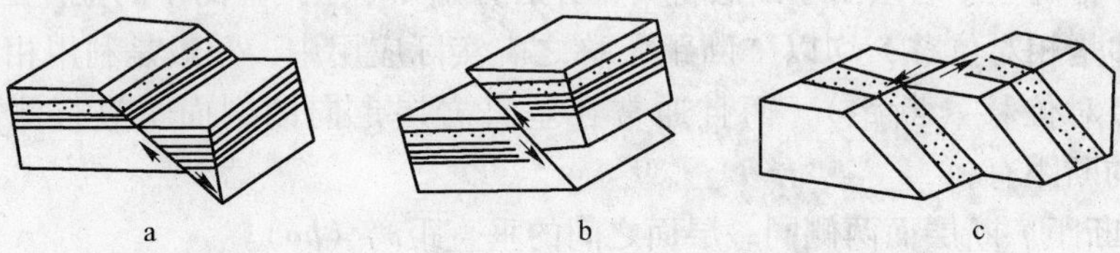

图4－36　正断层（a）逆断层（b）和平移断层（c）

2) 逆断层。逆断层是上盘相对上升，下盘相对下降的断层（图4－36b）。逆断层后相当层间出现一段掩覆现象，即上盘掩盖下盘的现象，说明逆断层一般是在水平方向的压缩力作用下形成的。

逆断层又可根据断层面的倾角分为高角度（倾角大于45°）逆断层以及低角度逆断层（倾角小于45°）。低角度逆断层也称逆掩断层（图4－37），一般是在褶皱构造形成的后期产生的，是在强烈的侧压力作用下形成的，规模往往相当巨大。

如果规模巨大、断层面倾角平缓（一般小于30°）并呈波状起伏、上盘沿断层面远距离推移（数千米至数万米），这样的逆掩断层称为推覆构造，又称逆冲推覆构造。

3) 平移断层。平移断层是断层两盘沿断层走向线方向发生相对位移的断层（图4－36c）。其倾角常很陡，近于直立。平移断层按两盘相对平移的方向又有左行和右行之分。当垂直断层走向观察断层时，对盘向左方滑动的断层，称为左行平移断层；对盘向右方滑动的平移断层，称为右行平移断层。

断层两盘往往不完全是顺断层面倾斜线或走向线发生位移，而可能作斜向上或斜向下的运动。于是，断层便可能同时具有上下和水平两个方向的位移分量。这类断层一般采用组合方法命名。

正－平移断层与平移－正断层。若断层上盘以水平位移为主，兼具有向下的位移，称为正－平移断层；反之，断层上盘以向下位移为主，兼具有水平方向位移，则称为平移－正断层。

逆－平移断层与平移－逆断层。前者的断层上盘以水平位移为主，兼具有向上的位移；后者上盘以向上位移为主，兼具有水平方向位移。

正、逆、平移断层的两盘相对运动都是直移运动，实际上许多断层常常有一定程度的旋转运动。旋转方式有两种：一是旋转轴位于断层的一端（图 4－38a），表现为横过断层走向的各个剖面上的位移量不等；二是旋转轴位于断层的中点（图 4－38b），表现为旋转轴两侧相对移动的性质不同，一侧为上盘下降，具正断层性质；另一侧为上盘上升，具逆断层性质。

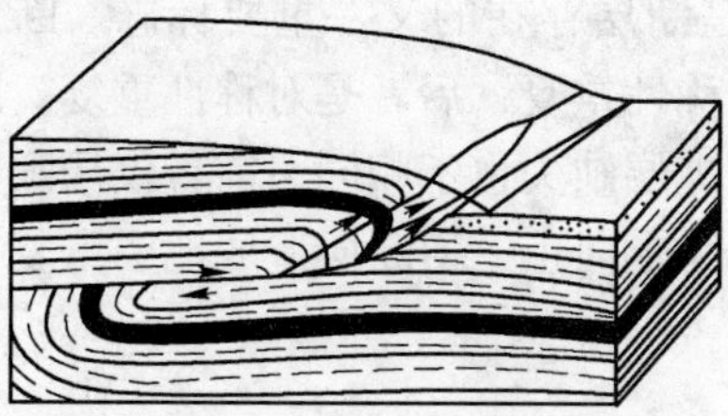

图 4－37　逆掩断层

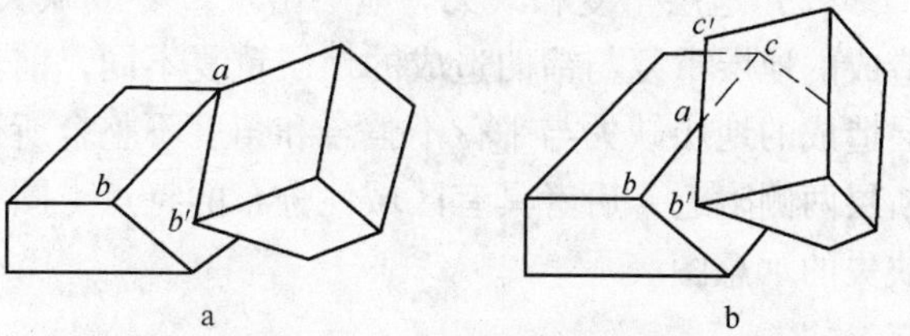

图 4－38　断层的旋转运动

a—旋转轴位于断层端点；b—旋转轴位于断层中点

（2）按断层走向和岩层产状的关系分为走向断层、倾向断层和斜向断层三类。

1）走向断层。断层的走向与岩层走向一致，在地表常表现为地层的重复或缺失。

2）倾向断层。断层的走向与岩层倾向一致，在地表常表现为地层沿走向不连续。

3）斜向断层。断层的走向和岩层走向斜交。

（3）按断层走向和褶皱轴向或区域构造线方向的关系分为纵断层、横断层和斜断层三类。

1）纵断层。断层的走向与褶皱轴向或区域构造线一致。

2）横断层。断层的走向与褶皱轴向或区域构造线直交。

3）斜断层。断层的走向与褶皱轴向或区域构造线斜交。

自然界的断层往往不是单个出现，有一定的组合规律。其组合形态类型有地垒、地堑、阶梯状构造和叠瓦式构造等（图 4－39、图 4－40）。

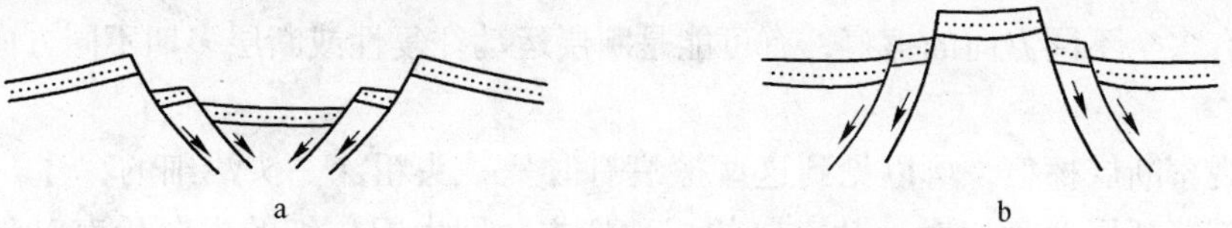

图 4－39　地堑（a）和地垒（b）示意图

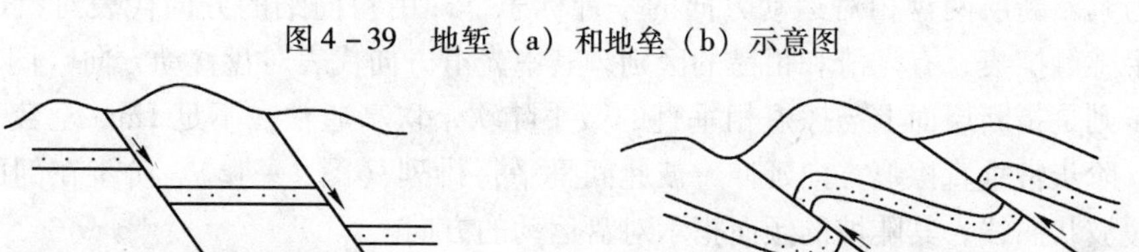

图 4－40　阶梯状构造（a）和叠瓦状构造（b）示意图

4.4.2.3　断层的标志及两盘运动方向

由于遭受剥蚀破坏和被后来沉积物覆盖等原因，相当一部分断层在地表出露的并不清楚。必须仔细观察和认真分析，才能确定其存在。确定断层存在的标志有如下几点：

（1）构造不连续。任何线状或面状的地质体，如岩层、矿体、岩脉、侵入岩体与围岩的接触面、褶曲褶线和断层线等，在平面或剖面上的突然中断、错开等构造不连续现象，说明可能有断层存在。但需注意，地层角度不整合接触或侵入接触也能造成地质界线不连续的现象。因此，必须排除后一类情况，才能确定断层的真正存在。

（2）地层重复和缺失。地层出现重复或缺失现象是断层存在的又一重要标志。断层造成的地层重复与褶曲造成的地层重复不同，前者非对称性重复，后者是对称性重复。断层造成的地层缺失与平行不整合和角度不整合所造成的地层缺失也不相同，前者仅局限于断层两侧附近，后者具有区域性分布的特点。图4－41为走向正、逆断层造成地层重复或缺失的示意图。

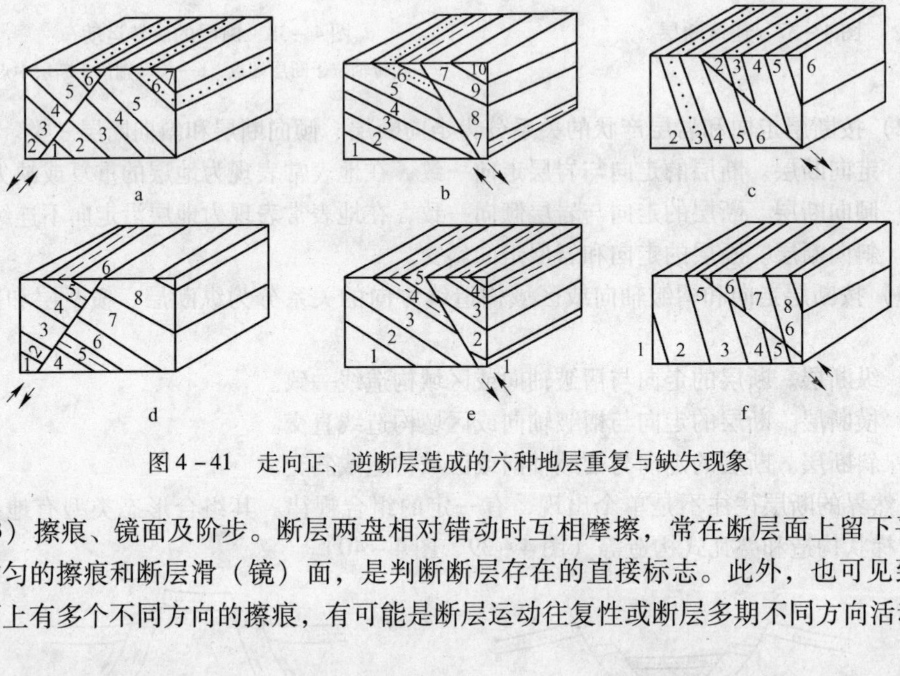

图4－41　走向正、逆断层造成的六种地层重复与缺失现象

（3）擦痕、镜面及阶步。断层两盘相对错动时互相摩擦，常在断层面上留下平行细密而均匀的擦痕和断层滑（镜）面，是判断断层存在的直接标志。此外，也可见到同一断层面上有多个不同方向的擦痕，有可能是断层运动往复性或断层多期不同方向活动所造成的。

仔细观察断层擦痕，可以见到这些擦痕有时呈一头粗深一头浅细的“丁”字形，可以此作为判断断层两盘相对运动方向的一种标志，即由粗向细的方向代表对盘运动的方向。用手感触擦痕，有光滑和粗糙的区别，其中光滑方向代表对盘移动方向（图4－42）。

阶步则是指断层面上与擦痕相垂直的微小陡坎，坎高通常在不足1mm至数mm范围内变化。阶步常垂直擦痕方向延伸，彼此间呈平行排列（图4－42）。阶步在剖面上呈不对称的缓波状曲线，其陡坡的倾向指示对盘运动的方向。

（4）断层构造岩。归属于动力变质岩，断层发生相对位移时，其两侧岩石（或）矿石有时被研碎成细泥，称为断层泥；如被研碎成具棱角的碎块，则称为断层角砾；断层角砾还可以重新被胶结成固结的岩石，称为断层角砾岩。此外，在大的断层破碎带中有时还出现糜棱岩。角砾岩中某种特殊的岩石或矿石等碎块的分布可以指示其运动方向。如图4－43中黑色部分为矿层，如果断裂后该矿层的角砾只分布于下盘矿层以上的断层破碎带中，则表示该断层的上盘是向上运动的。

（5）牵引构造。牵引构造又称引曳现象，一般认为，牵引构造是两盘沿断层面发生位移运动时，断层旁侧岩层由于受断层面摩擦力拖曳而产生的弧形弯曲现象，一般是在两侧为塑性岩石时出现。通常岩层弧形弯曲突出的方向指示本盘相对运动的方向（见图4-44），显然图中上盘相对下降，下盘相对上升。

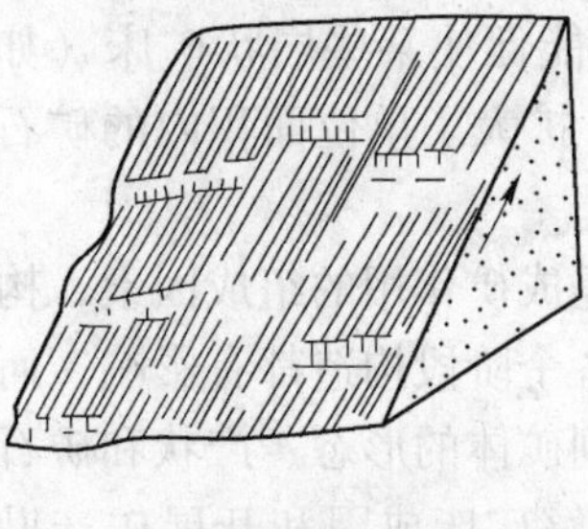

图4-42 断层擦痕和阶步判断两盘位移方向

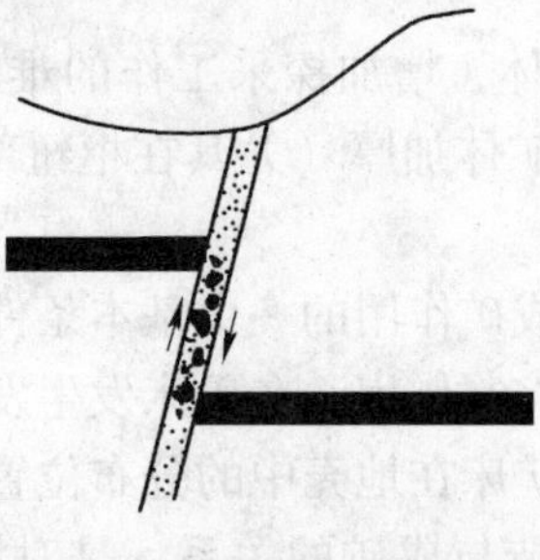

图4-43 断层角砾判断两盘位移方向

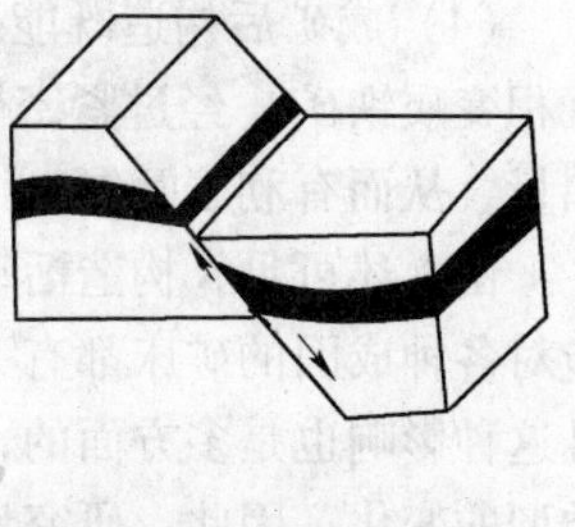

图4-44 牵引构造判断两盘位移方向

（6）硅化现象和矿化现象。断裂构造常是热水溶液运移的通道，因此破碎岩石就会受到矿化、硅化和绢云母化等作用。由于这些作用，往往使沿着断裂的岩石产生褪色或染色作用，或沿着断裂有脉体充填。

（7）其他标志。主要指地貌、水文、植被等方面的间接标志。它们的出现反映可能有断层存在。

1）地貌上的标志。首先是断层崖和断层三角面的形成。一些活动时间较晚的断层，上升盘突露地表形成陡崖，称为断层崖。多数断层崖形成后，受到流水的侵蚀切割，形成V形谷，谷与谷间形成一系列三角形面，称断层三角面。

2）水文上的标志。断层面（尤其是断层破碎带）如果未被胶结，是地下水流动的良好通道。因此，在地表有泉水出露的地方，或在井下顶底板涌水量突然增大的地方，都可能有断层出现。并且顺着断层线常形成洼地，多个洼地呈串珠状分布。若洼地长期积水，则形成湖泊。断层的存在还常常控制了水系的发育，如果水系突然呈直角转折，也可能与断层有关。

3）植被上的标志。植被分布的特点有时也可作为分析断层存在的一种依据。因为断层线两侧的岩性不同、土壤性质不同，所以可以有规律地生长着各异的植被。

对上述断层标志，必须进行认真观察和综合分析，才不致得出错误的结论。知道了断层的存在及两盘相对位移后，根据断层面的产状，就可确定断层的性质。

4.5 地质构造与成矿的关系

4.5.1 概述

在控制矿床形成和分布的诸因素中，特别是对内生矿床来说，地质构造与成矿的关系最为密切，主要表现在：

（1）构造活动生成的各种裂缝、孔洞、孔隙和高渗透带等是含矿流体（各种成因的）在岩石中流动的通道（导矿或运矿构造）。

（2）各种构造成因的裂隙和孔洞是含矿流体中矿质的沉淀和堆积场所（储矿或含矿

构造），因而影响矿床、矿体的空间分布和形态、产状。

（3）构造活动是使矿液汇集、运动的原因和驱动力之一，尤其是地壳深部的构造，对于固态岩石经强烈变质转化为熔浆，以及分散在岩层中的水分聚集成热液并运移等过程，起了重要的作用。因此，构造不仅仅可以作为矿液运移的通道和堆积场所，还可以作为矿液流动的驱动力。

（4）成矿后构造既能破坏矿体，增加探采工作的难度；又能促使某些层状矿床（如沉积变质铁矿）经过紧密褶皱使矿体加厚（尤其在枢纽部位），扩大了单位面积内的矿石储量，从而有利于开发。

由上述可见，构造活动既是成矿作用的一个基本条件，又是成矿作用的组成因素，构造对各种成因的矿床都有一定的控制作用。在矿床发生发展的各个阶段构造都有影响，而且这种影响也是多方面的，大到矿床在地壳中的分布位置，小到矿体的形态、产状和矿石类型的变化。因此，研究地质构造与成矿的关系，是对深入理解矿床成因和开展矿产勘查、评价及采矿工作有其重要的意义。

4.5.2　层状构造与成矿的关系

地壳上广泛分布的沉积岩、火山岩及其区域变质岩等层状岩石具层状构造。这些层状构造与成矿具有密切关系。

4.5.2.1　层面构造与成矿的关系

层理和层面构造对于成矿控制的作用，除有利层位本身可以控矿外，还有以下四个方面：

（1）层理的多少常会影响岩层的物理性质，层理增多则易受拉张应力作用，使裂隙度增大。

（2）层理越多的岩层，产生层间剥离滑动的可能性也就越大。

（3）岩层层理越多，其化学性质一般越复杂，故越有利于成矿交代作用的进行。

（4）层理的密集程度越高，越有利于原始孔隙度和后生裂隙的发育。

4.5.2.2　同生构造与成矿的关系

同生断层不仅对成岩过程中某些成矿物质的集中及堆积起着一定作用，而且在成岩后常常作为含矿溶液流通和堆积的场所，促使成矿物质的运移和富集。新疆某菱铁矿矿区内就发现在同生褶曲附近，由于同生断层的存在而加富了铁矿的品位。国外20世纪70年代以来发现的一些层控不整合脉型铀矿，如澳大利亚的东阿利格特矿带，均可能是同生横切断层控矿。

4.5.2.3　假整合和不整合构造

（1）假整合构造。由于在不连续的介质中，在构造应力作用下，沉积间断面常可形成剥离空间，导致矿液的沉淀富集。产在假整合构造上的矿床很多，如安徽马山金—铜矿床等。

（2）不整合构造。在古剥蚀面上还可能保存着古风化壳、古土壤层或与古风化壳有关的矿床，以及在不整合面上及其邻近岩层中常形成铁、锰、磷及铝土矿等沉积矿床；因为不整合面是物理力学性能和化学成分有明显差别的岩石分界面，含矿溶液在其间流动时易于发生分异作用，导致某些矿物质的集中。同时，不整合面也是构造的薄弱带，岩石易于破碎、产生裂隙，成为岩浆侵入和矿液流动的通道和堆积场所。不整合面对油气藏和地下水的储集也具有重要的意义，它常是深部油源和地下水向上运移的有利通道。

4.5.2.4 岩溶构造

由于地下水对可溶性岩石的溶解、侵蚀、塌陷等作用而形成的构造，统称为岩溶构造。当岩溶系统一旦成熟，就会为成矿富集提供一个容矿空间。岩溶是某些矿产（传统上认为是“外生的”或“表生的”矿石和矿物）堆积的场所，溶蚀和塌陷所成的岩溶构造为含矿流体迁移准备了场所。目前世界石油产量中有一半左右产在岩溶化岩石中。

受岩溶构造控制的矿床规模一般较小，但质量较好、品位富。其矿床实例很多，如个旧锡矿层间氧化矿，有一部分类型的矿体就产于古溶洞中。这些岩溶属早先地下水沿断裂、层间剥离空间进一步溶蚀扩大所致，当燕山期花岗岩侵入时，由热液所携带的成矿物质充填在岩溶洞穴而形成矿体。

4.5.3 褶皱构造与成矿的关系

4.5.3.1 直接控制矿体的褶皱构造

直接受褶皱构造所控制的矿体大多数为整合矿体，它与褶皱岩层的产状基本一致。

（1）由刚性岩层构成的褶皱构造对矿体的控制。在刚性的岩层发生褶皱时，岩层的厚度基本不变，对沉积矿床来讲，矿层随着地层的褶皱也发生同样的变化。在水平作用力下，褶皱的轴部易形成剥离、裂隙和破碎，而为内生矿床的形成创造有利的条件，其中尤以背斜的轴部最为有利，但在向斜轴部也可出现。产于褶皱轴部的矿体以鞍状为主，也有不规则交代形成的复杂矿体。刚性岩层形成的剥离空洞不仅在褶皱轴部可以形成，有时在翼部也可以形成，此时矿体形状为透镜状。

（2）由塑性岩层构成的褶皱构造对矿体的控制。塑性岩层在水平应力作用下，岩层物质易于流向褶皱轴部，而使岩层的厚度发生变化，沉积矿层同样在褶皱轴部变厚而在翼部变薄。

（3）矿体在褶皱构造中产出的机理。矿体在褶皱岩层中的产出除与剥离孔洞有关外，还与岩石的物理力学性能和化学性质有关。最为常见的是矿体产在不透水层下有利岩层中，这是由于隔水岩石阻挡了含矿溶液的流动，而在下部的有利岩层中堆积成矿。

产于有利构造部位的有利岩层中的矿体，除矿源层外，一般主要与岩石的化学成分、孔隙度有关。例如云南个旧矽卡岩锡铜多金属矿床中，在灰岩与白云质灰岩、白云岩交互的地段，则白云质灰岩更利于成矿，这是因为它具有较高的孔隙度（表4－2）。

4.5.3.2 褶皱对侵入岩体的控制作用

褶皱构造对侵入岩体的控制是十分明显的，从而对矿化的分布也起着间接的控制作用。

表 4-2　云南个旧矽卡岩矿床中不同岩石孔隙度对比表

岩石名称	白云质灰岩	中晶大理岩	细晶大理岩	灰　岩
孔隙度范围/%	2.17~12.10	0.18~8.87	0.3~2.07	0.26~1.98
平均孔隙度/%	5.57	3.26	1.27	1.36

根据大量资料的统计，与褶皱构造有关的侵入岩体绝大部分侵入于背斜之中，而侵入向斜及褶皱翼部的岩体比较少见。

控制岩体侵入的背斜构造有以下几种类型：

（1）背斜轴部。在褶皱过程中，背斜轴部易于形成各种张裂隙及其他裂隙，故背斜轴部相对比较易于破裂而导致岩体的侵入。

（2）背斜倾伏处。背斜倾伏处，特别是在轴线由平缓变为急陡处，构造应力特别集中，易产生张性破碎，为岩浆侵入创造了良好条件。安徽铜官山、江西铜厂等矿田均产于背斜倾伏处。

（3）背斜轴向转折端。在背斜轴部转折处，常常是应力复杂，多种裂隙互相交切，因此易于岩体的侵入，而伴随矿体的产出。

（4）背斜轴面倾向变化处。如同褶皱轴在走向上的变化一样；在褶皱轴面倾向变化处，是应力集中的地段，更易于形成各种断裂裂隙，而导致岩体的侵入。

（5）背斜与斜切断裂交汇处。背斜轴部易于破碎，如与大断裂交汇，则更有利于岩浆岩体的侵入。

4.5.3.3　同步褶皱及其对成矿的控制

同步褶皱是以岩体上拱作用为主形成的褶皱，它的主要特点是：

（1）褶皱与侵入体的顶面基本一致，岩层产状随侵入体顶面的产状而变化。

（2）褶皱的形态与侵入体规模有关，侵入体规模大者，褶皱比较宽阔，而侵入体规模小的，相应褶皱比较紧闭。

（3）同步褶皱的强度具有从接触带向围岩逐步减弱的趋势。

（4）同步褶皱经常叠加于早期褶皱之上。

由同步褶皱控制的矿体的产状一般与接触带具有同步起伏的特点，它可为单层，也可为多层，层次的多少与岩体的上侵强度有关。我国晋南、河北、安徽均有这类褶皱的例子。

4.5.4　断裂裂隙构造与成矿的关系

4.5.4.1　断裂对矿田、矿床的控制

断裂对内生矿田及矿床的控制，大多数表现在断裂控制着成矿岩体的产出，从而控制着矿田及矿床的分布。我国著名的甘肃金川镍矿、个旧锡矿等一些岩浆矿床的含矿岩体均产出于大断裂旁的次级断裂之中。气成热液矿床也有不少是产于大断裂旁的次级断裂之中的，如福建某铅锌矿床（图 4-45）。

在两组或两组以上断裂的交汇处，形成内生矿田及矿床的例子在国内外均为常见。这

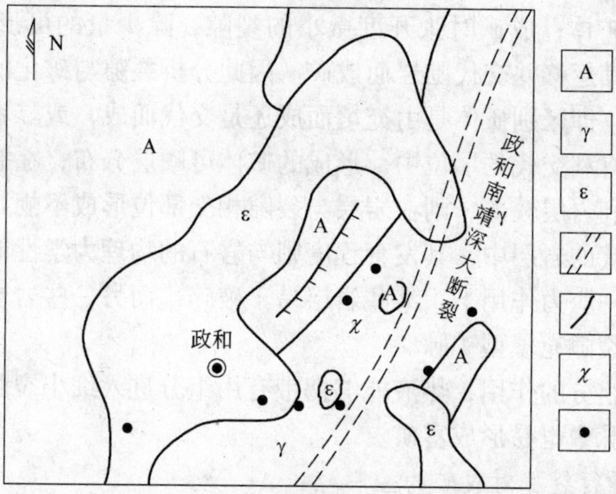

图 4－45 沿主断裂的次级断裂侵入的岩浆岩体构造示意图

1—前震旦纪古老岩系；2—燕山期花岗岩；3—正长斑岩；
4—深大断裂；5—断层；6—矿区；7—矿点

是由于在其交汇处，岩石破碎强烈，易于岩浆及矿液的活动。它的另一形式是基底断裂与盖层断裂的交汇，基底断裂为岩浆上侵的通道，盖层断裂为控岩及控矿的空间。

4.5.4.2 断裂对矿体的控制

（1）沿断裂分布的矿体。受断裂控制的矿床，其矿体与断裂的关系十分明显。但一般的工业矿体多分布于控矿断裂带中大断裂附近的次一级断层中，大断裂本身较少含矿。这可能是因为在主干断裂中矿液流速较大不易沉淀，而当矿液运移了较长距离到达次级断裂中时，因岩石孔隙度减小使其流速减慢而最终沉淀。产于区域性断裂中的矿体一般不成群出现，但规模可较大，形态多为大型脉状、扁豆状；而产于次级断裂中的矿体规模较小，形态较复杂。

（2）两组或两组以上交汇断裂对矿体的控制。由于两组或多组断裂交汇处岩石更易破碎，有利于矿液进入和沉淀。如果再有有利岩性的配合，则更易于产出矿体。湖南常宁某铅锌矿床中，由两个共轭断裂构成了“地垒”式构造，两条断裂间的大理岩化栖霞灰岩和茅口灰岩是有利成矿岩层，矿体明显地受大断裂的次级断裂控制，在两组裂隙交汇处明显加厚。

（3）断裂张开部位对矿体的控制。由于断裂面是弯曲的，在同一应力作用下不同部位受力情况不同，因而在某些地段形成了微张开，为成矿提供了有利空间，在这些地段矿液汇集于此时流速降低，从而使成矿物质易于沉淀，往往形成厚度较大的矿体或矿柱。

（4）断裂的遮挡作用对矿体的控制。断裂的遮挡作用大致可有以下几种情况：断层本身具有大量的构造泥阻止了矿液的上升而成矿；断层中充填有不透水的岩墙而遮挡成矿；断层上盘不透水岩层遮挡矿液而成矿；断裂与有利围岩组合控矿。

4.5.4.3 裂隙与成矿的关系

A 成矿方式与裂隙的关系

裂隙构造既可以起运矿的作用，又可起储矿的作用。成矿时张开度较大的裂隙，矿液可充填其中形成脉状矿体；成矿时张开度微小的裂隙，除少量的可形成细脉浸染型矿石外，较多的是矿液沿其运移并交代围岩而成矿。因此分析裂隙与矿化的关系，首先要确定裂隙在成矿中的作用，即区别矿体是由充填而成还是交代而成，或二者兼有。

如果裂隙发育于有利交代的层位中，形成的矿体可顺层分布，在裂隙与岩层交汇处矿体厚度变大。如果有利岩层较薄，则在岩层与裂隙相交部位形成不规则状或筒状矿体。如果裂隙发育于不易交代的岩层中，其发育程度则与岩石的物理力学性能有关，在多种岩石组成的地层中，在同一应力作用下，某些岩层易于破碎，而另一些岩层不易破碎，这样就形成了受岩层控制的裂隙充填型矿脉。

此外，由于挥发组分的作用，热液能够携带有用组分进入细小裂隙，因此在细小矿脉及主矿脉旁的分支小脉中也易形成富矿。

B　羽状裂隙及雁行裂隙对成矿的控制

断裂旁侧（一侧或两侧）的岩石，在断裂面扭动过程中可以形成羽状裂隙。产于羽状裂隙中的矿体往往比产于主断裂中的还多，这是由于后者常常是运矿构造。在羽状裂隙与主断裂面交汇处有时则可形成富矿。如羽状裂隙正好发育在有利岩层中，则矿化更易集中。

雁行排列的裂隙的形成机理与羽状裂隙的形成相似，也是在一对扭力的作用下形成的，不同的是并没有主断裂面的发育。由平面上的扭力作用造成的雁行矿脉一般具有相似的延深，而在剖面上的扭力作用形成的雁行矿脉则有不同延深，掌握雁行脉的分布特征，对找矿具有重要意义。

4.5.5　地质构造对矿山开采的影响

4.5.5.1　褶曲构造与矿山开采的关系

（1）褶曲与采矿的关系十分密切，通常以较大型的褶曲的轴线作为井田或采区的边界，有的情况则划作为井田或采区的中心。当井田内有褶曲存在时，它常成为开拓布置中考虑的主要问题。

（2）成矿前形成的褶曲，对矿床的形成、矿体分布、空间形态、产状等常起控制作用。在“有利岩层”、“层间剥离”等部位的矿体，形态较为简单，产状与围岩产状基本一致；在褶曲核部破碎带、伴生断裂等内赋存的矿体，一般形态比较复杂、产状多变。而矿体的形状、产状直接影响开拓系统、采矿方法等的选择。

（3）成矿后形成的褶曲，常使矿体形态复杂化，这是对采掘工作的不利因素。当矿层受到褶曲作用后，其厚度会发生变化，比如当沉积或沉积变质矿床受到褶曲构造影响时，在一定范围内矿量会相对集中，这样可以减少巷道的总长度，便于开采。褶曲可使矿层的产状发生变化，当使矿层的倾角变化适当时，有利于重力搬运，对矿内运输有利。一般，将总回风巷布置在背斜轴部附近，总运输巷布置在向斜轴部附近，供两翼开采利用。

（4）在背斜核部顶压一般较小，对采掘工程有利，但是背斜核部的顶部岩层中，张裂隙较发育，对采掘工程又是不利因素，尤其是张裂隙发育可能导致矿山涌水量增加，造成采矿困难。在向斜核部，顶压一般较大，对采掘工程不利。

此外，从稳定性角度分析，在褶曲的轴部地段，由于岩层遭受的变形较强烈，构造裂发育，如果坑道等地下建筑沿褶曲轴线开挖，则易于发生顶板岩石垮塌事故。一般，地下坑道的延伸方向与褶曲轴线间的交角较大时，有利于稳定。

4.5.5.2 节理（裂隙）与矿山采掘工作的关系

（1）在节理发育的岩石中打炮孔时，要注意钻孔的位置，不要沿节理面钻孔，尤其是张节理面，否则容易卡钎；沿节理面布炮孔，由于裂缝易漏气，影响爆破效果。因此要注意节理的走向、发育程度及延伸情况。

（2）节理面的方向有时会影响巷道掘进方向，使其偏离中线。例如，某矿在掘进中，由于有一组张节理斜交中线方向，按正规布置炮孔，爆破后巷道总是偏离中线方向；若改变炮孔排列，有意识地使其稍为偏斜，反而使掘进方向能按中线方向前进。

（3）在露天开采中，在节理发育地段，要特别注意边坡角的选择，以防止滑坡、塌方等事故。边坡的稳定性与岩性、岩层产状、节理发育的程度、节理的产状等关系密切，要综合考虑。

（4）若节理缝隙被黏土等物质所充填润滑，易沿节理面产生滑动，使节理作为软弱结构面的性质更为突出，工程施工中对此须予以高度的重视。节理密度大，且多组节理发育地段，岩石就比较破碎，容易冒落，要加强支护工作。但在支护中必须注意节理的产状，有时可根据节理的方向来选择适当的支护方式而减小工作量及材料消耗。

（5）地下水发育地区，节理也是地下水的良好通道，尤其是张节理。规模大的张节理若与采矿巷道贯通，有发生突水事故的危险。为此，在考虑矿山防排水措施时，要对节理的发育和分布规律予以重视。在节理发育的岩石中，也有可能找到裂隙地下水作为供水资源。对地表岩石来说，大气和水容易进入到节理裂隙中，从而加剧岩石的风化。

（6）节理影响采矿方法的选择，在节理特别发育的区段，某些采矿方法选择要慎重，如不适于使用空场法等。另外，在某些壁式崩落法采场，在节理很发育的地段，须适当缩小放顶距。

4.5.5.3 断层与矿山采掘工作的关系

（1）成矿后断层对矿山探矿工作影响很大。因为成矿后断层常把矿体切成几部分，使得矿体的分布、形状和产状复杂化，这样就增加了探矿的工作量，必须多打钻孔、坑道等才能探明矿体的形态和产状。

（2）断层影响矿床开拓系统的布置。由于断层的影响，经常使开拓系统复杂化，需要增加开拓巷道的数量和总长度，并造成施工中的许多困难。

（3）断层影响采场设计及回采工作。地下开采的矿山，在采场中遇到断层，对回采工作很不利。因此，在采场设计中如果遇到断距较大的断层，应尽可能把它作为划分采场的边界。

（4）断层影响井巷掘进。在平巷掘进中，若遇到断距稍大的断层，有时就须考虑使巷道拐弯，以保证平巷和矿体底板的距离。此外，在掘进中碰到断层破碎带时，还必须加强支护，甚至要采取特殊措施才能通过断层。

（5）断层影响矿坑涌水。断层破碎带多数是地下水的良好通道，因此，在断层附近矿坑水的涌水量常增大，甚至造成突然涌水事故。

（6）断层对采掘工作的有利因素。断层对矿山采掘工作危害很大，但在一定条件下，又有积极因素。例如，有些逆断层可使矿体局部变厚或造成矿层局部重复，有利于回采。

4.6　个旧矿区地质构造

4.6.1　个旧矿区地质背景

个旧锡多金属矿区位居环太平洋成矿带与地中海—喜马拉雅成矿带的交汇处，为印度板块、欧亚板块、太平洋板块碰撞相接的部位。区域地质构造位置为扬子准地台、华南褶皱系及三江印支褶皱系三大地质构造单元汇聚地带（图4－46）之华南褶皱系右江地槽褶皱带西南角。右江地槽褶皱带北以弥勒—师宗岩石圈断裂与华南及东南亚板块扬子陆核相接，南临菲律宾海板块，西南以哀牢山—黑水河超岩石圈断裂与藏滇地槽褶皱系相连，再往西为印度板块。由于三大板块多次相互作用，右江地槽地史演化复杂，构造岩浆作用强烈，成矿条件优越。

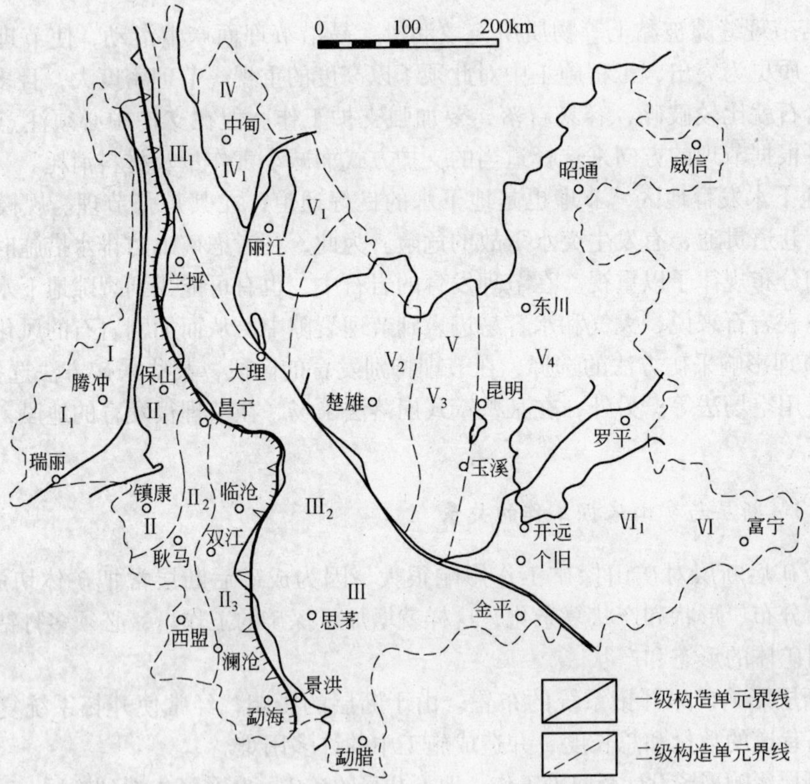

图4－46　个旧矿区区域成矿构造图

Ⅰ　密波－腾冲褶皱系：
I_1　腾冲褶皱带
Ⅱ　左贡－耿马褶皱系：
II_1　保山褶皱带；
II_2　西盟褶皱带；
II_3　临沧－勐海褶皱带
Ⅲ　三江印支褶皱系：
III_1　云岭褶皱带；
III_2　兰坪－思茅拗陷
Ⅳ　松潘甘孜褶皱系：
IV_1　中甸－义敦褶皱带
Ⅴ　扬子准地台：
V_1　丽江－盐源台褶皱带；
V_2　滇中台拗；
V_3　康滇地轴；
V_4　滇东台褶带
Ⅵ　华南褶皱系：
VI_1　滇东南褶皱带

4.6.2 个旧矿区地质构造与成矿的关系

个旧矿区地质构造发育，矿区高级次的骨干性构造按延伸方向有：北东组、东西组、南北组及北西组。南北向的个旧断裂纵贯个旧矿区，将矿区分割为东区和西区两部分。东区分布矿区一级褶皱——五子山复背斜，北西西或东西方向的二级褶皱横跨其上，区内北东向和北西西向断裂甚为发育。近东西向断裂控制了东区的五大矿田，即马拉格、松树脚、高松、老厂和卡房矿田。西区分布一北北东向贾沙复式向斜。

不同的控矿因素或其组合形成不同的控矿构式。它们在控矿作用中不仅表现在一定级别上的成矿地球化学场，往往主要由某些控矿构式所控制，而且不同形式的控矿构式其控矿性的优劣差异甚大。

4.6.2.1 主要控制高级别成矿地球化学场——矿区、矿田、矿带或矿段的控矿构式

(1) 最佳的控矿构式是背斜或穹隆加协调地隐伏于其中的成矿侵入体突起，这种构式称为“背－突式”或“穹－突式”，如图4－47所示。可以说个旧超大型矿区的很大部

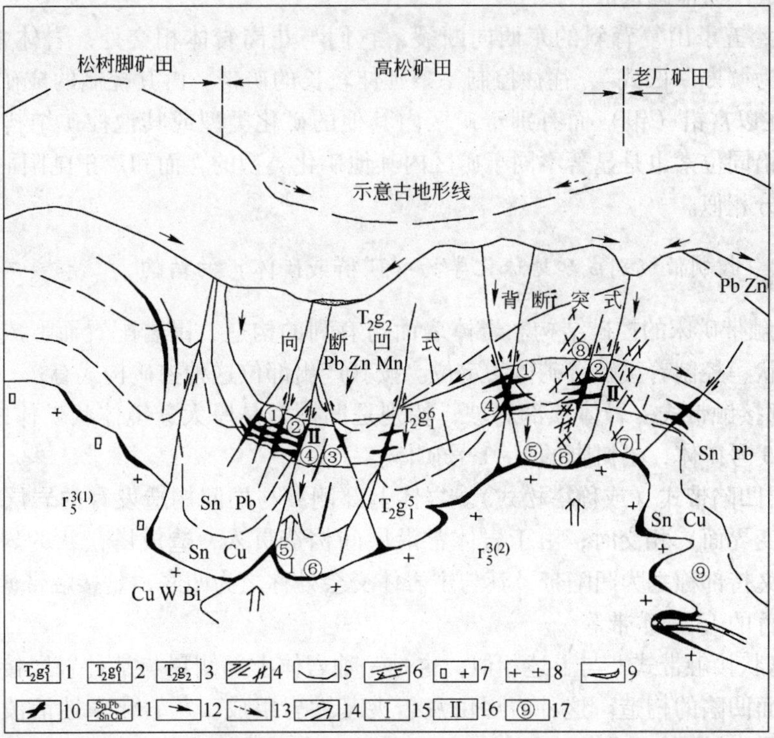

图4－47 个旧锡矿成矿－控矿模式图

1—灰岩夹灰质白云岩；2—灰岩与灰质白云岩互层；3—白云岩夹灰岩；4—断裂裂隙；5—褶皱构造；6—玄武岩；7—斑状黑云母花岗岩；8—粒状黑云母花岗岩；9—地表砂锡矿；10—矿体；11—金属元素分带界线；12—现代地表、地下水流方向；13—成矿前地表、地下水流方向；14—矿液运移方向；15—接触带矿床；16—层间矿床；17—控矿类型编号；①断层加互层式；②断层夹持带式；③断裂裂隙式；④断层相交式；⑤断层扎根式；⑥花岗岩局部凹槽式；⑦上背下突接触带式；⑧节理裂隙相交式；⑨多台凹陷式

分储量蕴藏在由“背－突式”或“穹－突式”控制的矿田中。例如五子山复背斜和其轴部协调隐伏着的大岩脊突起组合而成的控矿构式，控制着个旧东部矿区，它几乎囊括了个旧矿区探明的原生金属储量。

（2）向斜与其下协调隐伏的花岗岩凹盆组成的控矿构式，在一定条件下也能形成好的成矿地球化学场，其称为“向凹式”。近年在五子山复背斜轴部找到的高松大型锡多金属矿田，便由其上的次级向斜与协调下伏的花岗岩凹盆构成。“向凹式”控制的，目前也仅此一例。

（3）由一条规模较大的北东向断裂和一条近东西向断裂构成的锐角夹持带与隐伏花岗岩脊突起组成的控矿构式称为“断－突Ⅰ式”，这种构式控制的成矿地球化学场成矿性较好，如牛屎坡矿田。成矿岩体隐伏侵位于一条规模较大的北东向断裂中，形成的控矿构式，称为“断－突Ⅱ式”。这种构式中岩体顶部尖窄，为楔形岩墙，成矿性差。两种控矿组合见于个旧西区。

从以上不同构造与岩浆岩的控矿构式的成矿性可以看出，如果上覆构造与下伏岩体的关系是协调的则其成矿性好，原因在于这种结构能较好地封闭住成矿岩体，使侵位时的热能和成矿气液不易泄漏逸散。

（4）横跨五子山复背斜的东西向断裂，它们与花岗岩体相交处，岩体常下凹为槽，这种结构称为“断－凹式”，往往控制一条延伸较长的矿带。由其控制的成矿地球化学场（矿带）往往以富铅（银）而有别于矿区内其他的矿化类型或其他控矿结构所控制的矿床，其矿石铅同位素也是显著不同于矿区内其他矿化类型的，而和产于昆阳群的热水塘铅矿的结构十分相似。

4.6.2.2 控制低级别成矿地球化学场（矿群或矿体）的结构

（1）接触带矿床的控矿结构。岩体表面与有利的构造、围岩配置而形成一些局部的特征形态产状，控制着接触带矿体的定位。按其产出部位这种控矿构式有：

1）顶部接触带式。岩体顶部斜坡，特别是凹槽常是厚大透镜体状矿体的产出部位，例如老厂的5号矿体，松树脚的1－1号矿体。

2）多层凹陷带式（或称塔松式）。岩体上部侧翼与层间构造发育的岩层（互层带或不同岩性突变界面）相交时，由于岩体常沿层间构造贯入，造成塔松状的岩枝，上、下两个岩枝的夹持部称之为凹陷带，其与主岩体交会处称之为凹底，是接触带矿体最发育的地方。如双竹的13号矿带等。

3）蘑菇状接触带式。与上述相似，也是一种岩体上部侧翼与某种岩层接触时造成的一种岩体侧面凹陷的构造。这种岩层由灰岩夹基性岩组成。灰岩化学性活泼，基性岩性惰，在岩体浸入时，灰岩被同化吞蚀，惰性的基性岩则深陷于花岗岩中，造成花岗岩的凹陷构造，如卡房矿田所见。

4）扎根式。断层或岩脉和成矿岩体交切（扎根）的部位，常是接触带矿体产出的有利部位，这一构式称之为“扎根式”。

（2）层间矿的控矿结构。可分为层间整合式和层间不整合式两类。

1）层间整合式。其控矿结构按倾斜程度可分为缓倾斜和陡倾斜两类。

①缓倾斜层间整合式。互层带或不同岩性突变界面（特别是前者）在褶皱轴部等应

力集中部位或和断层交切时，常形成很好的层间剥离、层间裂隙而充填层状、条状、管状矿体。是层间氧化矿的重要控矿构式。当成矿断层和互层交切时，形成的控矿结构称之为“断层加互层”，是矿区控制矿群、矿体的最佳结构，如高松矿田的10号矿群，即受控于这一结构。

②陡倾斜层间整合式。倒转背斜翼部层内裂隙常很发育，其间充填的矿体一般薄而陡，但延伸稳定，平行脉多，如松树脚矿田的6号矿带。

2）层间不整合式。此类控矿结构主要受断裂及裂隙控制，按产状分为小脉式和网脉状两类。

①小脉式系压扭性断裂旁侧的多字形羽状裂隙为矿液充填而形成的侧列式矿群。

②网脉状是由于断裂错切而牵引岩块旋扭产生的帚状裂隙带，经矿液充填，造成网状细脉带。

5 地质年代及地层系统

所谓地质年代是指从最老的地层到最新的地层所代表的时代而言。而地层是地壳发展过程中所形成的层状岩石的总称。它包括沉积岩、火山岩和变质岩。

地球自形成以来经历了长期的发展和深化，发生了许多地质事件。研究有关地球历史演化和测定地质事件的年龄与时间，称为地质年代学。地质学表示地质年代的方法有两种：相对地质年代和同位素地质年代。相对地质年代主要是根据生物界的发展和演化（以化石为根据），把整个地质历史划分为一些不同的历史阶段，借以展示时间的新老关系。它只表示顺序，不表示各个时代单位的长短。同位素地质年代则主要是利用岩石中某些放射性元素的蜕变规律，以年为单位来测算岩石形成的年龄。目前已知地球上最古老的岩石同位素年龄为41亿年到42亿年（澳大利亚）。因此，地壳至少在41亿年前已形成。在这漫长的地质年代里，组成地壳的岩石、矿物和地壳本身，以及生物界，无时不在变化、运动和发展。地壳中各种岩石和矿产都是在一定的地质年代中形成，它们都有一定的生成顺序。

地壳是不断运动着的，在某一地质年代中，有的地区因上升而遭受风化、剥蚀；有的地区则不断下降，接受沉积，形成沉积岩层。在地质学上，把某一地质时代形成的一套岩层（不论是沉积岩、火山碎屑岩还是变质岩）称为那个时代的地层。

地层是研究地壳历史的根据，依据地层的物质成分、颗粒大小、厚度及其中所含化石等实际资料，对一个地区或不同地区的地层进行划分和对比，可确定地层的生成顺序和时代；并进一步分析地层形成的环境，了解古代自然地理的变迁、发展演化及地壳运动的规律。因此，划分地质年代和地层系统，对研究地壳的岩石、矿物、生物界等演化规律具有重要的理论意义，对寻找和勘探矿产资源及矿山开采具有重要的实际意义。

5.1 确定地质年代的方法

5.1.1 相对地质年代确定法

相对地质年代的确定，主要是依据地层层序律、生物演化律、岩性特征、地层的接触关系以及地质体之间的切割律等。

5.1.1.1 地层层序律

在地球表面由于各种沉积作用形成了形形色色的沉积物，这些沉积物经成岩作用而变成了沉积岩层。在一定地质年代内形成的岩层称为地层。在一个地区内，如果未经强烈的构造变动，就不会发生地层倒转，地层的顺序总是先形成的在下面，后形成的盖在上面，这种上新下老的地层叠置关系，称为地层层序律。利用这种关系便可将地层的先后顺序确定下来。但这种方法在地层受到剧烈地壳运动而发生倒转的情况下，就不能应用了。如果能利用地层中的某些特殊地质现象（如层面构造等）确定其形成时的上下覆盖关系，则仍可利用地层层序律来确定地层的相对地质年代。

5.1.1.2　生物演化律

地质历史上的生物被称为古生物。保存在沉积岩层中被石化了的古生物遗体或遗迹（如动物的外壳、骨骼、角质层或足印，以及植物的枝、干、叶等）称为化石。地球上自有生物以来，每一个地质时期都有其相应的生物繁殖，随着时间推移，生物的演化是由简单到复杂，由低级到高级，在某一地史阶段绝灭了的种属不能再在新的发展阶段中出现，这个规律称为生物演化的不可逆性。因而使较老地层内的生物化石的种类和组合不同于较新地层内的生物化石的种类和组合，人们利用那些演化快、生存短、分布广的生物化石——标准化石来确定地层的相对年代。

若将地层层序律与生物演化律的概念结合起来，就形成了生物层序律的概念。这就是早在19世纪史密斯已经认识到的著名定律：不同时代的地层含有不同的化石，含有相同化石的地层其时代是相同的。

5.1.1.3　标准地层对比法

地壳的不断运动使古代自然地理环境不断发生变化，而沉积环境的变化也必然反映到各时代沉积岩层的岩性变化上。所以，一般情况下，在同一沉积环境里，同一时期形成的沉积岩往往具有相似的岩性特征；而不同时期形成的沉积岩在岩性上往往也不一样。因此，在一定地区内，可以根据各地地层的岩性变化来划分和对比地层。通常是利用已知相对地质年代的，具有一种特殊性质和特征的，易为人们辨认的“标志层”来进行对比。例如，华北和东北的南部各地奥陶纪地层是厚层质纯的石灰岩；广西一带的泥盆纪初期的地层为紫红色的砂岩等都可作为标志层，还可利用地层中含燧石结核的灰岩、冰碛层、硅质层、碳质层等特征来定“标志层”。标准地层对比法，一般是用于时代比较老而又无化石的“哑地层”。对含有化石的地层，可两者结合运用，相互印证。

5.1.1.4　地层接触关系法

根据地层之间的接触关系来确定其相对地质年代的方法称为地层接触关系法。地层之间的接触关系有：整合接触、平行不整合（假整合）接触和角度（斜交）不整合接触（图5-1）。

（1）整合接触。在地壳长期下降的情况下，沉积物在沉积盆地中一层一层地沉积下来，不同时代的地层是连续沉积的，这种地层之间的接触关系，称为整合接触，见图5-1。

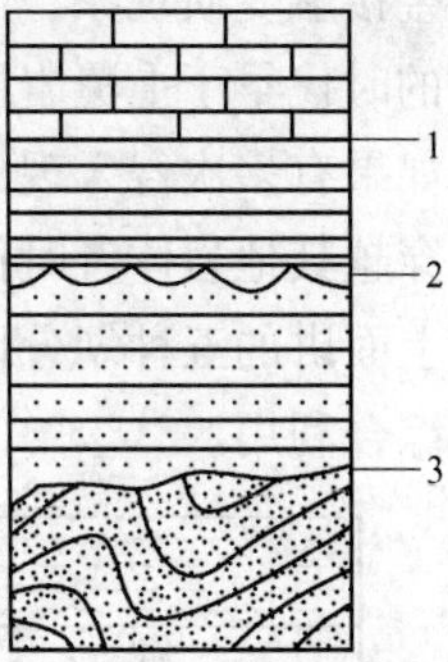

图5-1　地层接触关系
1—整合；2—平行不整合；
3—角度不整合

（2）平行不整合接触（假整合）。当地壳由长期下降状态转变为上升状态时，早先形成的地层露出水面，不仅不再继续接受沉积，而且还遭受风化剥蚀，形成高低不平的侵蚀面，其后地壳再次下降，原来的侵蚀面上又沉积了一套新的地层。这样，新老两套地层的产状大致平行，但它们之间存在着一个侵蚀面，称为不整合面，并缺失一部分地层，反映沉积作用曾经发生过间断。新老地层之间的这种接触关系称为平行不整合（假整合）接触（图5-1）。

（3）角度（斜交）不整合接触。如果地壳在由下降转为上升的过程中，原来的地层因地壳剧烈运动而发生褶皱和断裂时，岩层便会产生不同程度的倾斜。当这套地层露出水面经过风化剥蚀后，再次下降接受新的沉积时，新老两套地层之间不但有地层缺失，而且不整合面上下两套地层的岩层产状也有明显差异，呈角度相交。这种接触关系称为角度（或斜交）不整合接触（图5－1）。

可见，不论哪种地层之间的接触关系，都是地壳运动在地层中保留的地质历史记录，特别是不整合接触，反映了地壳运动过程中出现了下降—上升—下降的阶段性变化，不整合面上下地层的岩性、古生物等都有明显不同。因此，不整合接触就成为划分地层的重要依据。例如，在华北和东北的南部地区，石炭纪至二叠纪的一套含煤地层直接盖在奥陶纪中期形成的厚层石灰岩之上，中间缺失了志留纪、泥盆纪的地层，其间有一个明显的平行不整合面存在。

5.1.1.5　地质体之间的切割律

构造运动和岩浆活动的结果，使不同时代的岩层与岩层之间、岩层与岩体之间、岩体与岩体之间出现彼此切割（交切）关系，利用这些关系也可确定这些地层形成的先后顺序和侵入接触关系；岩层与岩层之间的不整合关系；岩体之间的切割关系。

对于喷出岩来说，如果喷出岩夹于沉积岩层之间，只要把喷出岩上下沉积岩的时代确定出来，喷出岩的时代就知道了（图5－2）。

对于侵入岩来讲，则必须根据侵入岩和围岩的接触关系确定时代。一种关系是侵入接触，即岩浆体侵入围岩之中，其特点是围岩接触部分有变质现象，侵入体中还往往有捕俘体存在。这种情况，可以确定侵入岩的时代晚于围岩（图5－3）。另一种关系是沉积接触，即侵入岩上升地表遭受侵蚀之后，又为新的沉积层所覆盖。其特点是上覆沉积岩层没有发生接触变质现象，而侵入岩体中也没有上覆岩层的捕俘体存在。这种情况可以确定侵入岩的时代早于上覆岩层的时代。（图5－4）。

如果有多次侵入现象，则侵入体往往互相穿插，在这种情况下，被穿过的岩体时代较老，穿越其他岩体者时代较新（图5－5）。

上面讲的五种划分地层和确定地层相对年代的方法，在实际工作中应该结合具体情况，综合利用。

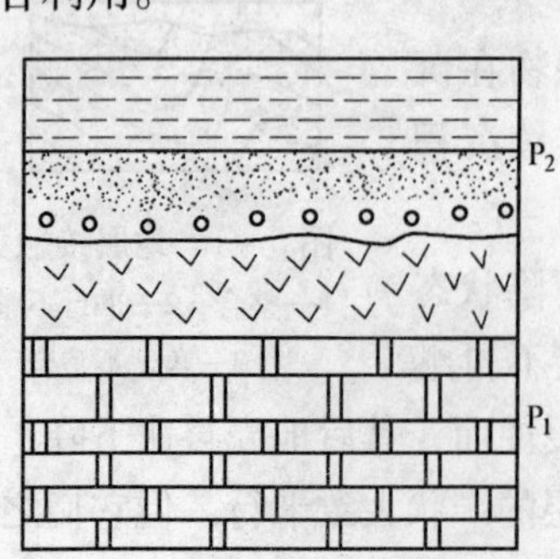

图5－2　喷出岩时代的确定
（喷出时代在 P_1 后，P_2 前）

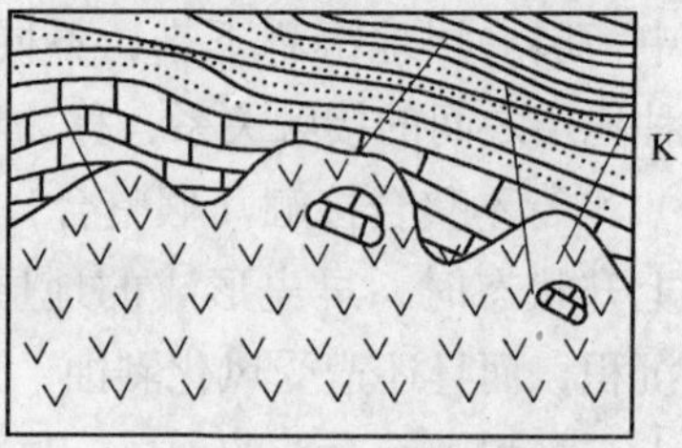

图5－3　侵入接触
（侵入时代在K后）

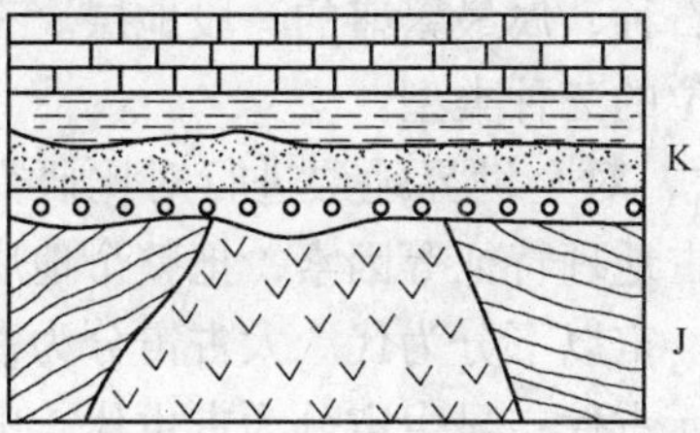

图 5－4　沉积接触
（侵入时代在 J 后，在 K 前）

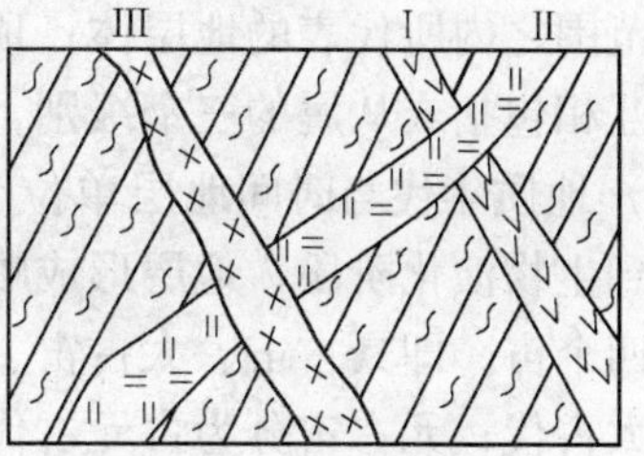

图 5－5　岩体穿插
（Ⅰ早于Ⅱ，Ⅱ早于Ⅲ）

5.1.2　同位素地质年龄确定法

相对地质年代只表示地质年代有先后顺序，说明岩石和地层的相对新老关系，而不能确切地说明某一地质年代单位所经历的时间长短，某种岩石和地层形成的年龄。同位素地质年龄就是表示岩石和地层形成到现在的实际年龄。它是根据岩石中所含的放射性同位素和它的蜕变产物——稳定同位素的相对含量来测定的。当岩石和矿物形成时，一些放射性同位素就已经含在里面。从这时起，这些同位素就按照恒定的速度蜕变成为稳定同位素，如^{235}U—^{207}Pb，^{40}K—^{40}Ar等。例如，1g 铀在一年内可以蜕变出 7.4×10^{-9}g 的铅，根据含铀矿物中铅铀的比率，就可以测出该含铀矿物的岩石实际形成的年代。岩石同位素地质年龄测定方法很多，由于测试方法不同和样品选择的不同，所得到的数据精度也不一致。同位素地质年龄测定主要用来确定不含化石的古老地层、岩浆岩和矿床形成的年龄。

5.2　地质年代及地层系统

5.2.1　地质年代及地层单位的划分

当前国际上趋向于把地层划分成三套性质不同的地层系统：岩石地层单位、生物地层单位和地质年代与时间地层单位。

（1）岩石地层单位。岩石地层单位是物质性地层单位系统中最常用的代表，它是以地层的岩性特征和岩石类别作为划分依据的地层单位。岩石地层单位没有严格的时限，在其分布范围内的不同地点，其时间范围是不等同的。岩石地层单位分为群、组、段、层四个级别。组是划分岩石地层的基本单位，是由岩性、岩相、变质程度较为均一并与上下层有明确界限的地层所构成。组的厚度不等，一般从几米到几百米，最大可达数千米。段是组内次一级的岩石地层单位，其岩性特征与组内相邻岩层有明显的区别。一个组不一定都划分为段。层是最小的岩石地层单位，指组内或段内一个明显的特殊单位层，如膨润土层、碳质层等。群是最大的岩石地层单位，由两个或两个以上经常伴随在一起而又具有某些统一的岩石学特点的组联合构成；某些厚度巨大、岩类复杂，又因受构造运动的扰动以致原始顺序无法重建的一大套地层也可以视为一个特殊的群。组不一定合并为群，群较多地用于前寒武系（如五台群）或陆相地层单位。

（2）生物地层单位。生物地层单位是以含有相同的化石内容和分布为特征，并与相邻地层单位的化石有区别的岩层体。经常使用的生物地层单位组合带、延限带和顶峰带。其中延限带和顶峰带对确定地层相对年代意义最大。延限带是指任一生物分类单位在其整个延续范围之内所代表的地层体；顶峰带是指某些化石种，属最繁盛的一段地层。三种单位不是互相包括或从属的三个级别，而是生物地层单位的三种类型。

(3) 地质年代与时间地层单位。利用地质学方法，对全世界地层进行对比研究，综合考虑到生物演化阶段、地层形成顺序、构造运动及古地理特征等因素，把整个地质时代划分为四个宙，即冥古宙、太古宙、元古宙和显生宙。宙以下分为代。太古宙分为古太古代和新太古代；元古宙分为古元古代、中元古代和新元古代；显生宙分为古生代、中生代和新生代。显生宙内的代进一步划分为若干纪；纪内再分为若干世。(见表5-1) 最小的地质年代单位是期。宙、代、纪、世、期是国际上统一规定的相对地质年代单位。每个年代单位有相应的时间地层单位，表示在一定年代中形成的地层。地质年代单位与时间地层单位具有严格的对应关系：

地质年代单位	时间地层单位
宙	宇
代	界
纪	系
世	统

显生宙时期形成的地层称为显生宇；古生代时期形成的地层称为古生界；奥陶纪时期形成的地层称为奥陶系等，如此类推。

5.2.2　地质年代表

年代地层划分的结果，建立了国际通用的地质年代表（表5-1）。

5.2.3　我国地史概述

(1) 太古宙（宇、AR）。地壳运动和岩浆活动强烈，岩石强烈变质，主要由老变质岩组成，某些地区的一定层位产鞍山式铁矿。从一些变质岩中保存下来的有机质，说明地球上可能已有原始生物，但至今还没有找到可靠的化石。太古宙末一次强烈的地壳运动，我国称其为五台运动。

(2) 元古宙（宇、PT）。造山作用强烈，所有岩石均遭变质，开始有沉积盖层，出现藻类植物。主要由浅变质岩或尚未变质的含有最低级生物化石如环藻类的沉积岩组成，局部有铁锰矿产的沉积。

(3) 古生代（界、Pz）。主要由沉积岩组成，含有陆生孢子植物化石和鱼类两栖类以及少量爬行动物化石。古生代是地球上古生物繁盛的时代，地层中保留的各类生物化石异常丰富，所以从寒武纪开始，利用化石来划分地层。根据生物演化发展阶段，古生代可分为寒武纪、奥陶纪、志留纪、泥盆纪、石炭纪和二叠纪。我国古生界分布情况为：

华北地区，指秦岭、大别山以及北阴山以南的广大地区。中奥陶后上升为陆地，中、上石炭统时海时陆，从二叠系到至今一直是大陆。因此寒武系、奥陶系主要为浅海石灰岩及白云岩。上奥陶统、志留系、泥盆系、下石炭统缺失。中、上石炭统为海陆交互相含煤沉积，是我国北方很重要的含煤地层。二叠系为陆相含煤沉积及红色沉积。

华南地区为浅海，是我国地层发育最好的地区，各类化石极为丰富。寒武系、奥陶系多为浅海相碳酸盐岩沉积，三叶虫极盛；志留系为砂页岩和笔石页岩；泥盆系、石炭系为

表 5－1　地质年代表

地质年代(地层系统及代号) 宙(宇)	代(界)	纪(系)	世(统)	同位素年龄值/Ma	构造阶段(及构造运动)	生物界 植物	动物
显生宙(宇)(PH)	新生代(界 Kz)	第四纪(系)Q	全新世(统 Q_h)	0.01	(喜马拉雅构造阶段)新阿尔卑斯构造阶段	被子植物繁盛	人类出现；哺乳动物与鸟类繁盛；无脊椎动物继续演化发展
			更新世(统 Q_P)	2.5			
		第三纪(系 R) 新第三纪(系)N	上新世(统 N_2)				
			中新世(统 N_1)	23			
		老第三纪(系)E	渐新世(统 E_3)				
			始新世(统 E_2)				
			古新世(统 E_1)	65			
	中生代(界 Mz)	白垩纪(系)K	晚白垩世(统 K_2)		老阿尔卑斯构造阶段：燕山构造阶段		爬行动物繁盛
			早白垩世(统 K_1)	135		裸子植物繁盛	
		侏罗纪(系)J	晚侏罗世(统 J_3)				
			中侏罗世(统 J_2)				
			早侏罗世(统 J_1)	208.5			
		三叠纪(系)T	晚三叠世(统 T_3)		印支构造阶段		
			中三叠世(统 T_2)				
			早三叠世(统 T_1)	250			
	古生代(界 Pz)	二叠纪(系)P	晚二叠世(统 P_2)		构造阶段(海西)华力西	蕨类及原始裸子植物繁盛	两栖动物繁盛
			早二叠世(统 P_1)	290			
		石炭纪(系)C	晚石炭世(统 C_3)				
			中石炭世(统 C_2)				
			早石炭世(统 C_1)	355			
		泥盆纪(系)D	晚泥盆世(统 D_3)			裸蕨植物繁盛	鱼类繁盛
			中泥盆世(统 D_2)				
			早泥盆世(统 D_1)	409			
		志留纪(系)S	晚志留世(统 S_3)		加里东构造阶段	真核生物进化藻类及菌类植物繁盛	海生无脊椎动物繁盛
			中志留世(统 S_2)				
			早志留世(统 S_1)	439			
		奥陶纪(系)O	晚奥陶世(统 O_3)				
			中奥陶世(统 O_2)				
			早奥陶世(统 O_1)	510			
		寒武纪(系)∈	晚寒武世(统 $\in_3$)				
			中寒武世(统 $\in_2$)				
			早寒武世(统 $\in_1$)	570			
元古宙(宇)(PT)	新元古代(界)(Pt_3)	震旦纪(系)Z	晚震旦世(统 Z_2)	700			裸露无脊椎动物出现
			早震旦世(统 Z_1)	800			
		青白口纪(系)Qb		1000		原核生物	
	中元古代(界)(Pt_2)	蓟县纪(系)Jx					
		长城纪(系)Chc		1800			
	古元古代(界)(Pt_1)	滹沱纪(系)Ht					
		未名		2500	晋宁运动 吕梁运动 阜平运动		
太古宙(宇)(AR)	新太古代(界)(Ar_2)	五台纪(系)					
		阜平纪(系)		3100			
	古太古代(界)(Ar_1)	迁西纪(系)		3850		生命现象开始出现	
冥古宙(宇)(HD)				4600	地球形成		

注：1. 主要根据王鸿祯等《中国地层时代表》(1990 年) 略改并补充；

2. 据 2000 年 5 月全国地层会议通过的《中国区域年代地层表》：①二叠纪（系）由二分变为三分，即分为早（下）二叠世（统），中二叠世（统），晚（上）二叠世（统）；②石炭纪（系）由三分变为二分，取消中石炭世（统）；③太古宙（宇）四分，由早到晚为始太古代（界），古太古代（界），中太古代（界）和新太古代（界）；

3. 与地质年代中早、中、晚世相对应的地层单位为下、中、上统。

浅海相碳酸盐岩及碎屑岩类沉积；二叠系分布广泛，下统为浅海石灰岩，上统含煤。二叠纪时川、滇、黔诸省有大片玄武岩类喷溢。志留纪被称为笔石期不远时代。泥盆纪是鱼类的时代。植物已开始在陆地上发育，海边出现了小规模的森林，海水中的腕足类非常繁盛，珊瑚也大量繁殖。二叠纪末期出现了爬行动物。生物界的这一大变革，标志着古生代即将结束。

早古生代的地壳运动，世界上称为加里东运动。我国志留纪末期的地壳运动，造成了南方泥盆系与志留系或更老的地层普遍呈角度不整合接触，以在广西最为明显，所以称为广西运动。二叠纪末期地壳运动的影响十分广泛，我国北部的内蒙古，西部的天山、昆仑山等地区都有强烈褶皱上升，形成高山，同时伴有岩浆活动，这次运动称为海西运动。

（4）中生代（界、Mz）。主要由沉积岩组成，含裸子植物和爬行动物化石。中生代是地球上生物演化达到中等阶段的时代，包括三叠纪、侏罗纪和白垩纪。

1）三叠纪（系、T）。华北为大陆，华南为浅海，晚期有煤的形成，大陆上出现了大型的爬行动物——恐龙。植物则以苏铁、银杏为主。大致以北秦岭、中祁连、西昆仑山为界，南方属海相沉积区，主要为浅海相镁质碳酸盐岩、砂页岩及泻湖石膏岩盐沉积。上三叠统在华南、川、滇、西藏等地都是主要的含煤地层，如江西的安源煤系、云南的祥云煤系、西藏的土门格拉煤系等。北方属陆相沉积区，以鄂尔多斯发育最好，其他地方分布比较零星。

2）侏罗纪（系、J）。我国除西藏、滇西和广东沿海、台湾等地区外，中国广大地区已上升为陆地，主要成煤期，恐龙极盛，出现了鸟类。陆地上的植物大量繁殖，如松柏、苏铁和银杏等，形成大规模森林。因此侏罗纪成为地史上第二次重要成煤时期。我国除西藏、滇西和广东沿海、台湾等地区有海相沉积外，其余均为大大小小的内陆盆地沉积，其中蕴藏着丰富的煤矿，如京西门头沟煤系、吐鲁番哈密的煤系、鸡西煤系等，并有重要的陆相含油层。

3）白垩纪（系、K）。白垩纪的生物界与侏罗纪相似，东部造山作用，岩浆活动强烈，形成多种金属矿产。沉积岩大部分为陆相红色沉积。中国东部白垩纪火山岩分布很广，内陆盆地中形成红色岩层，产石膏、岩盐和沉积铜矿等矿产，江西的盐矿就是产在白垩系红色岩层中。海相沉积局限于喀喇昆仑、喜马拉雅、西藏、台湾等地区。白垩纪地壳运动强烈，气候变得干燥炎热，称霸一时的恐龙和菊石在白垩纪末期全部绝迹，标志着中生代的结束。

中生代发生了多次强烈的地壳运动，并伴有广泛的岩浆侵入作用和火山爆发，在我国称为燕山运动。由于强烈的岩浆活动，形成了丰富的内生矿床。如华南的钨矿、锡矿，长江中下游的矽卡岩型铜矿、铁矿等。所以中生代是我国内生矿床的重要成矿时代。

（5）新生代（界、Kz）。由松散沉积物或不甚坚硬的沉积岩组成，含被子植物化石与哺乳动物化石。新生代标志着生物发展到了一个新的阶段，这个时代的生物和现代相似，是哺乳动物和被子植物的时代。人类的出现在生物演化过程中具有划时代的意义。新生代包括第三纪和第四纪。

1）第三纪（系、R）。我国除台湾地区和喜马拉雅地区仍被海水淹没，有海相沉积外，其余各地均为陆相沉积，有红色和绿色砾岩、砂岩和页岩等。红色地层中产丰富的岩盐、石膏和沉积铜矿等，而在绿色砂页岩中产煤、油页岩和石油等。

第三纪末期的地壳运动，使台湾地区和喜马拉雅地区褶皱上升成为山脉，并伴有岩浆活动。这次运动称为喜马拉雅运动。

2）第四纪（系、Q）。第四纪是地壳发展历史最近的一个时代，到现在还只有100万年~250万年的历史。第四系大多数是一些松散的堆积物。主要矿产有各种砂矿、泥炭和盐类矿床等。

大约二百多万年前，人类的出现是地史中最重大的事件。

第四纪以来，地壳运动很强烈，现代的火山活动、地震以及大陆块的水平移动等，都是地壳运动的表现。近百万年来曾多次出现大规模的冰川，冰碛物广布，表明气候也曾发生过多次改变。

6　地形地质图及其阅读

地质研究的成果，除了用文字表达之外，还须借助于图件加以反映。地质图件将有关的地质现象按一定的比例尺明晰地表示在图面上，给人以直观而具体的印象。

地质图是一种最为基本又十分重要的地质图件，它反映一个地区的地质情况，是按照一定的比例，将地壳上某一地区各个地质时代的地层、地质构造、岩浆岩、矿产等地质现象垂直投影到水平面上所成的平面图。比例尺较大的地质图，如矿山和建筑工程中所用的地质图，一般是以地形图作底图测制的。它既表示了地质内容，又反映地形地貌特征，所以称之为地形地质图。

地形地质图是反映一个地区地形及地质情况的综合图纸。一张全面、详细的地质图是某地区地质成果的综合体现，是比地质工作中所取得的感性认识更深刻、更正确、更完全的反映。因此，在国土资源调查、环境治理、生态保护、矿产勘查、矿业开发、水利建设、铁路和公路建设、国防建设等工作中，都要用到地形地质图。

6.1　地形图简介

在平面图上，除表示地物的平面位置外，还同时反映地势起伏形状的图纸称为地形图。

地形图是一切地质工作的基础，它是地质勘探、矿山设计、基建和生产的重要图纸。地质图是在地形图的基础上绘制出来的，要了解和认识地质图，必须首先认识地形图，掌握地形图的阅读方法，学会使用地形图。

地形图是由各种表现地形和地物的线条及符号构成的，是按照一定的比例尺、图式绘制的水平投影图。阅读地形图首先要了解其组成部分，它主要由以下五部分组成。

6.1.1　地形等高线

地形图上常用等高线来表示地形，如地势的起伏、悬崖峭壁的分布等。等高线是通过地形测量工作绘制出来的。等高线就是地面上标高相同的邻点所连成的闭合曲线。将不同标高的这种连线用平行投影法投射到水平面上，就得到用等高线表示的地形图，又称为等高线图（图6－1）。在同一等高线上各点的标高是一样的。曲线的形状根据山头的形状而定，各条等高线水平绕山转，绕过山嘴时，等高线向外凸，绕过山谷时，等高线向里凹，从图上可看出地面高低变化情况。

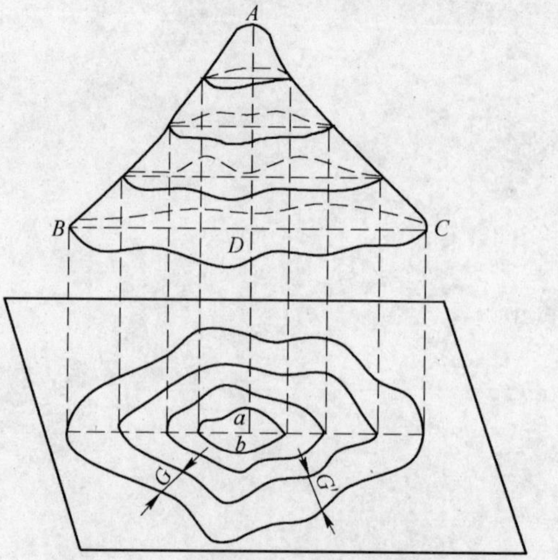

图6－1　用等高线表示地形的方法

为了使等高线图清晰易读，等高线应按一定间隔来画。两相邻等高线高程的差数称为等高距或等高线的间距。等高距的大小是根据地貌特征和图的比例尺确定的，图纸比例尺越大，图上表示的地形地物越详细，等高距就应小一些，同一张图纸上的等高距是相同的。我国金属矿山常用的各种比例尺地形图的等高距有：

比例尺	等高距
1∶500	0.5m
1∶1000	1m
1∶2000	2m
1∶5000	5m

在地形图上，等高线有粗、细两种，每连续五条等高线中，就有一条是粗线，称计曲线，目的是使图更加明显，其余四条是细的，称首曲线。一般把五倍于等高线间隔的首曲线（应为整数）加粗。

两条相邻等高线间的水平距离称为平距，如图6-1中的 GG'。平距的大小是随地面坡度而变化的，坡度陡的地方，相邻的等高线就离得近些，即平距小了；坡度缓处，相邻等高线就离得远些，即平距大了。在看地形图时，从等高线平距的大小来分析出山势起伏陡缓的变化。

等高线的特点有：

（1）等高线是一种封闭的曲线，两条相邻等高线不能互相交叉，但在平距极小的悬崖陡壁处，等高线可以重叠（图6-2）。

（2）等高线是连续的封闭曲线，不能中断，如图6-3所示。图中，150～170m 的等高线似乎被一个鸡爪形冲沟所割断，实际这些等高线并未中断，对比图中Ⅰ、Ⅱ、Ⅲ这三个地方的情况即可看出，Ⅰ和Ⅱ处是山谷，等高线向上游弯曲，其中Ⅰ谷较宽阔，Ⅱ谷较狭窄，反映出山洪或小溪对Ⅱ谷冲刷得深些，若山谷被水冲刷得更严重，则会使山谷两侧形成陡壁，山谷底面加深，而形成Ⅲ处的形态（小的称为冲沟，大的称为峡谷）。在这里等高线也像碰到悬崖一样，在冲沟或峡谷的陡壁线上重叠，沿着沟边弯来弯去，从冲沟上游弯到对岸。在图纸上用专门符号表示。

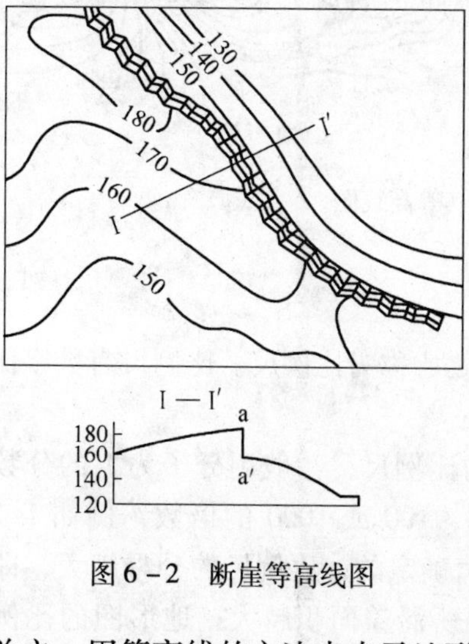

图6-2　断崖等高线图

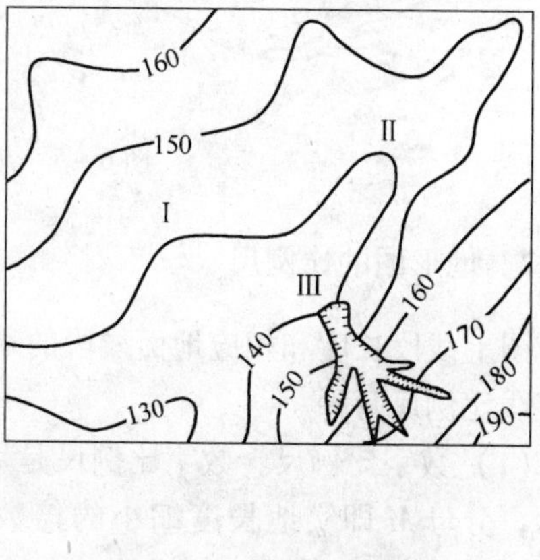

图6-3　冲沟等高线图

总之，用等高线的方法来表示地形，就是以等高线的标高数字、形态、疏密和相应的符号来表示地面高低起伏的特征。而地形的种类虽然很多，但归纳起来也就是凸起的高地和低凹的洼地两大类。图6-4中山地和盆地的等高线形态、疏密等完全一样，但等高线的标高正好相反。图6-4a中等高线的标高数字，从外圈向内圈逐渐增大，越大的圈标高越低，越小的圈标高越高，这是高地的特征。而图6-4b正好相反，则表示的是盆地的特征。从相应的地形剖面图上，就可以更明显地看出图6-4a为山地，图6-4b为盆地。

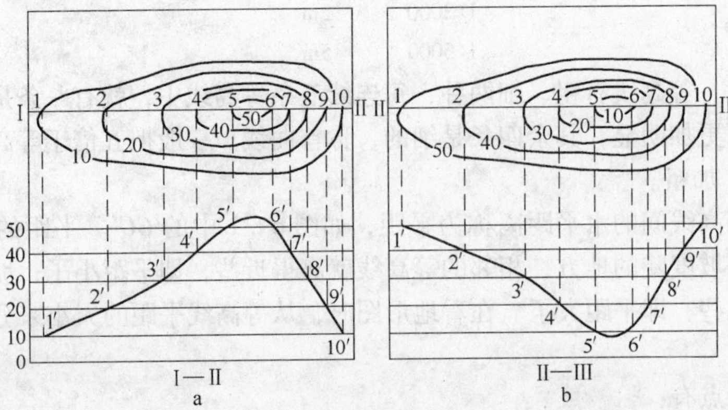

图6-4 山地（a）和盆地（b）的等高线图

有时为了在等高线图上更清楚地识别各种地貌，常注记示坡线加以区别。示坡线是垂直于等高线的短线，用于指示斜坡的降低方向。为了对一般地形能有一个综合认识，图6-5是表示几种基本地形的综合及其等高线图。

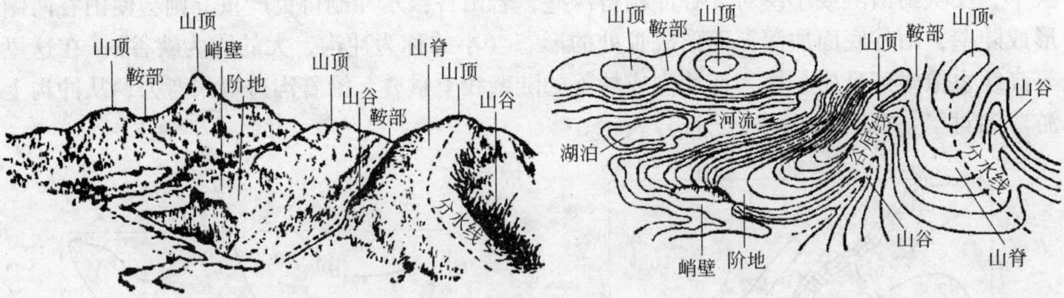

图6-5 几种综合地形及其等高线图

6.1.2 地形图的比例尺

图上线段长度和相应地面线段的水平投影长度之比称为比例尺。比例尺有数字比例尺和直线比例尺两种。

（1）数字比例尺。数字比例尺是用分数表示的比例尺，一般用分子为1的分数1/*M*表示，分母*M*即实地长度缩小的倍数，常常是10，100或1000的倍数，例如1:2000，1:5000，1:10000等。比例尺的大小是按分数的比值确定的，比例尺的分母越大，即分数越小，表示所画的图缩得越小，其精度越低，图幅所涵盖面积越大；地形图的比例尺越大，作出的地形图精度越高，图幅所涵盖的面积越小。

（2）直线比例尺。在图上绘一直线，以某一长度作为基本单位，在该直线上截取若干段（图6－6），这个长度是以换算为实地距离后是一个应用方便的整数为原则，这样应用方便。然后把左边第一个基本单位十等分，在第一个基本单位右端的分划线下注以零，并在其他基本单位分划线下注出相当于所绘比例尺的实地长。图6－6所示为1∶5000和1∶2000的直线比例尺，其基本单位分别相当于实地长度的100m和50m。

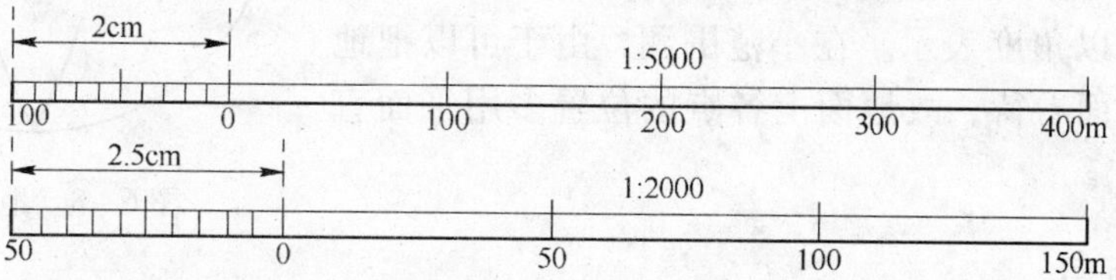

图6－6 1∶5000和1∶2000的直线比例尺

不同比例尺的地形图所反映的面积、精度也有所不同，按比例尺大小地形图可以分为三类：

（1）小比例尺地形图，包括1∶10万或更小比例尺地形图，这种图面积较大，精度较低。主要用于大面积普查找矿及区域地质测量等，可对较大地区的概况有全面了解。

（2）中比例尺地形图，包括1∶1万至1∶5万的地形图。主要用于矿区外围普查找矿和小范围的地质测量等。

（3）大比例尺地形图，包括1∶500至1∶5000或更大比例尺的地形图，精度较高。主要用作矿区（或矿床）地形地质图的底图，是在采矿工作中最常用的地形图。

6.1.3 地形图的坐标系统

在地形图上可以看到有纵横的直线，用以表示地形图在地球上的位置，这些纵横的直线就是平面直角坐标系的坐标线。东西向的线称为纬线，南北向的线称为经线，由经纬线组成坐标方格网。

在地形测量中常采用两种坐标系，即平面直角坐标系和地理坐标系。

（1）平面直角坐标系。平面直角坐标是以赤道作为直角坐标的 Y 轴，中央子午线作为 X 轴。在平面 P 上画两条互相垂直的直线 XX 和 YY（图6－7）。交点 O 称为坐标原点，而直线称为坐标轴。平面 P 上点 M 的位置可以由垂线 ME 和 MK 的长度来确定，或者由线段 OK 和 OE 来确定，其中线段 OK 称为点 M 的纵坐标，OE 称为横坐标，用字母 X、Y 标记并以长度表示（一般以米表示）。

直角坐标系用于地形测量工作很适宜，因为坐标是用长度来表示，绘制地形图时计算也较简便，一般在小区域范围内进行测量时常采用平面直角坐标，把投影面当作平面看待。

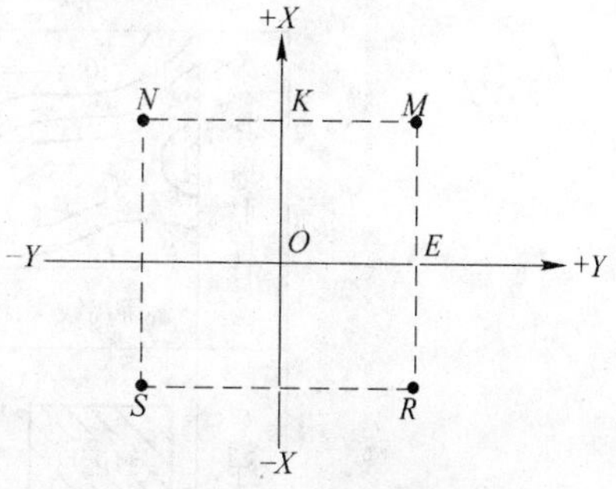

图6－7 直角坐标

（2）地理坐标系。地面上一点的位置，在球面上通常是用经纬度表示的，某点的经纬度称为该点的地理坐标。地理坐标系是用来确定地球表面上各点对于赤道和起始子午线的位置。坐标系内的纵坐标是纬度，纬度由赤道平面和铅垂线 NO（N 为已知点）所构成的 $\angle LON$ 确定（图 6－8）用字母 φ 表示。横坐标是经度，亦即起始子午面与通过已知点所作子午面间的 $\angle LOK$，用字母 λ 表示。由于地球是椭球体，所以地面点的铅垂线不一定经过地球中心。

地理坐标可从同一坐标原点开始确定地面上任一点的绝对位置，以角度表示。在小范围测，由于可以把地球表面当作平面看待，故地面上各点的位置多用平面直角坐标表示。

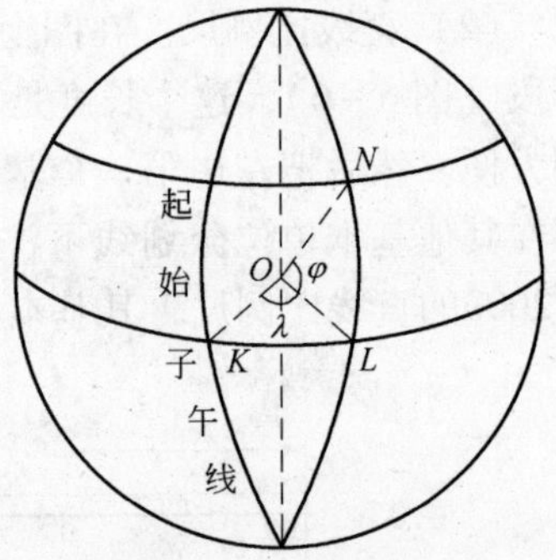

图 6－8　地理坐标

6.1.4　图的方向

在有经纬线的图上，经线的方向是从南到北，纬线的方向是从东到西。所以纬度数值增高的一边，就是图的正北方向。在一般比例尺较大的图上，常常标有指北方向线，箭头所指方向即为正北。

6.1.5　地形图图式

地面上有各式各样的地形和地物，例如房屋、道路、河流、矿井等，又有高低起伏变化的平原、丘陵和山地等地形，这些都可用简单、明显的符号表示在地形图上，这种用来表示地物、地形等的符号即地形图图式。地形图图式分三种符号：地物符号、地形符号、注记符号。各种符号随比例尺大小而略有不同，图 6－9 为国家规定的一些常用图例。

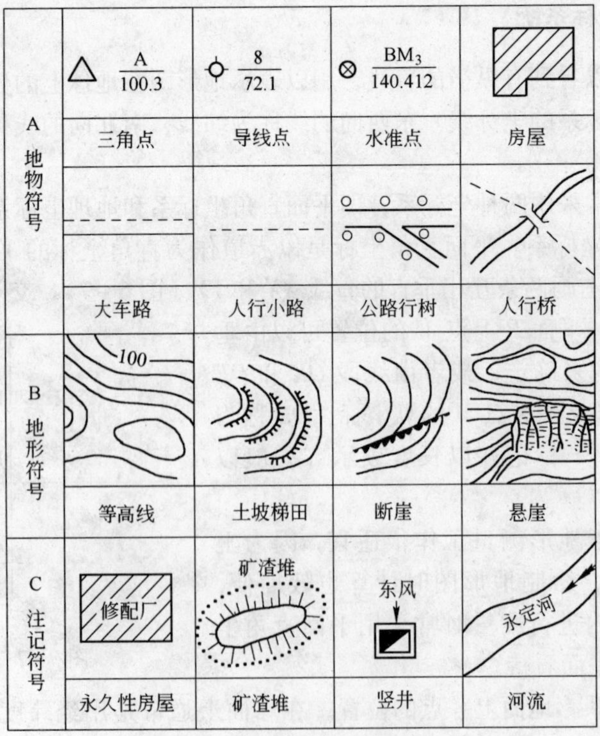

A 地物符号
A
100.3
三角点
8
72.1
导线点
BM3
140.412
水准点
房屋
大车路
人行小路
公路行树
人行桥
B 地形符号
100
等高线
土坡梯田
断崖
悬崖
C 注记符号
修配厂
永久性房屋
矿渣堆
矿渣堆
东风
竖井
永定河
河流

图 6－9　常用地形图图式

6.2 矿区（矿床）地形地质图

在矿山建设中，必须对周围环境作系统、周密的调查研究，地面调查的成果可集中体现在地形地质图中，而地形地质图又是进一步调查研究的基础，也是进行矿山设计时的重要资料依据。在各种不同比例尺的地形地质图中，与矿业开发关系最密切的是矿区（矿床）地形地质图。图的比例尺自1∶500至1∶10000不等，一般为1∶2000。

矿区（矿床）地形地质图是以地形图作为底图来测制的，内容包括地形和地质两部分，分别由测量人员和地质人员测绘而成，这种图件一般在矿山开采前就已由地质部门填绘出来，矿山基建或投产后只作一些补充或修改工作。其地质填图的步骤一般是在野外地质调查的基础上，选择代表性的地质剖面（垂直矿化带、断裂带或地层等），确定各种地质体和地质构造的界线标志，而后根据图的比例尺布置地质路线。在地质路线上隔一定距离选择一定的地质点（如界线点、岩性点等），并将地质点及其附近的地质情况作详细记录，然后用经纬仪或高精度GPS（全球定位系统）、全站仪等将地质点测绘在地形图上，再根据调查中所观察到的地质特点及各个地质界线延伸情况，把图上各个相同意义的地质点连接起来。在野外工作基础上，还要在室内进行许多岩矿鉴定、分析研究和综合整理工作，最后清绘成图。过去一般是先测绘地形图，然后在地形图上填绘地质图，现在有部分地测单位将这两项工作结合进行。近年来，地质填图资料的归档都要求数字化，成果验收要求提交电子图件（如MAPGIS文档）。

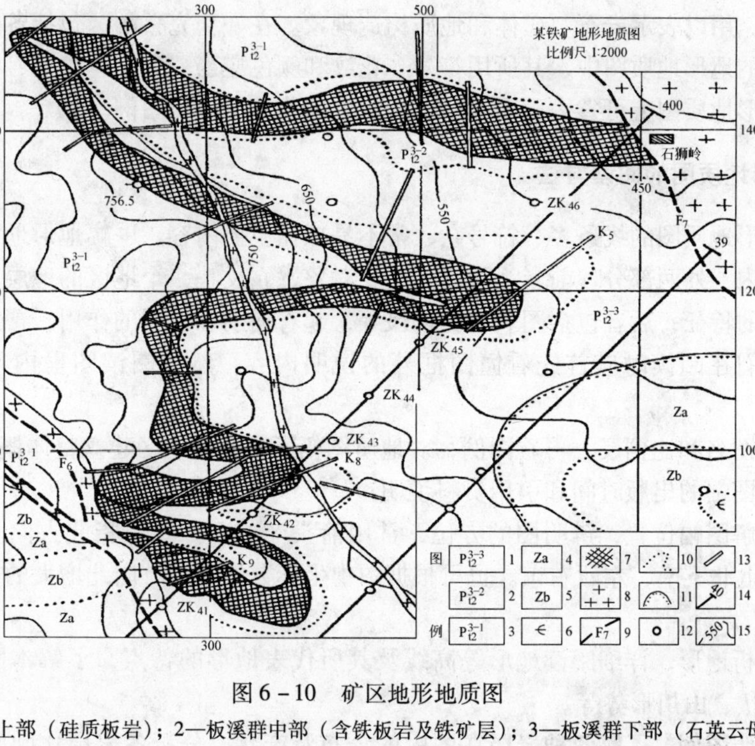

图6-10 矿区地形地质图

1—板溪群上部（硅质板岩）；2—板溪群中部（含铁板岩及铁矿层）；3—板溪群下部（石英云母片岩）；4—南陀组（石英砂岩）；5—陡山陀组（炭质板岩）；6—寒武系（页岩）；7—铁矿体；8—花岗岩；9—断层及编号；10—地质界线；11—角度不整合；12—钻孔位置与编号；13—探槽位置与编号；14—勘探线与编号；15—地形等高线

矿区（矿床）地形地质图是矿区（矿床）范围内地质特征、勘探程度、研究成果的集中体现，主要用于了解矿区地形及地质全貌，是矿山总体设计的主要依据之一，设计中的总图就是在此种图基础上完成的。采矿工作者认识、阅读矿区（矿床）地形地质图，就是主要从地质图上了解地层分布、地质构造、岩浆活动以及矿产分布情况，结合现场踏勘建立起矿区（矿床）地质条件的整体和立体的概念，用以指导采矿设计生产实践。一般在图上应表示矿区（矿床）地形特点（地形等高线）、重要地物标志、地理坐标，以矿体为中心的主要地质特征，各种勘探工程的位置与编号等。当地形地质条件较简单时，上述全部内容可绘制在同一张图上，即矿床（区）地形地质图（图6－10）。但当地形地质条件较复杂时，为了保持图面清晰，可根据具体情况和要求，分别绘制突出不同内容的该类地质图。如为了突出矿床的地质特征，图上可不绘地形等高线，称为矿床（区）地质图，有时为了突出勘探工程布置方式，又可省去地形等高线和部分地质内容而称为矿床（区）勘探工程布置平面图。一般情况下，该类图件都是由地质勘探部门编制，移交给矿山设计、基建和生产部门使用，在使用过程中再不断修改补充。

6.3 地形地质图的读图步骤

6.3.1 常用地质图例

阅读地质图，首先应了解图中各种地质符号或图例，然后按一定步骤读图。

在一幅地形地质图上，除去地形部分外，在地质部分可以见到许多线条、各种花纹、颜色和符号，用以表示岩石、矿体和地质构造现象。在一套完整的、包括各个勘探线地质剖面图在内的地形地质图中，其所用符号、花纹和颜色应当一致。花纹符号一般只在剖面图上用，地形地质图上可省去。图6－11所示为部分常用地质图例。

6.3.2 地形地质图的阅读方法

由于地形地质图的线条多、符号杂，常不易抓住主要内容。一幅地形地质图，其内容可分为图框内、外两部分。前者为阅读的主要对象，它反映一个地区的地层、矿产分布和构造等方面的特征；后者包括图名、比例尺等，起着辅助和说明的作用，帮助阅读与理解地质图。我们在阅读时应首先看懂图框外的说明内容，然后阅读图里内容。读图步骤如下：

（1）读图名和比例尺，再看图例，对地质图幅所包括的地区建立整体概念。

（2）读图幅的出版时间和引用资料说明。

（3）了解图幅位置，辨明图的方位，常用箭头（或N）表示指北方向。多数情况下图的方位为上北下南，左西右东。也可根据图中坐标数值向东、向北增大的规律来定出图的方向。

（4）分析地形，详细阅读地形等高线及其所代表地形的特点，了解本图幅所包括地区的地形起伏、山川形势等。

（5）对照图例，了解各种岩层在图中的分布及产状，分析各岩层之间的接触关系和地质构造发育情况。

（6）了解岩浆岩的分布、活动的时代、侵入或喷发的顺序，然后根据岩体轮廓，大

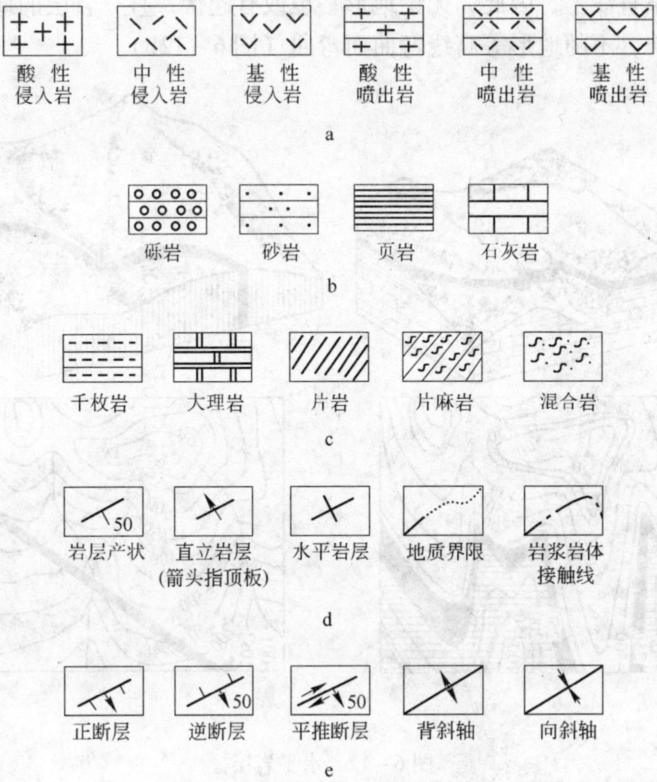

图6－11　部分常用地质图例

a—岩浆岩；b—沉积岩；c—变质岩；d—产状及界线；e—地质构造

致确定岩浆岩的产状。

（7）对矿床地质条件进行分析，要分析矿体的分布及埋藏情况，顶底板围岩的特点，围岩的产状及构造，矿体与地质构造的关系等。此外还要了解为探明矿体而布置的勘探工程的种类及如何揭露矿体和地质构造的。

在以上读图的过程中，还要适当参考地质图的主要附图——矿区地层柱状图和地质剖面图等图件，分门别类的逐项分析，才能全面深入了解这个地区的地质构造等特征。

6.4　不同产状的岩层在地形地质图上的表现

6.4.1　水平岩层在地形地质图上的表现

水平岩层的出露和分布状态，完全受地形控制，其出露界线（即岩层面与地面的交线）在地形地质图上表现为与地形等高线平行或重合，而不相交（图6－12a）。在地势高处出露新岩层，在地势低处出露老岩层。若地形平坦，则在地质图上，水平岩层表现为同一时代的岩层成片出露。

6.4.2　直立岩层在地形地质图上的表现

直立岩层的岩层面或地质界面与地面的交线位于同一个铅直面上，露头各点连线的水平投影都落在一条直线上，因此，无论地形平坦或有起伏，直立岩层的地质界线在图上是沿走向呈直线延伸，不随地形等高线弯曲而弯曲（图 6－12b）。

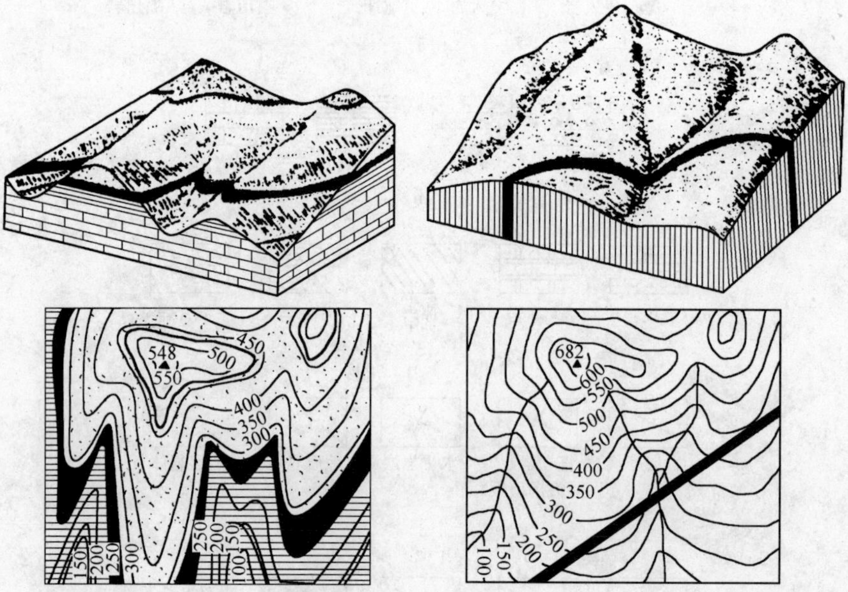

a　　　　b

图 6－12　水平岩层

a—直立岩层；b—露头形态

6.4.3　倾斜岩层在地形地质图上的表现

倾斜岩层露头界线分布形态较为复杂，是一个倾斜面与地面的交线，表现为与地形等高线成交切关系（图 6－13、图 6－14、图 6－15）。倾斜岩层出露情况受岩层产状和地形坡度的影响，其地质界线呈各种不同的“V 字形”与地形线相交，其特点，主要有以下几种情况。

（1）当岩层的倾向与地面坡向相反时（图 6－13），岩层界线与地形等高线的弯曲方向一致，但岩层界线的弯曲程度要小于等高线。此时，岩层界线的“V 字形”尖端在沟谷处指向上游，在山脊处则指向下坡方向。

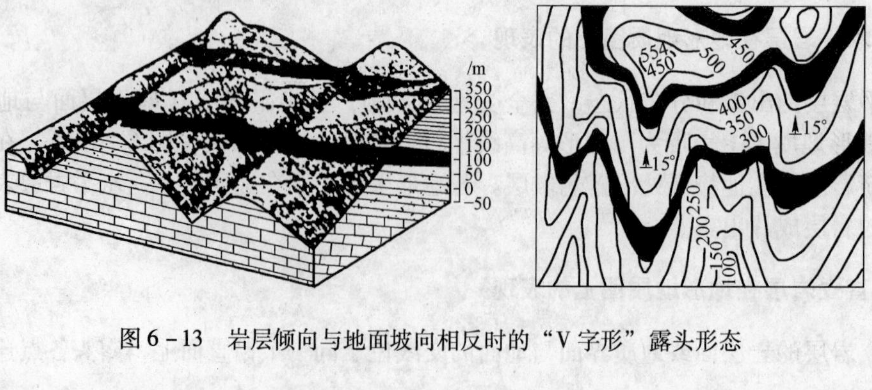

图 6－13　岩层倾向与地面坡向相反时的“V 字形”露头形态

（2）当岩层的倾向与地面坡向相同，且岩层倾角大于地面坡度角时，岩层界线与地形等高线呈反向弯曲。在沟谷处“V 字形”尖端指向下游，在山脊处则指向上坡方向（图 6－14）。

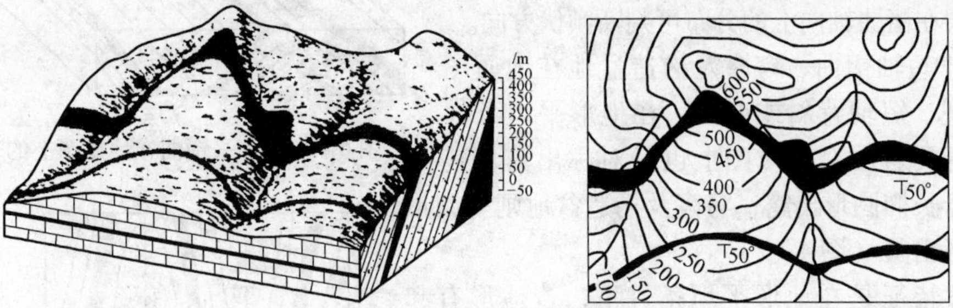

图 6－14　岩层倾向与地面坡向相同，岩层倾角大于地面坡度时的“V 字形”露头形态

（3）当岩层的倾向与地面坡向相同，岩层倾角小于地面坡度角时，岩层界线与地形等高线也呈同向弯曲，但弯曲程度要大于地形等高线。在沟谷处“V 字形”尖端指向上游，在山脊处则指向下坡方向（图 6－15）。

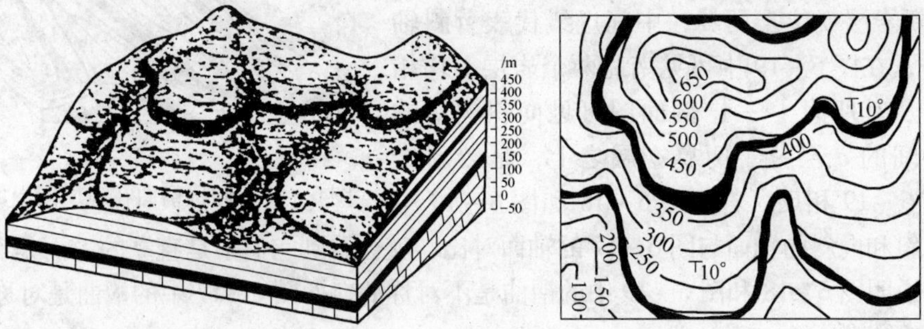

图 6－15　岩层倾向与地面坡向相同，岩层倾角小于地面坡度时的“V 字形”露头形态

为了便于记忆倾斜岩层的出露特征，应记住，地形等高线的弯曲方向永远是在沟谷处指向上游，在山脊处指向下游。在地层没有倒转的情况下，在沟谷处岩层界线的“V 字形”尖端指向新地层，“V 字形”内弧开口处为相对老的地层；在山脊处则相反。

6.5　不同构造在地形地质图上的表现

6.5.1　褶曲构造在地形地质图上的表现

褶曲包括背斜和向斜两种基本类型，在地质图上主要根据岩层（或矿层）分布的对称关系并结合图上标注的岩层产状符号来判断褶曲构造。但须注意，由于地形切割原因，实际上未发生褶曲的地层，在地质图上也可能表现为不同时代地层呈对称分布。

（1）水平褶曲在地质图上的表现。枢纽产状为水平的褶曲，在地形平坦条件下，它们的两翼露头线呈对称的平行条带出露（图 6－16），核部只有一条单独出现的岩层，对于背斜来说，核部岩层年代较老，两翼则依次出现较新岩层（图 6－16 左侧）。向斜则相反（图 6－16 右侧）。

（2）倾伏褶曲在地质图上的表现。枢纽倾伏的褶曲，在地形平坦条件下，其两翼岩层在地质图上也呈对称出露，但不是平行条带，而似抛物线形，核部宽窄有变化（图 6－17）。倾伏褶曲都是从老地层向新地层部分倾伏，因此对比不同岩层在褶曲轴向上的分布可判断倾伏方向。

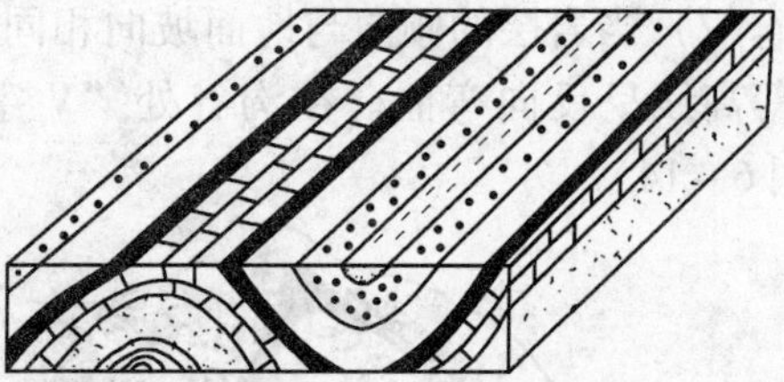

图 6－16　水平褶曲在地质图上的表现

（3）短轴褶曲、穹窿及构造盆地在地质图上的表现。短轴背斜或向斜，在地形平坦条件下，其两翼岩层在地质图上也呈对称出露，其形状近于长椭圆形出露；穹窿及构造盆地则呈圆形或椭圆形出露（图 4－23）。

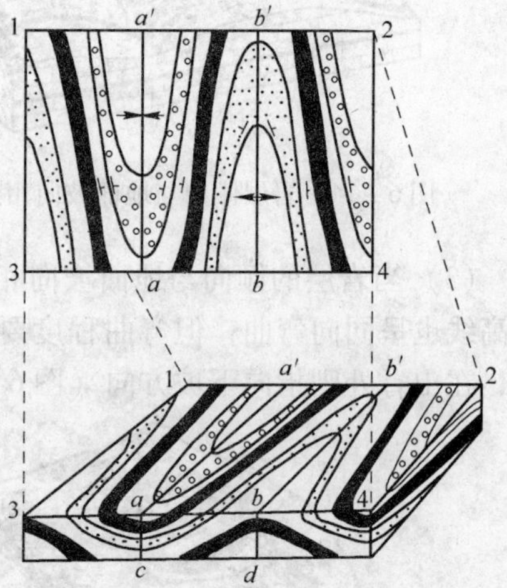

图 6－17　倾伏褶曲在地质图上的表现

上述特征是在地形平坦条件下，若地形有起伏，岩层露头则会变得不规则，但其对称关系依然不变。图 6－18 所示是一个背斜构造，以岩层 b 为例，据“V 字形法则”可判断其向北倾斜；南边的 b 层向南倾斜，从图 6－18 的 Ⅰ—Ⅰ′剖面图中可看出其是背斜构造，较老岩层 a 位于中间（核部），较新岩层 b 位于两翼，中间虚线代表背斜轴面。同样，在图 6－19 中可见南北两个岩层 b 均相向倾斜，从其所附 Ⅰ—Ⅰ′剖面图可见向斜构造的特点，中间的 a 层位于两翼 b 层之上，是较新岩层，与图 6－19 相反。若把图 6－18 和图 6－19 中看到的背斜和向斜的轴面与图 6－17 的轴面对比，就会看到它们不是直立的，而是有一定的倾角，这说明图 6－18 和图 6－19 中的褶曲是不对称的，而图 6－17 中的褶曲是对称的。

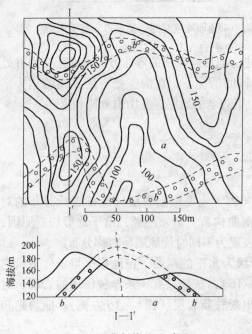

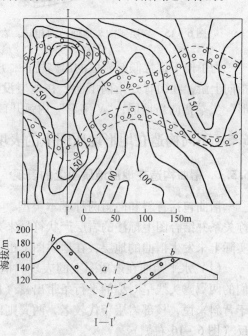

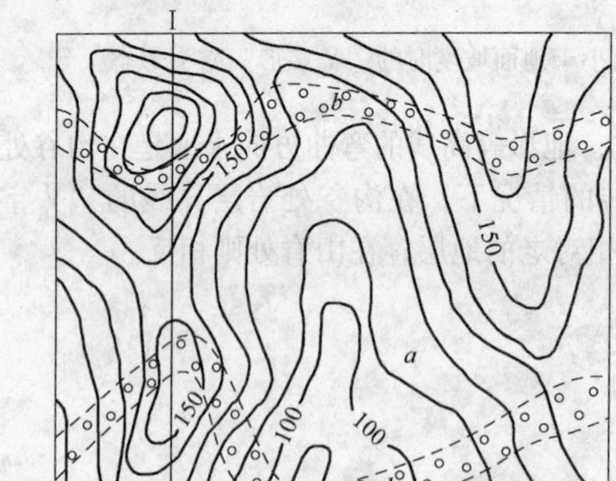

图 6－18　背斜构造地质图

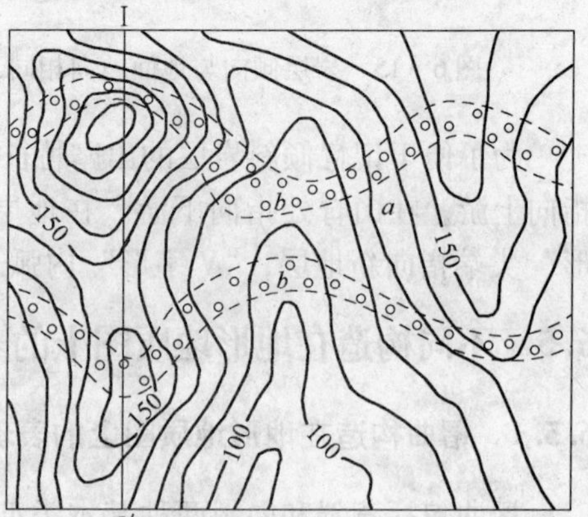

图 6－19　向斜构造地质图

6.5.2　断层构造在地质图上的表现

一般从地质图上只要根据断层符号或断层的出露线（断层线）就可以认识断层，不同性质的断层表示方法不相同。只有判断其产状要素及两盘相对位移方向后才可确定断层类型。断层的产状要素除了在野外直接测定外，也可以在图上用“V 字形”法则进行判断。

在判断断层的两盘相对位移方向时，平移断层可根据断层线两侧岩层的错开情况直接从图上看出来。对于走向断层所造成的地层重复或缺失现象，其正断层或逆断层性质的判断，可见图 4－41。对于倾向断层，可根据地质界线的移动方向判断，上升盘的地质界线总是向岩层的倾向方向移动，在褶皱发育地区还可以根据在平面上核部地层出露宽度的变化进行判断。当岩层的倾角较缓而断层面较陡时，可根据断层线两侧出露岩层的相对新老关系进行判断。老的一侧是上升盘，新的一侧就是下降盘（图 6－20）。此外，还需注意，平移断层和正、逆断层有时在地质图上不易区分，当倾向断层的两盘顺断层倾斜滑动时，侵蚀夷平后的两盘岩层表现为水平错移，给人以平移断层的假象（图 6－21）。

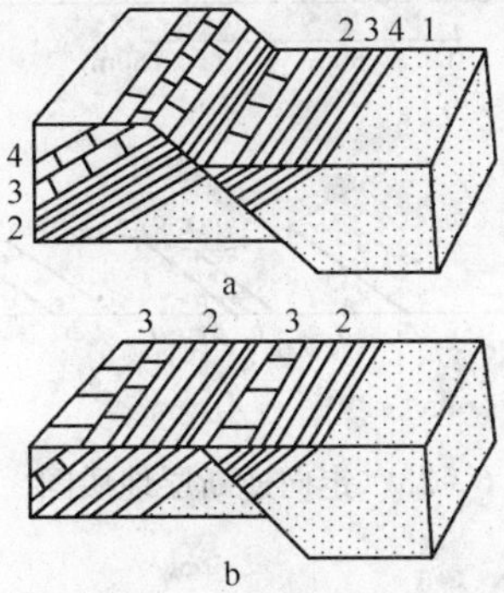

图 6－20　根据断层两侧岩层新老关系判断两盘的升降

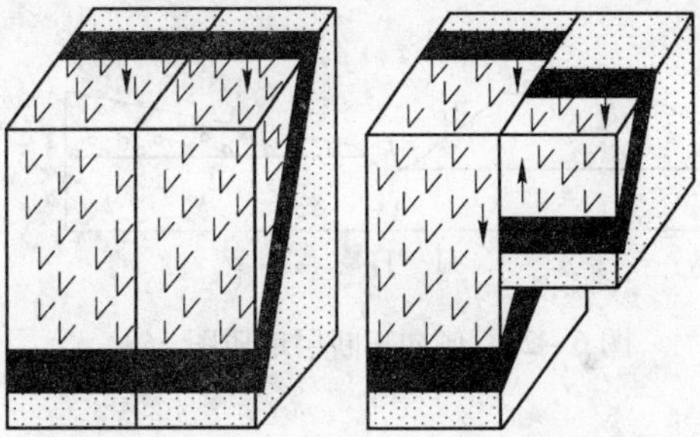
图 6－21　倾向断层引起的平移断层的假象

图 6－22 为一具有断层构造的地形地质图。图中标出了 a，b 和 c 三岩层，其从老到新的顺序是 $a-b-c$。根据图中地层界线与等高线的关系可知，岩层走向东西、倾向南。沿岩层走向追索，a，b 两岩层在河谷处相遇，即两者在河谷处中断、不连续，故说明有断层存在，且河谷就是断层通过的地方。图中用 $F-F$ 线表示这个断层。根据现场测定，该断层走向北北东，倾向南东东，倾角 72°。故东边为上盘；西边为下盘。如前所述，按两侧出露岩层的新老关系：西边 a 层较老，为上升盘；东边 b 层较新，为下降盘。因此，上盘相对下降，故为正断层。又由于该断层走向与岩层倾向大约一致，故又称其为倾向正断层。

图 6－23 也为一具有断层构造的地形地质图。图中出现的岩层有 a，b 和 c 三层，从老到新的顺序是 $b-a-c$。岩层走向为东西向，倾向正北。沿图中南面 b 岩层的走向追索，未发现任何断裂现象。但若顺河谷西部 Ⅰ—Ⅰ′线来看，从南向北走，一路见到的岩层出露情况是 $b-a-c-b-a-c$。岩层不仅如此重复出现，而且图中北部的 b 层（较老）盖在 c 层（较新）之上，这都是断层的标志。经实地验证和测定，断层走向为东西，断层面向北倾斜，故断层线北面为上盘，南面为下盘。上盘岩层较老，为上升盘，所以该断层

为逆断层。由于断层线方向与岩层走向一致，故又称其为走向逆断层。

阅读地形地质图，从平面图可以了解地质构造（包括褶曲、断裂等）的空间几何关系，结合剖面图的绘制（如图6－23中的Ⅰ—Ⅰ′剖面图）则可以更加形象地认识地质构造。

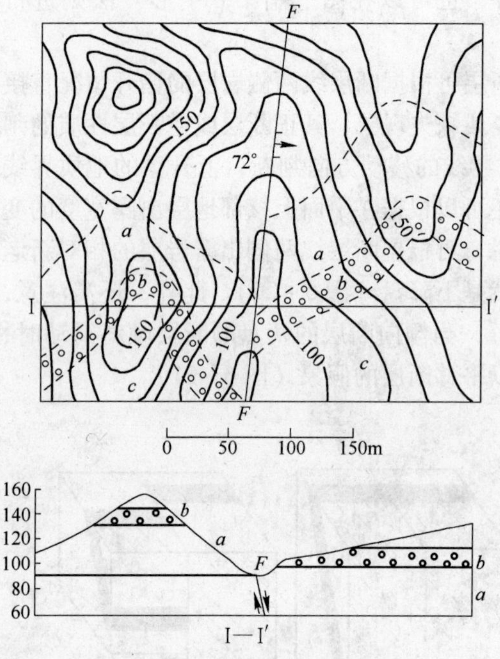

图6－22　倾向正断层地质图

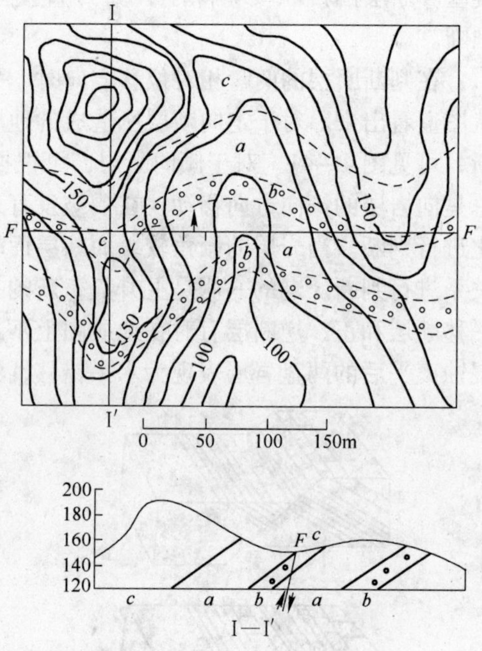

图6－23　走向逆断层地质图

6.6　地质剖面图及其绘制方法

地质剖面图反映从地表至地下一定深度的直立剖开面上的地质情况。其优点是比地质图更为直观，读图时应注意剖面的比例尺、方向和位置，并与地质图进行对照分析。地质剖面图可通过野外观测及勘探资料等来绘制，也可以地质图为基础，采用切图的方法制得。地质剖面图的水平比例尺和垂直比例尺一般都与地质图相当，所用图例应与地质图一致。

下面简单介绍实测剖面和图切剖面的填绘方法。

6.6.1　实测剖面的填绘方法

6.6.1.1　剖面的测制

剖面线方向应尽量垂直主要构造线方向（岩层走向、褶曲轴向、纵向逆断层），并切过主要的地质构造。

选好剖面线，丈量剖面，统一分层，采集标本，描述岩性，从一端按导线号用测绳或皮尺逐层丈量，地形有变化处应有导线点控制，导线方位用罗盘测量，以方位角表示。每一岩层或在产状有变化处都要测量产状，并记录测产状点与导线起点的距离。为便于作剖面换算视倾角，要记录导线总方位与岩层走向间夹角。沿导线要详细观察记录地质现象，分层要准确，描述要简明扼要，采集标本要有代表性，重要的地质现象要作素描或拍照。在文字记录的同时，可作随手剖面图，为剖面整理时参考。

其中测导线距要拉直测绳，把斜距换算成水平距，用公式 $D = L\cos\alpha_1$ 计算。式中 D 为水平距；L 为斜距；α_1 为坡度。测坡度角时应以导线前进方向来判别仰角或俯角。记录时仰角为正（+），俯角为负（-），以后测手为准。两导线点间的高差用公式 $H = L\sin\alpha_1$ 计算。式中 H 为高差；L 为斜距；α_1 为坡角。累积高差即从导线零点开始，每点累积的相对高度。

测量和观察的结果一般填入一定表格中，以便整理，附剖面测量记录表（表 6-1）供参考。

表 6-1 剖面测量记录表

导线号	导线方位角 /(°)	导线距		坡度 α_1 /(°)	高差 H /m	累积高差 /m	产状要素				导线方向与岩层走向夹角 /(°)	地质记录			分层号	分层厚/m	标本号	备注
		斜距 L /m	水平距 D /m				位置		倾向 /(°)	倾角 α /(°)		位置		岩性及构造描述				
							斜距 /m	水平距/m				斜距 /m	水平距/m					
0-1	184	48	47.8	+5	4.2	4.2	21	20.9	190	45	84	30	29.9	全为薄层灰岩	1	22.5	Y_1	
							42	41.8	180	43				黑色页岩	2		Y_2	

6.6.1.2 剖面图的编制

首先作导线平面图，根据导线方位和水平距将导线自零点到终点按比例尺逐点绘出，并将岩层分界线、点、产状等都按相对位置绘在平面图上。连接零点和终点为剖面线，或以岩层倾向一致的方向作一基线为剖面线。

其次作地形剖面图。在导线平面图下方，平行剖面线作一基线，将各导线点按累积的高程投影在基线上方，用圆滑的曲线把各点连接起来作出地形剖面图。

再作剖面中的地质内容，将导线上各岩层分界线点、产状、测点等投影在地形剖面线上，用产状和图例表示岩层。在表示产状时应注意，剖面的方位与岩层倾向一致时直接用真倾角，不一致时要用视倾角。最后逐层注明分层号、产状、标本号、化石号和地层时代。在剖面上方标明观察点号、地名，此外还应注明图名、比例尺和剖面方向（图 6-24）。

6.6.2 图切剖面的制图方法

（1）在阅读地质图的基础上，选择剖面线的方向和位置，并将剖面线标绘在图上（剖面线应尽量垂直地质构造线，与岩层或矿体的走向垂直）。

（2）在方格纸上作一水平线作为剖面线的基线。基线的长度与地质图上剖面线的长度相等（这里取剖面图的比例尺与地质图的比例尺相同）。在基线的两端或一端按垂直比例尺标注各高程点的位置，作出各水平高程线。然后将地质图上剖面线与地形等高线的各个交点按其高程投影到基线上方相应高程的位置上，得到一系列的地形高程点，然后将各点连接起来，即为地形剖面线。

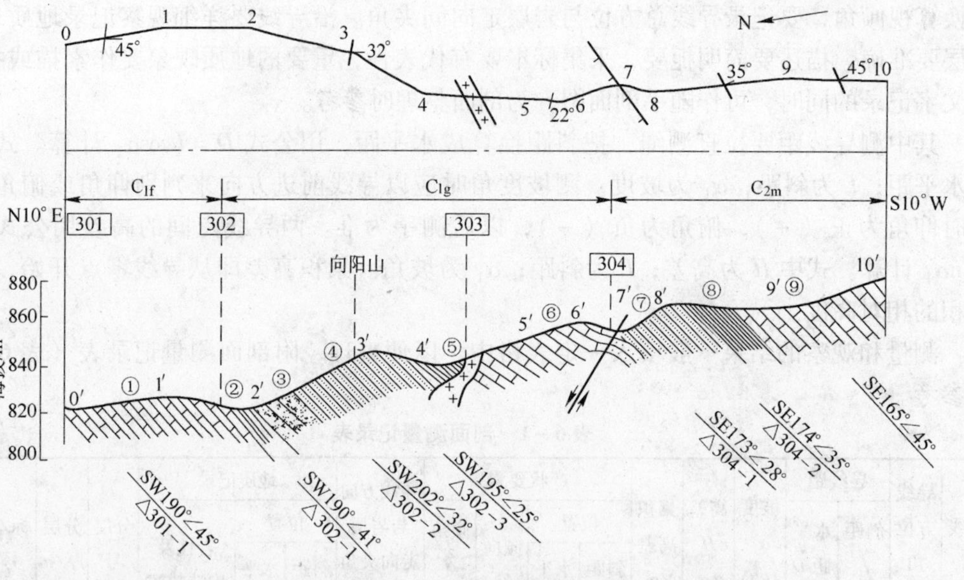

图 6-24　实测剖面图的绘制方法

0、1、2、…、10—导线点；0′、1′、2′、…、10′—导线点在剖面上的投影；302 - 观测点

①、②、…、⑨—分层号；C_{1f}、C_{1g}、C_{2m}—地层代号；$\frac{\text{SW190°∠45°}}{\text{△301-1}}$ — $\frac{\text{岩层产状}}{\text{标本符号}}$

（3）将剖面线与不同时代地层分界线、断层线、岩体出露线等地质界线的交点投在地形剖面线上，并用短线表示它们所对应的地质面在剖面上的倾向和倾角。

（4）根据地层时代和对地质构造的分析，把相同年代地层的顶、底面用光滑曲线加以连接，以反映褶曲构造。在断层通过处，地层界线被错段，错移方向和距离大小依断层性质和规模而定。在岩体通过处，地层界线中断，同时勾绘出岩体的范围和形态即得到地质剖面图（图 6-25）。

（5）标记各时代地层代号、断层错动方向、岩体的岩性符号及时代代号，并在地形剖面线上方的相应位置注明所通过的地名、山名及河流名称，最后标出图名、比例尺和方向，并加以整饰。

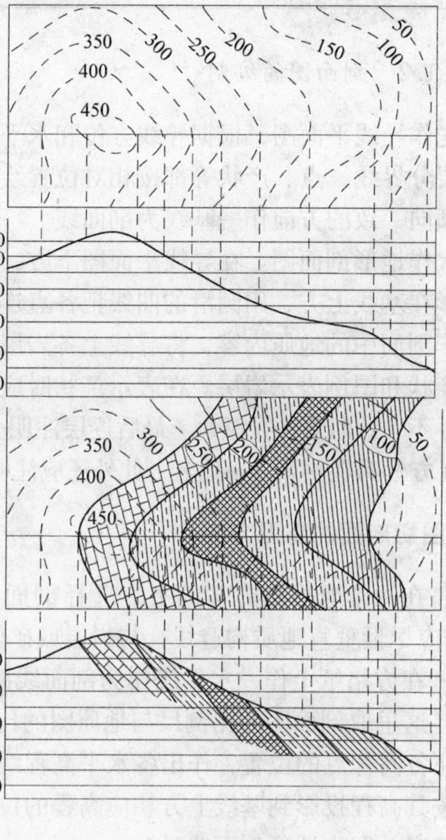

图 6-25　根据地质图切剖面图

第二篇

矿　床

7 矿床概述

7.1 矿床的基本概念

7.1.1 矿床、矿体和围岩

7.1.1.1 矿床中的基本概念

（1）矿床。矿床即矿产的产地，其主体是含有用组分的质和量在当前经济技术条件下可开采利用的地质体。矿床的定义有两个含义：一是矿床的主体是地质体，因此矿床的形成和分布是受地质条件控制的，是有地质规律可循的。二是确定矿床的标准是随经济需要和技术发展而变化的，即现在的一些矿床在数年或数十年前并不是矿床，现在不能构成矿床的一些地质体将来随着选、冶技术的发展可能会构成矿床。

（2）矿体。矿体是矿床的主体，是矿床中可供开采的地质体。一个矿床含一个或多个矿体，如个旧老厂白龙井火山块状硫化物铜矿床有 8 个矿体。

（3）矿石。矿石是从矿体中开采出来的，从中可提取有用组分（元素、化合物或矿物）的矿物集合体。矿石一般都是由矿石矿物和脉石矿物组成。

1）矿石矿物。它是矿石中可供利用的矿物，因此又称为有用矿物。如铅锌矿石中的方铅矿、闪锌矿等含铅、锌的矿物，金矿石中的自然金、金银矿等含金矿物。

2）脉石矿物。它是矿石中不能利用的矿物，因此又称为无用矿物。如铅锌矿石中的石英、方解石等不含铅、锌的矿物，金矿石中的石英、云母、黄铁矿等不含金矿物。

（4）脉石。矿体中的夹石与矿石中的脉石矿物统称为脉石。脉石一般多在开采和选矿过程中被分离出来构成废石或尾砂。

（5）夹石。夹石是矿体中无工业价值的矿物集合体。

矿石与夹石的区别是：前者所含有用组分在当前技术条件下可提取利用；后者不含或少含有用组分，在当前技术条件下不可利用。

（6）围岩。围岩是指矿体周围的岩石。层状矿床矿体的上、下围岩常称为顶、底板；脉状矿体的上、下围岩常称为上、下盘。

（7）母岩。母岩是指在成矿过程中提供了成矿物质的岩石，如“矿源层”即是指沉积成因的母岩。

围岩和母岩是两个完全不同的概念。对某些矿床而言矿体的围岩就是母岩，如多数岩浆矿床；在另一些矿床中矿体的围岩与母岩无关，如多数热液形成的脉状矿床。

7.1.1.2　同生矿床、后生矿床和叠生矿床

同生矿床：同生矿床是指矿体与围岩为同期或近于同期由同一地质作用形成的矿床。如：岩浆分结作用形成的矿床、沉积作用形成的矿床。

后生矿床：后生矿床是指矿体晚于围岩并且由不同地质作用形成的矿床，如热液作用形成的脉状矿床。

叠生矿床：叠生矿床是指有用组分由同期富集和后期有用组分的叠加再富集而形成的矿床。因此，此类矿床属复成因的矿床。

7.1.2　矿体的形状和产状

7.1.2.1　矿体的形状及分类

按照矿体三维空间的发育情况可将其分为等轴状矿体、板状矿体和柱状矿体三个基本类型。等轴状矿体的三向大致均衡发展，如矿瘤、矿巢、矿袋等；板状矿体矿体的二向延伸较大，但厚度较小，如矿层、矿脉等；柱状矿体矿体的一向延伸较大，但二向延伸较小，如柱状矿体、筒状矿体。

但是，矿体的形状往往是复杂的，一些矿体可能属于上述类型的过渡形状，如透镜状、扁豆状矿体。

7.1.2.2　矿体的产状

指矿体产出的空间状态（图 7－1），包括如下五个方面内容：

（1）走向。矿体倾斜平面与水平面的交线称为走向线。走向线两端延伸的方向即为该平面的走向。走向线两端的方位相差 180°。

（2）倾向。矿体倾斜平面上与走向线相垂直的线称为倾斜线，倾斜线在水平面上投影所指的沿平面向下倾斜的方位即倾向。

（3）倾角。指矿体真倾斜线与其在水平面投影线之间的夹角，即在垂直该平面走向的直立剖面上该平面与水平面间的夹角。

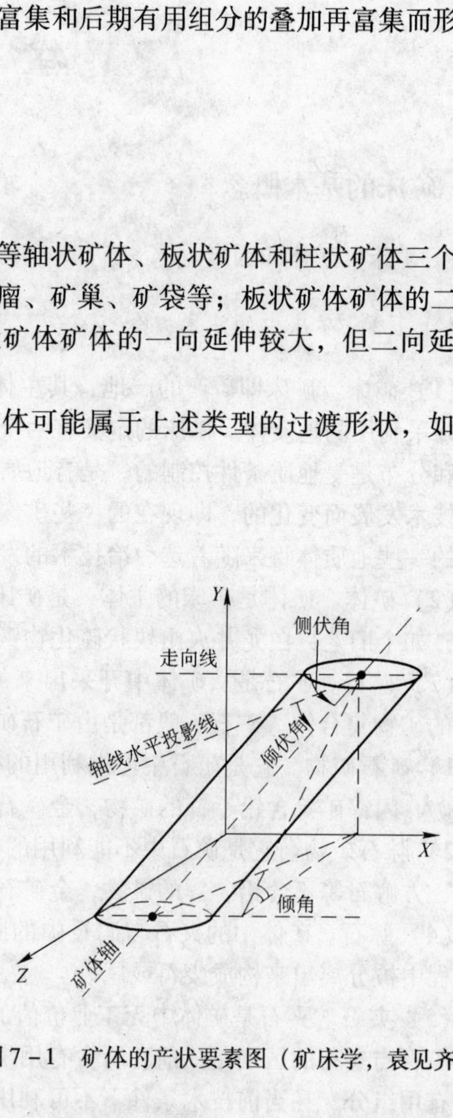

图 7－1　矿体的产状要素图（矿床学，袁见齐）

（4）倾伏角。指矿体最大延伸方向与其水平投影线之间的夹角（锐角），称为倾伏角。

（5）侧伏角。指矿体的矿体最大延伸方向（矿体轴线）与走向线之间的夹角（锐

角），称为侧伏角。

上述五项内容反映了矿体的空间分布特征，对矿体的勘探和开采工程布置、矿床成因及矿体分布规律的研究工作都具有重要意义，因此矿体产状是矿床勘查和研究中必须观察和描述的重要内容。

7.1.3 矿石的组分、品位及品级

7.1.3.1 *矿石的组分*

矿石的化学成分是各不相同的，但可将其划分为如下四种类型：

（1）有用组分。指矿石中主要可提取利用的成分。矿石有用组分三种类型。

1）有用元素，如 Sn、Cu、Pb、Zn、Fe、Au、Ag 金属元素；

2）有用化合物，如 WO_3、Cr_2O_3、P_2O_5、KCl 等；

3）有用矿物，如云母、石棉、重晶石、冰洲石等。

（2）无用组分。无用组分是指矿石中不能提取利用的成分。

（3）伴生有益组分。伴生有益组分是指可综合利用的组分和能改善产品性能的组分。前者如锡矿石中的 Cu、Pb、Bi、WO_3，铜矿石中的 Sn、Au、Ag，铅矿石中的 Ag 等元素常可被综合利用；后者如铁矿中的 Mn、V 等元素，它们的存在可改善钢铁的性能。

（4）有害组分。有害组分是指对选矿和冶炼或对其产品有不良影响的组分。例如金矿中的 As 不利于金的氰化选矿；铁矿中的 S、P 会降低钢铁的韧性和强度。

7.1.3.2 *矿石的品位*

矿石品位是指矿石中有用组分的含量。品位表示方法有百分含量（%），它是最常用的形式。其他有克/吨（g/t）法，多用于贵金属矿；毫克/吨（mg/t）（或克拉/t），用于金刚石矿；克/立方米（g/m^3）法，多用于重金属砂矿。

7.1.3.3 *矿石的品级*

矿石品级是指矿石的质量分级。一般矿石品级的划分依据一是矿石的品位，二是伴生组分，三是工艺性能。一般高品级矿石多是高品位、低有害伴生组分的矿石，例如磁铁矿矿石，平炉富矿要求（%）：$TFe \geqslant 56$、$SiO_2 \leqslant 8$、$S \leqslant 0.1$、$P \leqslant 0.1$、$Cu \leqslant 0.2$、（Pb、Zn、As、Sn 均）$\leqslant 0.04$。随品位降低依次划分为高炉富矿、贫矿。

7.1.4 矿石的结构和构造

矿石结构及构造是矿石描述中常用的重要术语。

（1）矿石结构。矿石结构是指矿石中矿物的大小、形状及矿物间的相互关系。如：草莓结构是指其矿物形如草莓状；自形板状结构是指矿物呈结晶程度很好的板状形状；包含结构是指早形成的矿物被晚形成的矿物包含的相互关系；穿插结构是指先形成的矿物被后形成的矿物穿插的相互关系。

（2）矿石构造。矿石构造是指矿石中矿物集合体的形状和有用矿物的分布状况（图

7－2)。如豆状构造是指有用矿物的集合体呈豆粒的形状分布于矿石中；角砾状构造是指矿石中一些矿物的集合体呈角砾形状而另一些矿物的集合体呈胶结物的分布特征；条带状构造是指矿石中一些矿物的集合体呈条带形状分布于另一些矿物的集合体中；网脉状构造是指一些矿物的集合体呈相互交叉的网脉形状分布于矿石中。

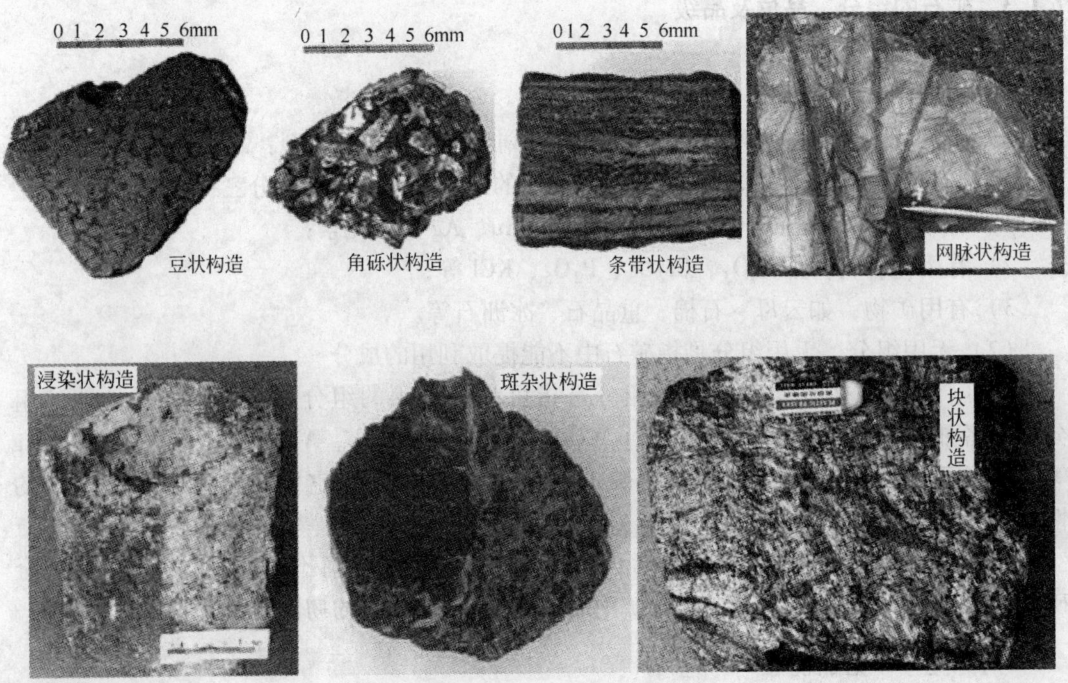

图7－2　矿石结构图

7.1.5　成矿作用与矿床的成因分类

成矿作用就是使地壳及地幔中分散的元素在特定的环境中富集形成矿床的地质作用。因此，与地质作用分类相同，首先按照成矿作用的性质和能量来源可将其分为内生成矿作用、外生成矿作用、变质成矿作用和叠生成矿作用。叠生成矿作用是指在不同地质时期以不同地质作用使有用组分多次叠加富集形成矿床的复合成矿作用。例如“层控矿床”一般是地层沉积期一些成矿物质由沉积作用得到先期富集，在后期热液的作用下又使有用组分进一步集中、富集形成的。

按照矿床成因划分的矿床类型称为矿床成因类型。矿床成因涉及面较宽，分类依据不同则产生不同的分类系统，如依据成矿作用划分的矿床成因类型和依据成矿物质来源划分的矿床成因类型。我们采用以成矿作用为主要依据、适当考虑成矿地质环境和尽量能反映成矿物质来源的原则，划分的矿床成因类型如图7－3所示。

这些类型中，接触交代矿床按成矿作用应属热液矿床，考虑到成矿地质环境和矿床特征而划分为独立的内生矿床类型。同样，可燃有机矿床按成矿作用应属生物沉积矿床，考虑其特殊性划分为一个独立的沉积矿床类型。

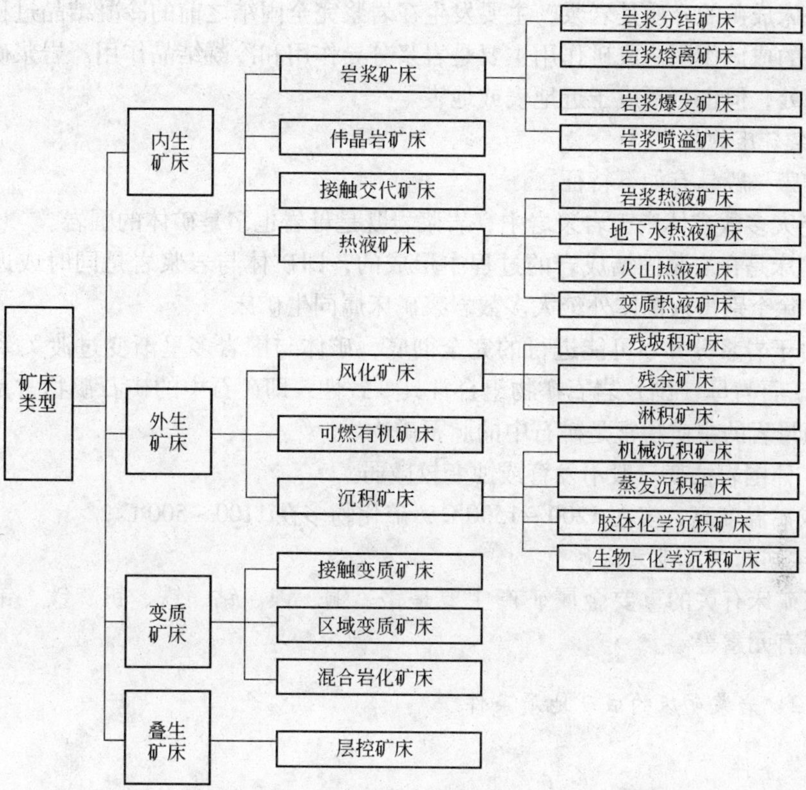

图 7-3 矿床分类图

7.2 内生矿床

7.2.1 概述

内生矿床是由内生成矿作用形成的矿床。内生矿床既可由岩浆作用形成，也可由气化热液作用形成。除了与火山、热泉等有关的内生矿床产于地壳表层外，其他的都产在地下一定深度，是在较高温度和较大压力条件下形成的。内生矿床的控制成矿因素包括区域地质构造背景、成矿物质来源、岩浆岩类型、气化热液的性质与成因、控矿构造类型、温度、压力、深度和围岩性质等。内生矿床的种类多，分布广，经济价值大。

内生矿床主要包括五大类：岩浆矿床、伟晶岩矿床、接触交代矿床、热液矿床、火山成因矿床。

7.2.2 岩浆矿床

7.2.2.1 岩浆矿床的概念、特点及工业意义

A 岩浆矿床的概念

岩浆矿床是指岩浆经分异作用使其中的有用组分富集而形成的矿床。岩浆矿床的成矿

物质主要来自上地幔，部分来自地壳。成矿物质是岩浆的组成部分，是由岩浆携带运移的。岩浆矿床成矿的介质是岩浆，主要发生在岩浆完全固结之前的冷凝结晶过程中，不包括岩浆气液的成矿作用。成矿作用主要是岩浆分异作用和冷凝结晶作用。岩浆矿床主要形成于地壳深处，但也可形成于近地表或地表。

B　岩浆矿床的特点

岩浆矿床一般具有如下特征：

（1）绝大多数矿体产于岩浆岩中，岩浆岩既是母岩也多是矿体的围岩。

（2）矿床是在岩浆固结成岩的过程中形成的，即矿体与岩浆岩是同时或近同时形成的。因此，除个别贯入矿体外绝大多数岩浆矿床属同生矿床。

（3）由于岩浆分异不可能进行的完全彻底，矿体与围岩多呈渐变过渡关系（贯入矿体例外）；矿石与母（围）岩石矿物组合常具一致性，即矿石中的矿石矿物常是岩浆岩的副矿物，而母岩的主矿物常是矿石中的脉石矿物。

（4）矿体围岩蚀变一般不发育或蚀变较微弱。

（5）成矿温度高，多在 1200 ~ 1500℃，硫化物多在 1100 ~ 500℃。

C　岩浆矿床的工业意义

与岩浆矿床有关的重要金属矿产主要是铬、铜、镍、钴、铁、钒、钛、铂族元素及铌、钽等稀有元素等。

7.2.2.2　岩浆矿床的成矿地质条件

A　岩浆条件

对于岩浆矿床而言，岩浆岩与矿种间有明显的对应关系，即一定的矿种仅与一定的岩浆岩有关，此种对应关系称为岩浆成矿专属性。因此，岩浆是岩浆矿床形成的首要条件。

（1）层状基性 - 超基性侵入体。此种侵入体多被认为与地幔热点和大陆裂谷有关，一般岩体规模较大，分异良好，具火成堆积构造，常与铬铁矿矿床、PGE 矿床、钒钛磁铁矿矿床有关。铬铁矿矿床产于下部超基性岩相带，钒 - 钛磁铁矿矿床产于上部斜长岩及辉长岩等基性岩相带，铂族元素矿床多产于中部过渡岩相带，如阿扎尼亚的布什维尔德岩体。我国已发现的层状岩体超基性岩相多不发育。

（2）金伯利岩及钾镁煌斑岩。此类岩体与大陆板块内的深大断裂有关，多产于深大断裂附近。此两种岩石是目前金刚石矿床仅有的成矿母岩，因此是形成原生金刚石矿床的先决条件。

（3）基性 - 超基性杂岩体。此类岩体的形成多与大陆裂谷或大陆边缘深断裂有关（前者常与基性火山岩伴生），常构成 CuNi（图 7 - 4）及 PGE 硫化物矿床的母岩。成矿岩体一般规模较小（大岩体如萨德贝利（加）），多次侵位，分异较好。常见岩相组合类型有橄榄岩 - 辉岩 - 辉长岩 - （闪长岩），辉岩 - 辉长岩，苏长岩 - 辉长岩，橄长岩 - 辉长岩等。

（4）（超基性岩 - 碱性基性岩 - ）碱性岩 - 碳酸岩。此类岩体也属于杂岩体，常为从超基性岩浆、碱性岩浆直至碳酸岩岩浆大致沿同一通道一次侵入形成不同侵入岩相成同心环状分布的岩株。此类岩体常伴生磷灰石 - 磁铁矿矿床、NbTa 及 REE 矿床。

（5）陆相火山岩及次火山岩。它们主要形成于裂谷及构造 - 火山盆地，其中中性火

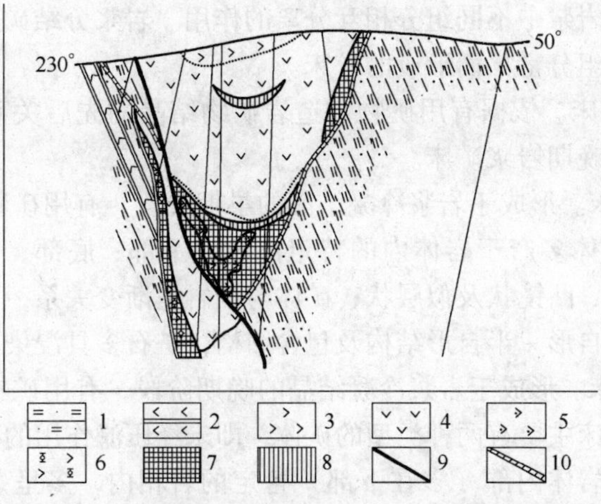

图 7－4 产于超基性岩岩盆底部的铜－镍矿床（吉林）

1—黑云母片麻岩；2—角闪片岩；3—古铜辉岩；4—橄榄岩；5—橄榄辉岩；6—蚀变辉石岩；7—工业矿体；8—上悬透镜状矿体；9—断层；10—破碎带

山及次火山岩可伴有铁矿床，粗面质及流纹质火山岩常可形成浮石、火山渣及膨胀珍珠岩原料等矿床。

(6) 绿岩带中的橄榄质科马提岩。此种超镁铁质熔岩中常有硫化镍矿床产出。据研究，绿岩带的构造环境可能属于裂谷早期或弧后。

(7) 与蛇绿岩套有关的镁质超基性岩体。此类岩体中常产铬铁矿矿床（阿尔卑斯型）。岩体和矿床实际形成于大洋板块的增生边界（洋脊裂谷），成岩成矿后随大洋板块迁移至板块俯冲消减边界，最终残留于板块碰撞形成的缝合带中。含矿岩体多由纯橄岩、辉橄岩、辉岩等岩相组成，一般缺少基性岩相。

B 同化作用

同化作用是指岩浆运移过程中熔化了通道岩石等外来物质从而改变岩浆成分的作用。同化作用其一可能会增加岩浆中的有用组分，如同化富铁石英岩可能有利于铁矿的形成；其二可能会增加挥发组分的含量，如岩浆上升和就位后可能吸收地层水，也可能熔化地层中的硫化物和磷酸盐，使岩浆中的矿化剂和挥发组分含量增加，从而影响岩浆分异作用和有用矿物的结晶作用；其三可改变岩浆主要组分的含量。岩浆成分的改变可能会影响成矿作用，例如，岩浆增加了 SiO_2、CaO、K_2O、Na_2O 等成分则有利于铜镍硫化物的熔离成矿，铁质增加则不利于硫化物的熔离成矿；其四可能会改变岩浆的氧逸度，从而可能影响氧化物的结晶。

C 挥发组分

岩浆中的挥发组分主要有 H_2O、F、Cl、B、S、As、C、P 等，它们熔点低，易挥发，并且易与铜、镍、铁及铂族元素组成易溶络合物，降低有用矿物的结晶温度和有利于发生岩浆熔离作用。

7.2.2.3 岩浆成矿作用及矿床分类

A 岩浆结晶分异作用及岩浆分结矿床

(1) 岩浆结晶分异作用。结晶分异作用即岩浆冷凝过程中由于不同矿物先后结晶和矿物密度的差异导致岩浆中不同组分相互分离的作用。岩浆分结矿床即是岩浆通过结晶分异作用使其中的有用组分富集而形成的矿床。

（2）岩浆分结矿床。依据有用矿物和造岩矿物结晶的先后关系，岩浆分结矿床可再分为早期岩浆矿床和晚期岩浆矿床。

1）早期岩浆矿床。形成于岩浆冷凝结晶的早期阶段，有用矿物结晶早于硅酸岩矿物的岩浆分结矿床。矿体多产于岩体内的特定部位（下部、底部、边部），与特定岩相有关；矿体多为等轴状、凸镜状及似层状；矿体与围岩呈渐变关系，围岩无蚀变；有用矿物多为氧化物，一般为自形－半自形结构及包含结构，矿石多具浸染状构造及条带状构造。

2）晚期岩浆矿床。形成于岩浆冷凝结晶的晚期阶段，有用矿物结晶晚于硅酸岩矿物的岩浆分结矿床。矿床主要有两种类型的矿体，即未经压滤作用的矿体和贯入矿体。未经压滤作用的矿体产于岩体内部（多在下部）特定的岩相内，多呈条带状、凸镜状及似层状；矿体与围岩为渐变关系，围岩可伴有蚀变现象；矿石多为海绵陨铁结构，浸染状、稠密浸染状；贯入矿体呈脉状及凸镜状产于岩体内部或接触带附近的围岩中，受断裂及裂隙控制；矿体与围岩呈突变接触，围岩常有蚀变；矿石可具自形、半自形结构和块状构造。

具有重要工业意义的岩浆分结矿床有与层状基性－超基性岩体有关的铬铁矿矿床、钒钛磁铁矿矿床、PGE 矿床，与（层状）基性岩有关的钒钛磁铁矿矿床，与蛇绿岩套中镁质超基性岩有关的铬铁矿矿床（豆荚状或称阿尔卑斯型）。

B　岩浆熔离矿床

岩浆熔离作用是由于温度、压力等条件的变化，一种均匀的岩浆分为互不混溶的两种或两种以上融体的作用。例如：硫化物在岩浆中的溶解度仅为万分之几至千分之几，但在1400～1500℃以上时硫化物呈分散状态，含量可达15%以上。当此种富含硫化物的熔浆温度和压力降低到一定限度时即发生熔离作用，产生富硅酸盐的和富硫化物的两种互不混溶的熔浆。此外已知富 P 和 Fe 的中性岩浆随温度下降可熔离为富硅酸盐、富磷酸盐和富铁的氧化物的三种熔体。

熔离矿床是经岩浆熔离作用使有用组分富集而形成的矿床。未经压滤作用的矿体多产于岩体底部及边部特定的岩相带中，可见上悬矿体。矿体多呈似层状、层状、凸镜状，与围岩呈渐变关系，可伴有蚀变。矿石多见海绵陨铁结构，浸染状、稠密浸染状、豆状等构造，块状者少。深部熔离形成的底部矿体也呈层状及似层状，但常可形成块状构造的矿。贯入矿体产于岩体内部及岩体围岩中，多呈脉状及凸镜状沿断裂及裂隙分布。矿体与围岩为突变关系，可见蚀变，矿石多为块状构造。

C　岩浆爆发矿床及喷溢矿床

a　岩浆爆发矿床和岩浆喷溢矿床概念

岩浆爆发作用及喷溢作用：岩浆在内压力的作用下猛烈上升（爆炸）到地表及近地表的作用称为岩浆爆发作用，以较宁静的方式溢出地表的作用称为岩浆喷溢作用。

岩浆爆发矿床是有用组分在深部结晶经爆发作用带到近地表或在爆发过程中形成的矿床。前者如金刚石，结晶于上地幔，后经岩浆爆发作用带到近地表富集成矿；后者如浮石、火山渣，是富挥发分的岩浆爆发时突然减压、膨胀、冷凝形成的。

岩浆喷溢矿床是在深部分异出来的有用组分经喷溢作用带到地表或在地表附近形成的矿床。前者如科马提岩中的硫化镍矿床，它是橄榄质科马提岩岩浆深部熔离出来的硫化物矿浆溢出地表（水下）形成的；后者如珍珠岩、松脂岩、黑耀岩等膨胀珍珠岩原料矿床，是由富水酸性岩浆溢出地表快速冷凝（可能发生了水化作用）形成的。

此两种矿床因多与火山、次火山活动有关，所以又可称为火山岩浆矿床。

b 岩浆爆发矿床和岩浆喷溢矿床的特征

岩浆爆发矿床和岩浆喷溢矿床常具如下特征：一是矿体产于火山岩及次火山岩中；二是矿体形状多为筒状、脉状、层状及凸镜状；三是矿石多为角砾状、气孔状、绳状及块状等构造。

c 岩浆爆发矿床和岩浆喷溢矿床的工业意义

有较大工业意义的岩浆爆发矿床和岩浆喷溢矿床类型有：产于金伯利岩和钾镁煌斑岩有关的金刚石矿床；产于橄榄质科马提岩有关的硫化镍矿床；与安山岩类火山岩及次火山岩有关的铁矿床。

7.2.3 伟晶岩矿床

7.2.3.1 伟晶岩矿床的概念

伟晶岩是一种矿物颗粒粗大的脉岩，其矿物颗粒特别粗大，一般多在1~10cm以上，大者可达1~2m。依据伟晶岩的岩性分为：花岗伟晶岩、碱性伟晶岩、基性和超基性伟晶岩。各种伟晶岩的主要造岩矿物成分分别与花岗岩、碱性岩和基性超基性岩相当。其中分布最广，与成矿关系最密切的是花岗伟晶岩，其次是碱性伟晶岩。

伟晶岩矿床是在伟晶岩形成过程中有用组分富集达到工业要求而形成的矿床。与伟晶岩矿床有关的主要矿产为云母、长石、石英。有关的重要金属矿产有Li、Be、Nb、Ta、Cs、W、Sn、Mo、U、Th、RE。

7.2.3.2 伟晶岩矿床的特点

A 产出的地质位置

伟晶岩矿床的产出与构造的关系密切，伟晶岩矿床可以产在地槽区，也可以产在地台区。但大多数规模巨大的伟晶岩矿床都分布于地槽区的褶皱带内。伟晶岩体总体的延展、分布方向往往与区域构造线方向一致。一个伟晶岩矿田内部一个具体伟晶岩脉体的分布方向也常与区域构线方向一致。例如我国新疆阿尔泰地槽区、秦岭地槽区等地的伟晶岩矿床。

B 侵入体及围岩

有工业价值的伟晶岩矿床，其母岩侵入体大多数是花岗岩类，如黑云母花岗岩，白云母花岗岩和二云母花岗岩。少数为碱性花岗岩。伟晶岩矿床常呈脉状产于花岗岩母岩侵入体顶部或附近的围岩中。而伟晶岩脉的围岩多为化学性质不活泼的渗透性不好的岩石，如变质岩、片麻岩、片岩、花岗岩，很少产于未经变质的沉积岩及火山岩中。

C 伟晶岩体的大小及形状

伟晶岩体的产出形态多为脉状体，故常称“伟晶岩脉”，少数呈串珠状、透镜状、囊状。脉的大小变化很大，长一般几米到几十米，少数可达数百米；宽一般几十厘米到几十米，个别可达百米宽。如非洲扎伊尔有两条世界上最大的稀有金属伟晶岩脉，长5000m，宽400m，罕见的矿脉。伟晶岩脉的产状一般较为陡直，左右对称。也有产状平缓者。

D　空间分布

伟晶岩在空间分布上明显受到构造控制，常成群出现，成带分布。成千上万条伟晶岩脉，大体相互平行，在一个区域内相对集中，构成“伟晶岩田”；若干个伟晶岩田断续分布，延伸几十到几百公里，宽几公里到10～15km，构成“伟晶岩带”。

E　结构构造

a　结构

伟晶岩矿床具有几种特殊的结构构造。

(1) 伟晶结构（巨晶结构）：晶体大小一般5～10cm，但也有十分巨大的晶体。例如：美国缅因州一个绿柱石晶体重18t，长5.5m。我国新疆发现重约60t的绿柱石晶体，36.2t的锂辉石以及9t的铯榴石晶体。

(2) 文象结构：石英分布于长石晶体中，二者形成有规律的连晶，组成一种文字状图案。

(3) 细粒（晶）结构：石英、斜长石、微斜长石晶体<1cm；

(4) 粗粒（晶）和似文象结构：石英及长石等晶体10～1cm。

b　构造

伟晶岩体内部具有分带性，是伟晶岩脉的一个重要性质。在岩脉内，一般都有几个带，环绕内核作带状分布。最外一带为“边缘带”，这一带往往与围岩接触，与围岩关系截然清楚。最中间的一带为“内核”，主要为块状石英组成。内核有时产生晶洞。从边缘带到内核带之间还能分出几个带，例如新疆阿尔泰地区一条伟晶岩脉，由于具有良好的封闭条件，分异作用充分彻底，因而在岩钟状膨大处的伟晶岩脉体内可以划分出多达10余个呈同心环状的伟晶岩带。

一般说来，伟晶岩脉大体可分为四个带（图7-5）。

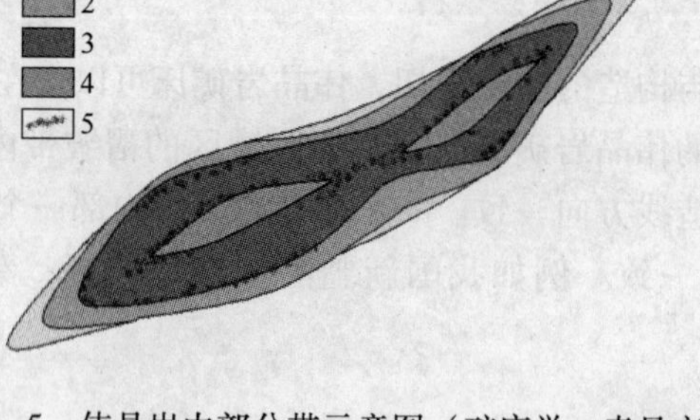

图7-5　伟晶岩内部分带示意图（矿床学，袁见齐）

1—边缘带；2—外侧带；3—中间带；4—内核；5—交代矿物带

(1) 边缘带。该带与围岩接触，故岩体冷凝时温度下降较快，带内矿物结晶不好，具典型的细粒结构（<1cm），厚度一般不大，约几厘米，且断续不连，或局部缺失。主要由长石、石英、云母组成，有时可见少量的石榴石、电气石、绿柱石、偶见稀有元素矿物。其中金属矿物不具工业意义。

(2) 外侧带。厚度较前者大，矿物颗粒也较大，矿物组成与边缘带基本相同，即主要为长石、云母、石英组成。但含量比例不一样。除长石、石英、云母外，还有黑云母、磷灰石、绿柱石、电气石等。这一带内绿柱石（Be），白云母常具工业价值，矿物主要呈粗粒和文象结构。

（3）中间带。带中矿物颗粒较外侧带更大，呈粗粒结构、文象结构和块状构造；此带厚度也大，常构成岩脉的主体部分。矿物成分复杂，除主要矿物之外，还含有大量金属矿物等有用组分，如稀有、稀土、分散元素矿物等、绿柱石、锂辉石，因此此带是稀有稀土分散元素矿化最为集中的部位，具较大的工业价值。

（4）内核。位于伟晶岩体的中心部位，常由结晶粗大的石英和长石组成，或仅由石英以及电气石、锂辉石等组成致密块状内核。有时亦可构成晶洞，可有质量较好的水晶产出。

此外，在许多伟晶岩矿区，常有更晚期的裂隙充填－交代型石英脉叠加在上述各带之上，而往往在这种具有充填－交代作用的脉中有更具工业价值的金属组分。

F 物质成分

花岗伟晶岩矿床的主要矿物成分与花岗岩母岩的差别不大，即主要由石英、长石（斜长石、微斜长石、钠长石、正长石）、云母（黑云母、白云母）组成。这三大类矿物占伟晶岩矿体的90%～95%左右。

在伟晶岩中，大约集中了四十余种元素，其中稀散元素很多。组成伟晶岩的矿物亦多达300余种，比组成岩浆岩的成分要复杂得多。据统计，我国各地伟晶岩中产出的稀散元素矿物主要有：锂（Li）矿物、铍（Be）矿物、铌钽（Nb，Ta）矿物、稀土矿物（TR）、锆铪（Zr－Hf）矿物、铯矿物、铷矿物、铀钍矿物、钛矿物等。此外，还有锡石、黑钨矿、辉钼矿、磁铁矿、辉铜矿等其他金属硫化物，以及含有挥发分的矿物如磷灰石，黄玉，电气石，萤石等。

主要矿产有：稀有元素、稀土元素（RE）、分散元素、放射性元素。如Li、Be、Ta、Nb、Cs、Rb、Zr、Hf、La、Ce、U、Th、Y、长石、云母、水晶（石英），宝石类：黄玉、水晶、绿柱石、电气石、石榴石。

7.2.3.3 伟晶岩（矿床）的分类

目前，大多采用弗拉索夫的分类，它依据伟晶岩分异程度、矿物共生关系和结构特征分为以下五种类型：即文象和等粒型伟晶岩、块状型伟晶岩、完全分异型伟晶岩、稀有金属交代型伟晶岩、长石－锂辉石型伟晶岩。

7.2.3.4 伟晶岩成岩成矿地质条件

A 地质条件

在区域范围内，伟晶岩矿床的空间分布明显受大地构造的控制，伟晶岩带的总体延展方向也与大地构造方向一致。地质构造条件不仅能决定侵入体埋藏深度、形状、体积以及在空间上的位置，还能决定能否有伟晶岩产生。因为当埋藏较浅时，挥发物质由于内压力超过外压力，挥发分易逸出而分散掉；埋藏较深，由于外压力超过内压力，挥发分则不易集中。在相对稳定的构造环境产出的伟晶岩，一般形态简单、规整，产状稳定，内部分带性好，脉内一些板状柱状矿物定向生长，在规模较大的脉体中较交代作用强烈。在不稳定的构造环境下产出的伟晶岩，形态复杂，通常成分枝、交叉等不规则状，产状变化很大，内部分带性差，晶体无定向排列，常见矿物被挤压、破碎、弯曲等现象，交代作用无一定规律性。

B　岩浆岩条件

伟晶岩矿床在成因上与相应的侵入岩有密切的成因联系，即伟晶岩矿床是在岩浆结晶后期富含挥发分的残余岩浆冷凝结晶、交代而成。因此，同岩浆矿床一样，岩浆条件是伟晶岩矿床形成的首要的、基本的条件。也就是说，超基性岩－基性岩－中性岩－酸性岩浆相应地生成各种伟晶岩及伟晶岩矿床，其中最常见、最有工业价值的乃是由花岗质岩浆形成的花岗伟晶岩矿床。

C　物理－化学条件

（1）温度。由于伟晶岩矿床的形成是一种缓慢的结晶－交代过程，因此其温度变化范围较大，大约从1000～300℃之间。但伟晶岩的主体则是在600～400℃的范围内形成的。例如，经南京大学的研究，在分带完好的伟晶岩脉体中，边缘带的结晶温度约为700℃；外侧在600～700℃以下；中间带为600～500℃；内核以及随后的交代作用则在500℃以下的条件下形成。

（2）压力。由于伟晶岩矿床的形成需要一定的温度和保持一定的围岩压力，才能使挥发分不致逸散，结晶作用充分进行。因此伟晶岩的形成是在较大的压力条件下，即在离地表较深的条件下形成的。实际资料和理论推导都证明伟晶岩矿床的形成深度一般为3～9km。这个深度，一般较岩浆矿床形成深度小得多，而大于气成热液矿床的形成深度。压力约为几百个大气压。

D　围岩条件

围岩的力学性能和渗透性、导热性等物理性能影响构造裂隙的发育和高挥发分岩浆的封闭条件，从而可能影响伟晶岩的发育程度。高挥发分岩浆贯入构造裂隙后可能与围岩发生一定程度的物质交换作用，因此围岩的化学成分对一些矿床的形成可发生重要影响。例如，碳酸盐等贫硅围岩可导致熔浆中 SiO_2 流失形成去硅伟晶岩，有利于刚玉的形成；富钙围岩可导致熔浆中钙质增加，从而有利于褐帘石、锂辉石等含钙矿物的形成；富镁围岩中的Mg常可与岩浆中的Li、Cs发生交换反应，因而不利于锂、铯等元素富集成矿。

7.2.4　接触交代矿床

7.2.4.1　概念及工业意义

A　概念

接触交代矿床主要是在中酸性—中基性侵入岩类与碳酸盐类岩石（或其他钙镁质岩石）的接触带上或其附近，由于含矿气水溶液进行交代作用而形成的。接触交代矿床中一般都具有典型的矽卡岩矿物组合，矿石在空间上和成因上与矽卡岩也有一定的联系，故又称为矽卡岩矿床。

（1）接触交代作用。接触交代作用是指岩浆期后热液在岩体与围岩接触带及其附近发生的交代作用。发生接触交代作用的热液主要是来源于侵入岩浆冷凝结晶过程中释放出来的岩浆热液，但是也不排除在岩浆热能作用下参与对流循环的地下水热液。接触交代作用方式可分为接触扩散交代作用（双交代作用）和接触渗滤交代作用。前者是在接触带热液作用下内外接触带的物质相互扩散而发生的交代作用，如外接触带中的 CaO、MgO 向内接触带扩散交代形成斜长石、方柱石、辉石等矿物（图 7-6）；内接触带的 FeO、Al_2O_3、SiO_2 向外接触带扩散交代形成石榴石、透辉石、硅灰石等矿物。后者是热液携带的组分在接触带及其附近发生的渗滤交代作用（图 7-7）。

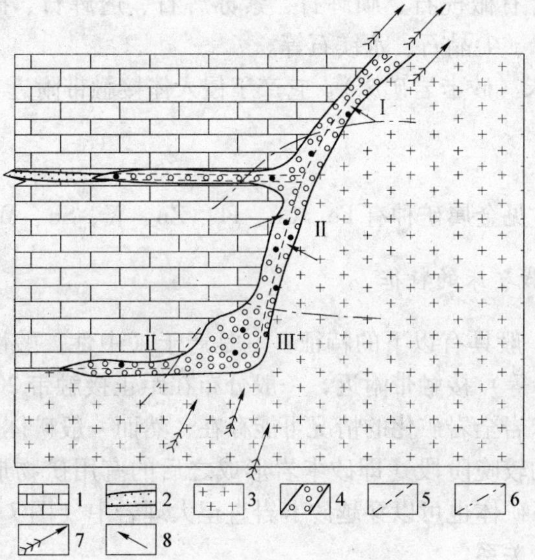

图 7-6 溶液沿花岗岩类及石灰岩的接触面流动时的双交代作用图解（矿床学，袁见齐等）

1—石灰岩；2—石灰岩中之砂岩层；3—花岗岩；4—矽卡岩带；5—矽卡岩带中原来的接触面；6—各区的界线；7—溶液流动方向；8—发生反应的惰性组分扩散方向；Ⅰ，Ⅱ—双交代作用为主；Ⅲ—接触渗滤交代作用占优势

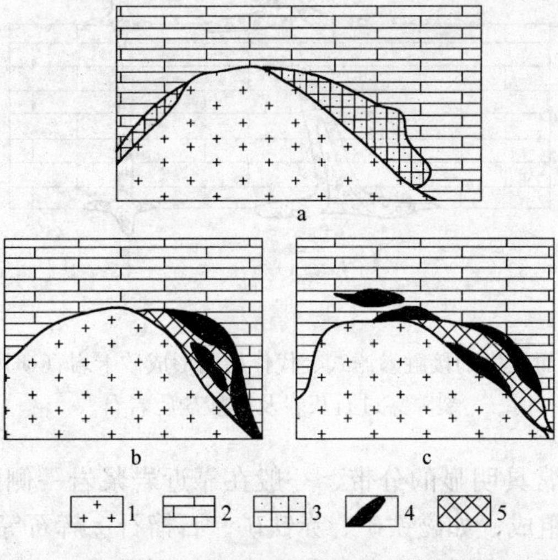

图 7-7 矽卡岩金属矿床的类型（据阿布杜拉耶夫）

a—矿体与矽卡岩同时生成；b—矿体晚于矽卡岩；c—矿体叠加在矽卡岩之上

1—花岗闪长岩；2——石灰岩；3—含矿矽卡岩；4—矿体；5—无矿矽卡岩

（2）矽卡岩。矽卡岩是由接触交代作用形成的具有特征钙镁铝硅酸盐矿物组合的蚀变岩。矽卡岩其分类为：

1）按矽卡岩的产出部位可分为：内矽卡岩（产于内接触带）和外矽卡岩（产于外接触带）。

2）按矽卡岩的矿物组合可分为钙矽卡岩和镁矽卡岩。钙矽卡岩常见矿物组合有石榴石、透辉石、硅灰石、方柱石、角闪石、符山石、黑柱石、阳起石、绿帘石、绿泥石等；镁矽卡岩常见矿物组合有橄榄石、顽辉石、紫苏辉石、透辉石、硅镁石、透闪石、蛇纹石、韭角闪石、金云母、尖晶石、水镁石等。

(3) 接触交代矿床（矽卡岩矿床）。它产于侵入体接触带附近与矽卡岩有成因联系的矿床。

B　工业意义

接触交代矿床中常见金属矿种有 Fe、Cu、Pb、Zn、W、Sn、Mo、Be 等。

7.2.4.2　接触交代矿床的特征

(1) 接触带矿体一般具有以下的特征：一是产于（中性、酸性）侵入体与化学性质活泼的围岩（碳酸盐岩等）接触带附近，一般分布在距正接触带 200m 之内；二是与矽卡岩密切共生。虽然矽卡岩全岩矿化的情况可能存在，然而一般矿体多产于矽卡岩内，但是在接触交代矿床形成的较晚阶段（即矽卡岩形成之后的有用矿物形成阶段），在其构造、岩性条件有利的情况下矿体也可以穿越矽卡岩直至大理岩中（图 7－8）；三是矿体的形态不规则，与围岩呈渐变关系。

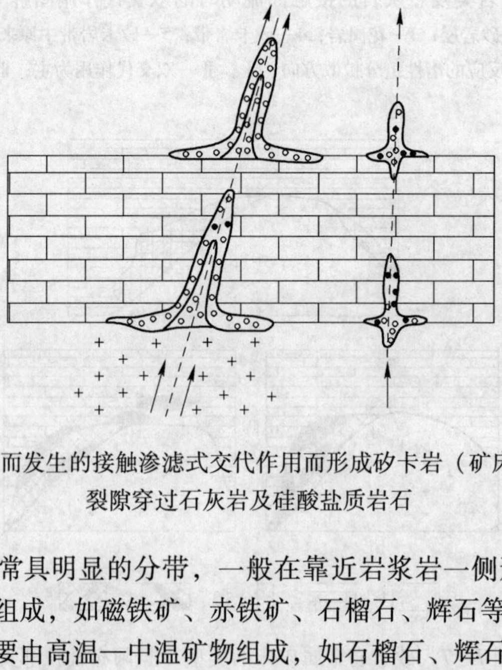

图 7－8　沿裂隙而发生的接触渗滤式交代作用而形成矽卡岩（矿床学，袁见齐等）
裂隙穿过石灰岩及硅酸盐质岩石

(2) 矿化及矽卡岩常具明显的分带，一般在靠近岩浆岩一侧形成内矽卡岩，称为内带，主要由较高温矿物组成，如磁铁矿、赤铁矿、石榴石、辉石等。靠近围岩一侧形成外矽卡岩，称为外带，主要由高温—中温矿物组成，如石榴石、辉石、角闪石、绿泥石、绿帘石、阳起石、黄铁矿、黄铜矿、闪锌矿等。距接触带较远的围岩中，温度减低，广泛发育有石英、方解石，有时有萤石、重晶石。

(3) 矿石的矿物组合复杂，矿石矿物常见硫化物、氧化物、钨酸盐（白钨矿）、硼酸盐及硅铍石、金绿宝石、日光榴石等铍的铝硅酸盐。脉石矿物主要为构成矽卡岩的铝硅酸盐矿物、石英、碳酸盐矿物等。

7.2.4.3 成矿地质条件

A 岩浆岩条件

(1) 岩性。与接触交代矿床有关的侵入体以中性岩和酸性岩为主，显示一定程度的成矿专属性。铁矿床多与基性-中性岩体有关，这是由于此类岩石富铁而且富钠热液有利于铁的活化迁移；铜矿多与中酸性岩体有关，可能与富钾热液有利于铜的活化迁移有关；铅锌矿多与花岗岩岩体有关，主要为花岗闪长岩类侵入体；钼矿多与高硅富碱的I型（地壳同熔型）花岗岩有关；钨、锡矿多与高硅富碱的S型（陆壳改造型）花岗岩有关。

(2) 深度与规模。与接触交代矿床有关的侵入体多为中、浅成中小型岩体，成矿岩体一般出露面积多在 $2\sim10km^2$ 或更小，大于 $50km^2$ 的成矿岩体较为少见。中、浅成岩体有利于成矿的原因是接触交代形成矽卡岩的化学反应多伴随二氧化碳气体的形成，中、浅成环境因围岩压力较低二氧化碳易于释放因而有利于进行交代反应。成矿的中、小型岩体则可能是大岩体峰顶部位的小岩株，由于其剥蚀较浅而面积较小，但是与深部岩体相连。因此，深部岩浆上升的热液有利于在其顶部小岩株中得到富集与交代成矿。相反，出露面积大的岩体说明剥蚀较深，顶部有利成矿部位已被剥蚀，因而往往不见矿化。

B 围岩条件

与接触交代矿床有关的侵入体围岩均属化学性质活泼的围岩，主要是碳酸盐岩。如石灰岩（大理岩）、白云质灰岩、白云岩、泥质岩和钙质页岩等，其次是火山岩如安山岩、英安岩、凝灰岩等。

C 构造条件

(1) 大地构造环境。有利于接触交代矿床成矿的大地构造单元是大陆边缘弧、岛弧及断裂凹陷带，这些构造环境中酸性岩浆活动强烈。

(2) 控制岩体的构造。经常是大断裂、不同方向的断裂交汇部位、大型褶皱的转折端及倾伏端。原因是上述构造部位常构成岩浆上升的通道。

(3) 控制矿体的构造。

1) 接触带构造。接触带构造是控制矿体分布及形态的主要构造，主要表现在如下几个方面：

①平盖型接触带多形成规则的矿体（图7-9）。

②超覆型接触带多形成富而不规则状及透镜状矿体（图7-10）。

③岩体凹部有利于成矿，多形成不规则矿体。这是由于该部位的围岩断裂裂隙发育，与岩体接触面积大，有利于发生接触交代作用（图7-10）。

④层理面倾向接触面的接触带有利于成矿。原因是层理面常构成热液向上、向外运移的通道。

2) 捕虏体构造。被捕虏的围岩裂隙发育，与岩浆有相对最大的接触面积，因而有利于接触交代作用与成矿。

3) 断裂构造。与接触带重合及相交的断裂有利于成矿。原因是断裂及其破碎带常构成热液活动的通道和成矿的场所，远离接触带的矿体多受断裂控制。

4) 褶皱构造：矿体多形成于接触带附近褶皱的转折端及翼部层间滑动面。

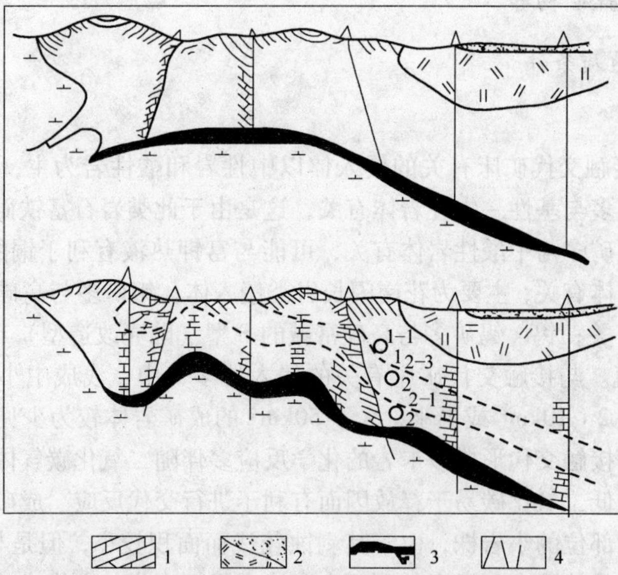

图 7-9 平盖型接触带剖面图（矿床学，袁见齐等）

1—灰岩；2—岩浆岩；3—矿体；4—钻孔

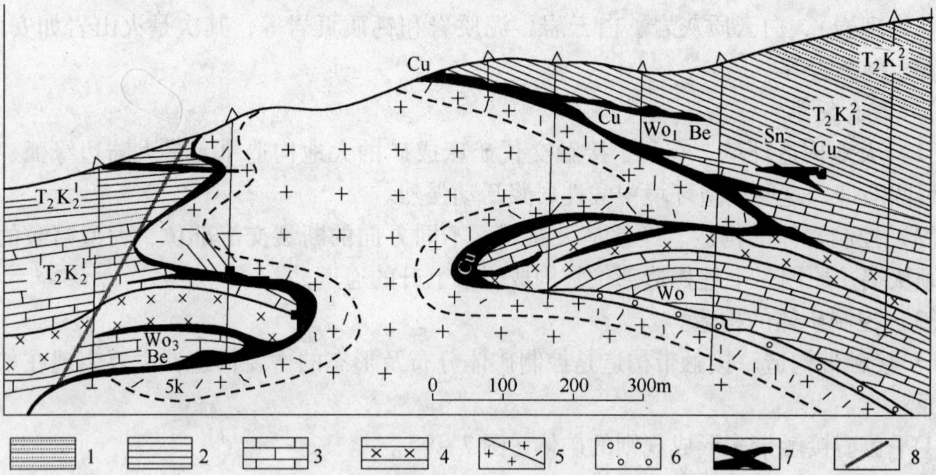

图 7-10 个旧锡矿锡石—硫化物矿床地质图

1—上三叠系泥质灰岩、灰岩互层（$T_2K_2^1$）；2—下三叠系灰岩、白云质灰岩互层（$T_2K_1^2$）；3—上三叠系灰岩（$T_2K_2^1$）；4—变辉绿岩；5—含斑黑云母花岗岩及其过渡带；6—矽卡岩；7—矿体（Cu、Zn、Pb、Bi）；8—断层

7.2.4.4 重要的矿床类型——个旧锡矿老厂矽卡岩型锡（-多金属）矿床

老厂矽卡岩型锡（-多金属）矿床产于接触带的锡石—硫化物型矿床。此类矿床矿种多，范围广，为老厂矿田规模最大的一类矿床，已探明的锡储量占矿田原生矿床锡储量的59%。它处于其他各类矿床的最下部、埋藏于地表300m以下。矽卡岩硫化物矿床包括矽卡岩型钨矿床和矽卡岩硫化物型锡、铜矿床，分别属于矽卡岩和热液硫化物两个矿

化期。

在老厂花岗岩接触带上，矽卡岩分布相当广泛，常有硫化矿叠加其上，锡、铜、钨等矿化也很强，各种矿化大致有一定的方向性，如锡矿化明显呈北东向，铜的矿化则除呈北东向外，还向北西向伸展，钨矿化强度远不如锡、铜，且似有南北向展布的趋势，另外三种矿化的峰值连线近似等距排布，与岩体形态、表层断裂构造相对应。

矿床分布和岩体形态有关，多数产于小突起的周围，尤其在北东向小突起之南东侧，矿床一般规模较大，形态简单。矿床形态也受岩体形态控制，可分脉状、柱状、透镜状、似层状与凹兜状等类。

(1) 脉状。接触带矿床沿适宜的构造部位上延而成，常与层间矿床相连。在岩脉发育处，则依附于岩脉上下盘，尤以下盘为好。区内脉状矿多为东西向，并有明显的侧伏现象。本类矿床为中等规模，矿化强度较高，形态较简单、连续性好。

(2) 柱状。受两组交叉断裂与花岗岩突起交截部位控制，矿体沿断裂交叉部位形成柱状、管状矿体；向上与脉状矿体相连，向下与接触带透镜状矿体相接，形态简单，矿化连续性好，中等规模。

(3) 透镜状。矿体依附于接触带，赋存在岩体表面呈盆状、槽状凹陷中，并随花岗岩形态起伏变化，一般形态较简单，但在接触带陡缓交替部位，矿体变厚；或在接触带与成矿断裂、有利层位交截部位，矿体形态变得复杂。透镜状矿体是本类矿床的主要产出形态，矿体规模较大。

(4) 似层状。本类矿床受有利层位与花岗岩之截交部位控制，形态较简单，但矿化连续性差，矿体中夹石多。

(5) 凹兜状。赋存于花岗岩舌或岩枝的俯侧，由于花岗岩形成屏蔽层，故矿体较厚大（图7-11）。

组成矽卡岩硫化物型锡、铜矿床的主要矿物有磁黄铁矿、毒砂、黄铜矿、黄铁矿、铁闪锌矿、锡石及白钨矿等，脉石矿物为透辉石、钙铝石榴石、斜长石、萤石、金云母、石英、绿泥石等。由于硫化矿的浸染交代程度的差异，矿石可分为致密块状硫化矿与硫化矿浸染的矽卡岩两类。有用矿物在矿体中分布不均匀，锡铜含量也互为消长，经常伴生有铋、铟、镓。

个别矿体有晚期铅矿化叠加。部分矽卡岩硫化矿床多已氧化，氧化矿石主要由褐铁矿、水针铁矿、赤铁矿、铁质黏土组成，含有少量绢云母、水金云母、白云母、方解石、石英等，有用矿物有锡石、砷钙铜矿、孔雀石、砖红铜矿、铜矾、砷铅矿、白铅矿、铅铁矾、水白铅矿等。靠近硫化矿处，常见水绿矾、臭葱石及次生黄铁矿等。

7.2.5 热液矿床

7.2.5.1 概念、特征及工业意义

A 热液矿床的概念

热液矿床是由含矿热水溶液在一定物理化学条件下，在各种有利构造和岩石中通过充填和交代作用使有用组分富集而形成的矿床。

B 矿床特征

热液矿床一般具有如下共同特征：

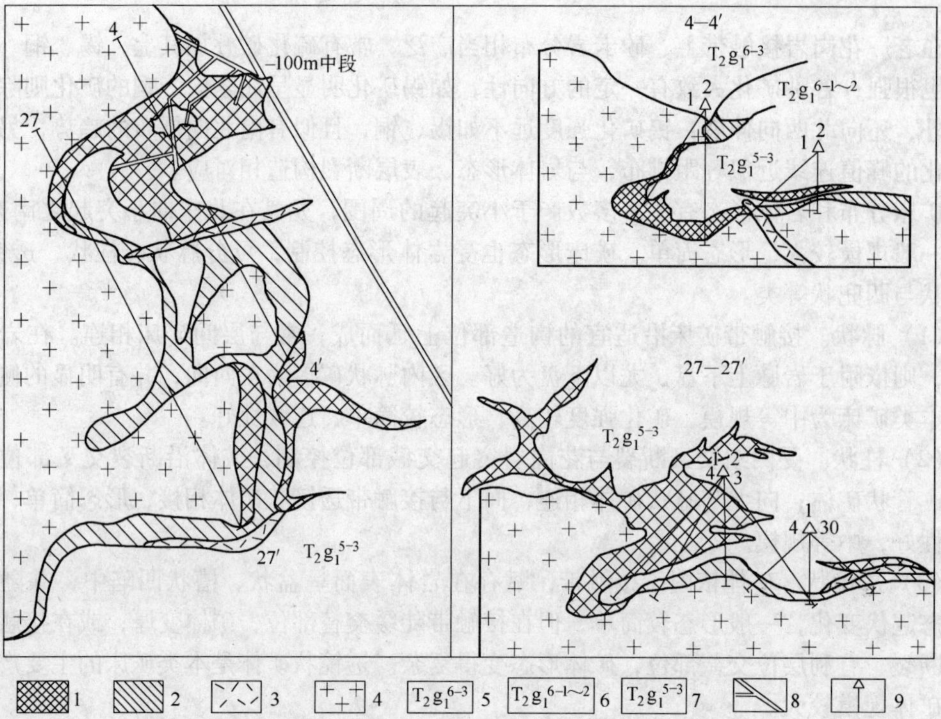

图7-11 老厂凹兜状矿体形态平、剖面图

1—氧化矿；2—矽卡岩；3—长英岩；4—花岗岩；5—中厚层状大理岩；
6—大理岩与灰质白云岩互层；7—中厚层状大理岩；8—坑道；9—钻孔

(1) 均属后生矿床。因此，成矿时间一般晚于围岩，矿体往往不受原生构造控制，围岩往往有不同程度的蚀变。

(2) 矿体受构造控制明显。矿体形状与构造和成矿方式有关，充填矿床的矿体多为脉状、网脉状；交代矿床的矿体多为不规则状、凸镜状、似层状。

(3) 矿床多为多期多阶段形成的，成矿过程往往是长期而复杂，不同的成矿期和成矿阶段形成不同的矿物共生组合。

(4) 矿石的金属矿物主要是硫化物、氧化物、砷化物、含氧盐；常见的有用非金属矿物及脉石矿物有碳酸盐、硫酸盐、含水硅酸盐、石英等。矿石多具梳状、对称带状、角砾状、晶洞状、皮壳状，也可见浸染状及块状构造。

(5) 形成温度和深度较其他内生矿床低和浅：成矿温度一般在400℃以下，最高在500~600℃，最低50℃左右。矿床形成的深度：深—中深（4.5~1.5km），或浅到超浅（1.5km~近地表），甚至在地表形成。

C 工业意义

热液矿床是一个重要的矿床类型，矿种多，工业价值大。有重要价值的矿种包括：有色金属Cu、Pb、Zn、Hg、Sb、W、Sn、Mo、Bi、Ni、Co等；贵金属Au、Ag；黑色金属Fe；稀有及分散元素Li、Be、Ga、Ge、In、Cd等；放射性元素U；非金属矿产硫、石棉、萤石、水晶、明矾石、重晶石、菱镁矿、滑石、叶蜡石、高岭土、膨润土等。其中一些矿种主要产于热液矿床，如 Au、Ag、Hg、Sb 等。

7.2.5.2 矿床分类

依据不同的分类原则可将热液矿床划分为不同的成因类型，较通用的分类如下。

A 按成矿深度分类

依据矿床形成时成矿位置距地表的深度将热液矿床分为表成（成矿深度小于数百米）、浅成（成矿深度数百米～1.5km）、中深成（成矿深度 1.5～3km）和深成矿床（成矿深度大于 3km）。

表成及浅成矿床的矿体延深小，向下多急剧尖灭；矿化元素垂直分带不明显，矿石成分复杂，多阶段矿石常叠加在一起，高、中、低温矿物组合常混在一起；矿化程度及矿石品位的分布多不均匀。中深和深成矿床的矿体常延深较大，不同元素及矿物组合垂向分带明显；矿石成分简单，品位较均匀，矿石结构较粗。

B 按成矿温度分类

依据矿床的形成温度常将热液矿床分为高温热液矿床、中温热液矿床和低温热液矿床。

（1）高温热液矿床：高温热液矿床具有如下特征：一是成矿温度高于 300℃；二是矿石的矿物组合常为黑钨矿、锡石、辉钼矿、辉铋矿、磁黄铁矿、磁铁矿、镜铁矿、绿柱石、锂云母、黄玉、铌（钽）铁矿、萤石等；三是围岩蚀变常见钾长石化、钠长石化、云英岩化、电气石化、硅（石英）化等。

（2）中温热液矿床。中温热液矿床具有如下特征：一是成矿温度为 200～300℃；二是矿石的矿物组合常为黄铜矿、方铅矿、闪锌矿等；三是围岩蚀变常见绢云母化、黄铁矿化、绿泥石化、硅（石英）化等。

（3）低温热液矿床。低温热液矿床具有如下特征：一是成矿温度低于 200℃；二是矿石的矿物组合常为辉锑矿、辉铜矿、辰砂、雄黄、雌黄、金银的硒化物及碲化物等；三是围岩蚀变常见高岭石化、白云石化、明矾石化、玉髓化及蛋白石化。

C 按形成环境及热液来源分类

依据矿床的形成环境和热液来源将热液矿床分为侵入岩浆热液矿床、地下水热液矿床、变质热液矿床。

7.2.5.3 侵入岩浆热液矿床

A 侵入岩浆热液矿床的概念

侵入岩浆热液矿床是与侵入体具有密切的时、空及成因关系的热液矿床。矿床分布于侵入体顶部、边部及其周围，一般是在岩浆侵入－结晶晚期及期后主要由岩浆结晶过程中分馏出来的气液形成的，但不排除岩浆热动力作用下地下水热液参与成矿的可能性。

B 矿床特征

侵入岩浆热液矿床常具如下特征：

（1）矿床与侵入体空间关系密切。矿体产于侵入岩体的顶部、边部、内外接触带及其附近，由于含矿热液从岩体向上、向外运移时温度随之降低，可出现有高温热液矿床到中温热液矿床再到低温热液矿床有规律的分带。如英国康瓦尔地区围绕成矿岩体有 Sn、

W、Bi、As、Cu、Pb、Zn、Ag 和 Sb 的矿脉呈带状分布。

(2) 成矿时间与岩体侵入成岩时代近于一致或稍晚。

(3) 成矿物质与岩体关系密切，具体表现在：①矿种与岩体也可显示一定程度的成矿专属性（同矽卡岩矿床）；②成矿热液主要是岩浆热液，因而热液 H_2O 的氢氧同位素接近岩浆水的特征（$\delta^{18}O=(6\sim9)‰$）。

(4) 矿体（脉）受构造控制明显。

C 成矿地质条件

(1) 岩浆岩条件。与侵入岩浆热液有关的岩浆岩主要是酸性、中性—酸性、中性岩浆岩及碱性岩类。与接触交代矿床相比，侵入岩浆热液矿床的矿种与岩浆岩之间也显示类似的成矿专属性，这是因为这两种矿床的成矿物质来源相同只是围岩条件和成矿方式的差异。与成矿有关的岩浆岩一般都富含相关元素。例如，不含锡的花岗岩其 Sn 的丰度一般小于 5×10^{-6}，含锡花岗岩其 Sn 的丰度可达（$10\sim60$）$\times10^{-6}$；不含钼的花岗岩其 Mo 的丰度一般小于 2×10^{-6}，含钼花岗岩其 Mo 的丰度可达（$4\sim14$）$\times10^{-6}$。

(2) 构造条件。侵入岩浆热液矿床受构造控制明显，各种破裂性构造均可能构成热液活动的通道和沉淀成矿的场所。控制矿体分布的构造主要是断裂、破碎带、裂隙及侵入体的原生节理、接触带构造、围岩中的褶皱、层间滑动带等。

(3) 围岩条件。与侵入岩浆热液矿床有关的侵入体围岩及矿体围岩一般都是化学性质不很活泼的非碳酸盐类的岩石。这并不是因为碳酸盐岩不利于成矿，而是此种围岩存在时多形成接触交代矿床。当侵入体与两种不同性质的围岩接触时可能形成接触交代型和侵入岩浆热液型两种矿床的成矿系列，如瑶岗仙钨矿床。此外裂隙发育、渗透性较好的围岩有利于成矿。

7.2.5.4 地下水热液矿床

A 概念

地下水热液矿床是由地下水热液形成的矿床。

B 矿床特征

(1) 矿床多产于沉积岩区，矿田（床）范围内没有侵入体或岩体，与成矿无关。

(2) 矿床受地层、岩相、岩性控制明显。

(3) 矿体多呈似层状、凸镜状及脉状产于特定的地层层位，常沿一定的岩性层、层理、层间构造及断裂、裂隙分布。

(4) 矿石的矿物成分简单，有用矿物种类较少。

(5) 成矿温度多属中温、低温。围岩蚀变较弱，多见硅化、白云石化、黏土化、重晶石化、退色化等。

(6) H_2O 的氢氧同位素值接近大气降水线，$\delta^{34}S$ 多为高负值或高正值，显示硫属非岩浆成因。

C 重要的矿床类型

重要的矿床类型有砂（页）岩型铜（铅锌、铀）矿床、卡林型金矿床、碳酸盐岩中的脉状铅锌矿床（密西西比河谷型）、以沉积岩为熔岩的喷气沉积（sedex）型铅锌矿床。

(1) 砂（页）岩型铜矿床。这种矿床常可构成大型、特大型矿床，矿石品位高，多伴有 Pb、Zn、Ag、Co、U（占世界铜储量的 30%）。按含矿岩相可分为海相砂（页）岩型铜矿和陆相砂岩型铜矿两种类型，前者工业意义巨大，如（赞比亚）Roan Antelope（页岩型）矿床、Mufulira（砂岩型）矿床、（扎伊尔）Kamoto、（俄）乌多坎、（德）曼斯费尔德。我国同类矿床多属后者，如（云南）郝家河、六苴砂岩铜矿床。

此类矿床的砂岩型矿体位于红（紫）色岩石（层）与灰色岩石（层）的过渡带上。矿体呈层状、似层状、凸镜状顺层产出（界线可穿层理，也可见脉状者）。围岩蚀变有退色化、白云石化、黏土化、重晶石化等。矿石中主要金属矿物为辉铜矿、斑铜矿、黄铜矿和黄铁矿，多呈浸染状分布于主岩中。从灰色层边部向内部常依次出现辉铜矿带、斑铜矿带、黄铜矿带和黄铁矿带的规律性分带。

（2）卡林型金矿床。卡林型金矿是金矿床的一个重要类型，国内外已知矿床如（贵州）板其、丫他、（湖南）石峡、（宁夏）中卫、（四川）东北寨、（美）卡林、金坑。

此类矿床常见平行围岩层理的板状、似层状、凸镜状矿体和（或）斜交围岩层理的脉状和筒状矿体。矿体与围岩呈渐变关系。矿石金属矿物常见微粒自然金、黄铁矿、白铁矿、雄黄、雌黄、毒砂、辰砂、辉锑矿，还可见少量闪锌矿、方铅矿、黄铜矿。脉石矿物常见萤石、重晶石、石英、方解石、水云母、高岭石等。矿石结构构造主要是呈自形及半自形结构，交代结构，浸染状、角砾状构造。自然金呈极微细的颗粒分布于蚀变岩中，常被硫化物包裹或被炭质及水云母等矿物吸附。常见的围岩蚀变是硅化（似碧玉岩）、高岭土化、碳酸盐化、白铁矿化、毒砂化。

（3）碳酸盐岩型铅锌矿床。此类矿床成矿时代多见于古生代及中生代，矿床规模较大，常伴生同类型的黄铁矿矿床、沉积菱铁矿矿床、重晶石－萤石－闪锌矿矿床等。已知矿床如（广东）凡口、（广西）泗顶、（美）密苏里的 Viburnum、田纳西州的 Mascott－Jefferson、（加拿大）Robb Lake、（波兰）Upper Silesia。

此类矿床的矿体多为不规则状、似层状、凸镜状产于白云岩中，产出部位多为碎屑沉积盆地的边缘、沉积基底突起部位、砂岩尖灭部位、岩屑堆积层及其尖灭部位、生物礁、断裂扩容部位、不整合面及其附近的岩溶崩塌角砾岩。矿石的主要金属矿有方铅矿、闪锌矿、黄铁矿、白铁矿、（黄铜矿）等。常见脉石矿物为白云石、方解石、菱铁矿、重晶石、萤石、胶状二氧化硅等。矿石多具交代结构、粒状结构、草莓状结构及团粒状结构，浸染状、细脉浸染状、角砾状、条纹及条带状、胶状构造。矿体的围岩蚀变微弱，常见白云岩化、硅化、方解石化及退色化。

（4）以沉积岩为熔岩的喷气沉积（Sedex）型铅锌矿床。目前已发现的矿床多形成于中元古代和古生代，品位高，规模大，常可构成中型—大型或超大型矿床，并且常与层状重晶石矿床，沉积型菱铁矿矿床伴生。如（陕西）铅硐山、桐木沟、银硐子，（甘肃）厂坝－李家沟、毕家山，（加拿大）沙利文、塞尔温盆地，（澳大利亚）芒特艾萨、麦克阿瑟，（德）腊梅尔斯伯格、麦根，（南非）布罗肯希尔。

Sedex 矿床的矿体可分为喷流－沉积成因和热液充填－交代成因两类。前者为主要矿体，呈层状、似层状、凸镜状整合地产于上述熔矿岩层中。热液充填交代成因的矿体仅在部分矿床中可见，为沿热液上升通道分布的不整合矿体。

Sedex 矿床矿石的主要金属矿物是黄铁矿、闪锌矿、方铅矿、磁黄铁矿，次为黄铜矿，还可见少量其他一些铁、铜、铋、钼的硫及硫砷化物等矿物。主要脉石矿物是石英、方解石、铁白云石、重晶石、白云石及菱铁矿等。矿石多为细粒结构、次可见交代结构、固溶体分离结构，条带及条纹状构造、浸染状构造、块状构造、角砾状构造、细脉及网脉状构造。

7.2.5.5 变质热液矿床

变质热液矿床是指变质作用过程中释放出来的热液经充填及交代作用形成的矿床。一般分布于区域变质岩区，如古老的大陆板块结晶基地分布区（地轴、地盾）、各地质时期的岛弧、裂谷及板块碰撞（缝合）造山带（地槽褶皱带）等。矿床的分布与侵入体无明显的时、空关系或经稀土元素、微量元素及同位素研究证明与侵入体无成因关系。一些变质热液矿床与区域混合岩化作用有密切的时空分布关系，属混合岩化热液矿床。

7.2.5.6 矿床实例——高松矿田芦塘坝层间氧化矿床

高松矿田芦塘坝位于大箐－阿西寨向斜靠北翼。花岗岩埋深大，海拔高程在1200m以下，距地表1200～1400m，处于个旧东区马松斑状花岗岩体与老卡等粒度花岗岩体之间的深凹部位，在凹陷之中有数个岩脉、岩株小突起，其岩性为中细粒黑云母花岗岩，与老卡岩体相似。该区是个旧矿区向斜构造具花岗岩深凹成矿的特殊地段。

A 含矿地层特征

区内分布地层为中三叠统个旧组卡房段及马拉格段。而主要含矿层位是卡房段的 $T_2g_1^6$ 及 $T_2g_1^5$ 两个层位，其锡、铜、铅、锌、银的矿化强度明显地比其他层位高，见表7－1，尤其是 $T_2g_1^6$ 是最好的层位，绝大部分似层状矿体及脉状矿体产于此层；$T_2g_1^5$ 之中以产出脉状矿体为主，有少量似层状矿体产出。

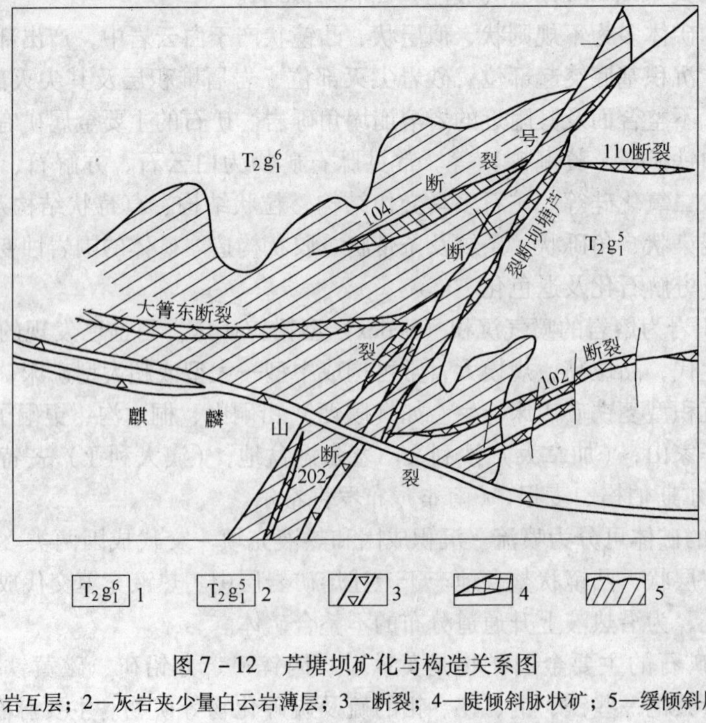

图7－12 芦塘坝矿化与构造关系图

1—灰岩与白云岩互层；2—灰岩夹少量白云岩薄层；3—断裂；4—陡倾斜脉状矿；5—缓倾斜层状矿分布范围

表 7-1 芦塘坝不同地层主要成矿元素矿化强度表

地层代号	样数	元素含量							
		Sn	Cu	Pb	Zn	Ag	Mn	Cd	B
$T_2g_2^2$	42	1.02×10^{-6}	25.41×10^{-6}	11.42×10^{-6}	10.31×10^{-6}	2.56×10^{-6}	16.95×10^{-6}	70.00×10^{-6}	4.20×10^{-6}
$T_2g_2^1$	24	0.14×10^{-6}	3.20×10^{-6}	2.39×10^{-6}	3.58×10^{-6}	0.59×10^{-6}	2.18×10^{-6}	50.00×10^{-6}	1.66×10^{-6}
$T_2g_1^6$	1070	18.77×10^{-6}	110.65×10^{-6}	34.43×10^{-6}	35.56×10^{-6}	4.44×10^{-6}	23.61×10^{-6}	82.00×10^{-6}	30.00×10^{-6}
$T_2g_1^5$	514	17.59×10^{-6}	54.92×10^{-6}	60.57×10^{-6}	30.44×10^{-6}	4.44×10^{-6}	10.16×10^{-6}	80.00×10^{-6}	28.00×10^{-6}

$T_2g_1^6$：灰色、浅灰色中厚层状石灰岩与含灰质白云岩互层，二者 CaO 与 MgO 含量十分悬殊，岩性差异大，在构造应力作用下产生层间剥离和层间破碎，是良好的储矿空间。本层厚度变化大，为 41.5～200 余米。

$T_2g_1^5$：灰色、浅灰色中厚层状石灰岩，含泥质，具波纹状、虎皮状构造。上部夹 2～3 层条带灰质白云岩，延伸稳定。下部为含燧石结核薄层灰岩。本区中偶见有腹足类、瓣鳃类、海百合茎化石。厚 336～662.7m。

B 断裂构造及其对矿床的控制

高松矿田褶皱和断裂均比较发育，芦塘坝处于北西西向的大箐－阿西寨向斜北翼，小的挠曲较明显，但对矿体的产出起控制作用者以断裂及其派生裂隙为突出（图 7－12)。

（1）东西走向断裂主要有两条，一是矿田北界的个松断裂，走向长度大于 10km，倾斜延伸大于 800m，向南陡倾 70°～90°。断裂带宽 530m，具多期活动特征，有明显控岩、控矿作用，使松树脚花岗岩突起至此急剧陡倾下陷，在 2095m 高程以上蚀变矿化加强，并产出含锡氧化矿体。二是麒麟山断裂，为芦塘坝矿段南界，走向长度大于 6km，倾斜延伸大于 800m，破碎带宽 6～30m，南侧有数条平行破碎带产出。断裂倾向北东，倾角 70°～83°。该断裂明显错断北东向断裂，未见较强的矿化。

（2）北东走向断裂以芦塘坝断裂为主干构造，并派生一系列断裂和裂隙，是本区控制矿体产 出的主要构造。该断裂贯穿高松矿田中部，呈北 35°～45°东走向，向北西倾斜，倾角 45°～88°，走向大于 8km，倾斜延伸大于 800m。断裂破碎带宽 5～30m，局部达 50～60m，由压裂岩、压碎岩、碎斑岩、碎粒岩、糜棱岩及角砾岩组成，往深部延伸表现为劈理化。断裂派生有隐伏地下的与之平行或北东东向断裂，平行产出的如 1 号断裂等，它们在剖面上与芦塘坝断裂构成“入”字形；北东东向的有 104、131、102 等断裂，与芦塘坝断裂大角度相交。芦塘坝断裂及其派生断裂通过 $T_2g_1^6$ 地层层位则产生频繁的层间剥离和破碎，尤以互相交叉部位，形成矿液充填的良好空间，断裂本身也充填矿液，形成了多层次层脉相交层间氧化矿（如图 7－13)。

C 矿体特征

矿体按产状及形态可分两种类型：

（1）陡倾斜脉状矿体，沿芦塘坝断裂及其派生的断裂产出，矿体大小不一，小者呈透镜状，矿石品位一般很富。在芦塘坝断裂上下两盘均有产出。

（2）缓倾斜似层状矿体，主要分布在芦塘坝断裂上盘 $T_2g_1^6$ 之中，矿体沿层产出，受层间剥离或层间破碎控制产状与地层一致。具有多层性，一般 3～5 层，多达 8～9 层。矿体一般规模较大，长数十米至数百米，最长可达千米，宽度一般 100～200m。

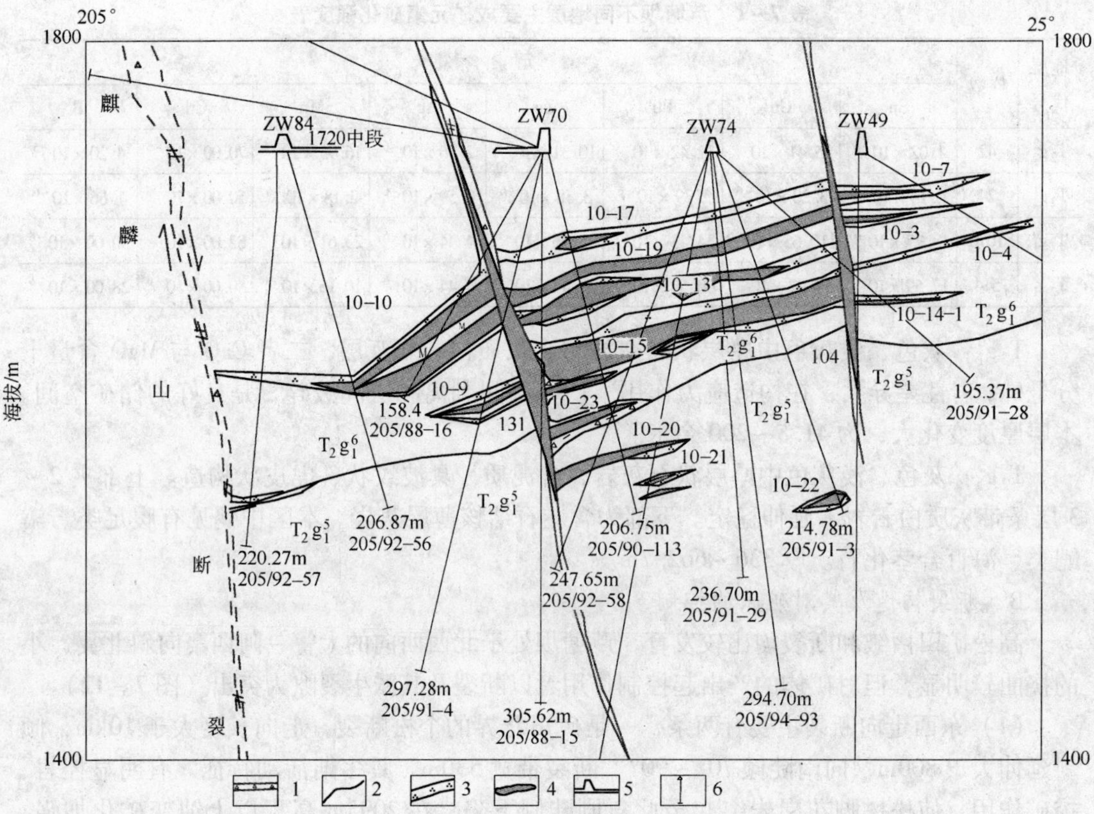

图 7-13　高松矿田芦塘坝 205 线地质剖面图

1—断裂；2—地层界线；3—白云岩层；4—氧化矿；5—坑道及钻窝；6—钻孔

矿石绝大部分已氧化，主要由褐铁矿、赤铁矿、针铁矿组成，金属矿物有：锡石、白铅矿、铅矾、砷铅矿、硬锰矿、软锰矿、菱锌矿、异极矿、孔雀石等。具土状、胶状及蜂窝状构造，矿物多呈粒状、柱状的自形、半自形或他形粒状结构。矿体中矿石局部可见硫化矿残块，主要金属矿物有黄铁矿、毒砂、方铅矿、铁闪锌矿及少量黄铜矿。

根据矿石主要有益组分可划为两种类型：

(1) 锡矿。主要分布在芦塘坝断裂上盘（西部），含锡较富，矿体平均锡品位一般都可达 1% ~2% 以上，伴生有银、铟、铁和砷，少数矿体伴生锌。

(2) 银、铅、锡矿。主要分布在芦塘坝断裂下盘（东部），为陡倾斜脉状矿体。平均含银达 230g/t，铅 8% ~3%、锡 0.3% ~1%，并伴生有锌、铟、镉、铁和砷。

D　近矿围岩蚀变

近矿围岩蚀变有褐铁矿化，铁锰矿化和大理岩化，而褐铁矿化与锡矿化有关，可作为找锡矿体直接标志。铁锰矿化一般与银铅矿化关系密切。

7.2.6　火山成因矿床

7.2.6.1　概述

由火山作用形成的一系列矿床，统称为“火山成因矿床”，火山作用包括火山-岩浆作用，火山次火山－气液作用、火山－沉积作用。

与火山作用有关的金属矿床是近代矿床学一个重要的研究领域。虽然就成矿作用而言，与火山作用有关的矿床并未构成独立的矿床类型。因为这类矿床的形成，实质上是在岩浆分异作用，气水热液作用以及沉积作用过程中，成矿物质发生迁移富集形成矿床。

7.2.6.2 火山成因矿床的成矿作用

与火山作用有关的矿床，主要是通过岩浆喷溢方式、火山喷气方式、火山热液方式、次火山热液方式、火山沉积方式这种复杂的交代、充填作用而形成的。所以火山成矿作用实质上仍为交代作用和充填作用两大类型。

A 火山喷气成矿作用

火山喷发时喷出大量的气体和金属化合物等成矿组分，这些喷发物与围岩发生种种作用，或者通过冷凝结晶作用，或者不同气体之间的相互反应，在火山口、喷气孔及其周围形成有用矿物堆积形成矿床的地质作用称为火山喷气成矿作用。

火山喷出的气体，在一定的条件下能形成矿物的堆积，例如在火山岩、磷灰岩，火山熔岩的裂隙中形成硫磺、雄黄、雌黄、萤石、硼矿等。火山喷气作用形成的矿物堆积有时具有较大的经济价值，可供开采，但大多数工业价值不大，规模太小，然而具有重要的科研价值。

B 火山热液成矿作用

由火山活动喷出的大量气水热液通过交代和充填的方式，形成有用组分的堆积，这种作用称为火山热液成矿作用。在火山喷发作用的早期，多以固、气体喷发为主，而在晚期，则以热水活动为主，这种作用持续的时间可以很长，也可以周期性地多次进行。强烈而广泛的火山热液活动可以形成多种多样，规模大小不同的矿化和围岩蚀变。

在火山喷发作用中，以海底喷发作用最为重要，发生在海洋环境中的海底喷发作用与大陆喷发作用的特点大不相同。在海洋环境中，火山热液常与火山碎屑物质或与其他正常的沉积物质发生化学反应而使有用组分沉淀富集。并且，由于火山气液在海水中迅速致冷，以及海水对被吸附在火山碎屑物中物质的溶解作用，火山碎屑物质的分解作用，使得这些由火山气、液、固体所带的成矿组分又不断地转入到海水中去，再经过沉积，形成海底火山—沉积矿床。很显然，这类矿床除了具有火山作用的特点外，还具有许多外生矿床的特点。

C 次火山气液成矿作用

在次火山岩体结晶冷凝过程中，聚集在岩体内的含矿气水热液通过交代和充填的方式，在火山—次火山机构的构造空间形成矿床，这种作用称为次火山气液成矿作用。与次火山气液成矿作用有关的岩体为次火山岩，所谓“次火山岩”即一种与火山岩同源的浅成—超浅成侵入体（距地表0.5～1.0km）。在火山活动的晚期或间歇期，常伴随着浅成—超浅成相的次火山侵入活动，它们大部侵入于火山口中或火山口周围的裂隙中。其生成时间大体与火山岩同时，只不过是同源岩浆在某些场合表现为火山喷发（地表），而在另一些场合下则表现为浅成—超浅成侵入体而已。因此次火山岩常与相应的火山岩密切共生，空间位置直接位于火山岩之下部。或者说那些与火山岩共生，位于火山岩之下的浅成—超浅成侵入体，为次火山岩。

D 岩浆喷溢成矿作用

在深部的岩浆房中，岩浆经过结晶分异或熔离分异，使其中的某种成矿物质富集而成矿浆，然后经过火山喷溢作用将这种矿浆带至火山机构中（火山口，火山颈…）或直达地表形成矿床的地质作用，称为岩浆喷溢成矿作用。

E　火山—沉积成矿作用

这类成矿作用主要是指在各种水体环境中（海洋，湖泊），由火山作用喷溢的固体物质，通过与周围环境中的水发生反应，使其中的成矿物质溶解萃出，再在沉积过程中形成矿床的成矿作用，称为火山—沉积成矿作用。

7.2.6.3　火山成因矿床的分类

火山活动分成陆相和海相两大类，按成矿作用可将与火山作用有关矿床分为以下四种类型。根据成矿作用方式，可分为：

（1）火山喷气矿床。火山口喷出的大量气体由于降温可升华为固体而形成矿石堆积，矿体为层状、似层状、不规则状，往往伴有浅色蚀变，矿种有自然硫、硼酸盐等。如日本和意大利有大量近代火山喷气硫矿床。

（2）火山岩浆矿床。火山喷出岩浆冷凝形成的有用岩石有安山岩、玄武岩等。还有由富铁岩浆在地下分异并沿火山口喷溢出的磁铁矿－赤铁矿矿床，如智利拉科铁矿床。

（3）火山热液矿床。如中国东部燕山期陆相火山岩中的金－银和铅－锌矿床以及中国台湾金瓜石金－铜脉状矿床。

（4）火山沉积矿床。由海底火山的喷气、喷流及随后的沉积作用而形成。这类矿床沿一定层位产出，分布面积广，矿石品位高，常含多种可综合利用的元素，主要有硫、铜、铅、锌、金、银、硒、碲等，具有很高的经济价值。如中国甘肃白银厂铜－多金属矿床。

7.2.6.4　火山成因矿床类型

A　火山喷气和火山岩浆矿床

火山喷发时，多伴有大量气体，在火山口喷出的大量气体（尤富硫化氢），由于温度降低，可以凝华为固体而形成矿床（如硫矿床）。这类矿床定位深度极浅，局限于火山口内、外及环状－放射状裂隙和层间软弱带中。矿体为层状、似层状、不规则状，往往伴有浅色蚀变（硅化、明矾石化、高岭土化等），矿种有自然硫、硼酸盐等。日本和意大利有大量近代喷气硫矿床。

火山岩浆矿床的形成与产生火山岩－次火山岩的岩浆活动有关，当火山岩浆分异出不混熔的矿浆时，它呈矿石岩流溢出并覆盖于早期熔岩之上，其中并有很多大、小不等的管状空洞和气泡，是少见、但很典型的陆相火山成因矿床，著名的实例是智利拉科磁铁矿－赤铁矿矿床。中国云南曼养赋存于细碧－角斑岩中的磁铁矿矿床亦属于火山－喷溢岩浆矿床。中国宁芜地区玢岩铁矿床是偏碱性玄武安山质岩浆在一定演化阶段的产物，由富铁的硅酸岩浆经分异作用沿断裂或火山口喷溢到地表而形成，所以名副其实地属于火山岩浆矿床。

B　火山热液矿床

火山热液是由火山岩浆上升时，压力温度下降，挥发组分强烈析出分馏而成，其中也可能混以地下水而形成混合热液。这种主要由原岩浆提供矿质和部分从火山围岩淋取矿质的含矿热液，沿适宜的构造上升，交代火山岩或充填于裂隙带中而形成的矿床，均属于火山热液矿床，它主要出现于陆相火山活动地带。中国东部燕山期陆相火山岩系中的火山岩型铅锌矿床，即是较典型的火山热液矿床。如浙江黄岩的五部铅锌矿床，它产于石英斑岩和石英霏细斑岩及其下伏晶屑玻屑凝灰岩中，明显受岩性和断裂破碎带控制。大矿体长度可达2000m，厚度10m以上，成矿温度200℃左右，发生明显的绢云母化、硅化、碳酸盐化和绿泥石化的中温围岩蚀变现象。

C 火山沉积矿床

这类矿床主要有两类：块状硫化物有色金属矿床和变质火山沉积型铁矿床。两类矿床都形成于海相火山活动环境，经济价值均较大。

（1）块状硫化物有色金属矿床。火山喷发发生在水下深处海底时，火山喷发物承受水柱压力，矿质不易散失，是形成矿床的先决条件。在适宜的海水压力和温度下，含矿流体到达海底前，不发生沸腾，才形成块状硫化物矿体。在现代海底扩张中心发现的热液矿化作用，在近喷发中心处，形成赋存于基性火山岩中的块状硫化物矿床，而远离喷发中心的这类矿体，可以赋存于大陆沉积岩中，但矿质仍来自火山活动中心。

现代洋脊上这类成矿作用与古代出现于大陆边缘活动带和岛弧环境中的这类矿化，在地质特征及赋矿岩系上有一定的差异。古代矿床如西班牙的里奥廷托块状硫化物矿床，矿体赋存于泥盆－早石炭纪正常海相石英角斑岩和角斑岩凝灰岩中，上覆以角斑岩和细碧岩。矿体上部为块状扁豆体，下部为呈岩筒状的网脉矿体，代表矿质来源的通道。古块状硫化物矿床另一些特点是硫化物成分比较复杂，特征的矿物数量虽小，但较普遍，形成比较明显的矿石分带，一般说铅、锌比铜的矿化靠上部。如日本黑矿。

（2）变质火山沉积型铁矿床。在国外称为阿尔戈马式和苏必利尔湖式铁矿床。前者出现于太古宙绿岩带内，矿石主要为磁铁矿、赤铁矿，伴以燧石、石英等。硅质矿物与富铁矿物常呈薄细交互层，显示清楚的原生沉积层纹。矿床的成因与块状硫化物矿床不同，是在静海相的氧化环境中，铁和氧化硅来自基性火山带的喷流和热液源，主要受构造控制。苏必利尔湖式磁铁矿、赤铁矿矿床，形成时代主要是早元古代，它发育于太古宙克拉通边缘大陆斜坡，可能与近海火山脊同期，铁、氧化硅沉淀可能远离喷发中心，除胶体沉淀外，可能有生物化学沉淀。中国这类矿床有太古宙的迁安式铁矿床、鞍本式铁矿床和早元古代的袁家村铁矿床等。

7.2.6.5 矿床的实例

A 江西铜厂斑岩铜矿床

矿区位于赣东北德兴县境内。该矿床是我国发现最早，勘探程度较高，地质特征较为典型的一个特大型铜钼矿田。它包括铜厂、富家坞、朱砂红等几个矿床，是我国目前重要的铜基地之一。

a 矿区地质

矿区出露地层为前震旦纪双桥山群第四岩性段下段，为一套浅变质岩，主要为绢云母千枚岩、石英绢云母千枚岩、变质层凝灰岩等。

区内花岗闪长斑岩呈NWW297°带状断续展布，呈岩株状，出露面积0.8km^2，与围岩呈侵入接触关系。岩体周围有石英闪长玢岩等，并见穿插到花岗闪长斑岩中。花岗闪长斑岩主要造岩矿物有斜长石（49%）、石英（21%）、正长石（16%）、普通角闪石（9%）、黑云母（3%）。副矿物有磷灰岩、磁铁矿、锆石等。岩石化学特征，属SiO_2过饱和弱碱性岩石，是典型的中酸性钙质岩浆岩。

矿区构造主要属于东西向构造体系和新华夏构造体系。断裂发育，构造复杂。花岗闪长斑岩沿 NWW 向横张断裂排列。NNE 向压扭性断裂密集带与东西向挤压破碎带复合部位，是岩体的定位所在（图 7－14）。

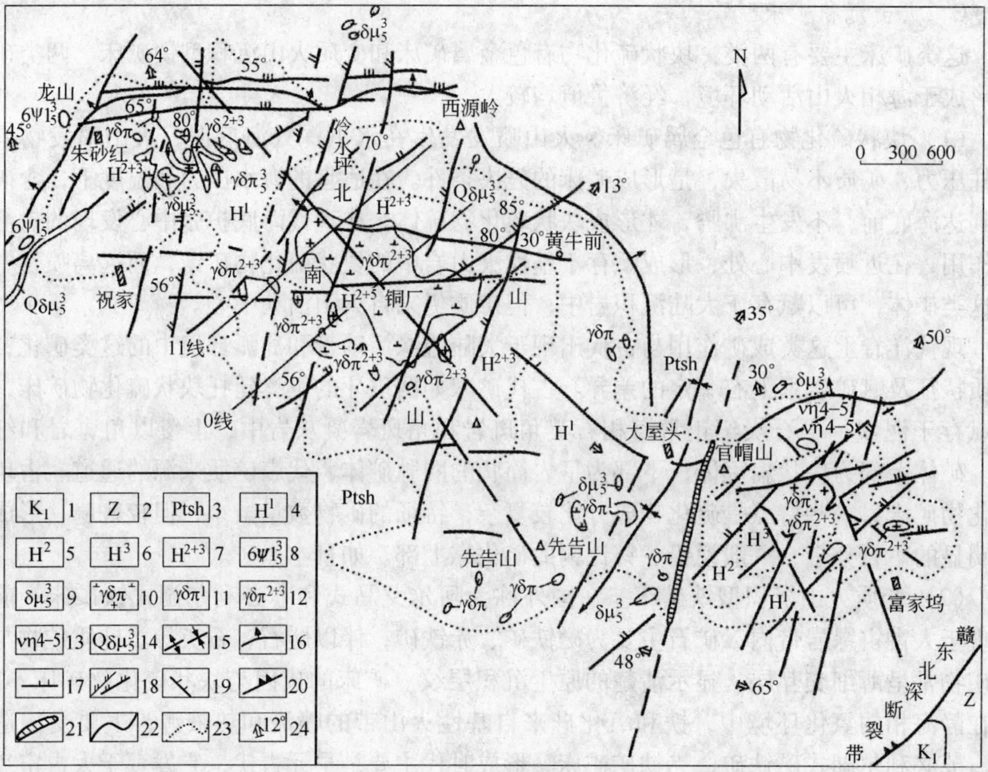

图 7－14　德兴斑岩铜矿田构造地质略图（中国矿床）

1—下白垩统；2—下震旦统；3—元古界双桥山群；4—千枚岩弱蚀变带；5—千枚岩中蚀变带；6—千枚岩强蚀变带；7—千枚岩中—强蚀变带；8—燕山晚期橄榄辉石岩；9—燕山晚期闪长玢岩；10—燕山早期花岗闪长岩；11—花岗闪长斑岩弱蚀变带；12—闪长斑岩中—弱蚀变带；13—海西—印支期辉绿玢岩；14—燕山晚期石英闪长玢岩；15—背向斜轴线；16—扭曲弧；17—东西向压性断裂；18—北北东向、北东向压扭性断裂；19—北西向张性、张扭性断裂；20—深断裂带；21—黄铁矿脉带；22—岩体及地层界线；23—蚀变带界线；24—层面及片理产状

b　矿床特征

矿体围绕斑岩体内外接触带呈空心筒状。有 1/2 ~ 3/4 的矿体产在外接触带围岩中。矿体最大外径可达 2500m，空心部分直径 400 ~ 700m，垂直深度大于 1000m。一般岩体上部的矿体厚度大（200m 以上），延伸、连续性好，产状平缓（约 32° ~ 35°）。岩体下部的矿体比较零星，规模较小（图 7－15）。

围岩蚀变发育，分带明显。岩浆晚期自变质作用形成钾长石、黑云母等钾质矿物。此期蚀变由于后期蚀变叠加，保存很不完整。岩浆期后热液蚀变作用形成了大致以接触带为中心，由强而弱对称发育的硅化、绢云母化、水云母化、绿泥石化及碳酸盐化等面型蚀变带。矿化与围岩蚀变的关系是：

（1）矿体主要分布在内外接触带强蚀变带中。

（2）矿化强度与硅化、绢云母化、水云母化、绿泥石化、碳酸盐化强度成正消长关系。

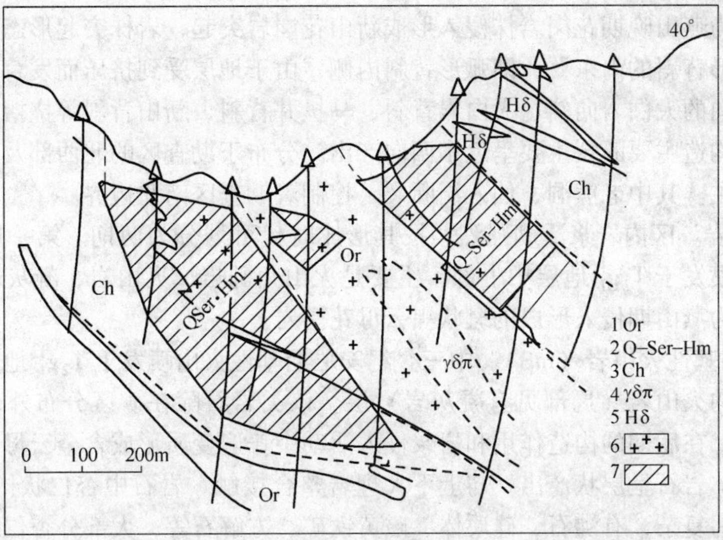

图7-15 富家坞矿区3勘探线矿体及蚀变分带略图（据于方等，1997）

1—Or 钾长石化带；2—Q-Ser-Hm 石英绢云母水白云母化带；3—Ch 绿泥石-（黄铁矿）化带；4—γδπ 未蚀变花岗闪长斑岩；5—Hδ 蚀变闪长岩；6—闪长石；7—矿体

（3）在有多次交代蚀变及成矿作用叠加的地方，一般形成工业矿体。

矿石的矿物成分比较复杂，已知有80余种矿物。矿石结构以细粒他形粒状结构为主，中粒至粗粒自形、半自形结构较少。交代结构发育，其他如固溶体分离结构，压碎结构亦常见。矿石构造以细脉浸染状为主，细脉状、浸染状构造次之，还见有少量团块状、角砾状构造。矿石平均含 Cu 0.41% ~0.5%，Mo 0.01% ~0.04%，Au 0.19 ~0.75g/t。

矿床原生分带现象明显。围岩蚀变、金属矿化、矿石类型及硫同位素组成等方面，都有很好的分带性。分带特点表现为以斑岩体为中心的环状分带和以斑岩接触带为中心的内外对称分带叠加。后者对矿化尤其重要。主要矿物生成温度为390 ~175℃，其中黄铜矿形成温度为245 ~190℃，与成矿有关的石英生成温度为325 ~200℃。成矿压力在15 ~20MPa（150 ~200atm）之间，相当于0.4 ~0.6km的深度。

硫同位素测定结果 $\delta^{34}S$ 变化范围为4.0‰ ~3.1‰，算术平均值0.12‰。特点是变化范围窄，绝对值小，具塔式效应，接近陨石硫的均一特征，但与典型的地幔型铜镍硫化物比较，又稍富重硫。

B 个旧大白岩火山块状铜锡硫化物矿床

矿区位于个旧矿区卡房矿田北东部大白岩一带。

a 矿区地质

（1）地层。区内地层主要为三叠系中统个旧组（T_2g）碳酸盐岩地层，其次为第四系（Q）地层在山间残留。三叠系中统个旧组（T_2g）分布在整个矿区，全为卡房段地层出露，细分为6个岩性段从东至西由新至老（$T_2g_1^6$ ~ $T_2g_1^1$）分布，其中 $T_2g_1^1$ 未出露地表。

（2）矿区内的地质构造较为发育，主要有褶皱、断裂构造。褶皱构造主要有竹林-新山复式背斜，它是卡房矿田及老厂矿田竹林矿段内最重要的控岩、控矿构造，在背斜核部有老卡花岗岩体侵入，沿接触带有矽卡岩型铜、锡、钨矿床产出。轴部位于勘查区北西，背斜核部为燕山晚期花岗岩株侵入形成新山花岗岩突起，岩株突起形态与上覆背斜大致吻合。在弧形背斜的南东翼，即弧形背斜内侧，由于地层受到挤压而发育次级挠曲，形成轴向为北西向的大白岩向斜、大白岩背斜、马扒井背斜、新山背斜等挠褶构造。

区内断裂构造主要断裂主要呈近东西向产出。分布于勘查区的北西部及南部。并以近东西向断裂为主。其中老熊洞、仙人洞断裂，控制着勘查区南北边界。

(3) 岩浆岩。区内岩浆活动强烈，按其形成时代可划分为两期。第一期为中三叠世安尼期玄武岩喷发于 $T_2g_1^1$ 地层中上部，主要是火山角砾岩、火山岩、凝灰岩等喷发喷出岩相，第二期为燕山期侵入形成的斑状黑云母花岗岩。

1) 安尼期基性火山岩 (mβ)。中三叠纪安尼期基性火山喷发于 $T_2g_1^1$ 地层近顶部形成的夹于灰岩中的火山岩（局部见有凝灰岩）层。该类岩石除在矿区分布外，在个旧东部矿区均有分布。在后期的构造作用和岩浆侵入活动中普遍变质形成含金云母、阳起石的变质火山岩。整体岩石呈层状产出，与上下大理岩整合接触。岩石中杏仁状构造较为发育，杏仁体成分较为复杂，有沸石、硅质体、磁黄铁矿、方解石等，大部分杏仁体为磁黄铁矿充填，部分具反应边结构，表现为中心为磁黄铁矿，向外为透辉石等暗色矿物，再向外为火山岩基质的圈层反应边结构。

整层厚度一般在 10～60m 间，中夹 1～5 层厚薄不等、延伸较不稳定的大理岩层。按其宏观可见矿物组合特征，可划分为阳起石变质火山岩、金云母阳起石变质火山岩、金云母变质火山岩三种类型。

2) 燕山期花岗岩 (γ_5^3)。区内产出的隐伏花岗岩属老卡岩体的一部分，据以往所作的同位素年龄测定值为 64～80 百万年，成岩温度为 660～700℃，属燕山晚期花岗岩侵入体。岩体沿复式背斜核部侵入于中三叠统碳酸盐岩地层中，侵入最高地层层位为 $T_2g_1^4$。一些次级突起（微突起）则严格受次级背斜控制，岩体上部的层间矿床及接触带部位的矽卡岩矿床均以岩体突起为中心，成群、成带围绕岩体的顶部及周围产出。另外花岗岩受侵入前和侵入期断裂、层间破碎构造及侵入部位围岩物化性质差异选择充填交代，成舌状、岩支状多层超覆形成复杂的塔松式岩株。除岩体在其上部形成凹槽、凹盆、小岩脉、岩墙、微突起外，岩体沿各地层界面层间破碎带形成超覆式岩枝构成侧部凹陷带。

矿物成分有钾长石、斜长石、石英、黑云母，副矿物有磷灰石、独居石、锆石、电气石、萤石、金红石、锡石、白钨矿等，据以往研究结果，属二长花岗岩。钾长石主要为微斜长石与条纹长石，斜长石主要为钠长石和更长石，黑云母蚀变后常析出金红石、榍石、帘石、锡石等。

(4) 变质作用。矿区内的变质作用主要是热液变质作用，由花岗岩接触带向外为绿泥石化作用、矽卡岩化作用、大理岩化等。

b 矿床特征

(1) 矿体规模、形态、产状。该区内见有多层矿产出于变火山岩的不同部位，统称为Ⅰ-9 矿群，由多个矿组成（图 7-16）。矿体呈似层状产出于火山岩间，产状北北东向，南东倾、倾角 10°～20°，矿体长 300～800m，宽 50～780m，矿体平均厚度 1.0～5.0m，铜品位 0.2%～5.474%，平均 0.850%。矿体主要为铜矿体，有益组分有 Sn、WO_3、Bi、Mo、Pb、Ag、Au、S，有害组分主要有 As。

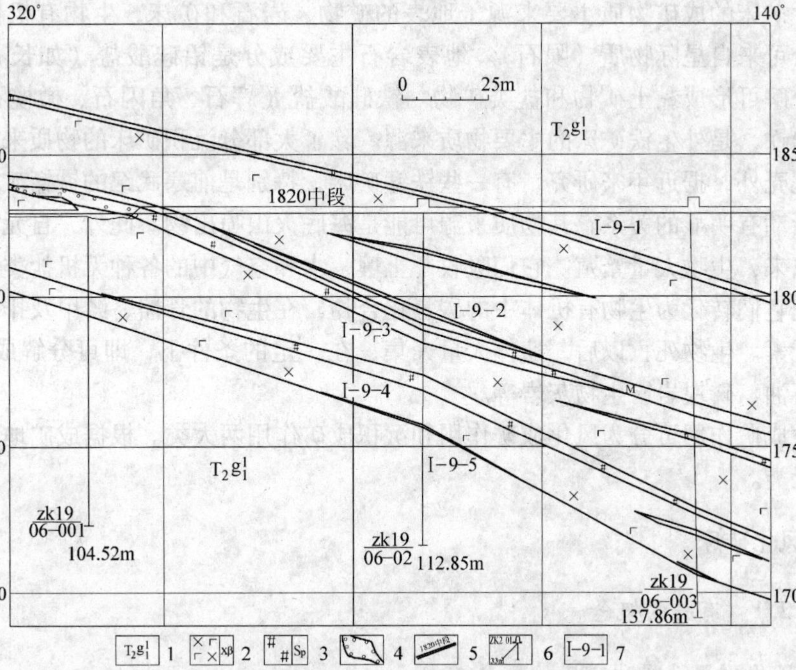

图 7－16　大白岩铜锡矿勘查区 19 线地质剖面图

1—灰色深灰色中厚层状石灰岩夹泥质灰岩；2—金云母阳起石变质玄武岩；3—硫化矿；
4—采空区；5—坑道及编号；6—钻孔及编号；7—矿体编号

矿体赋矿岩石主要为阳起石变质火山岩、金云母阳起石变质火山岩，并且多数产生强弱不均的矽卡岩化。总体产状，呈北东走向，南东缓倾。

(2) 矿石物质组分及结构构造。矿石中金属矿物主要以磁黄铁矿为主，其次为黄铁矿及黄铜矿，少量辉钼矿、自然铋、自然金、闪锌矿及方铅矿等；矿石中的脉石矿物主要有金云母、阳起石，其次为橄榄石、角闪石、透闪石、透辉石、斜长石、绿帘石、绢云母、榍石等。矿石结构主要有残余变晶结构、鳞片变晶结构、自形、半自形、他形粒状变晶结构、填隙结构。构造主要有致密块状构造、斑杂状构造、交错脉状构造、浸染状构造、纹层条带状构造，角砾状构造等。

(3) 矿石类型。区内矿石类型均为硫化矿，并以含铜硫化矿为主。矿石类型属变质火山岩硫化矿类型。

7.3 外生矿床

7.3.1 概述

外生矿床主要是指在太阳能的影响下，在岩石圈上部、水圈、气圈和生物圈的相互作用过程中，导致在地壳表层形成矿床的各种地质作用形成的矿床。外生成矿作用的能源，主要是太阳的辐射能，也有部分生物能和化学能。在有火山活动地区，还可能有与之有关的热能参加。外生成矿作用基本上是在温度、压力比较低（常温、常压）的条件下进行的。

外生矿床的成矿物质主要来源于地表的矿物、岩石和矿床，生物有机体，火山喷发物，部分可来自星际物质（陨石）。地表岩石主要成分是铝硅酸盐（如长石、云母等），经风化分解可形成黏土矿物和盐类矿物。铁硅酸盐（辉石、角闪石、橄榄石等）经风化可分解出铁，是外生铁矿床的主要物质来源。除了大部分沉积矿床的物质来源，主要来自大陆风化壳外，据近年来研究，有一些铁锰矿床，特别是前寒武纪的铁锰矿床，与海底火山喷发活动有明显的关系，其物质来源可能是海底火山喷出物。此外，自元古代，特别是古生代以来，生物大量繁殖。它们吸收了土壤、水和空气中的各种无机盐类、CO_2 和 H_2O 等，并把它们转化为生物有机体中的碳氢化合物。在生物的骨骼、鳞甲及排泄物中也富集了某些元素。生物死亡以后，遗体大量聚集，在一定的条件下，即可分解成为各种矿产，如煤、石油、磷块岩、生物灰岩等。

外生成矿作用可分为风化成矿作用和沉积成矿作用两大类。根据成矿地质条件又再分为若干亚类。

7.3.2　风化矿床

7.3.2.1　有关的概念

A　风化作用及风化矿床的概念

地壳最表层的岩石和矿石在太阳能、大气、水和生物等地质外营力的作用下，发生物理的、化学的以及生物化学的变化，并使有用物质原地聚集起来形成矿床的地质作用叫风化成矿作用。在风化作用下形成的，质和量都能满足工业要求的有用矿物堆积的地质体。由这种作用形成的矿床叫风化矿床。

风化作用的结果可使硅酸盐类矿物、可溶盐类（碳酸盐等）以及金属硫化物等等，被分解为三种主要组分，溶解在溶液中的物质、原岩中化学性质较稳定的矿物、风化作用过程中形成的新矿物，这三种主要组分，可以在原地或附近得到充分富集形成风化矿床；也可被搬运较远距离而沉积在水盆地中。

B　风化矿床的特点

风化矿床具有以下特点：

(1) 风化矿床大部分都是第三纪和第四纪形成的，因此它们经常出露出于地表，埋藏浅，便于露天开采。在第三纪以前形成的古风化矿床，或因被新地层埋藏，或因被侵蚀破坏，故较少见。

(2) 风化矿床分布范围与原岩或原生矿床出露的范围基本一致或相距不远，所以风化矿床除自身具工业价值外，常可作为寻找原生矿床的重要标志。

(3) 风化矿床往往沿现代丘陵地形呈面型覆盖分布，矿体的深度决定于自由氧渗透到地下的深度，一般几米至几十米，有的达一、二百米，个别呈线型分布的矿体沿裂隙带风化深度可达1500m以上。

(4) 风化矿床的矿石多呈胶状结构和残余结构，矿石构造多以多孔状、粉末状、皮壳状、网格状和结核为主。

(5) 组成风化矿床的物质是在风化条件下比较稳定的元素和矿物，有自然金、铁、锰、铝的氧化物和氢氧化物，碳酸盐、硫酸盐、磷酸盐、高岭土以及被黏土矿物吸附的稀土元素等。

(6) 风化矿床中的主要矿产有：铁、锰、铝、镍、钴、金、铂、铜、铅、锌、钨、锡、铀、钒、稀土元素、金刚石、刚玉、蓝晶石、重晶石、磷块岩、菱镁矿、高岭土、黏土等。

风化产物不仅是许多沉积矿床的成矿物质的重要来源之一，而且某些风化产物本身具有很重要的工业价值。其中有些矿产占目前世界产量的相当大比重，例如，世界上全部铝土矿都是由风化成矿作用形成的，镍储量的80%以上来自风化成矿作用形成的红土型镍矿，随着红土型镍矿床的发现和利用，镍金属储量迅速增长了四倍。现在，这种巨型的风化镍矿床占全部镍矿储量的一半以上。如大洋洲的新喀里多尼亚红土型含镍硅酸盐矿床，分布面积达六、七千平方公里。红土型铁矿床不但规模大，矿石中还含有铬（Cr_2O_3 达1.5% ~1.6%）、锰（MnO 0.5% ~5%）、镍（NiO 0.7% ~0.8%）、钴和钒，成为炼优质合金钢用的“天然合金矿石”，如古巴的红土型铁矿床，储量达150亿吨，具有重要的工业价值。风化矿床可提供优质铝土矿和日趋重要的天青石等矿产。

7.3.2.2 成矿作用及矿床分类

风化矿床的成矿物质来自受风化的基岩或矿石，成矿前未经过长距离搬运和再沉积过程。依据成矿作用和矿床特征，风化矿床分为如下类型：

A 残-坡积矿床（图7-17）

(1) 概念。岩石或矿石在风化过程中稳定矿物在原地风化壳中或在重力作用下在基岩露头下方富集而形成的矿床。

(2) 矿床特征。矿体分布于风化壳及其坡积物中，有用矿物为原岩（矿石）中的稳定矿物，如自然金、锡石、黑钨矿、铌（钽）铁矿、水晶、重晶石等。

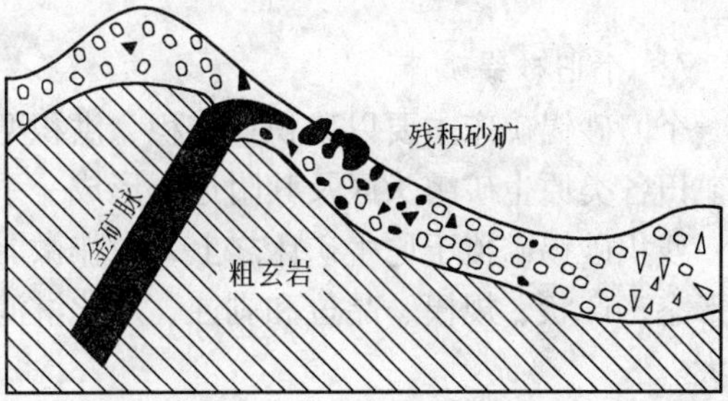

图7-17 残-坡积矿床

(3) 矿床形成条件。

1) 基岩或原矿石中含化学性质稳定的有用矿物；

2) 化学风化作用强烈，使基岩中无用矿物大量分解并带出风化壳红土型铝土矿的典型剖面结构。

3) 产于黏土型风化壳的矿床有：与花岗质、流纹质（火成及变质的）基岩有关的高岭土矿床、膨润土矿床；与富RE的花岗岩有关的离子吸附型稀土元素矿床。

B 残余矿床

(1) 概念。原生矿床或岩石经化学风化和生物风化作用后形成的一些难溶表生矿物残留原地而形成的矿床。

(2) 成矿作用。包括黏土化作用、红土化作用和离子吸附作用。

1) 黏土化作用。在温暖潮湿气候区铝硅酸盐在水、大气和生物作用下发生分解，易溶的碱金属、碱土金属及部分 SiO_2 呈胶体被流水带走，致使在地表环境下风化产物铝、硅呈胶体电性中和而使黏土矿物富集的一种风化作用。

2) 红土化作用。在热带或亚热带炎热而干湿交替气候区，铝硅酸盐类矿物分解成铝的氧化物或氢氧化物，含铁矿物转变为褐铁矿或赤铁矿，致使风化产物呈红、赭和褐色的一种风化作用。

3）离子吸附作用。风化作用形成的可溶有用物质以离子或络离子状态被高岭土等黏土矿物吸附并富集成矿的一种作用。

（3）主要矿床类型。包括以下三类：

1）残余型黏土矿床。包括残积型砂锡矿床、高岭土矿床、蒙脱石矿床；

2）残余红土型铁矿、铝土矿矿床、坡积型砂锡矿床；

3）离子吸附型稀土元素矿床。

C　淋积矿床

（1）概念。在风化过程中有用元素从风化壳上部溶解并淋滤到风化壳下部富集而形成的矿床。

（2）矿床特征。淋积矿床具有以下特征，一是矿体产于风化壳的中、下部及其附近的裂隙或空洞中；二是有用元素多为可迁移元素和惰性元素，如 Ni、U、P、Al；三是有用矿物为风化过程中形成的新矿物，主要是氧化物、硅酸盐、磷酸盐。

（3）重要矿床。与镁质超基性岩有关的淋积型硅酸镍矿床；与富黄铁矿黏土岩有关的淋积型高岭土矿床；淋积型铀矿床；与黑色页岩有关的绿松石矿床。

7.3.2.3　矿床实例

A　个旧砂锡矿床

个旧砂锡矿床主要以残积、坡积、洪积型分布于老厂、卡房、松树脚、马拉格、牛屎坡矿田各类原生矿露头区及其附近，形成一系列大、中型砂锡矿床。

残积砂锡矿覆于原生矿床之上，或作微弱扩散，其规模大小、品位高低依其原生矿床的形态、产状、规模、品位和剥蚀、风化淋滤程度及地貌条件而定。厚度不等，品位变化较大。

坡积、洪积砂锡矿床分布于原生矿（化）体附近，一般在 1km 以内，成矿物质经季节性山洪冲刷、搬运堆积于缓坡、阶地、溶洞、盲谷、洼地和山麓洪积裙盆地中，这是个旧砂锡矿最主要的类型。其特点是为红色黏土型，含铁量高（12% ~35%）、含泥量高（70% ~80%），分选性差。含锡品位变化较大（0.05% ~0.50%），一般上部高于下部。单体锡石颗粒细（0.06 ~0.20mm 占 67% ~93%），多为连生体，伴生有铅、钨、锰等有用组分。

a　个旧矿区卡房矿田 403 块段残积砂锡矿

个旧矿区卡房矿田 403 块段残积砂锡矿位于卡房新山白沙坡上，产于 $T_2g_1^3$ ~ $T_2g_1^2$ 的白云岩、石灰岩，灰质白云岩、白云质灰岩之上，属原地风化的残积形成的砂锡矿矿床（图 7-18）。

403 残积砂锡矿矿体沿走向长 700m，宽 700m，含矿层厚度平均 11.54m，含锡品位 0.15%，含钨平均 0.12%。岩性为原地风化的矽卡岩所形成的黄褐色、棕色、紫色及黑色黏土，致密、黏性大，湿度小，其中含：

（1）风化矽卡岩碎块 10% ~40%，矽卡岩块度 1 ~15cm，多棱角状。

（2）褐铁矿、赤铁矿碎块 5% ~10%，块度 1 ~5cm，多棱角状。

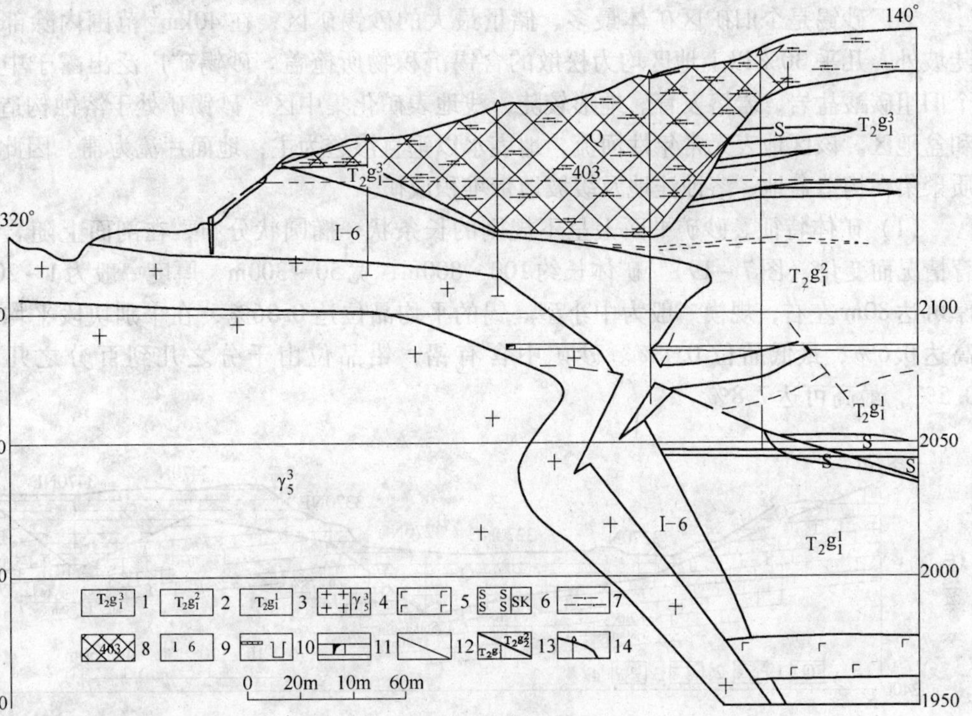

图 7-18 个旧矿区卡房矿田 403 块段 23 线剖面图

1—深灰色灰黑色薄层状含碳质及泥质灰岩夹中厚层状石灰岩；2—灰色浅灰色中厚层状石灰岩与白云质灰岩含灰质白云岩互层；3—灰色深灰色中厚层状石灰岩夹泥质灰岩；4—中细粒黑云母花岗岩；5—玄武岩；6—矽卡岩；7—残积砂锡矿；8—砂锡矿圈定范围；9—原生硫化矿；10—浅井及探槽；11—巷道；12—断层；13—地层界线；14—钻孔及编号

（3）少量交代残留的大理岩、石英碎块，石英为石英脉经风化后形成的残留物。

（4）少量的锰结核，集中于地表。

（5）少量的电气石及钨锰铁矿。

砂矿的矿物种类较多，主要为普通角闪石（14.05%）、电气石（7.93%）、褐铁矿（7.17%）、绿泥石（5.36%）、石英（3.34%）、软锰矿（1.39%）、其他还有磁铁矿、磁黄铁矿、黄铁矿、赤铁矿、锡石、长石、高岭土、石榴子石、角闪石、透闪石、方柱石、锆石、金红石、白云母、方解石、绢云母、萤石、孔雀石、辉石、白铅矿、砷酸铅矿、磷酸铅矿、铅矾、菱锌矿、异极矿、白钨矿、黑钨矿、绿柱石等三十多种。

矿体品位变化在水平方向含锡品位均为0.04%~0.2%，个别高达0.82%，含钨品位均为0.04%~0.2%，个别高达0.38%，一般锡、钨品位变化不大。在垂直方向上锡品位只一部分为近地表0~5m及0~10m者含量高，为0.2%~0.5%，而下部则一部分夹有<0.02%~0.04%者，一般矿层上下均无再变化，钨品位则上下一致。

在矿体厚度变化方面，除块段边缘较薄外（1~2m），中间变化较大，且未达基岩，有的至交代残留的大理岩及石英电气石脉为止，所以厚度变化大，以15~20m者为多，个别深达40~58m。

b 个旧老厂坡积型砂锡矿床

老厂砂锡是个旧矿区矿体最多、储量最大的砂锡矿区，在 $40km^2$ 范围内除部分山岭陡坡外，几乎30%以上地区均为松散的含锡沉积物所掩盖。砂锡矿广泛出露于中三叠统个旧组碳酸盐岩，岩溶发育。地形较陡，浅地表矿化集中区，砂锡矿处于溶蚀构造阶地区和盆地区。该区地表无常年性河流，地表水以垂直渗透为主，地面片流为辅。因此含矿物质聚集在构造盆地、溶蚀洼地及缓坡地带堆积成矿。

(1) 矿体特征。砂矿平面上呈不规则的长条状、椭圆状分布，在剖面上随岩溶的发育情况而变化（图7－19）。矿体长约100～800m，宽50～300m，厚度一般为1～20m，最厚可达80m左右，规模一般为中小型。锡的平均品位达0.36%，在个别块段平均品位最高达0.6%，最低品位0.1%。砂矿中含有铅，铅品位由千分之几到百分之几，最低0.5%，最高可达7.8%。

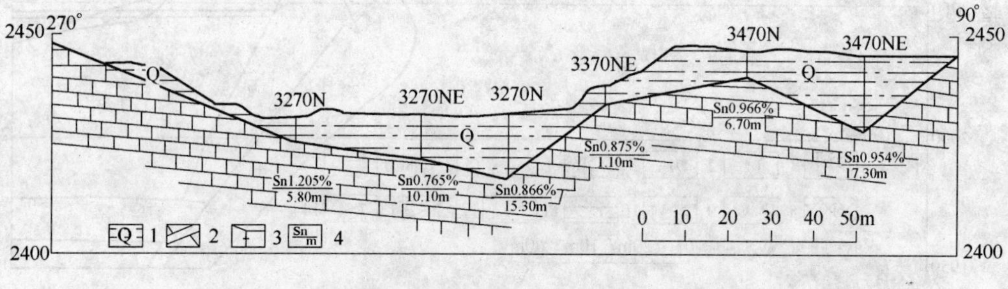

图7－19 个旧矿区老厂砂锡矿29块段70N线地质剖面图

1—第四系洪积、冲积层：为褐色、黄褐色黏土、砂质黏土局部含砂锡矿；2—三叠系中统个旧组卡房段灰色中厚层状石灰岩；3—钻孔及编号；4—锡品位/矿体厚度

砂矿层在垂直方向上由下至上一般可分为：

1）人工堆积层。广泛分布于全区各处，主要为私人采矿和选矿抛弃的贫矿石及原生矿露头及其围岩风化的产出物和褐铁矿块等堆积于洞口和低洼处。厚度如湾子街可达2～15m。

2）腐殖物层。自然沉积物最上部为腐殖物层，为棕红色黏土夹腐烂的植物茎厚30～50m，仅分布于没有开采的砂矿区，如白石岩冲及大草坪砂矿等。

3）黄色黏土层。为组织细密黏性较大的红色及黄色黏土，夹锰结核褐铁矿及岩石碎屑。锰结核5%～10%，直径2～5mm，个别较大者可达2～3cm，褐铁矿及岩石碎屑一般为1～5cm，最大也有超过10cm者。本层分布比较普遍，各区均见出露，平均厚度约10m，向下由于锰质的增加而渐变为黄黑色。

4）黑色黏土层。黑色黏土位于砂矿层之最低部，为黄色及黑色黏土的交互层，与上层黄色黏土无明显界线，颜色以含细小锰结核（1mm以下）和软锰矿的成分多少而异。厚度随基岩的起伏而变，一般1～5m，夹5%～10%直径2～5mm，粒度比较均匀的岩石碎屑和褐铁矿块，个别地区底岩为白色大理岩，并常见有20～30cm，较为松散之灰白色黏土。

5）基岩层。为石灰岩和大理岩，风化后多为犬齿状平缓，而以大理岩地区基岩起伏较大，最突出的如南部的崎形山地地区，均发育于大理岩分布地区。

(2) 矿石质量。矿石质量分析如下：

1）矿物特征。砂矿的矿物种类较多，据重砂分析结果，其中含有酸可溶物约53%，强磁性矿物36%，电磁性矿物11%。主要矿物黏土类矿物、褐铁矿、磁铁矿、磁黄铁矿、黄铁矿、赤铁矿、锡石、软锰矿、石英、电气石、长石、高岭土、绿泥石、石榴子石、角闪石、透闪石、锰结核、方柱石、锆石、金红石、白云母、方解石、绢云母、萤石、孔雀石、辉石、白铅矿、白钨矿、砷酸铅矿、磷酸铅矿、铅矾、菱锌矿等三十多种。

2）矿石结构构造。矿石构造多呈土状、黏土状，矿物结构一般为粒状、柱状的自形－半自形及他形结构。

3）矿石化学成分。根据对砂锡原矿化学全分析、锡物相分析。矿石中锡石为主要的锡工业矿物。少量的矿体含有铅，可综合利用。砂矿中锡主要为锡石锡，分布率大多在89.8%～99.5%，酸溶锡为10.2%～0.5%。酸溶锡含量一般都小于5%。锡石粒度大部分在0.2～0.019mm之间，占锡石含量的75.07%，0.2mm以上的占锡石含量的8.75%，0.019mm以下的占锡石含量的16.18%。

B 云南省墨江—元江红土型镍矿床

云南省墨江—元江红土型镍矿床位于云南省墨江县与元江县接壤地带，为一大型露天开采的红土型镍矿床，属于含镍的蛇纹石化超基性岩体受到地表风化作用进一步富集而成的硅酸镍风化壳矿床，矿床的有用元素以镍为主，同时共生铁、钴等元素。

a 矿区地质特征

元江镍矿位于唐古拉—昌都—兰坪—思茅褶皱系南部之墨江—绿春褶皱带内。区内出露地层主要是哀牢山变质岩系、二叠系（P）阳新统及乐平统，以及三叠系（T）、侏罗系（J）、第三系（N）和第四系（Q）地层，另有超基性、基性和酸性火成岩侵入体，地层走向及火成岩的延长方向均呈北西——南东向。

由于矿区经历了多次构造运动，地质构造发育，褶皱构造主要为大板壁向斜和龙塘箐向斜，分别位于矿区的东西两侧，断裂构造主要为安定逆冲断裂、草坝逆冲断裂。

矿区内与矿体有关的主要是墨江超基性岩带，整个岩带结晶分异现象较单纯，各岩体组成岩均相似。主要是纯橄榄岩、辉石橄榄岩组成，另外有5%左右铬铁矿等暗色矿物；其次是分布于超基性岩岩体内外边缘的辉长岩、辉长辉绿岩等基性杂岩；在个别岩体内，还有少量辉石岩（光山岩体）及花岗斑岩（白腊都岩体）。在该超基性岩带内的岩体，均已发现有不同规模的风化壳硅酸镍矿床，其中尤其以金厂岩体和安定岩体最大。

b 矿体特征

镍矿矿体即赋存于该超基性岩岩体的风化壳内，矿体的形状、大小及厚度等虽受风化壳的控制（图7－20），但主要还取决于风化壳镍含量的高低及变化情况，其矿体特征如下。

（1）矿体形状简单，呈层状，近乎水平，随地形的坡度而有变化。矿体上部边界比较平滑，底板凹凸不平。主要矿石和覆盖层均较疏松，成黏土状及碎块状。矿石的组成矿物主要是蛇纹石、绿高岭石、赭石、镍绿泥石、暗镍蛇纹石、蛋白石、石髓及铁锰的氢氧化物等。镍含量不高，最高仅2.2%，一般为1%左右。含少量钴，一般是0.03%～0.05%。矿体埋藏不深，矿体下限深度一般仅20～30m，最深者亦未超过50m。

（2）矿石物质组成主要为铁的氧化物、镍绿泥石、绿高岭石、滑石、蛇纹石、绢石、暗镍蛇纹石及少量的叶蛇纹石及锰质氧化物。矿石化学成分 MgO 23.45%、$Fe_2O_3$21.00%、

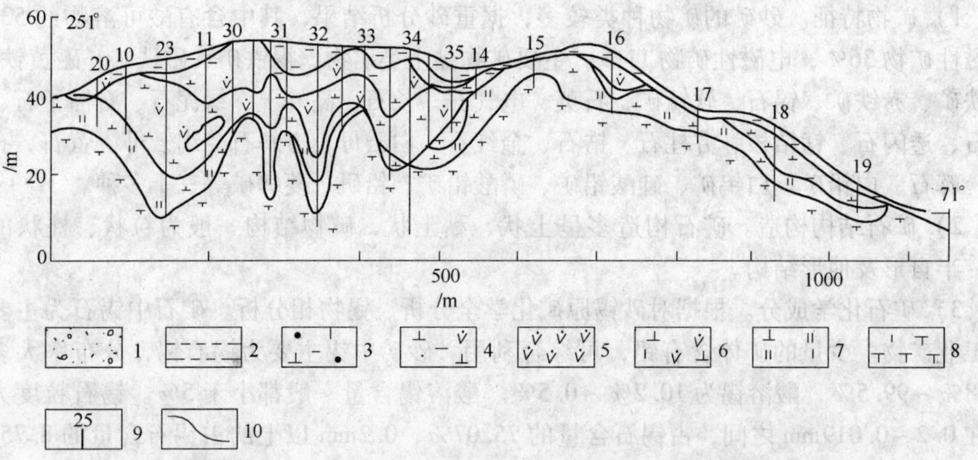

图 7－20　金厂矿区 210 线风化壳垂直分带剖面图

1—坡积层；2—残积坡积层；3—赭石化蛇纹残余构造层；4—绿高岭石蛇纹残余构造层；5—绿高岭石；6—绿高岭石蛇纹岩；7—淋滤蛇纹岩；8—新鲜蛇纹岩；9—钻孔和浅井；10—地质界线

$Al_2O_3$4.58%、$SiO_2$32.20%、Cu 0.013%、Co 0.03%。

(3) 矿石类型。矿区的矿石类型可分为工业类型和自然类型两类，工业类型为风化壳镍矿，自然类型为红土型硅酸镍矿床。

7.3.3　沉积矿床

7.3.3.1　概念

A　沉积矿床的概念

沉积矿床是指岩石及矿石的风化产物、火山喷发产物、生物机体及残骸经介质搬运和沉积分异作用及成岩作用使有用组分富集而形成的矿床。沉积矿床的有用组分可有如下来源，一是陆源风化碎屑产物（如重砂矿物）、溶解产物（如铁锰胶体溶液、钾钠盐类溶液）；二是大陆及盆内的火山碎屑及气液；三是盆内可溶盐类、生物机体及碎屑。

搬运成矿组分的介质包括水、风、冰川。相比之下，水流是形成砂矿床最为重要的地质营力，因为流水具有很强的搬运能力，同时流水的作用范围广，深度大，时间长，分选性好。当风化作用使重砂矿物、岩屑等从原岩中脱落分离时，雨水便把它们冲入溪流、或携带到湖海盆地中。流水把轻的矿物带走，重矿物或沉入水底，或作短距离迁移。江河湖海中的波浪和底流也可以将重、轻矿物、粗、细矿物分选淘汰，经过逐步富集，最后便在河流系统，在海岸边等地集中形成有开采价值的砂矿床。

沉积矿床的成矿作用主要为机械沉积分异作用（如砂矿床）、化学沉积分异作用（如盐类矿床）、生物及生物化学沉积作用（如磷块岩矿床）及成岩作用。

B　矿床特点

(1) 矿床受地层及岩相、岩性控制。

(2) 矿体呈层状、似层状、凸镜状顺层产出并与上下围岩呈整合接触关系（同生矿床），矿体规则、稳定。

(3) 矿石常具沉积结构构造（碎屑结构、生物结构、胶状结构、层理构造、条纹

（带）构造、鲕状构造）。

C 矿床分类

依据主要成矿作用将沉积矿床划分为四种类型：机械沉积矿床、蒸发沉积矿床、胶体化学沉积矿床、生物－化学沉积矿床。

7.3.3.2 机械沉积矿床（砂矿床）

A 概念及工业意义

（1）概念。机械沉积矿床是由被搬运的风化碎屑产物经机械沉积分异（分选）作用使有用矿物富集而形成的矿床。因有用矿物为重砂矿物，因而又称为砂矿床。此类矿的有用矿物是受风化的基岩（矿石）中残留下来的稳定矿物及其碎屑；成矿碎屑的搬运介质主要是水；有用矿物富集方式是机械分选作用。

（2）工业意义。与机械沉积矿床有关的主要矿产有 Au、PGE、Sn、金刚石、锆石、独居石、金红石、钛铁矿、硅砂。现代砂矿床埋藏浅、疏松、采选成本低。

B 成矿条件

（1）矿物条件。形成机械沉积矿床的有用矿物必须具有化学性质和物理性能稳定、密度大等特征。前者有利于矿物在风化和搬运构成中不被分解和粉碎，后者有利于有用矿物与大量的石英、长石及岩屑等分离和富集成矿。

（2）物源条件。物源条件实质上是剥蚀区地质条件，砂矿的矿种与剥蚀区的基岩类型密切相关。如基性－超基性岩；榴辉岩区有利于形成铬铁矿、PGE、金红石等的砂矿床；花岗岩区有利于形成锡石、锆石、独居石、铌钽铁矿等的砂矿床；金矿床及金矿化区常常形成的砂金矿床。

（3）沉积成矿环境。砂矿床的形成环境包括山麓、谷口、河谷、湖滨、海滨，其中以河谷和海滨环境最为重要。

C 矿床分类

（1）按搬运介质分类可分为水成砂矿床、风成砂矿床和冰成砂矿床。水成砂矿床是最重要的类型，按其形成环境进一步分为洪积砂矿床、冲积砂矿床、湖滨砂矿床、海滨砂矿床。其中以冲积砂矿床和海滨砂矿床工业意义较大。

（2）按成矿时代分类可分为现代砂矿（第三纪、第四纪（未成岩））、古砂矿。

D 冲积砂矿床

（1）有利成矿地形地貌。有利形成冲积砂矿床的环境是低山丘陵区的河谷。高山地区及平原地区的河流由于引水动力过强或过弱而不利于形成砂矿床。

（2）有利富集部位。有利富集部位是流速变缓的部位，包括河床坡度变缓的部位、河床变宽的部位、河床底起伏不平的部位、河流交汇点及其下方的河床两侧、弯曲河流河床凸岸一侧。

（3）冲积砂矿分类。按照矿体所在的部位冲积砂矿可分为河床砂矿、河谷砂矿（河漫滩砂矿）、阶地砂矿。河谷砂矿和阶地砂矿都是河床砂矿因河流向源侵蚀及侧方侵蚀作用演变而成的。

（4）冲积砂矿的矿体形状多为似层状、凸镜状、条带状。

E 海滨砂矿床

（1）有关矿种有砂锡矿、锆英石、独居石、钛铁矿、磁铁矿、硅砂。

（2）有利成矿区域是河口附近、陆源碎屑发育地区的滨海带。

（3）矿体呈条带状沿滨线分布，厚仅数米，宽可达数百米，长可达数千米。

（4）海滨砂矿按矿体所在部位可分为海滨砂矿、海成阶地砂矿和海滨埋藏砂矿。海成阶地砂矿和海滨埋藏砂矿分别由海滨砂矿因海平面下降和上升演变而成。

7.3.3.3 胶体化学沉积矿床

A 概念及工业意义

（1）概念。胶体化学沉积矿床是以胶体溶液的形式搬运的有用组分经凝胶作用沉积富集而形成的矿床。胶体化学沉积矿床的有用组分主要是铁、锰、铝的氧化物、氢氧化物。

（2）工业意义。具有重要工业意义的胶体化学沉积矿床是沉积铁、锰、铝土矿床，部分沉积型黏土矿床可能与胶体化学沉积作用有关。

B 胶体化学沉积矿床的特点

（1）主要矿种。铁、锰、铝、（黏土）的沉积矿床。

（2）均产于不整合面之上的海侵岩系。矿体呈层状、似层状及凸镜状整合地产于一定时代的地层层位及岩相、岩性段中。铝土矿位于岩系底部陆相、海陆交互于黏土岩段；铁矿位于中、下部滨-浅海相细砂岩-粉砂岩-页岩段；锰矿位于中、上部潮坪及浅海相粉砂岩-页岩-碳酸盐岩及硅质岩段。

（3）矿石的有用矿物主要是铁、锰、铝的氧化物、氢氧化物及碳酸盐，常具鲕状、豆状、叠层石状及块状构造。

C 重要的矿床类型

a 浅海相沉积铁矿床

此类矿床规模大小不一，但矿层稳定，易于勘探。已知矿床如（河北）庞家堡、烟筒山，（湖北）火烧坪，（美）克林顿，（英）安普敦，（法）洛林。其矿床特征为：矿体多呈层状、似层状、凸镜状，整合地产于砂岩及页岩层间，横向稳定，厚度变化较小。自盆地边缘向中心铁的矿物相可出现如下分带：氧化矿物带→硅酸盐矿物带→碳酸盐矿物带→硫化物带。

铁的矿石矿物主要是赤铁矿、针铁矿、褐铁矿、鲕绿泥石、菱铁矿。主要脉石矿物为碎屑石英、白云石、方解石、玉髓、绿泥石、胶磷矿等，可见少量海绿石、黄铁矿。矿石多具鲕状构造，可见叠层石构造、豆状构造、角粒状构造、块状构造等。

我国此类矿床已知重要含矿地层有华北长城系（Ptch）（宣隆式），南方泥盆系（D）（宁乡式）。

b 浅海相沉积锰矿

此类型矿床是锰矿的重要类型，在我国占锰矿储量的第一位，可构成中型—大型矿床。已知矿床如（辽宁）瓦房子、（湖南）湘潭、（贵州）遵义、（四川）高燕、（云南）斗南、（墨西哥）Molango、（澳）Groote Eyland。其矿床特征为：矿体呈层状、似层状、凸镜状、扁豆状，整合地产于含矿岩系的（泥）页岩及碳酸盐岩中。自盆地边缘向中心可出现如下分带：高价锰氧化物带→高低价锰氧化物带→低价锰化合物带。

矿石常见的含锰矿物有硬锰矿、软锰矿、水锰矿、褐锰矿、菱锰矿、铁菱锰矿、钙菱锰矿、锰方解石、含锰白云石等。常见脉石矿物有黏土矿物、白云石、方解石、磷灰石、鲕绿泥石、玉髓、石英、黄铁矿等。

矿石主要为微粒结构、交代残余生物碎屑结构，常见鲕状构造、豆状构造、块状构造、条带状构造、叠层石及核形石构造、纹层状构造。

我国此类矿床的已知重要含矿层位：华北蓟县系（Ptj）、湖南震旦系（Z_2）、广西泥盆系（D_2）、贵州二叠系（P）、云南三叠系（T）。

c 沉积铝土矿

沉积型铝土矿的沉积环境为长期隆起的古大陆板块内的湖泊、沼泽、岩溶凹地及洞穴、大陆边缘浅海等沉积盆地。含矿岩系为不整合面之上的海侵岩系，不整合面之下常为碳酸盐岩（国外称为岩溶型铝土矿），矿层位于岩系底部陆相及海陆交互相的黏土岩为主（可加有砂岩及粉砂岩、碳酸盐岩、煤层）的岩性段，含矿段之上多为煤系地层或为海相碳酸盐岩。

矿体因沉积环境而异，岩溶凹地及洞穴堆积者（狭义的岩溶铝土矿床）矿体多呈柱状、漏斗状及凸镜状，产于溶洞中或呈似层状凸镜状；湖相及海相沉积者多呈层状。矿石多为一水型铝土矿，常具鲕状、豆状、块状等构造。

中国已知重要含矿层位有南方贵州中部地区为 C_1；山西、河南、河北、山东等省为 C_2—C_3；四川、贵州、云南、湖南、湖北等省为 P_1；广西、云南、四川、山东、河北等省为 P_2。

7.3.3.4 生物-化学沉积矿床

A 生物及生物化学在成矿过程中的作用

（1）生物机体对有用组分的富集作用。生物在生长、繁殖的过程中从环境中吸收众多元素，使这些元素在生物机体中得到强烈富集，例如：海洋植物富集系数（灰分中元素的丰度/海水中的丰度）大于 10000 的元素有 C、P、Fe、Mn、I、Cr、Zn、Ga、Ti、Pb、As；富集系数在 1000 ~ 10000 之间的元素有 Cu、Se、Si、V、Au、Be、Bi、Ge、Hg、Ba、Cs。而浮游生物的富集系数大于海藻的元素，如 Cr、Zn、As。

（2）微生物的化学作用。包括以下几个方面：

1）微生物分解有机质产生 CO_2、CH_4、NH_3、H_2S，从而降低 Eh 值，形成物理化学障，引起硫化物、碳酸盐及铀、钒等元素的沉淀成矿；释放生物机体中富集的有用元素使之活化-富集成矿，如磷块岩矿床。

2）一些微生物可从环境中吸收某种元素使之强烈富集以致成矿，例如硫酸盐还原细菌及硫磺细菌可以分解硫酸盐吸收硫形成自然硫矿床。

3）有机质可强烈吸附一些元素使之在有机质中富集，如 U、Fe、V、La、Ba、Cu、Ni、Co、Zn 等元素的富集系数均可大于 1000。

B 生物-化学沉积矿床的概念、特点及工业意义

（1）概念。生物化学沉积矿床是由沉积作用堆积起来的生物遗体及残骸或经生物机体分解导致有用组分沉淀富集而形成的矿床。前者如硅藻土、石灰石，后者如磷块岩、沉

积钒、铀矿床。

(2) 矿床特征。生物 – 化学沉积矿床一般具有以下特征：具有沉积矿床的一般特征；含矿岩系一般富含有机质及化石；矿石有用矿物多为磷酸盐、硫化物、碳酸盐、氧化物，常见生物结构构造；$\delta^{34}S$ 多为高负值（生物分馏效应，可达 –14‰ ~ 17‰），^{13}C 及 ^{31}Si 也具判别意义。

(3) 工业意义。有重要工业意义的生物 – 化学沉积矿床有磷块岩矿床、硫铁矿矿床、自然硫矿床、硅藻土矿床、石灰石矿床，与黑色页岩有关的沉积型 V、U、Mo、Ni、Mn 等矿床。

7.3.3.5　*矿床实例——云南省个旧锡矿卡房矿田田心（401 块段）砂锡*

卡房矿田田心 401 块段砂锡矿为一洪积中型砂锡矿床，砂矿产于田心河床冲积盆地中，其分布受盆地地形控制，平面上呈狭长分岔带状产出，南北长 2.6km，东西宽 0.3 ~ 0.6km，地形北高南低，矿床分布标高 1330 ~ 1277m。资源储量矿石量为 979.56 万吨，锡品位 0.16%，锡金属量 15742t。矿床由砂矿和后期堆存尾矿两部分组成（图 7 – 21）。砂矿是通过沟谷的流水将上游的残、坡积矿搬运而来的，尾矿是由于人工采选后排出的尾矿，并通过沟谷的流水搬运而来。田心 401 块段的尾矿主要是解放后大规模生产所排放的尾矿冲积而来。

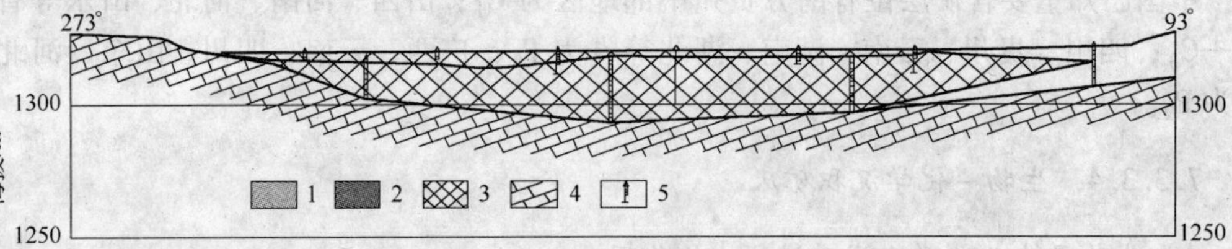

图 7 – 21　个旧矿区卡房矿田 401 块段 32 线砂锡矿地质剖面图

1—尾矿；2—砂矿；3—矿体；4—基岩（中三统个旧组）；5—钻孔

岩性分层：含矿基底为中三叠系个旧灰岩，其上沿河床有 3 ~ 4m 厚的砾石分布，组分为大理岩、石英砂及花岗岩等，直径 1 ~ 20mm，大者达 5cm，呈滚圆形，常为褐黄色黏土充填。

含矿层自上而下可分为三层：

杂色砂质黏土层：呈零星不连续的透镜体分布，厚 0.2 ~ 4m。含石英，褐铁矿，大理岩，页岩，花岗岩及锰结核碎块。粒径 1 ~ 15mm，多呈滚圆状，含锡量一般为 0.03% ~ 0.12%。

冲积堆积层：厚 1 ~ 10m，平均 5.78m，主要为选矿残余尾砂及选矿沉淀泥浆，富含褐铁矿、赤铁矿、石英及锰结核。近地表河床部分为砾石及卵石层，主要为大理岩，其次为花岗岩及石英，矿床之上除砾石卵石层外大部为耕地，含锡量一般为 0.1% ~ 0.27%。

棕红、黄及灰绿色黏土层：沿河床位于砾石层之上，其余则均与基底灰岩接触。层厚 8 ~ 12m，平均 8.83m，该层致密，黏性强，湿度大，分选性差；含褐铁矿、赤铁矿碎块及锰结核、石英等矿物。矿物粒径 0.5 ~ 20mm，滚圆度差，多呈半棱角状。该层在矿床内分布普遍，含锡量较上部层位低。

砂矿平均厚度10.28m，由于产于断层河谷侵蚀盆地中，河谷呈平缓的“U”形谷，故砂矿在河床部位厚度大，平均达15m，向两侧逐渐变薄以至尖灭。其中南北块段河床部位平均厚10~24.75m，向两侧减至10~8m，边部1~3m；南东块段河床部位厚5~29.49m，向两侧亦渐变薄，厚度变化与基岩起伏基本一致，矿层厚度一般小于砂土层厚度。

砂矿品位0.05%~0.24%，平均0.16%，为一规模较大的贫砂矿。平面上接近河床部位者较富，工程平均品位为0.15%~0.2%，向下逐渐降低为0.02%~0.05%，工业矿体与周围冲积堆积物无明显界线。

矿床中有用矿物为锡石，呈单体或集合体产出，常为氢氧化铁、石英、绿泥石、电气石所包裹。粒径0.03~0.2mm。矿物成分主要为石英、褐铁矿、电气石，其他尚有绿泥石、透闪石、磁铁矿、石榴石、阳起石等。含泥量达82%。

7.4 变质矿床

7.4.1 概念、成矿作用及工业意义

7.4.1.1 概念

早期形成的矿床或岩石，受到新的温度、压力、构造变动或热水溶液等因素的影响，即遭受变质作用，使其物质成分、结构、构造、形态、产状发生剧烈变化所形成的矿床，称之为变质矿床。若原矿床经变质作用后矿体形态、矿物组合及结构构造发生了一定变化但工艺性能和用途没有改变的矿床称为受变质矿床。例如，变质铁矿床、变质磷灰石矿床等均属受变质矿床；若经变质作用改变了工艺性能和用途的矿床或岩石经变质作用后形成的矿床称为变成矿床。前者如煤经变质后形成的石墨矿床；后者如变质硅灰石矿床、蓝晶石类（红柱石、蓝晶石及矽线石）矿床等。

7.4.1.2 变质成矿作用的方式

(1) 脱水作用。原来的岩石或矿石中经常含有多量的水分，当变质时，由于温度、压力的影响，会使它们变成少含水或不含水的矿物。如水锰矿（$MnO_2 \cdot Mn(OH)_2$）→褐锰矿 Mn_2O_3；褐铁矿→赤铁矿。

(2) 还原作用。原来高价的离子，在高温缺氧条件下就会还原为低价的离子，使矿物发生变化。如赤铁矿→磁铁矿；软锰矿、硬锰矿→褐锰矿。

(3) 结晶及重结晶作用。在高温高压作用下，原来隐晶质矿物便会逐渐结晶，如磷块岩→（变晶）磷灰石；铝土矿→刚玉；含有机质的岩石及煤→石墨，蛋白石和石髓→石英，石灰岩→大理岩。

(4) 重组合作用。原先沉积的矿物，在变质过程中，可生产一系列新矿物。如黏土矿物，在高温中压条件下形成红柱石，在高压中温条件下形成蓝晶石，在高温高压条件下形成矽线石和刚玉；含钙、铁的黏土岩→石榴子石。

(5) 交代作用。在区域变质过程中，往往可生产变质热液，尤其当变质强烈时，由于混合岩化作用，可以产生混合岩化热液，它们与原岩常产生广泛交代作用，促使原岩中的多种组分重新组合，并通过溶液进行迁移和富集，从而发生矿化的蚀变。如白云石→菱

镁矿，白云石→滑石。

7.4.1.3 工业意义

（1）受变质矿床。除盐类矿床、可燃有机矿床外其他矿床经变质作用均可能成为受变质矿床。其中工业意义最大的应属受变质铁矿床，是铁矿的最重要的矿床工业类型，占有世界铁矿的绝大部分的储量。

（2）具有重要工业意义的变成矿床有石墨矿床、蓝晶石类矿床、硅灰石、石榴石、滑石、菱镁矿、刚玉、蓝石棉及硼的矿床等。

7.4.2 变质成矿作用及变质矿床分类

变质成矿作用分为接触变质成矿作用、区域变质成矿作用和混合岩化成矿作用。形成的相应矿床是接触变质矿床、区域变质矿床和混合岩化矿床。

7.4.2.1 接触变质矿床

（1）概念。由于岩浆侵入使围岩温度升高引起围岩中有用组分重结晶及重组合而形成有用矿物的作用称为接触变质成矿作用，由此而形成的矿床即为接触变质矿床。接触变质成矿作用的能源来自侵入岩浆热能。成矿物质来自受变质的原岩，与侵入体及其热液无关。

（2）矿床特征。矿床分布于较大侵入体周围的接触变质晕圈中；矿体受原岩建造和变质程度控制，产于特定层位，并且由于变质温度的差异随远离接触带矿物组合及结构等常有明显的分带；矿床规模取决于富矿质原岩建造、变质范围和变质程度。

（3）重要的变成矿床。常见的有重要工业意义的矿床有石墨矿床、红柱石矿床、硅灰石矿床、大理石矿床等。

7.4.2.2 区域变质矿床

（1）概念。区域变质矿床是在区域构造运动和岩浆活动引起的区域变质作用下受到强烈改造的矿床和形成的矿床。区域变质成矿作用的能源来自地热增温、构造热能和岩浆热能。成矿物质主要取决于原岩建造（可能伴有变质热液的带入和带出）。

（2）矿床特征。矿床分布于区域变质带中，不限于岩体附近或与其无直接的成因联系；在矿床范围内变质程度一致，不具因变质程度差异而形成的分带；矿石常见片理构造、片麻理构造、条带状构造及皱纹构造等特征；控矿因素是含矿原岩建造和变质程度（相）。

（3）意义。大部分变质矿床均属此类，如铁（鞍山式）、金、铜、铀、磷、菱铁矿、石墨、石棉等。

7.4.2.3 混合岩化矿床

（1）概念。混合岩化矿床是指经混合岩化作用形成的矿床。当变质温度升高到一定程度时变质岩将发生部分熔融，其中低熔点组分如石英及钾、钠长石首先熔融形成高挥发组分的花岗质岩浆。这些富钾、钠、硅和高挥发组分的岩浆汇聚并贯入到断裂裂隙中缓慢冷凝结晶则可形成伟晶岩及伟晶岩矿床。如果这些岩浆分散注入或渗透于变质岩中则形成混合岩及混合岩矿床。

（2）混合岩化成矿作用。该成矿作用可分如下两个阶段，主期交代重结晶阶段，即注入岩浆对围岩的（钾、钠）交代作用和使围岩发生重结晶的阶段；中晚期热液充填交代阶段，即随岩浆冷凝由岩浆注入交代作用转变为热液的充填交代作用，形成混合岩化热液矿床。

（3）矿床特征。矿床分布于混合岩化区；成矿时代大致与混合岩化时代相同；矿化受构造裂隙控制，常伴有明显的围岩蚀变。

（4）相关的矿床。包括菱镁矿、滑石、硼矿、金矿、铀矿、铜矿及稀有金属矿床和稀土矿床。

7.5 层控矿床

7.5.1 层控矿床的概念

产于一定的地层中，并受一定地层层位限制的矿床称为层控矿床。层控矿床的概念最初由德国 A. 毛赫尔（1939）提出，是指矿床与地层之间的几何形态特征或产状关系，而没有特定的成因概念。不同学者关于其含义、范围与分类一直存在不同认识，总地来说，可分为狭义的和广义的两种概念。狭义的指由沉积、火山－沉积作用初步形成的矿胚层或矿源层，经后期改造富集或再造叠加而形成的矿床；而广义的是指不管其成因如何，受地层或层状岩石控制的矿床。所谓受地层层位控制的矿床，一般理解为：在一定区域范围内，产于一个或几个特定的地层单元内的矿床，它们常与一定的沉积、火山－沉积岩类相组合，明显受其层位、岩性和岩相控制。有的层控矿床的矿体可局部交切围岩层理。因此，层控矿床并不一定是层状矿床。限定层控矿床的地层单元一般是组和统，但有时也扩大到群或建造。

7.5.2 层控矿床分类

按成因，层控矿床主要可分为以下 5 类。

（1）沉积－成岩型层控矿床。矿床形成于沉积－成岩过程中，明显受水的深浅和微地貌控制，与原生沉积环境关系密切。硫源主要来自有机物和硫酸盐在成岩期的分解和还原产物。如与萨布哈环境潮上带盐滩有关的铜、铅、锌矿床和某些直接受礁灰岩控制的菱铁矿和铅、锌矿床。

（2）后成层控矿床。这类矿床的矿化作用发生于后生期或更晚阶段，指在围岩发生构造断裂、岩溶或其他有利于沉积交代的部位，由来自较老的岩系、矿源层和矿床的成矿物质，经地下水搬运再集中而形成的矿床。矿体所在部位在同生－成岩期并无工业矿体，甚至也缺少矿源层，成矿物质来自异地、异层位。如美国的密西西比河谷型铅、锌矿床。

（3）喷流—沉积型层控矿床。其成矿作用主要与海底喷流－热泉活动有关。包括产于地槽和断裂拗陷带中的各种块状硫化物矿床，火山喷发沉积型铁、锰、铜、铅、锌、金、银、锑、汞及其他金属、非金属矿床。这类矿床的层状－似层状矿体主要经同生沉积作用形成，但部分矿体下落的网脉型或角砾岩型矿化与热液交代、充填作用有关。金属大部分是通过下渗海水的作用，淋滤围岩中有用组分而获得的。硫主要来自海水的硫酸盐和火山—沉积岩。

（4）火山沉积（或沉积）—热液叠加改造型层控矿床。这类矿床既保留了火山沉积（或沉积）成矿的某些特点，又有后期与热液活动有关的矿化叠加其上，使其具有后期成矿的某些特点（叠加矿化与区域变质过程无关）。按叠加改造程度的不同，可划分为三类：

1）弱热液叠加改造型，沉积型结构构造明显，如湖北黄梅菱铁矿床；

2）中等程度叠加改造型，沉积型结构部分保留，但成矿物质已发生局部活化转移，如南京栖霞山铅锌矿床；

3）强烈叠加改造型，沉积结构构造仅少量残留，成矿物质不仅发生活化转移，并且有岩浆－热液带入部分成矿组分，如产于侵入岩接触带的安徽铜官山矿体。

（5）变质型层控矿床。主要经区域变质改造的沉积、火山沉积矿床，如海南岛石碌铁矿床。

第三篇

矿产勘查与矿山地质工作

8 矿产勘查

8.1 矿业权

8.1.1 矿业权的概念

矿业权是指自然人、法人和其他社会组织依法享有的，在一定的区域和期限内，进行矿产资源勘查或开采等一系列经济活动的权利。矿业权包括探矿权和采矿权。探矿权是指探矿权人在依法取得的勘查许可证规定的范围和期限内，勘查矿产资源的权利。采矿权是指采矿权人在依法取得的采矿许可证规定的范围和期限内，开采矿产资源的权利。

8.1.2 矿业权的法律特征

根据物权理论，矿业权属于物权。而物权是指支配特定物并享有其利益的一种财产权。物权可分为自然权（所有权）和他物权。矿业权是从矿产资源所有权派生出来的，是矿产资源所有权中的使用权能。也就是说，矿产资源所有权人将矿产资源使用权能让与他人，允许他人使用，从而形成的矿业权，属于他物权。矿业权人对矿产资源没有完全支配权力，只有使用和收益的权力。因此，它是一种限制物权，即只能在一定范围内对矿产资源进行使用、收益。也就是说矿业权是以矿产资源的利用并获得收益为目的的用益物权。

8.1.3 矿业权与矿产资源所有权

8.1.3.1 *矿产资源所有权概念*

（1）矿产资源所有权。是指作为所有者的国家依法对矿产资源享有占有和处分的权利。

（2）矿产资源的国家主权性质。国家对其所有领土范围和管辖海域范围内的矿产资源都享有主权权利，矿产资源是国家主权的客体之一。国家主权高于民事权，除了国家，任何主体均不得对矿产资源享有主权权利。中央政府代表国家所有者，由国务院行使国家对矿产资源的所有权，不存在地方政府、区社、集体、个人、企业、部门所有。

（3）矿产资源所有权的法律特征。国家是矿产资源所有权的唯一主体，客体矿产资源为禁止流通物。

(4) 矿产资源所有权的内容。对矿产资源所有权的占有、使用、收益和处分等各项权能构成矿产资源所有权的内容。矿产资源所有者的代表是国务院，即国务院代表国家行使占有、使用、收益和处分的权利。占有——是指国家的矿产资源神圣不可侵犯，任何法人、自然人使用矿产资源须经国务院许可；使用——是指国家可以依法设立矿业权，通过资源规划合理开发；收益——是指国家作为所有者在经济利益上的回报，如收取矿产资源补偿费（权利金）；处分——是指对矿产资源的规划分配和矿业权的出让、拍卖或作价投资等。一般，国家通过矿业权的设定、许可和管理，可以基本实现所有权的各项权能。矿产资源所有权和矿业权共同构成矿产资源财产权的内容。

8.1.3.2 矿业权与矿产资源所有权的联系

(1) 它们同为物权，矿产资源所有权属于自物权，矿业权是他物权。

(2) 矿业权是在矿产资源所有权之下所设定的物权，它派生于矿产资源所有权。

(3) 它们的权利客体同为矿产资源。

8.1.3.3 矿业权与矿产资源所有权的区别

(1) 权利主体不同。矿业权的主体是自然人、法人和其他社会组织；矿产资源所有权的主体是国家。

(2) 权利的可流转性不同。矿业权依法可以流转，为限制流通物；而法律规定矿产资源所有权不允许流通，为禁止流通物。

(3) 权利取得的方式不同。矿业权是以申请、审批登记和其他经批准的有偿方式获得的，而矿产资源所有权由宪法规定。

(4) 权利灭失原因不同。矿业权因行为和事实，如民事法律行为、行政行为和权利期限届满而灭失。而矿产资源所有权只因事实，包括自然灭失和人工利用而灭失。

8.1.4 矿业权价值

(1) 矿业权价值。即矿业权人在一定期限内通过对矿产资源客体的活劳动和物化劳动的投入而可能产出的投资收益额。

(2) 矿业权价格。即矿业权价值的货币表现。在矿业权市场中，矿业权价格是矿业权人买卖矿业权的交易额。一般而言，应由交易双方议定。

(3) 矿业权价款。即探矿权价款或采矿权价款。矿业权价款的实质是国家勘查投资的收益，特指国家将其出资勘查形成的矿产地的矿业权出让给他人，或者矿业权人将国家出资勘查形成的矿产地的矿业权转让给他人，按国家规定向矿业权人或受让人收取的款项。

8.2 矿产资源/储量分类

8.2.1 矿产资源的基本概念

(1) 固体矿产资源。在地壳内或地表由地质作用形成具有经济意义的固体自然富集物，根据产出形式、数量和质量可以预期最终开采是技术上可行、经济上合理的。其位置、数量、品位/质量、地质特征是根据特定的地质依据和地质知识计算和估算的。按照地质可靠程度，可分为查明矿产资源和潜在矿产资源。

（2）查明矿产资源。查明矿产资源是指经勘查工作已发现的固体矿产资源的总和。依据其地质可靠程度和可行性评价所获得的不同结果可分为：储量、基础储量和资源量两类。

（3）潜在矿产资源。潜在矿产资源是指根据地质依据和物化探异常预测而未经查证的那部分固体矿产资源。

8.2.2 固体矿产资源/储量的分类

8.2.2.1 分类依据

矿产资源经过矿产勘查所获得的不同地质可靠程度和经相应的可行性评价所获不同的经济意义，是固体矿产资源/储量分类的主要依据。据此，固体矿产资源/储量可分为储量、基础储量、资源量三大类十六种类型，分别用二维形式（图 8－1）和矩阵形式（表 8－1）表示。

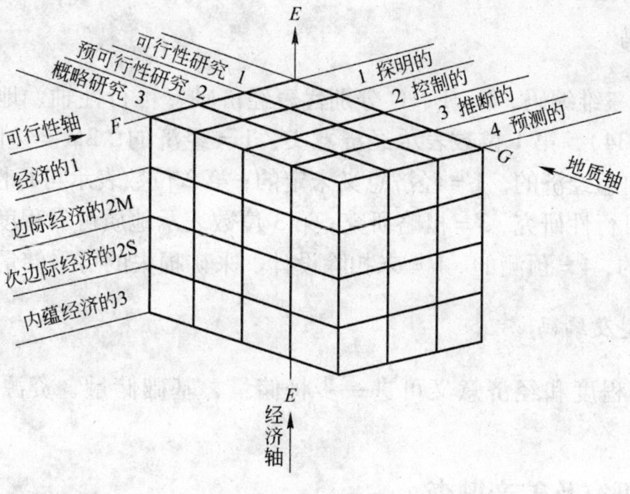

图 8－1 固体矿产资源储量分类框架图

表 8－1 固体矿产资源/储量分类表

分类类型 / 地质可靠程度 / 经济意义	查明矿产资源			潜在矿产资源
	探明的	控制的	推断的	预测的
经济的	可采储量（111）			
	基础储量（111b）			
	预可采储量（121）	预可采储量（122）		
	基础储量（121b）	基础储量（122b）		
边际经济的	基础储量（2M11）			
	基础储量（2M21）	基础储量（2M22）		
次边际经济的	资源量（2S11）			
	资源量（2S21）	资源量（2S22）		
内蕴经济的	资源量（331）	资源量（332）	资源量（333）	资源量（334）

8.2.2.2 分类

(1) 储量。是指基础储量中的经济可采部分。在预可行性研究、可行性研究或编制年度采掘计划的当时，经过了对经济、开采、选冶、环境、法律、市场、社会和政府等诸因素的研究及相应修改，结果表明在当时是经济可采或已经开采的部分，用扣除了设计、采矿损失的可实际开采数量表述，依据地质可靠程度和可行性评价阶段不同，又可分为可采储量和预可采储量。

(2) 基础储量。基础储量是查明矿产资源的一部分。它能满足现行采矿和生产所需的指标要求（包括品位、质量、厚度、开采技术条件等），是经详查、勘探所获控制的、探明的并通过可行性研究、预可行性研究认为属于经济的、边际经济的部分，用未扣除设计、采矿损失的数量表述。

(3) 资源量。资源量是指查明矿产资源的一部分和潜在矿产资源。包括经可行性研究或预可行性研究证实为次边际经济的矿产资源以及经过勘查而未进行可行性研究或预可行性研究的内蕴经济的矿产资源，以及经过预查后预测的矿产资源。

8.2.2.3 编码

采用（EFG）三维编码，E、F、G分别代表经济轴、可行性轴、地质轴（图8-1）。所用编码（111~334），第1位数表示经济意义：1=经济的，2M=边际经济的，2S=次边际经济的，3=内蕴经济的，1=经济意义未定的；第2位数表示可行性评价阶段：1=可行性研究，2=预可行性研究，3=概略研究；第3位数表示地质可靠程度：1=探明的，2=控制的，3=推断的，4=预测的。b=未扣除设计、采矿损失的可采储量。

8.2.2.4 类型及编码

依据地质可靠程度和经济意义可进一步将储量、基础储量、资源量分为16种类型（表8-1）。

8.3 矿产地质研究及矿产勘查

8.3.1 矿产地质研究

8.3.1.1 *矿产及矿床工业类型*

矿床工业类型是在矿床成因类型基础上，从工业利用的角度来进行矿床的分类。对多数矿床来说，其成因类型是多种多样的，但在工业上具有重要意义、作为主要找矿对象的，常常是其中的某些类型。一般把这些作为某种矿产的主要来源，在工业上起重要作用的矿床类型，称为矿床工业类型。

划分矿床工业类型的目的在于突出有重要意义的矿床类型，作为找矿勘探和研究工作的重点，以便深入研究它们的地质特点、形成作用、分布规律以及工业利用条件等，为多快好省地开发矿产资源服务。

由于各种矿产的产出条件和工业要求不同，矿床工业类型一般是按矿种来分别研究的。如铁矿床工业类型、铜矿床工业类型、锡矿床工业类型等。

A 矿产的工业分类

目前工业利用的矿产种类甚多，每种矿产又有许许多多的矿床工业类型，而且各种矿产在工业上的应用范围十分广泛，工业对矿石要求又各有差别，各种工业类型矿床产出的地质条件、矿床特征和经济意义都不相同。我国目前将矿产分为以下类别：

（1）能源矿产。煤、石油、油页岩、天然气、铀、钍等；

（2）黑色金属矿产。铁、锰、铬、钒、钛等；

（3）有色金属矿产。铜、铅、锌、铝、镍、钴、钨、锡、铋、钼等；

（4）稀有金属矿产。锑、锂、铌、钽、锆、镉、镓、铟、稀土等；

（5）贵金属矿产。金、银、铂、钯、钌、锇、铱、铑等；

（6）冶金辅助原料矿产。熔剂用石灰岩、白云岩、硅石、菱镁矿、耐火黏土等；

（7）化工原料矿产。硫铁矿、自然硫、磷、钾盐、明矾石、化工用石灰岩、泥炭等；

（8）特种矿产。压电水晶、冰洲石、金刚石、蓝石棉、熔炼水晶、光学萤石等；

（9）建材及其他类矿产。云母、石棉、高岭土、石墨、石膏、滑石、水泥用石灰岩等；

（10）水气矿产。地下水、地下热水、二氧化碳气等。

B 矿床的工业类型

矿床工业类型是按矿床中主要矿石加工工艺特征和加工方法而划分的矿床类型。矿床工业类型的划分是建立在矿床成因类型的基础上的。对多数矿产来讲，其成因类型是多种多样的。但在工业上起重要作用并作为找矿主要对象的，常常是其中的某些类型。以铁矿为例，它的矿床成因类型多达十几种，但就世界范围讲，工业价值较大的不过是沉积变质型（占储量60%）、海相沉积型（占30%）和热液、岩浆型等四、五种。工业类型的划分是从矿床工业意义的大小着眼的。划分工业类型的目的，在于突出有重要意义的矿床类型，作为找矿和研究工作的重点，以便深入研究它们的地质特点、形成过程和分布规律。

划分矿床工业类型的依据尚无统一原则，主要考虑以下几方面因素：（1）矿床的工业价值及代表性。如储量、品位、矿石的综合性、采矿、选矿、冶炼的技术条件；（2）矿床的成因类型；（3）矿石建造；（4）围岩性质；（5）矿体的形状和产状；（6）其他因素，如矿床构造、成矿时代等。

例如铁矿床的工业类型主要有岩浆晚期铁矿床（细分为岩浆晚期分异型铁矿床、岩浆晚期贯入式矿床）、接触交代—热液铁矿床、与火山—侵入活动有关的铁矿床（细分为与陆相火山—侵入活动有关的铁矿床、与海相火山—侵入活动有关的铁矿床）、沉积铁矿床（细分为浅海相沉积铁矿床、海陆交替—湖相沉积铁矿床）、沉积变质铁矿床（细分为变质铁硅建造铁矿、变质碳酸盐型铁矿）、风化淋滤型铁矿床、其他类型铁矿床。铜矿床的工业类型主要有斑岩铜矿、矽卡岩型铜矿、变质岩层状铜矿、超基性岩铜镍矿、砂岩铜矿、火山岩黄铁矿型铜矿、各种围岩中的脉状铜矿。锡矿床的工业类型主要有矽卡岩锡矿、斑岩锡矿、锡石硅酸盐脉锡矿、锡石硫化物脉锡矿、石英脉及云英岩锡矿、花岗岩风化壳锡矿、砂锡矿。

8.3.1.2 矿体地质研究

A 矿体地质

矿体地质是指矿体本身固有的地质特点、特性和标志，常概括为矿体外部形态特征与内部质量特征。矿体地质特征简称为矿体地质。矿体地质以矿体为研究对象，一般包括矿体的形态、产状、规模、物质成分、内部结构（不同类型、品级矿石及夹石等在矿体中的分布）等方面特点的变化情况，以及控制这些变化的地质要素，如构造、岩性、成矿作用等。

B 矿体变异性

矿体变异性，又称为矿体变化性，是指矿体地质特征（矿体特性与标志）在矿体的不同空间部位（或各矿体之间）所表现出的差异及变化特点。

a 矿体变化性

由于各种地质条件的影响及成矿过程的复杂性，反映矿体特征的各种标志具有各向异性，如矿体规模、形状、产状、内部结构及矿石质量、矿物组合、结构构造等，在矿体的不同延展方向和不同的空间部位都显示不同的特点，即矿体各标志都是变化的。如，矿石品位分布的不均匀性、矿体形态的不稳定性和不连续性等，就是这种变化性的宏观表现。

矿体变化性包括变化性质、变化程度和控制矿体变化的地质因素三个不可分割的基本要素。

（1）变化性质。变化性质是指矿体各种标志在空间上的变化是随机型变化，还是确定型变化；是有规律变化，还是无规律变化等特征。晋可夫根据矿体变化性质，划分为四种类型，即：逐渐的、连续的有规则的变化；逐渐的、连续的不规则的变化；跳跃式的、断续的有规则的变化；跳跃式的、断续的不规则变化。一般地说，矿体形态标志的变化多属前两类，而质量标志的变化则常属后两类。

（2）矿体的变化程度。矿体变化程度包括至少三个方面的含义，即变化幅度（大小）、变化速度及变化范围。变化幅度是指矿体某标志观测值偏离其平均值的离散程度。变化速度是指矿体某标志相邻观测值在一定范围内的变化快慢，即变化梯度大小。变化范围是计算矿体某标志的变化幅度特征的观测值的空间域大小。在工程间距或工程数量相等时，变化程度越大，勘探精确度越低。为获得相同精度，则变化程度大的矿体比变化程度小的矿体勘探工程间距要小，数量要多。

衡量矿体厚度的变化程度（外部形态）和矿体品位的变化程度（内部品质）用变化系数来反映。变化系数也称为变异系数（V），是均方差（δ）与平均值（$\overline{X}$）比值的百分数，变化系数估算公式：

$$V = \frac{\delta}{\overline{X}} \times 100\% \text{；} \delta = \sqrt{\frac{1}{n-1}\sum_{i=1}^{n}(X_i - \overline{X})^2}\text{；} \overline{X} = \frac{\sum_{i=1}^{n} X_i}{n}$$

式中，V 为矿体厚度或品位变化系数；δ 为单工程厚度或单样品位统计的均方差；$\overline{X}$ 为单工程厚度或单样品位统计的算术平均值；n 为样品或单工程厚度的数量；X_i 为某样品的品位或某工程的厚度。

（3）控制矿体变化的地质因素（矿床成因）。矿体不同标志具有不同的变化性质，而相同标志却可以具有不同的变化程度。对某些类型矿床来说，矿体质量标志的变化程度大于形态标志的变化程度，如金、银、钨、锡、钼、铜、铅、锌等矿床；另一些类型的矿床，矿体形态标志的变化程度大于质量标志的变化，如大多数铁、锰、铝等矿床。其中，内生及变质矿床的变化程度往往大于外生矿床；而内生矿床中，简单的裂隙充填矿床的变化程度又低于交代成因的矿床。

b 矿体变化的规律性

由于矿体各标志的变化与一定地质因素有关，因此，它们的变化必然因受有关地质因素变化规律的制约而呈现出一定的变化趋势。如矿石品位变化的方向性特征，矿体形状、厚度的方向性变化。

趋势变化或方向性变化是矿体的又一重要特征。其意义是查明趋势特征是我们合理确定工程间距、正确布置勘探工程的重要依据。我们在研究不同标志的变化规律性时，除应查明矿体各标志沿走向、倾斜和厚度的趋势变化外，尤其应注意查明矿体最大变化标志的最大变化方向，勘探工程常沿矿体的最大变化方向布置，这是勘探工程布置的一条重要原则。

大多数矿床通常是由在两度空间延长，一个方向短的层状、似层状、透镜状、脉状等形态的矿体组成。这类矿体一般情况下，矿石品位和形态等的变化最大方向是厚度方向。因此，大多数矿床勘探工程均垂直矿体走向布置，沿厚度方向穿过矿体。

c 矿产的共生性

在同一矿床内，矿石物质组成通常不是单一的，而是由多种元素和多种矿物共生或伴生；有时也不仅一种元素，而可能是多种元素均达到工业要求，可以分矿种进行圈定矿体。对于该类矿床无疑必须进行综合勘查和综合评价。在勘查工作中应注意查明矿体内部的结构、查明有益、有害组分、查明主成矿元素赋存形式。

8.3.2 矿产的勘查

8.3.2.1 矿产勘查阶段的划分

矿产勘查是对矿产地质客体进行调查研究和获取信息的过程，是查明矿产资源或矿产储量以及生产其他基础地质信息的过程。这个过程不可能一次完成，需要分阶段并依次进行。这是由勘查对象的性质、特点和勘查生产实践需要决定的，或者说是由矿产勘查的认识规律和经济规律决定的。阶段划分得合理与否，将影响到矿产勘查与矿山设计、矿山建设的效率与效果。因此，它不仅是矿产勘查实践中的实际问题，也是勘查学中的一个重要理论问题和技术、经济、政策性问题。它历来为世界各国勘查学者和广大从事矿产勘查与矿业开发及管理的人们所重视。

矿产勘查工作一般分为预查、普查、详查、勘探四个阶段。

（1）预查。依据区域地质和（或）物化探异常研究结果、初步野外观测、极少量工程验证结果，与地质特征相似的已知矿床类比、预测，提出可供普查的矿化潜力较大地区。有足够依据时可估算出预测的资源量，属于潜在矿产资源。

（2）普查。是对可供普查的矿化潜力较大地区、物化探异常区，采用露头检查，地质填图，数量有限的取样及物化探方法，大致查明普查区内地质、构造概况；大致掌握矿体（层）的形态、产状、质量特征；大致了解矿床开采技术条件；矿产的加工选冶性能已进行了类比研究。最终应提出是否有进一步详查的价值，或圈定出详查区范围。

（3）详查。是对普查圈出的详查区通过大比例尺地质填图及各种勘查方法和手段，比普查阶段进行较密的系统取样，基本查明地质、构造、主要矿体形态、产状、大小和矿石质量，基本确定矿体的连续性，基本查明矿床开采技术条件，对矿石的加工选冶性能进行类比或实验室试验研究，做出是否具有工业价值的评价。必要时，圈出勘探范围，并可供预可行性研究、矿山总体规划和做矿山项目建议书使用。对直接提供开发利用的矿区，其加工选冶性能试验程度，应达到可供矿山建设设计的要求。

（4）勘探。是对已知具有工业价值的矿床或经详查圈出的勘探区，通过加密各种采样工程，其间距足以肯定矿体（层）的连续性，详细查明矿床地质特征，确定矿体的形态、产状、大小，空间位置和矿石质量特征，详细查明矿体开采技术条件，对矿产的加工选冶性能进行实验室流程试验或实验室扩大连续试验，必要时应进行半工业实验，为可行性研究或矿山建设设计提供依据。

8.3.2.2 *矿产勘查技术方法*

矿产勘查技术方法，是指那些在矿产勘查活动中，能够直接获取工作区有关矿产的形成与赋存的直接或间接的信息及各种参数的技术方法。根据矿产勘查技术方法的原理可以分为：地质测量法、重砂测量法、地球化学方法、地球物理方法、遥感地质测量法、探矿工程法等。这些技术方法，在矿产勘查活动中具有极其重要的意义。

A 地质测量法

地质测量是根据地质观察研究，将区域或矿区的各种地质现象客观地反映到相应的平面图或剖面图上。它具有以下特点：

（1）地质测量法是一种通过直接观察获取地质现象的方法，因此具有极大的直观性和可信性；对所获得的地质现象进行系统分析和综合整理，对区域及矿区的成矿地质环境进行论述，因此具有很强的综合性。

（2）地质测量成果是合理选择应用其他技术方法的基础，也是其他技术方法成果推断解释的基础，因此它是各种技术方法中的最基本的最基础的方法。

（3）从矿产勘查技术方法研究的对象和内容来看，地质测量法既研究成矿地质条件，也研究成矿标志，而其他技术方法主要是研究成矿标志和矿化信息。

（4）地质测量往往可以直接发现矿产地，因此它具有直接找矿的特点。

在矿产勘查的不同阶段、不同地区均应进行地质测量。所采用的比例尺分为小比例尺（1:100 万~1:50 万）、中比例尺（1:20 万~1:5 万）、大比例尺（1:1 万或更大）等三种类型。各种类型的研究精度和内容有较大差异。

小比例尺（1:100 万~1:50 万）地质测量一般是在地质上的空白区或研究程度较低地区进行，或者是为了获得系统全面的基础地质矿产资料，虽然在局部曾进行过较大比例尺地质测量。也可进行已有资料的整理汇编，并适当进行野外补充编集成图。小比例尺地质测量是一项综合性的找矿工作，主要目的是确定找矿工作布局。

中比例尺（1:20 万~1:5 万）地质测量一般是根据小比例尺地质测量或根据已有地质矿产资料所确定的成矿远景地段以及已知矿区外围开展中比例尺地质测量。

中、小比例尺地质测量工作属于区域上的地质工作，一般是由国家投资，地质专业队伍进行工作。目前，我国已完成了 1:100 万、1:50 万、1:20 万的地质测量工作图幅，完成了部分 1:5 万的地质测量工作图幅。

大比例尺（1:10000、1:5000、1:2000、1:1000、1:500）地质测量一般是在矿区范围

内开展的精度较高的地质测量工作。该项工作一般由专业地勘队伍或矿山企业地质队伍根据工作要求进行，其具体任务一是详细查明矿区内矿床形成的地质条件及矿化标志，特别要查明具体的控矿因素，如控矿构造的类型及性质，控矿岩体赋存矿体的有利部位等；二是总结矿化规律，提出矿产勘查的具体准则，明确寻找矿体的具体地段；三是对已知矿床进行深入细致解剖，研究矿床的矿化类型、控矿因素、矿床形成机制，对矿床的浅部地质特征予以揭露研究，对深部含矿前景进行定性及定量预测；四是大比例尺地质测量应结合其他各种技术方法所获得的信息，在矿区范围内开展隐伏矿体的勘查。

B 重砂测量法

(1) 重砂测量是通过对矿床或含矿岩石中某些有用矿物及伴生矿物在风化、搬运、沉积和富集的地质作用过程中，在残坡积层中形成的重砂矿物的分散晕；在水系沉积物（冲积层）中形成的重砂矿物的分散流中的重矿物的鉴定分析，达到发现矿床的目的。重砂矿物分散晕（流）的富集分布具有以下规律：

1）重砂矿物分散晕（流）的形态与矿源母体的形态、产状及其所处的地形位置有直接关系，等轴状矿体所形成的分散晕呈扇形；脉状及层状矿体顺地形等高线斜坡分布，形成梯形的重砂分散晕；与地形等高线垂直，则形成狭窄的扇形重砂分散晕。

2）重砂矿物分散晕（流）中重砂矿物含量，距矿源母体较近，重砂矿物含量高，距矿源母体较远，则重砂矿物含量低。

3）重砂矿物分散晕（流）中重砂矿物的粒度及磨圆度，与其原始的物理性质及迁移距离有关。矿物稳定性越强，迁移距离越小，则矿物颗粒较大，磨圆度差，呈棱角状。反之，粒度小，呈浑圆状。

(2) 重砂测量的应用。重砂测量最适用于寻找金属和稀有金属（包括分散元素及其有关的矿产）。如：金（自然金）、铂（自然铂）、锡（锡石）、钨（黑钨矿、白钨矿）、汞（辰砂）、钛（钛铁矿、金红石）、铬（铬铁矿）、钽（钽铁矿）、铌（铌铁矿）、铍（绿柱石）、锆（锆石）、铈（独居石）、钇（磷钇矿）等；也可用于寻找某些非金属矿产，如金刚石、刚玉、黄玉、磷灰石等。有时在条件有利的情况下，还可为寻找铜、铅、锌等有色金属矿产提供线索。

重砂测量不仅可以追踪原生矿床，而且可以寻找砂矿床（包括风化壳型矿床）。根据重砂矿物的特征、矿物共生组合，可以预测矿床的类型和岩石的分布及追索圈定与成矿有关的侵入体等，直接或间接地指导找矿。

C 地球化学测量法

地球化学测量法的基本原理是：地球化学测量主要是通过发现异常、解释评价异常的过程来进行找矿的，而地球化学异常又是相对于地球化学背景而言的。所以说研究地球化学异常是化学探矿的最基本问题。

(1) 地球化学背景与背景含量。在无矿或未受矿化影响的地区，区内的地质体和天然物质没有特殊的地球化学特征，且元素含量正常，这种现象称为地球化学背景，简称为背景。正常含量也叫背景含量。元素呈正常含量的地区称为背景区。背景区内，元素的分布是不均匀的，故背景含量不是一个确定的值，而是在一定范围内变动的值。背景含量的平均值为背景值。背景含量的最高值称为背景上限值，或称为背景上限。高于背景上限值的含量就属于异常含量。因此，也可以称背景上限值为异常下限。

（2）地球化学异常与异常值。在广大背景区中，往往有一部分天然物质及地球化学特征与背景区有显著不同，这就是地球化学异常。如果用数值来表达异常的特征，则该值称为地球化学异常值。其对应的地区称为地球化学异常区，简称为异常区。

（3）地球化学异常的分类。地球化学异常可分为在基岩中形成的异常——原生地球化学异常（原生异常）和由岩石、矿石遭到表生风化破坏后，在现代疏松沉积物、水及生物中形成的异常——次生地球化学异常（次生异常）。

根据规模大小，又可将地球化学异常分为三类：地球化学省、区域地球化学异常（区域异常）和局部地球化学异常（局部异常）。

（4）地球化学测量方法分类。根据地球化学找矿取样介质的不同可以分为下列五类：岩石地球化学测量、土壤地球化学测量、水系沉积物地球化学测量（即分散流测量）、水化学测量、气体地球化学测量。以上各类地球化学找矿方法中，以前三种最常用，比较成熟且找矿效果也较好。

D　地球物理探矿

a　地球物理探矿概况

地球物理探矿简称“物探”，即用物理的原理研究地质构造和解决找矿勘探中问题的方法。它是以各种岩石和矿石的密度、磁性、电性、弹性、放射性等物理性质的差异为研究基础，用不同的物理方法和物探仪器，探测天然的或人工的地球物理场的变化，通过分析、研究所获得的物探资料，推断、解释地质构造和矿产分布情况。目前主要的物探方法有重力勘探、磁法勘探、电法勘探、地震勘探、放射性物探等。依据工作空间的不同，又可分为地面物探、航空物探、海洋物探、钻井物探等。在覆盖地区，它可以弥补普查勘探工程手段的不足，利用综合普查找矿和地质填图。

物探使用的前提是首先要有物性差异，被调查研究的地质体与周围地质体之间，要有某种物理性质上的差异；其次被调查的地质体要具有一定的规模和合适的深度，用现有的技术方法能发现它所引起的异常。若规模很小、埋藏又深的矿体，则不能发现其异常。有时虽地质体埋藏较深，但规模较大，也可能发现异常。故找矿效果应根据具体情况而定。第三是能区分异常。即从各种干扰因素的异常中区分所调查地质体的异常。如基性岩和磁铁矿都能引起航磁异常。

b　物探方法的种类及主要用途

（1）物探方法的主要种类。物探方法的主要种类有放射性测量法、磁法（磁力测量）、自然电场法、中间梯度法（电阻率法）、中间梯度装置的激发极化法、电剖面法（按装置的不同分为联合剖面法、对称四极剖面法）、偶极剖面法、电测深法、充电法、重力测量、地震法。

（2）物探方法的选择。一般是依据工作区的下列三方面情况，结合各种物探方法的特点进行选择：一是地质特点，即矿体产出部位、矿石类型（是决定物探方法的依据）、矿体的形态和产状（是确定测网大小、测线方向、电极距离大小与排列方式等的决定因素）；二是地球物理特性，即岩矿物性参数，利用物性统计参数分析地质构造和探测地质体所产生的各种物理场的变化特点。如磁铁矿的粒度、品位、矿石结构等对磁化率的影响，采用方法的有效性等；三是自然地理条件，即地形、覆盖物的性质和厚度及分布情况、气候和植被土壤情况等。

E 遥感地质测量法

遥感地质测量法是综合应用现代遥感技术来研究地质规律，进行地质调查和资源勘查的一种方法。它从宏观的角度，着眼于由空中取得的地质信息，即以各种地质体对电磁辐射的反应作为基本依据，结合其他各种地质资料及遥感资料的综合应用，以分析、判断一定地区内的地质构造情况。

遥感地质测量具有大面积的同步观测，视域宽广、信息丰富、技术先进、定时、定位观测、提高观测的时效性、投入相对小、综合效益高的特点。

遥感地质测量法主要应用于基础地质工作、矿产勘查、地质灾害的监测和防治、土地管理等方面。

F 探矿工程法

探矿工程法也称工程揭露法，是综合运用槽探、坑探、钻探等探矿工程来勘探矿床、认识矿床的方法。这一方法就是通过探矿工程在矿体的若干点上，直接观测（特别是坑道工程）矿体及其边界点的空间位置、厚度、矿石的组分、品位、结构、构造和其他说明成矿规律的地质现象，进而确定矿体的形态、大小、产状、受构造破坏的情况、矿石的质量、数量和空间位置等影响采、选、冶方法的地质因素。

探矿常用的工程有坑探和钻探两类。坑探包括探槽、浅坑、剥土、浅井、平硐、竖井、斜井以及从平硐、竖井或斜井中挖掘的平巷（穿脉、沿脉和石门等的总称）和天井等。常用的钻探主要是岩芯钻和浅钻。

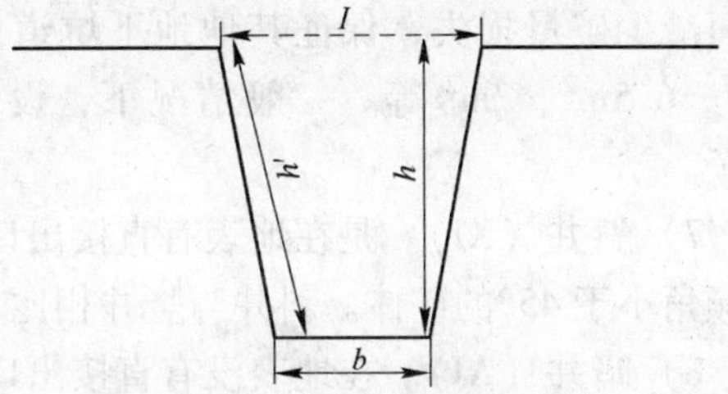

图 8-2 探槽断面图

h—探槽深度；h'—槽壁斜深；

l—探槽口宽；b—探槽底宽

(1) 探槽（TC）。它是在地表挖掘的一种槽形坑道，其横断面如图 8-2 所示，探槽深度一般不超过 3~5m，视浮土性质，以利于工作，保证施工安全为原则。探槽的布置应垂直矿体走向或矿体平均走向来布置。所有探槽适用于浮土厚不大于 3m。当地下水面低时，覆盖层厚达 5m 时也可使用探槽。

(2) 坑探。从地表向矿体内部掘进的水平坑道。断面形状为梯形或拱形。主要用于揭露、追索矿体，也是人员出入、运输、通风、排水的通道。地质勘查中常采用的坑探工程主要有浅井、平窿、石门、沿脉、穿脉、竖井、斜井、暗井等。

1) 浅井（QJ）。它是由地表垂直向下掘进的一种深度和断面均较小的坑道工程，主要用于揭露松散层掩盖下的矿体。浅井深度一般不超过 20m，断面形状可为正方形或圆形，断面面积为 1.2m×2.2m。产状较陡时，可在浅井下拉石门或穿脉，当矿体产状较缓时，浅井应布置在矿体上盘。

2) 平窿（平硐）（PD）。从地表向矿体内部掘进的水平坑道（图 8-3a）。断面形状为梯形或拱形。主要用于揭露、追索矿体，也是人员出入、运输、通风、排水的通道。在地形条件有利时应优先使用平窿坑道。平硐只有在地形切割深，矿体位于山谷以上的部分才有条件考虑应用。平硐断面规格一般根据掘进所使用的设备及施工人员的安全考虑，有 1.8m×(1.2~2.0)m、2.5m×2m、2.4m×2.5m、2.6m×2.8m 等几种，平硐的坡度一般为3‰~7‰。

3）石门（SM）。在地表无直接出口与含矿岩系走向垂直的水平坑道（图 8 - 3b）。石门常用来连接竖井和沿脉，揭露含矿岩系和平行矿体等。

4）沿脉（YM）。在矿体中沿走向掘进的地下水平坑道（图 8 - 3c），用以了解矿体沿走向的变化，在矿体之外的沿脉坑道，可供行人、运输、通风、排水之用。

5）穿脉（CM）。垂直矿体走向并穿过矿体的地下水平坑道（图 8 - 3d）。穿脉用以揭露矿体厚度、圈定矿体，了解矿石组分及品位，查明矿体与围岩的接触关系等。

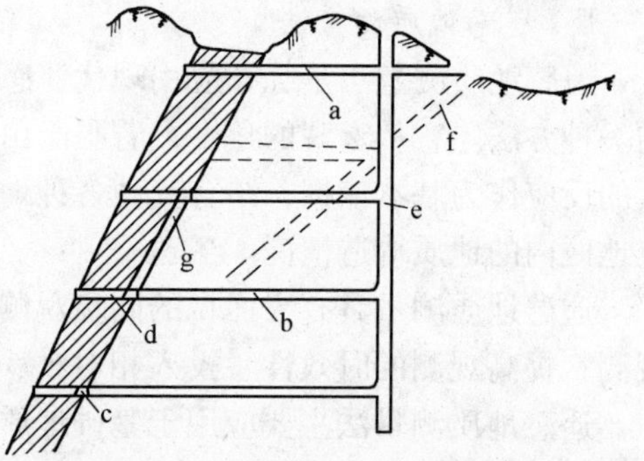

图 8 - 3　地下坑探工程图

a—平窿；b—石门；c—沿脉；d—穿脉；e—竖井；f—斜井；g—上山（或下山）

6）竖井（SJ）。是直通地表且深度和断面都较大的垂直向下掘进的坑道（图 8 - 3e）。竖井是人员出入、运输、通风、排水的主要坑道。竖井在矿床勘探和采矿时均可应用，采矿竖井有主井、副井及通风井之分。竖井应布置在矿体的下盘，以确保采矿时使用安全，即可减少矿量损失，保证其他地下坑道的稳固。竖井断面面积有 $4m^2$，$4.5m^2$，$5.5m^2$，$6m^2$，$6.5m^2$，$7m^2$ 等。一般情况下，设计竖井不宜过多，一个矿床设计 1 ~ 2 个就可以了。

7）斜井（XJ）。是在地表有直接出口的倾斜坑道（图 8 - 3f）。适用于勘探产状稳定且倾角小于 45°的矿体。斜井与竖井相比，可减少石门长度，但斜井长度比竖井深度大。

8）暗井（AJ）。在地表没有直接出口的垂直或倾斜的坑道（图 8 - 3g）。断面一般为长方形，面积为 1.5m × 2.5m。垂直暗井又称为天井，倾斜暗井又称为上山或下山。暗井的作用是在地下坑道中向上或向下勘探矿体，追索圈定被错断的矿体、贯通相邻的中段水平坑道。

坑探工程由于成本高，施工困难，因此多用于矿床勘探阶段，在使用时应考虑矿床开采时的需要。

（3）钻探。钻探工程是深部找矿的主要勘查手段。钻探工程是通过钻探机械在地表向地下或利用坑道在坑内钻进的钻孔，从中获取岩心、矿心借以了解深部地质构造及矿体的赋存变化规律，其钻进深度，对于固体矿产多为 100 ~ 1000m。钻探工程是主要的矿产勘查手段。

1）砂钻。砂钻是应用人力向下垂直钻进的浅型钻探，其钻进深度多在 50m 之内，用以勘查在黏土或风化松散地区埋深较浅的砂矿床和风化壳矿床。

2）岩心钻。岩心钻是机械回转钻，备有一整套的机械设备如钻塔、钻机、水泵、柴油机或电动机、钻杆及套管等。钻进深度为 50 ~ 1000m。用以勘查深度较大的矿体，可垂直钻进，也可倾斜钻进。在矿产勘查的不同阶段均可使用。

8.3.2.3　*矿床勘查类型*

（1）矿床勘查类型。矿床勘查类型是根据矿床和矿体地质特征，主要是依据矿体各主要标志（规模、形态、品位等）的特点及其变化程度以及它对勘探工作难易的影响大小而对矿床进行的分类。划分矿床勘查类型的目的，在于总结矿床勘查的实践经验，以便指导与其相类似矿床的勘查工作。为合理地选择勘查技术手段，确定合理的勘查研究程度及勘查工程的合理布置提供依据。

(2) 勘查类型划分。划分矿床勘查类型的主要依据是矿体规模、矿体形态复杂程度、内部结构复杂程度、矿石有用组分分布的均匀程度、构造复杂程度等主要地质因素确定勘查类型。矿床勘查类型确定应以一个或几个主矿体为主，对于巨大矿体也可根据不同地段勘查的难易程度，分段确定勘查类型。

按矿床地质特征将勘查类型划分为简单（Ⅰ类型）、中等（Ⅱ类型）、复杂（Ⅲ类型）三个类型。由于地质因素的复杂性，允许有过渡类型存在。

8.3.2.4 矿床的勘查

矿床勘查的过程就是对矿体及矿床的追索和圈定的过程，要想探明矿体、获得矿体的完整概念，就要求用来揭露矿体的各种勘探工程手段必须按一定距离有规律地布置，也就是尽可能地把几个相邻的勘探工程布置在一个剖面内，以便根据它们来编制勘探剖面。而勘探剖面的具体布置取决于矿体的基本形状。

A 勘查工程的总体布置

a 勘查工程布置的原则

为了有效地对矿床进行勘查，布置勘查工程时，必须遵循以下原则：一是各种勘查工程必须按一定的加密剖面系统布置，以使各工程之间相互联系有利于制作系统的加密勘探剖面和获得各种参数，便于综合对比和进行地质分析与推断。二是勘探剖面的方向应该根据矿体属性特征变化最大的方向来确定，勘查工程应尽量垂直矿体走向或构造线方向布置，并保证沿厚度方向穿过整个矿体或含矿带。三是坑道勘查应保持穿脉相对均匀，并穿透整个矿体或含矿带；脉内沿脉探矿，也必须保证等间距均匀揭露矿脉的全厚，对较厚矿体需配合用穿脉或坑内钻探矿，以保证矿体的完整性；还应使坑探工程尽可能为将来开采时所利用。四是在曾经进行过部分勘查工作的矿区内，布置勘查工程时，要充分利用原有的工程。

地质勘查工作总原则就是力求以最少的工程量、最少的投资和最短的时间，获取全面、完整、系统、准确和数量尽可能多的地质资料信息和成果。

b 勘查工程的总体布置方式

根据上述原则，勘查工程的总体布置方式有三种：勘探线法、勘探网法、水平勘探法。

(1) 勘探线法。勘探工程布置在一组相互平行的勘探线所在铅垂剖面内的一种工程总体布置方式，称之为勘探线法。而勘探线是垂直于矿体总体走向的铅垂勘探剖面与地表的交线。勘探线的布置几乎总是垂直于矿层、含矿带，或者主要矿体的走向，以保证各勘探工程沿厚度方向截穿矿体或含矿带（图 8 -4a）。各条勘探线应尽量相互平行，以便各勘探线剖面的资料进行对比，减少误差，也便于正确计算储量。

当矿层或含矿带走向有强烈变化，勘探线的方向也需作相应的改变时，一般可先作基线代表其总体走向，然后垂直基线布置勘探线（图 8 -4b）。

各勘探线之间往往是平行和等距的，勘探线剖面上各工程截穿矿体点之间的距离也往往是等距的。应尽量使勘探工程从地表到地下按一定间距沿勘探线布置，以便获得系统且均匀控制的地质勘探剖面资料（图8－4c）。

在勘探线剖面内，勘探工程可以是铅直的，也可以是倾斜的。但倾斜工程一定要沿剖面倾斜，不能偏离剖面。在走向上，应尽量使一排工程（或工程的见矿位置）在一个与走向平行的铅垂剖面上，以便能作出一个纵剖面图（图8－4d）。其他工程的位置则比较自由。

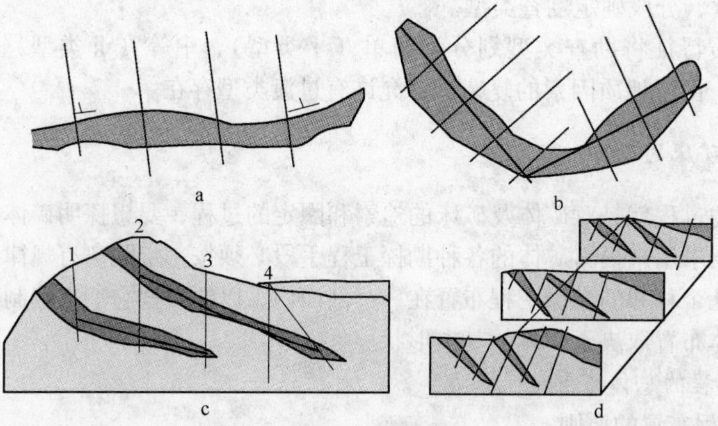

图8－4　勘探线法

适用条件：勘探线是勘探工程布置的一种最基本的形式。尤其适用于呈两个方向（走向及倾向）延伸，产状较陡的层状、似层状、透镜状、脉状等矿体。它一般不受地形及工程种类的影响，各线工程的位置可根据地质和地形情况灵活布置，因此应用最为广泛。

（2）勘探网。勘探工程布置在两组不同方向勘探线的交点上，构成网状的工程总体布置方式称为勘探网（图8－5）。

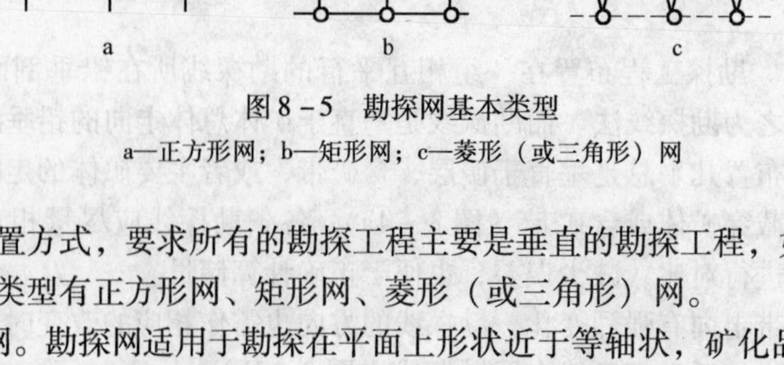

图8－5　勘探网基本类型

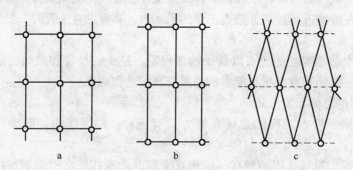

a—正方形网；b—矩形网；c—菱形（或三角形）网

这种工程布置方式，要求所有的勘探工程主要是垂直的勘探工程，如直钻、浅井等。

勘探网基本类型有正方形网、矩形网、菱形（或三角形）网。

1）正方形网。勘探网适用于勘探在平面上形状近于等轴状，矿化品位变化也在各方向无明显差别的矿体，如斑岩型矿床、产状极缓或近水平的沉积矿床等。

2）矩形网。适用于平面上沿一个方向延伸较长，另一方向延伸较短的产状平缓的层状、似层状矿体；或矿体某些特征标志沿一个方向变化大、沿另一个方向变化较小的矿体。矩形网的短边（即工程较密）的方向，应是矿体某些特征标志变化较大的方向。

3）菱形（或三角形）网。其特点在于沿矿体长轴方向和垂直长轴方向，每组勘探工程相间地控制矿体，并可节省部分勘探工程。对那些矿体规模很大，而沿某一方向变化较小的矿床可采用菱形网。

由于勘探网适用条件限制较多，在金属矿床勘探中远不如勘探线法应用广泛。

(3) 水平勘探法。当主要采用水平坑探工程及坑内水平钻，勘探产状为陡倾斜矿体或地形切割有利的矿床时，要求各工程沿不同标高水平（中段）揭露矿体，以获得一系列不同标高水平的勘探断面，这种勘探工程布置形式称为水平勘探（图8-6）。

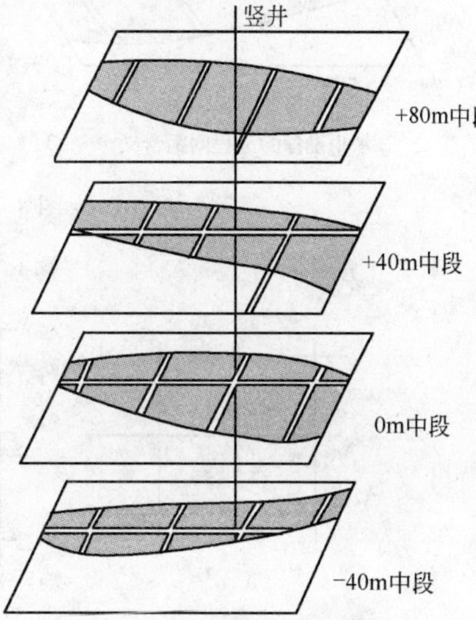

图8-6 水平勘查示意图

水平勘探法尤其适用于陡倾斜的矿体，特别是柱状、筒状、管状矿体，采用水平勘探地质效果较好。

c 灵活布置工程

从概率的角度看，当人们对所要勘查的矿床的信息（各种矿体参数）了解的先验概率很小的时候，采用规则勘查网布置工程获得信息和概率要大。反之，当我们加强了地质规律的研究，对矿床的变化规律有了一定的认识，也就是说可以对矿床的变化作一定的预测的时候，就不一定非用规则的勘查网，这时就可以采用有目的的、有根据的、有的放矢的布置工程，这就是灵活的布置工程。勘查工程总体布置要不要按等距进行，要不要按一定规律进行，这是相对的概念，它取决于人们对矿床变化规律认识的程度。

B 勘探工程间距的确定

a 勘探工程间距的含义

勘探工程间距通常是指沿矿体走向和倾斜方向相邻工程截矿点之间的实际距离乘积，也称“勘探网度”或工程密度。勘探工程沿矿体走向的间距系指水平距，也即勘探线之间的距离；勘探工程沿矿体倾向的间距，一般是指工程穿过矿体底板的斜距（薄矿体）或穿过矿体中心线（厚矿体）的斜距（图8-7）。

当矿体为陡倾斜而用坑道勘探时，以相邻标高（不同水平）坑道的垂直距离（又称中段高度）与中段平面上穿脉间的距离乘积表示。

勘探网的工程间距，对于正方形网和矩形网是勘探网格的长与宽的长度；对于三角形网（菱形网），则为三角形的底与高的长度（图8-8）。

对于同一个矿床，选择的勘探工程间距大小不同，其所取得的地质效果和经济效果有较大差异，如果工程间距过大则控制不住矿床地质构造及矿体变化特点，满足不了给定精度的要求；如果工程间距过小则超过给定精度的要求，增加了勘探工作量和勘探费用，积压或浪费了资金，并拖延了勘探工作的完成时间。因此，在矿床勘探工作中存在着确定合

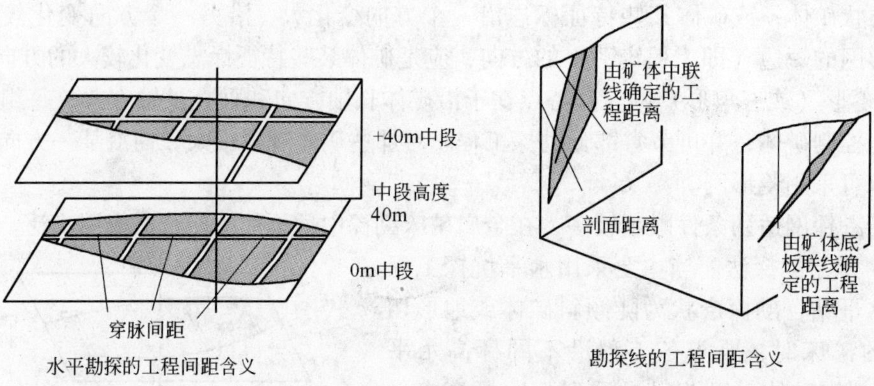

图8-7 工程间距示意图

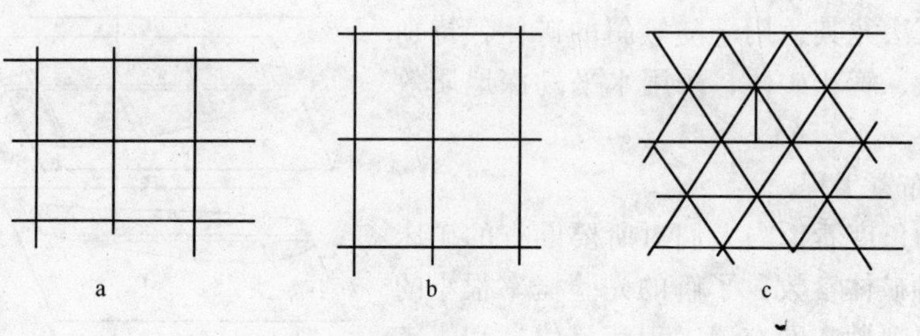

图8-8 勘探网工程间距示意图

理勘探工程间距的问题。

b 勘查工程间距的合理确定

勘查中合理确定工程间距的方法主要有四种，类比法、稀空法、加密法、数理统计法。但在预查、普查阶段，一般用类比法。

类比法是根据类似矿床的勘查经验确定勘查工程的网度。类比时主要从成矿地质条件、矿床地质特征等方面进行比较，采用与其相近似的勘查工程间距。也就是利用国内外勘查类似矿床时选择勘查工程间距的经验，来确定勘查工程间距的，这是目前确定勘查工程间距的最基本的，也是第一步的方法。表8-2列举了我国地质勘查规范中锡、铜、铅、锌、镍矿床所规定的各种勘查类型的工程间距。类比法常用于矿床勘探初期。这种方法只是一种推理，是否符合所勘查矿床实际，还需要根据勘探过程中得到的资料验证。要根据新的资料对所确定的勘查网度进行修正，防止生搬硬套。

C 探矿工程的地质设计

探矿工程地质设计是从地质角度出发，根据成矿地质条件、矿床勘探类型、布置原则，确定探矿工程的种类、空间位置以及有关技术问题。主要包括钻探工程设计及坑道工程设计。

(1) 钻探工程设计。钻探工程设计包括确定钻孔截穿矿体的部位、开孔位置及钻孔的技术要求和钻孔理想柱状图的编制。钻孔地质设计完成后，再将钻孔编号、坐标、方位角、开孔倾角、设计孔深、施工目的等列表归总，连同施工通知书提交钻探部门。

表8-2 锡、铜、铅、锌、镍矿床勘查工程间距参考表

矿种	矿床勘查类型	勘查工程间距/m		备注
		沿走向	沿倾向	
锡	Ⅰ	80~120	80~120	锡矿床勘查时注意： 1. 似层状与脉状或管条状与脉状组合而成的矿体，应根据具体情况控制主体部分或分别布置工程 2. 管条状矿体的水平截面控制工程应在两个以上，其布置形式可采用平行穿脉或“十”字形穿脉或扇形水平钻控制 3. 对于第Ⅱ、第Ⅲ类型的板脉状矿体，一般采用沿脉坑道为主，配合钻孔或穿脉中拉短沿脉进行勘查
	Ⅱ	60~80 管条状：20~40	40~60 管条状：60~80	
	Ⅲ	40~50 管条状：10~20	30~40 管条状：30~40	
铜	Ⅰ	200~240	100~200	
	Ⅱ	120~160	100~120	
	Ⅲ	80~100	60~80	
铅、锌	Ⅰ	160~200	100~200	
	Ⅱ	80~100	60~100	
	Ⅲ	40~50	30~50	
镍	Ⅰ	160~200	100~160	
	Ⅱ	50~80	50~80	
	Ⅲ	40~50	40~50	

注：1. 表中所列为详查工程间距，勘探工程间距原则上加密1倍以上；
2. 工程间距沿倾向钻孔指实际控制矿体的距离（斜距），坑道为中段高度。
3. 同一勘查类型中工程间距视矿床规模及复杂程度择优选用。
4. 当矿体沿倾向变化较走向稳定时，工程间距沿矿体走向可密于倾向。
5. 探明的矿产资源/储量，在Ⅲ类型矿床中，因继续加密已达到矿山生产时采掘工程密度，故不再列出。

（2）坑探工程设计。坑探工程包括地表轻型山地工程和地下重型山地工程两类。

1）地表轻型山地工程设计。地表轻型山地工程因其施工容易、简便且花费又少，故其设计比较简单，按工程布置一般原则在矿床地形地质图和勘探线剖面图上直接确定。例如探槽设计要求系统揭穿覆盖层小于3m的整个矿体或矿化带厚度，尽可能布置在勘探线上，常需用若干长的揭露矿化带整个宽度的主干探槽和短的揭露局部矿体和构造的辅助探槽配合使用。探槽断面宽度以保证安全和方便观测地质现象为原则，深度应挖进新鲜基岩0.3~0.5m后终止。工程施工结束后应及时取样与编录。

2）地下重型山地工程设计。地下重型山地工程主要指地下坑道工程，坑道工程主要包括平硐、竖井、斜井、沿脉、穿脉等深部探矿工程。此类工程施工技术条件复杂，投资费用高，因而在设计时必须有明确的目的和充分的地质依据。同时为了使坑探工程能为今后开采所利用，应与开采部门共同研究，了解开采方案以及开采块段和中段的高度，以便正确进行地质设计。

平硐系统主要用于地形起伏较大地区，斜井、竖井系统主要用于地形较平缓地区。平硐坑口位置应选择有较开阔的场地，岩层比较稳固，有较大面积堆放废石的凹地。坑口标高在历年洪水位之上。竖井一般多布置于矿体下盘的矿区近中心部位，井口位置地形应平坦，在历年洪水位之上，井筒应避开断裂带、流砂层和溶洞地带。

根据需要以尽可能短的距离接近矿体，确定掘进方位；坡度在（3‰~5‰）之间；断面规格为（1.5~2.0）m（宽）×（1.8~2.0）m（高）；终止深度要求穿过矿体2~3m；要说明坑道穿过地段预计的地质构造现象，尤其是对不利的稳定性差的岩层、断裂破碎带、溶洞、流砂层等现象应予特别说明，以利于采取措施保证掘进施工安全和坑道使用安全。

探矿坑道设计好后，应在中段地质图和勘探线设计剖面图上标出坑道的方位、坑道长度以及坑道断面规格和坑道坡度等。坑道设计被批准后还应将坑道地质情况和水文地质情况等方面的资料送交施工部门，以保证施工安全。

D 探矿工程的施工

探矿工程的施工顺序一般应遵循由浅入深、由表及里、由稀到密、由已知到未知，循序渐进的原则。基准孔、参数孔、沿走向和倾向的主导剖面应优先施工。其施工安排，分为依次或并列两种基本方式，而常采用的是依次—并列相结合的分批施工方式。

合理安排施工顺序和科学组织施工，说到底是个运筹学的问题。一般应根据所掌握的矿床（体）地质资料和技术设备条件，先选择最有把握的地段，如主矿体中部（浅表）最具希望部分所设计的勘探剖面工程；作为第一批优先施工的工程；然后，依据其所获资料信息，再向深部与外围扩展，逐步安排其后几批工程依次施工。这种施工方式克服了逐个工程依次施工的勘探速度过慢和并列施工的工程落空风险过大的缺点，能够取得理想的勘探效果。

在各单项工程开工前，要作好必要的准备工作，地质人员要向施工人员交底，施工人员按照工程地质与技术设计，在接到施工通知书后即可正式开工。

在工程施工过程中，地质与测量人员要经常及时地进行地质指导并按照设计要求检查测量，确保工程质量。地质技术人员必须同时进行编录、取样、化验、鉴定与试验工作，开展对矿床、矿体地质的综合研究等。

探矿工程若达到了目的，通过检查验收后，即下达停工通知书，结束施工。

8.4 原始地质编录和矿产取样

8.4.1 原始地质编录

原始地质编录就是在地质勘查工作中，通过对工程（包括坑探、钻探工程）揭露的各种地质现象采样分析鉴定的成果及综合研究成果，直观地、正确地、系统地用文字、图表表示出来、描绘下来，这些工作就叫地质编录。地质编录是地质工作中一项基本作业，是每个地质人员必备的技能。

8.4.1.1 原始地质编录的基本内容

原始地质编录包括现场编录和整理两部分。

（1）现场编录。指在野外现场，编录人员用适当的信息记录手段，保留下来的宏观和微观地质现象的记录。

（2）整理。指在室内，编录人员根据野外测量结果和采集到的标本、样品的鉴定及测试数据，对现场编录的内容进行修正、补充、制图、制表、整饰和归档的过程。

8.4.1.2 原始地质编录的基本要求

(1) 原始地质编录必须真实、客观、全面。原始地质编录中，对地质现象的观察研究要认真、细致、全面，记录要真实、客观。测量地质体的产状、形态、大小等数据要准确，采集标本、样品的规格和数量要满足要求。编录时，应将实际观测资料与推断解释资料加以区分。编录工作必须在现场进行，严禁事后记录。

(2) 原始地质编录应及时进行。原始地质编录应随工作进展逐日或随施工进展及时进行。用掌上电子计算机编录时，原始资料和数据应按规定格式及时存盘、入库。

(3) 原始地质编录的文、图、表应吻合。原始地质编录的文、图、表必须互相对应、吻合、一致，整洁、美观、字迹工整，字体规范。计量单位名称和符号必须采用《中华人民共和国法定计量单位》规定的计量单位名称和符号。数值要反映其精确程度，写出全部有效数值。

(4) 原始地质编录资料的修改。原始地质编录资料形成后，一般情况下不允许改动。除非经研究、论证、实地核对、项目负责人批准，可对原始编录中的地层及地质体代号、编号、矿体编号、工程编号、岩矿石名称、术语及与此有关的文字描述部分进行修改。但这些修改必须采用批注的形式进行，注明修改原因、批注人及修改日期，不得在原始资料上涂抹修改。

8.4.1.3 原始地质编录的类型

主要的原始地质编录有探槽编录、浅井编录、坑道编录、钻探地质编录等。

A 探槽编录

探槽原始地质编录的对象是经地质、施工管理及施工人员三方现场验收，施工质量符合要求并已达到地质目的的探槽（含样沟、剥土、采场以及其他的天然露头）。

探槽素描一般只作一壁一底展开图（图8-9）。当两壁上基岩露头的地质现象可对应吻合时，东西向或大致东西向的探槽选北壁，南北向或大致南北向探槽选东壁。若首选壁的基岩露头不理想时，可选择对应的另一壁。一般情况下以首选壁为主、对应壁为辅。

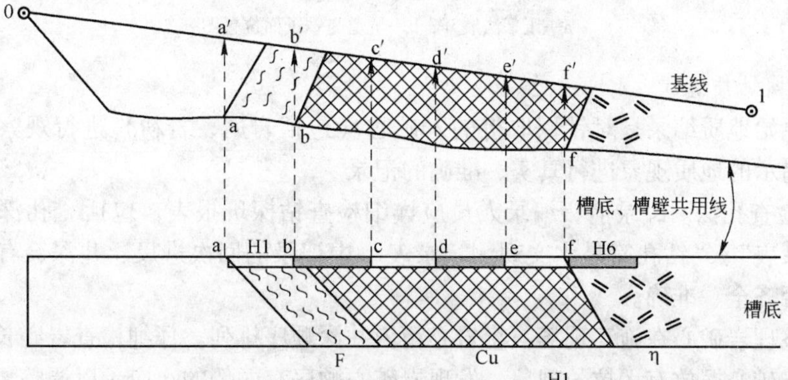

η—二长岩；F—破碎带；Cu—铜矿体；H1 刻槽取样

图8-9 槽底投影素描示意图

B　浅井编录

探井可用于地表及井（坑）下，地表有圆井和浅井之分。圆井主要用于地质填图中遇到第四系覆盖，而槽探又达不到地质目的时，用以了解第四系厚度及下伏基岩岩性。因其施工方便，在矿区勘查中经常使用。浅井主要用于覆盖区揭露矿化、蚀变带、矿层和物化探、重砂异常。

浅井编录第一壁首选正北壁、北西壁、北东壁、正东壁（图 8－10）。各矿区应作统一规定。

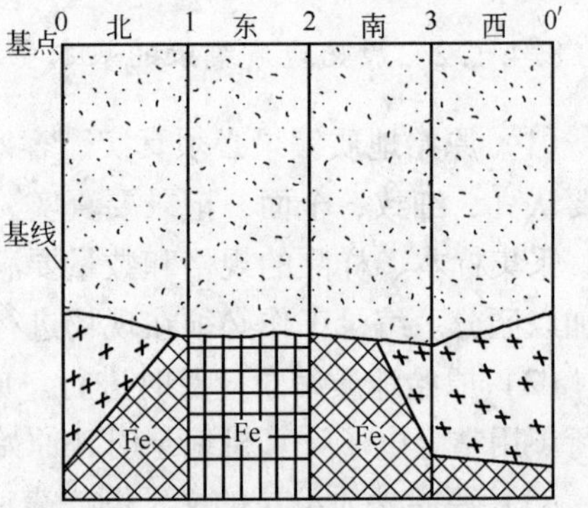

图 8－10　井壁展开剖面示意图

C　坑道编录

坑道地质编录一般在坑道掘进后，视掘进进度、顶壁稳固程度、地质构造复杂程度及矿区设计要求，在现场分段进行编录。比例尺常用 1∶50～1∶200。坑道素描图一般要求用压平法展开，当坑道形态规则时，采用规则形态绘制两壁一顶（图 8－11）。坑道形态不规则时，按实际形态素描（顶、壁分开绘制）。若矿体形态简单、组分均匀、两壁变化不大时，也可只绘制一壁一顶，沿脉坑道应按设计要求以一定间距绘制掌子面素描图（图 8－11）。

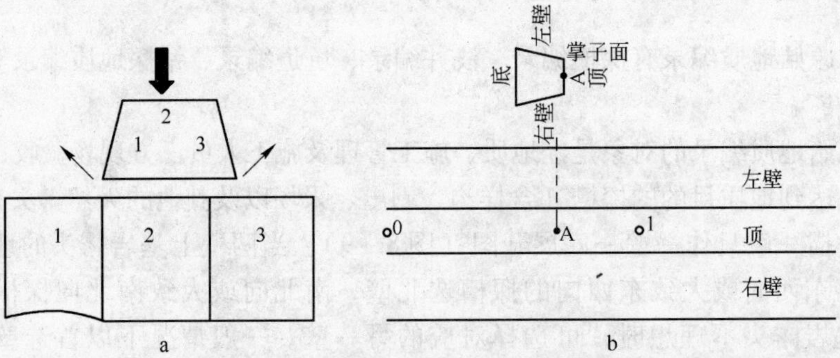

图 8－11　坑道编录方法示意图

a—压平法展开；b—坑道与掌子面位置图

D　钻探地质编录

钻孔原始地质编录是对钻探取得的岩矿心（包括岩屑、岩粉）进行观察，并对观察过程及所揭示的地质现象进行真实、准确的记录。

（1）检查孔深。编录前，编录人员应详细检查钻探班报表，包括“孔深校正及弯曲度测量记录表”、“钻孔简易水文观测记录表”中记录的回次进尺、井深、有关水文观测数据等是否齐全、准确。

检查整理岩矿心在施工现场，将岩心箱依井深顺序排列。仔细检查岩心长度及编号是否正确，岩矿心摆放有无拉长现象，发现岩矿心顺序有颠倒的，应予以调整，发现破碎的岩矿心有人为拉长现象时，应恢复到正常长度后重新丈量，并通知机场当班记录员更正班报表。

（2）岩矿心拍照。在检查、整理岩矿心后，应将每箱岩矿心依次用数码相机拍照存档。

（3）观察记录。包括：

分层：尽可能对全孔或较长井段的岩矿心进行综合观察分析，按矿区厘定的分层标准进行岩矿心分层。

记录回次数据，计算回次采取率，方法如下：

$$回次采取率=\frac{本回次岩心长}{本回次进尺}\times 100\%$$

$$分层采取率=\frac{分层岩心长}{分层进尺}\times 100\%$$

8.4.2 矿产取样

8.4.2.1 *矿产取样的概念*

在矿体的一定部位，按一定的规格和要求，采取一小部分具有代表性的矿石或近矿围岩，作为样品，用以确定矿产质量、某些性质和矿体界线的地质工作，称之为矿产取样。它的全过程包括：从矿体（或某些近矿围岩）上采取原始样品、样品的加工、样品的化验、化验资料的整理与研究等阶段。矿产的取样工作也同原始地质编录一样，在矿床地质研究的各个阶段（找矿、地质勘查、矿山地质工作）都要进行。假若矿石的质量是完全均匀的，那么取样工作可以很简单，只需任意采取少量样品就可以了。但实际上，自然界中任何矿体的矿石质量都是不均匀的，它们总是在空间上（即沿着矿体的走向、倾向及厚度方向）有着不同程度的变化，所以在取样过程中，一定要注意样品的代表性、全面性和系统性。

8.4.2.2 *矿产取样的种类*

矿产取样的种类很多，根据取样的目的，一般可分为化学取样、矿物取样、技术取样、技术加工取样四种。

（1）化学取样。化学取样的目的是通过对采集的样品进行化学分析，确定其有用及有害组分的含量，据此可以圈定矿体的界线、划分矿石的类型和品级、了解开采矿石的贫化和损失。从而为研究矿石综合利用的可能性，确定合理的采矿、选矿方法，做好采场矿石质量的管理等工作提供可靠的依据。

（2）矿物取样（或称岩矿取样）。在矿体中系统的或有选择性的采取部分矿石（有时也包括近矿围岩）的块状标本，进行矿物学、矿相学及岩石学方面的研究。其目的一是确定矿石或岩石的矿物组成与共生组合、矿物的生成顺序、矿石的结构与构造，用以解决与成矿作用有关的理论问题；二是鉴定矿石中有用矿物及脉石矿物的含量、矿物的外形和粒度、某些物理性质（如硬度、脆性、磁性、导电性等）以及有用组分和有害杂质的赋存状态，用以确定矿石的选矿和冶炼加工性能。

（3）技术取样（即物理取样）。其目的是研究矿石或近矿围岩的各种物理力学性能和技术性质。确定矿石（有时也包括部分近矿围岩）的体重、湿度、松散系数、强度、块度等性质，为储量计算和采掘设计提供依据。技术取样的特点一般是以单矿物或矿物集合体为样品，采集时要特别注意其完整性，尽量避免损伤。

（4）技术加工取样。其目的是通过对相当重量的样品进行选矿、烧结、冶炼等性能的试验，了解矿石的加工工艺和可选性质，从而确定选矿、烧结、冶炼的生产流程和技术措施，对矿床做出正确的经济评价。技术加工取样可分为实验室试验、实验室扩大连续试验、半工业试验、工业试验等四种。

8.4.2.3　取样方法

在化学取样和技术加工取样中常用的几种方法如下。

A　钻探取样

对岩心钻孔的岩（矿）心取样，对于较大口径者常采用劈半法，即沿岩（矿）心一轴面用手工劈开或用机械劈（锯）开成同样的两部分，一半作为样品，每个样品长度一般为1～2m，一半留存或作它用。对小口径（45mm或59mm）钻孔，尤其是坑内小口径金刚石钻孔，则需将整个岩（矿）心作为样品，以保证有足够的可靠重量；当矿心采取率小于80%时，还要求补采矿泥（粉）作为样品。

B　露头及坑探工程中的采样

（1）刻槽法。是在需要取样的矿体部位，开凿一定规格的槽子，将槽中凿取下来的全部矿石或岩石作为样品，它是取样中使用最广泛的方法之一。其取样位置在探槽中，多在槽底垂直矿体走向取样，也可在槽壁取样；在浅井、天井中，矿化均匀者一壁取样；矿化不均匀或变化甚大者，应两壁取样，将对应位置的样品合并为一，保证其可靠性。在水平坑道中，对穿脉或石门工程，多在腰切平面位置；对沿矿体走向掘进的探矿沿脉工程，多在一定间距的掌子面或顶板沿矿体厚度方向取样。样槽规格断面形状有矩形、三角形等，常用前者。样槽断面规格用宽×深（cm^2）表示，一般为5×2～10×5（cm^2）。样品长度一般样长为0.5～2m，常用1～2m，金属矿一般不得超过2m。

（2）拣块法。是用一定规格的绳网，铺在所需采样的矿堆上，从每个网眼中间拣出大致相等的小块矿石，合并在一起，作为一个样品。每个样品的重量一般为1～3kg。其优点是：效率高，操作简便，并具有一定的代表性。缺点是：对不同类型的矿石不能分别取样。这种取样方法常用于矿点（区）检查、在矿体中掘进的坑道、采矿掌子面以及矿车中的取样。在矿车中取样时，还常采用简化的五点梅花状或三点对角线的形式布置拣块取样点。

（3）方格法（即网格法）。是在需要采集样品的矿体出露部位，布置一定形状的网格，如正方形、长方形、菱形等，在网格交点处凿取大致相等的小块矿石，合并为一个样品。每个样品可由15～100个组成，总重量一般为2～5kg。其优点是：效率高、比较简便，不同类型的矿石可分别取样。缺点是：薄矿体不适用此方法，只适用于厚度较大的矿体。

（4）打眼法。是在坑道掘进或采场回采时，收集炮眼中所排出来的矿、岩泥（粉），作为化学分析样品。使用时虽有某些局限性，并对生产进度有一定的影响。但由于它具有效率高、成本低、样品不用加工、代表性较强、可实现取样机械化等突出优点，所以在生产矿山取样中使用比较广泛，而且目前正在改进与推广之中。

（5）剥层法。是在需要取样的薄矿体出露面上，每隔一定距离剥取一定厚度（5～

10cm）的矿体作为样品。每个样品的长度一般为1m。其优点是：代表性强；但因劳动强度大，效率低，故一般只用于检查上述几种取样方法的可靠性和矿化极不均匀的稀有或贵金属薄矿脉的取样。

（6）全巷法。是把在矿体内掘进的某一段坑道中爆破下来的全部（或在现场进行初步缩分后的部分）矿石作为样品，每个样品长度一般为1~2m，重量可达数吨至数十吨。其优点是代表性最强。但因其成本高，效率低，劳动强度大，所以一般只用于检查其他取样方法的可靠性、技术取样和技术加工取样等情况下。

8.4.2.4 样品加工

（1）样品加工的基本目的。使每个样品均匀地磨细并缩减到送化验分析必需的粒度（颗粒直径0.097mm（160目）~0.074mm（200目））与质量（一般50~200g）。

（2）最小可靠质量。是指将样品破碎到一定粒级时，在不超过允许误差的条件下所必需的最小质量，即经缩减后的质量。试样加工应严格按照$Q \geqslant Kd^2$（Q为矿石质量，g；K为缩分系数；d为颗粒直径，mm）缩分公式制定加工流程。

（3）按流程规定进行破碎、过筛、混匀和缩分。样品的加工流程：取样—粗碎—中碎—过筛—缩分—细碎—过筛—缩分（缩分成两份，一份作为副样保留，一份提取50~200g为正样）—研磨—过网目筛—送化验分析。正副样品分类保管。

（4）制备的试样必须全部通过规定的筛子，筛子上残留颗粒不能舍弃，要继续研细至全部过筛并充分混匀。

（5）金刚石小口径钻进的岩心由于重量小，要求全部破碎到所需粒度，缩分出正样后其余全部留作副样。

（6）制备试样全过程中，其损失率不得超过5%，缩分误差不得大于3%。

（7）每批加工样品均要做1~2个加工检查试样，以利于检查加工质量。

8.4.2.5 化学分析

化学分析是研究矿石质量最基本的方法，分析结果可用于圈定矿体、计算矿石储量、评价矿石质量等。化学分析又可分为全分析、普通分析、组合分析及物相分析。

（1）全分析。目的是全面了解矿石各类型中所含的全部化学成分与含量。全分析之前，一般先作光谱全分析，除痕迹元素外，其他元素都应作为全分析的项目。全分析最好在勘探的初期进行，以便于全面了解矿石的物质成分及含量，指导勘探工作。

（2）普通分析。普通分析，又叫基本分析、单项分析、主元素分析。目的是查明矿石中主要有用组分的含量及其变化情况，作为圈定矿体，计算储量之用。分析项目为主要有用组分，达到工业要求的其他有用组分。

（3）组合分析。目的是系统了解矿石中伴生有益组分及有害杂质的含量及其分布状况，计算伴生有益组分的储量及了解有害杂质对矿石质量的影响。分析项目要根据全分析或多元素分析的结果确定。其分析样品由普通分析的副样提取。

（4）物相分析。物相分析又称为合理分析。目的是查明有用组分在矿床自然分带矿石中的赋存状态和矿物相，以区分不同的矿石类型。分析项目可根据不同物相的矿石的化学成分特点确定。例如铜矿，分析CuO和CuS可确定矿床中的矿石类型（表8-3）。铁矿则分析 FeO 和 Fe_2O_3。

表 8-3 铜矿石自然类型划分表

矿石类型	氧化铜比例/%	硫化铜比例/%
氧化矿	30~100	70~0
混合矿	10~30	90~70
硫化矿	<10	>90

8.5 矿产地质勘查资料的综合及研究

8.5.1 综合地质编录简介

综合地质编录又称“地质资料综合整理”，指根据各种原始地质资料进行的系统整理和综合研究的工作总称。即在原始地质编录的基础上，对所取得的分散零乱的地质资料，要运用新理论、新方法，进行全面地整理、归纳、概括，深入地综合研究和科学分析，编制出各种必要的、说明工作地区的地质及矿产规律性的图表和地质报告等。

8.5.1.1 野外资料系统整理

是把野外编录中提交的单项原始资料，按照各矿种的技术要求，系统整理、综合及检查，为综合研究提供资料。

(1) 系统整理标本、样品的鉴定及测试成果，将岩石、矿物、岩相、古生物、矿石及构造等样品的成果校核、分类、统计及列表；

(2) 整理勘查化学样品的分析、测试成果，对各类成果进行系统校核、检查及分类整理，审查各类项目是否达到设计及有关规定要求；

(3) 整理专项标本、样品的鉴定、分析测试成果，对成果进行分类登记，并研究是否达到了预期目的，否则应采取补救措施；

(4) 整理、完善地质填图资料，将完工工程分批投绘到地形地质图上，对工程中揭露出的地质现象（地层界线、标志层、矿体界线、蚀变带、主要脉岩、断层）进行联结或修正或布置浅部工程揭露，使地表与地下资料吻合。

(5) 对探矿工程资料进行系统整理，系统检查、补充原始资料，将完工的探矿工程资料，投绘到有关的综合图件上，列表计算各工程采样点的矿体厚度、品位等。

(6) 整理勘查区内的物化探资料，统计区内化探数据，计算确定地球化学背景值及异常下限，编制化探综合平面图及剖面图，圈定异常范围，结合地质条件进行解译，指导工程布置。

(7) 整理勘查区内的水文地质、工程地质资料，系统检查补充原始编录资料水文动态观测资料。

8.5.1.2 编制图件

综合编录图件是综合编录的重要成果，是地质勘查报告中的重要组成部分。最基本综合编录图件包括地形地质图、工程分布图、工程取样图、钻孔柱状、勘探剖面图、矿体投影图、资源储量估算图以及其他一些专门性图件。

8.5.2 矿山常用综合地质图件

8.5.2.1 勘探剖面图类

最基本的两种勘探剖面图件：勘探线剖面图与中段（或水平断面）地质平面图。

A 勘探线剖面图

勘探线剖面图是反映矿床勘探工作成果的一种基本图件。它根据同一勘探线上的工程资料和地表地质的研究结果，逐步综合整理而成。主要表示内容有岩层、构造、蚀变现象、矿体及不同自然类型或工业品级矿石的分布情况等。它的主要用途是说明矿体的赋存条件及变化情况，反映勘探工作进度，指导下一步探矿工程的布置，作为储量计算、矿山建设设计和编制其他综合性图件的基本依据。

勘探线剖面图编制时将原设计剖面上设计工程施工所获得的原始编录资料正确反映在勘探剖面上；根据各相邻工程所揭露的地质构造现象和矿化取样资料，经过合乎地质规律的综合分析与对比研究，再将所有地质构造和矿体界线点对应连接与合理推断，从而编制出相应的勘探线剖面图。

B 中段（或水平断面）地质平面图

简称中段地质图。根据同一中段标高上的水平坑道及其他工程揭露的地质和矿产现象，通过综合整理编成的一种水平断面图。借助不同标高的中段地质平面图，可以了解矿床或矿体在水平及垂深方向的地质构造的变化情况。它是矿山开采设计时划分采场、布置探矿和采矿工程、研究矿床赋存地质条件、寻找盲矿的资料依据。用水平断面法计算矿产储量时，中段地质平面图是计算的重要依据。按矿区统一坐标，将矿区范围内各中段或相邻中段的工程位置及地质现象，投影在同一平面上而编成的综合图件，称中段复合地质平面图。

勘探剖面图用于储量计算时，称为储量计算剖面（或断面）图。属于这一类重要的专门性图件，还要求将矿体划分出各类储量计算块段，并分别标注其储量值、类别，矿石类型、储量计算参数及块段编号等。

C 纵剖面图

沿矿体总体走向，在矿体上盘一定位置的铅垂剖面图，称为纵剖面图，用以反映矿体走向上的总体边界形态、产状变化情况及其地质构造特点。纵剖面图编制依据是矿区地形地质图和在该纵剖面线上及其附近的勘探工程的原始编录资料。其具体编制，总体上类同于勘探线剖面图的编制方法和步骤，只是应注意改变了的作图方位。

在地下开采的生产勘探过程中，以采矿块段或采场为单元，将提供的反映该块段或采场矿体细部特征的各两个以上横剖面图、水平地质平面图和一个纵剖面图（或纵投影图），合称为“三面图”，是采矿设计与生产管理的基本资料依据。

8.5.2.2 矿体投影图类

一般用正投影方法，将矿体边界线及其他有关内容，投影到某一理想平面上而构成的一类综合图件，称为矿体投影图。按投影面的空间位置，常采用矿体纵投影图和水平投影图两种基本图件。其用途是表示矿体的整体分布轮廓和各部分的研究程度，标明不同精度（或级别）储量及不同类型或品级矿石的大致分布范围，表示矿床开采的进度，有时还是储量计算依据的图件。

8.5.2.3 其他综合编录图件

A 矿层底（顶）板等高线图

矿层底（顶）板等高线图是表示矿层底（顶）板在矿区不同部位的埋藏深度和变化趋势的一种综合图件。可按顶、底板标高分别制图，也可用不同线条表示于同一图上。

一般多用于倾角中等或较缓、厚度较稳定、勘探工程较密的层状矿床。尤其是表示缓倾斜层状矿床，可反映出矿层的赋存状态和底（顶）板的起伏变化情况。是矿山开采设计，特别是露天开采设计时用于确定开采范围、计算剥离量（或剥采比）等所必备的重要资料，也常用其储量计算等。比例尺一般不大于1∶500。

B 矿层等厚线图（或称厚度等值线图）

矿层厚度等值线图是反映矿层厚度变化规律的一种图件。是开采设计，特别是露采设计时计算剥采比和圈定开采范围所依据的基本地质图件。

8.6 矿产资源/储量估算

矿产资源/储量估算是矿产勘查、矿山生产勘探工作中的主要成果，是矿山开发建设和开采的重要依据，它是将各种勘查方法、各种技术手段获得的大量有关矿床的信息（数据），通过一定的估算方法所得到的成果。估算储量通常的步骤如下。

8.6.1 矿床工业指标及其确定方法

8.6.1.1 矿床工业指标

矿床工业指标，简称工业指标，它是指在现行的技术经济条件下，工业部门对矿石原料质量和矿床开采条件所提出的要求，即衡量矿体是否具有开采利用价值的综合性标准。它是圈定矿体和计算资源储量所依据的标准。也是评价矿床工业价值、确定可采范围的重要依据。主要有：

（1）边界品位。边界品位是划分矿与非矿界限的最低品位，即圈定矿体的最低品位。矿体的单个样品的品位不能低于边界品位。

（2）最低工业品位。它是指对工业可采矿体、块段或单个工程中有用组分平均含量的最低要求，亦即矿物原料回收价值与所付出费用平衡、利润率为零的有用组分平均含量。它是划分矿石品级，区分工业矿体与非工业矿体的分界标准之一。

（3）最低米百分比（米百分率、米百分值）。对于品位高、厚度小的矿体，其厚度虽然小于最小可采厚度，但因其品位高，开采仍然合算，故在其厚度与品位之乘积达到最低米百分比时，仍可计算工业储量。

（4）最小可采厚度。它是指当矿石质量符合工业要求时，在一定的技术水平和经济条件下可以被开采利用的单层矿体的最小厚度。矿体厚度小于此项指标者，目前就不易开采，因经济上不合算。

（5）夹石剔除厚度（最大夹石厚度）。它是指在储量计算圈定矿体时，允许夹在矿体中间非工业矿石（夹石）部分的最大厚度。大于这一厚度的夹石应予以剔除，小于此厚度的夹石则合并于矿体中连续采样计算储量。

（6）有害杂质的平均允许含量。有害杂质的平均允许含量是指矿段或矿体内对产品质量和加工生产过程有不良影响的成分的最大允许平均含量，是衡量矿石质量和利用性能的重要指标。对于一些直接用来冶炼或加工利用的富矿更是一项重要的要求。

（7）伴生有益组分。伴生有益组分是指与主要组分相伴生的、在加工或开采过程中可以回收或对产品质量有益的组分。

8.6.1.2 工业指标的确定方法

（1）类比法。把未确定工业指标的矿床与已确定工业指标的矿床进行对比。假如两个矿床在地质和采、选、冶等方面的条件相似，则认为它们的工业指标也可类比，就可采用类似矿床的已定指标。

在矿体预查、普查阶段，资源储量估算其工业指标一般采用国家颁布的地质勘查规范中的一般工业指标。现将我国锡、铜工业指标列举于表8－4，供参考。

表8－4 锡、铜矿床一般工业指标参考表

项目	Sn		Cu		
	原生锡矿	砂锡矿	硫化矿石		氧化矿石
			坑采	露采	
边界品位（质量分数）/%	0.1～0.2	0.02	0.2～0.3	0.2	0.5
最低工业品位（质量分数）/%	0.2～0.4	0.04	0.4～0.5	0.4	0.7
矿床平均品位（质量分数）/%	—	—	0.7～1.0	0.4～0.6	0
最小可采厚度/m	≥0.8～1	0.5	1～2	2～4	1
夹石剔除厚度/m	≥2	2	2～4	4～8	2

（2）分析法。根据矿床特点，尤其是矿石品位及可选性特点，与类似矿床比较研究，提出几组不同的指标方案，主要是比较工业品位与边界品位，按这些指标选择矿床的某部分进行试算储量。将结果提交设计部门，选定其中一个方案作为正式指标，以供计算储量。

（3）价格法。以近三年来市场的金属或精矿价格为依据，根据从矿石中提取一吨最终产品（精矿或金属）的生产成本不超过该产品的价格的原则来计算。此法的缺点是只考虑了经济因素，但没有考虑国家需要和矿床特点等方面的因素，但计算方便。

8.6.2 储量计算的基本参数

（1）矿体的面积。面积的测定通常是在所绘出的矿体的各种综合图件上进行的，包括勘探剖面图、水平投影图、垂直纵投影图、中段地质图等。所测出的面积都是几何平面面积。常用的面积测定法有求积仪法、方格纸法、几何计算法、曲线仪法等。现在计算机已全面普及应用，一般可直接在计算机上求取矿体面积。

（2）矿体的平均厚度。现有的储量计算方法，多数都要求计算矿体的平均厚度。平均厚度的计算，传统的方法都是用算术平均法或加权平均法两种计算方法。算术平均法是以所有测点的厚度之和除以测点数目得出。加权平均法是将各测点之厚度与该测点影响的范围相乘的积的总和，除以各厚度影响范围之和。

（3）矿石平均体重。一般采用算术平均法。由于矿石体重一般变化较小，因而体重样品的采取数量也较少。因此如果所计算的块段储量级别不是很高，一般用算术平均法计算平均体重，能够保证要求的储量精度。

（4）矿石的平均品位。矿体（矿石）的平均品位，是衡量矿石质量的重要指标，也是储量计算的重要参数。平均品位的计算，通常也是用算术平均法和加权平均法两种办法来计算的。通常是先计算单个工程内矿体的平均品位，然后再计算由单个工程组成的块段的平均品位，最后在此基础上计算矿体的平均品位。对于断面法计算储量来讲，当单个工程平均品位计算后，还要计算由几个工程组成的剖面的平均品位，再计算两断面间块段的平均品位。

如果储量计算方法是按块段计算的，则平均品位也要按块段分别计算（包括不同的地段、不同的类别、不同的矿石类型和工业品级），同时也需要计算整个矿体的平均品位。

（5）体积。计算矿体体积的办法主要有两种。一种是利用立体几何中各种体积公式计算，例如矿体的某一部分像一个截头的锥体，则用截锥体公式计算其体积；第二种是利用矿体的面积（或投影面积）× 矿体的平均厚度（或投影面发现方向的平均厚度）而得出矿体的体积。

（6）矿石量。通常是用矿体的体积乘以矿石的平均体重而得，即：

$$Q = VD$$

式中　Q——块段矿石储量，t；

　　　D——矿石平均体重，t/m^3。

（7）金属储量。计算公式为：

$$P = QC$$

式中　P——块段矿石金属储量，t；

　　　C——块段平均品位，%。

8.6.3　储量计算方法

（1）断面法。将矿体用若干个剖面截成若干个块段，分别计算每个块段的储量，然后将各块段的储量和起来即得到矿体的储量。这种用断面划分块段求储量的方法叫断面法。如果是用一系列垂直剖面划分块段而计算储量者，称为垂直断面法；用一系列水平断面划分块段计算储量者，称为水平断面法。在垂直断面法中，如果断面与断面之间平行，称为平行断面法；若不平行则称为不平行断面法。

（2）算术平均法。这种方法的基本特点是将整个矿体的各种参数都用简单算术平均法求得其平均值，从而计算矿体的储量。一般是利用水平投影图或垂直纵投影图来进行的，有时也在平行矿体倾斜面的投影图上进行。

（3）地质块段法。在计算方法上，地质块段法和算术平均法基本一样，所不同者仅在于它不是将整个矿体一起计算，而是按需要将矿体划分成若干块段，每个块段都用算术平均法计算出块段的储量。有时根据指标值的变化特点，也用加权平均法计算。所有块段储量之和即为全矿体的储量。

(4) 开采块段法。当矿体被坑道切割成许多开采块段时，常用此法计算储量。它是分别计算各开采块段的储量，然后将所有块段的储量相加即为总储量。这种方法要求绘制矿体的垂直投影图，有时还要绘制沿矿体倾斜面的投影图。在图上将各块段及其所测得的厚度、品位等资料标出，以便计算各块段中各指标的平均值。

8.7 地质综合研究简介

8.7.1 地质勘查综合研究

8.7.1.1 勘查阶段综合研究重点

(1) 普查阶段。普查阶段是以研究成矿地质背景、控矿条件、找矿标志和矿床（区）规模、矿石质量为主，注意选冶加工性能及水文工程地质资料的收集。

(2) 详查阶段。详查阶段是以研究工业矿体的数量、规模、产状、形态及展布特征；矿石质量、类型、品级及分布；选冶加工性能为重点。收集研究水文地质及工程地质条件，做好矿床技术经济初步评价工作。

(3) 勘查阶段。对于矿山拟定近期开采地段全面综合研究。以矿床地质构造特征；矿体产状、形态及厚度变化；矿石质量（品级、类型）；矿床（区）控制和研究程度；矿床综合评价为重点，并做好选冶加工技术条件；水文地质工程地质条件；开采技术条件和矿床技术经济的研究及评价。

由于勘查阶段、矿种及矿床类型不同，在综合研究时，应结合实际突出综合研究的具体内容。

8.7.1.2 矿床（区）地质的综合研究

矿床（区）地质的综合研究主要是综合研究矿床（区）地层、岩石、构造、地球物理、地球化学、同位素地质学及古地磁方面的研究工作。

8.7.1.3 矿体（层）的综合研究

矿体（层）的综合研究主要是综合研究矿体（层）的数目、产状、形态、厚度、长度沿倾向、走向的变化进行统计，分别计算厚度变化系数，区分主要矿体、次要矿体及小矿体，或矿体群。确定矿体（层）稳定程度。

8.7.1.4 其他方面的研究

其他方面的研究主要包括矿石质量及其加工选冶性能的研究、矿床（区）勘查研究程度的综合研究、矿床（区）水文地质工程地质的综合研究、矿床开采技术条件综合研究、矿床（区）环境地质的综合研究、矿床成因的综合研究、区域成矿远景综合研究等。

8.7.2　矿山地质综合研究

8.7.2.1　矿山地质综合研究的目的

是为了指导矿山地质勘探和生产勘探，增加矿产储量，提高探矿和采、选生产的技术经济效果，丰富和发展成矿理论，并为矿山的地质找矿和闭坑提供可靠地质依据和结论。

8.7.2.2　矿山地质综合研究的方向

（1）总结矿区成矿规律，预测找矿远景，为找矿决策提供可靠依据；

（2）总结矿体赋存条件及形态变化规律，为合理确定勘探网度及采矿决策提供可靠依据；

（3）查清矿石物质组成及赋存状态，为资源综合回收利用提供依据；

（4）总结、推广地质工作先进经验和先进技术，促进矿山地质工作的发展。

8.7.2.3　研究内容

（1）矿山地质综合研究的主要内容包括：矿床赋存规律、矿床控矿因素、矿体形态、产状特征及其变化规律，矿石的矿物成分和化学成分、矿物赋存状态和嵌布特性、矿物共（伴）生组合规律、矿石可选性、勘探手段、勘探网度、储量计算、水文地质、工程地质以及矿区成矿预测理论和方法、矿山中长期发展规划方面的研究。

（2）矿山应根据矿区地质情况，结合生产和地质工作的需要，制订地质综合研究规划，针对矿山生产中的主要问题，每年开展1～2项专题研究，定期提出成果，及时扩大应用。

9 矿山地质工作

矿山地质工作是矿山基建和矿山生产过程中对矿床继续进行勘探、研究和生产管理的地质工作。其内容包括开发勘探和矿山地质管理两部分。开发勘探按时间又分为两个阶段：矿山基建时期的基建勘探和生产矿山的生产勘探。习惯上，通常把矿山地质工作分为生产勘探和矿山地质管理工作两大部分。

9.1 生产勘探

生产勘探是在地质勘探的基础上，与采掘或采剥工作紧密结合进行的矿床勘探工作，是地质勘探和基建勘探的继续。

（1）生产勘探的目的和意义：

1）提高储量级别，为矿山生产设计、编制采掘进度计划、指导施工和生产提供依据。

2）在储量升级的基础上保证（备采、采准、开拓）三级矿量平衡。

3）使矿山生产技术部门能更合理地选择采矿方法、开采工艺措施，以保证合理开发、综合利用矿产资源，减少矿石损失贫化。

4）扩大矿床储量，延长矿山服务年限。

（2）生产勘探的主要方式有：

1）升级勘探。升级勘探指使低级储量升级为较高级储量而进行的生产勘探。如系统加密升级工程，储量变级工程，矿体对号工程，矿体边部形态检查工程等。它是生产矿山最普遍的生产勘探工作。

2）二次圈定勘探。当矿块进入采准或矿房回采阶段时，为满足回采设计要求更准确圈定矿体边界的需要，利用采准、切割工程（必要时补充适当勘探工程）揭露的矿界线，对矿体边界进行重新圈定的一种生产勘探。

3）“探边摸底”勘探。即当矿体两端或延深边界不清时专门进行的一种生产勘探。

4）生产找矿。在原储量计算圈定范围以外，为探获新的矿体，旨在增加储量的生产勘探。包括生产矿段的漏勘区，生产区段外围预测区的详查，见矿钻孔的检查以及国家急需矿种的勘探等。

“探边摸底”和生产找矿都是为增加储量而进行的生产勘探，对延长矿山（特别是资源短缺的矿山）寿命具有十分重要的意义，在现有矿床的深部或外围找矿已成为许多大型矿山企业实施矿业可持续发展战略的基础策略。

（3）生产勘探的特点如下：

1）生产勘探工作是矿床勘探的最后环节，其勘探程度更高，工程网度更密，地质研究更细致、深入。

2）生产勘探与采矿生产关系密切，探矿工程与采矿工程经常不可分割地连在一起，其施工期限很近，而且直接为生产提供地质资料。生产勘探方法不仅取决于矿床地质特征，而且在很大程度上还取决于采矿方法和生产上的要求。因此，如何搞好探采结合，是生产勘探中必须重视和解决的问题之一。

3）生产勘探是一项持续性工作，为使矿山保有三级（露天开采为二级）储量大致保持在一定的水平上，矿量升级必须超前于采矿生产，但超前范围和期限又不能太多，而且要和矿床开采顺序相适应。金属矿山超前期限一般为：大型矿山3～5年，中型矿山2～3年，小型矿山1年以上；超前采矿范围一般为一至一个半中段。

4）由于矿床地质的复杂性，矿体边界在开拓、采准、切割甚至回采过程中，需及时修改，进行多次“二次圈定”。

9.1.1 生产勘探工程手段的选择

生产勘探采用的工程手段与地质勘探比较，有很多共性，但也有其特殊性。槽探、井探、钻探、坑探等工程手段在生产勘探中仍然是主要手段，但各种工程采用的比重和目的不尽相同。

生产勘探工程的选择必须依据具体的矿床地质条件、矿山生产技术条件及经济因素等进行综合考虑、合理取舍：比如矿床地质构造、水文地质条件比较简单，矿体规模大，矿化较均匀、产状比较稳定、矿体形态及内部结构比较简单，一般以钻探为主；反之则坑道作用增大。

另外，矿山采矿方式、采矿方法、采掘（剥）生产技术条件及生产要求对生产勘探工程的选择也有重要影响：

（1）砂矿及风化壳露天开采多用浅井、浅钻或两者相结合。

（2）原生矿床露天开采以地表岩心钻、平台探槽为主，也可利用露天炮孔。

（3）采用地下开采方式时，多以坑道和坑内钻探为主。中深孔或深孔凿岩也常用于生产勘探。

9.1.1.1 露天开采矿山常用的生产勘探工程手段

（1）平台探槽。主要用于露天开采平台上揭露矿体、进行生产取样和准确圈定矿体。对于地质条件简单，矿体形态、产状、有用组分品位稳定而不要求选别开采的矿山，探槽可作为主要的生产探矿手段。地质条件比较复杂时，只能作为辅助手段。

探槽规格一般较小，宽×深约为1m×0.5m（深度视掩盖物厚度而变化）。

平台探槽一般应垂直矿体或矿化带布置，并尽可能与原勘探线方向一致。可采用主干探槽与辅助探槽相间布置的方式（图9-1）。

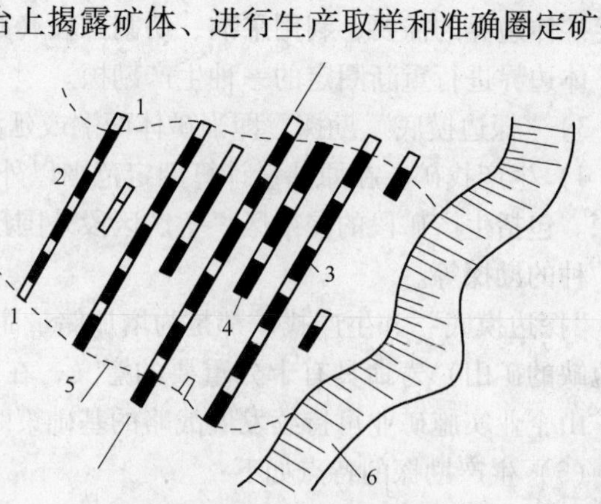

图9-1 露采平台探槽布置

1—围岩；2—矿体；3—主干槽；4—辅助槽；5—矿体边界；6—露采边坡

探槽施工可以经常进行，也可与平台剥离采矿相配合（即按开采台阶）分期集中进行。施工前应先推去平台上的浮渣，再用人工挖掘。

（2）浅井。广泛用于探查砂矿及风化矿床的矿体。其作用是取样并圈定矿体，测定含矿率，检查浅钻质量。

（3）钻探：

1）手摇浅钻。手摇浅钻一般用于砂矿生产勘探。

2）机动岩心钻。机动岩心钻是露天采场生产勘探的主要手段。根据矿体厚度及产状，常选用中、浅型钻孔。当矿体厚度在中等以下，产状平缓时，可以一次打穿矿层；当矿体厚大、倾角较陡时，一般孔深应控制在50～100m范围内，只要求打穿2～3个台阶，矿体深部可采用阶段接力的方法进行勘探。为弥补上下层深孔不能紧接的缺点，上下层钻孔应有20～30m的重复部位（图9－2）。

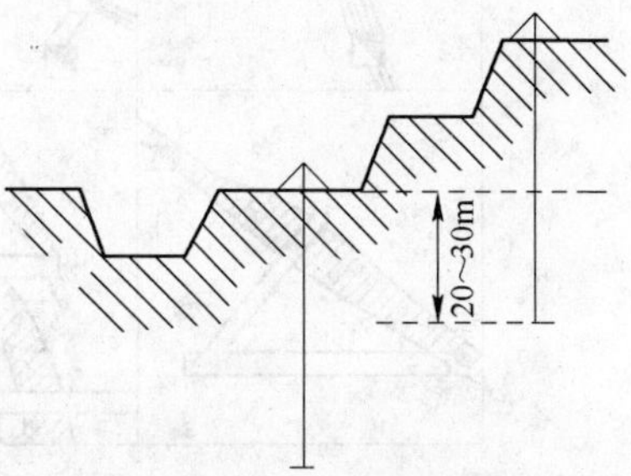

图9－2　露采钻孔布置剖面示意图

3）潜孔钻或穿孔机。当矿体平缓时，可采用潜孔钻或牙轮钻，通过收集岩（矿）粉取样代替探槽的作用。样品收集应分段进行，现场缩分后送交化验。

9.1.1.2　地下开采矿山常用的勘探工程手段

目前，我国地下开采矿山中，普遍采用坑道勘探或坑道配合坑内钻进行勘探，中深孔或深孔凿岩则常用于矿体的二次圈定。

A　坑道探矿

坑道探矿虽然成本高，效率较低，但由于其具有某些特点，所以仍然是生产勘探中的主要手段。

（1）坑探对矿体的了解更全面，所获资料更准确可靠，特别是对矿化及地质现象的观察比钻探或深孔取样更直接、更全面。

（2）由于人员可直接进入坑道，可及时掌握地质变化情况，便于采取相应措施（如改变掘进方向等），以达到更准确获取地质资料的目的。

（3）利于探采结合：探矿坑道如为以后采矿所用，或利用采矿坑道探矿，可以有效降低成本。

（4）可为坑内钻或深孔取样探矿提供施工现场，达到间接探矿的目的。

生探坑道主要有：沿脉、穿脉、天井（斜天井）、上山、钻窝等。

沿矿体走向追索时，主要使用脉内（外）沿脉或带穿脉的沿脉；沿矿体倾向追索时，主要使用天井（急倾斜）、上山（缓倾斜）或斜天井（中等倾斜）；沿厚度方向切穿矿体主要用穿脉、小天井（暗井）或盲中段加副穿；钻窝则用于为钻探施工提供场所（图9－3）。

B　钻探

（1）地表岩心钻探矿。当矿体埋藏不深时，可采用地表岩心钻在原有勘探线、网的基础上进行加密，达到储量升级的目的。

（2）坑内岩心钻（坑内钻）探矿。指在勘探坑道或生产坑道内利用钻孔进行的探矿

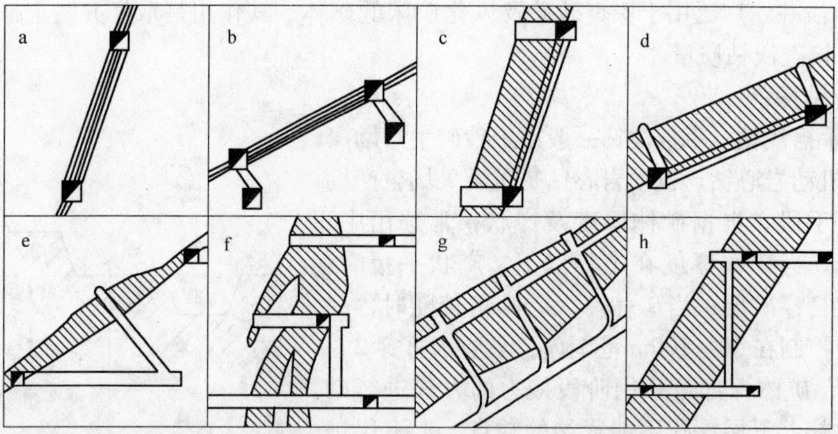

图9-3 生产勘探中所用各类坑道综合示意图

a—急倾斜极薄矿体，用脉内沿脉及天井探矿；b—缓倾斜极薄矿体，用脉内沿脉及上山或下山探矿；c—急倾斜中厚矿体，用下盘沿脉、天井及穿脉探矿；d—缓倾斜中厚矿体，用下盘沿脉、上山及天井探矿；e—倾斜中厚矿体，用下盘沿脉及斜天井探矿；f—不规则矿体，用盲中段副穿探矿；g—厚大矿体，阶段水平面上用脉内沿脉和穿脉坑道探矿；h—厚大矿体，垂直剖面上用阶段天井探矿

工作。坑内钻可进行全方位，不同角度施工，具有效果好、操作简单、效率高、成本低、无炮烟污染等优点，因此，已成为地下开采矿山广泛采用的生探手段。坑内钻主要用于：

1）探明矿体延伸，为深部开拓工程布置提供依据（图9-4）。

2）指导脉外沿脉坑道掘进。为确保脉外沿脉始终平行于矿体走向掘进，在坑道掘进过程中，按一定间距先用钻孔揭露矿体位置，以决定沿脉坑道方向（图9-5）。

3）用坑内钻代替天井及副穿，控制两中段之间矿体形态及厚度变化（图9-6）。

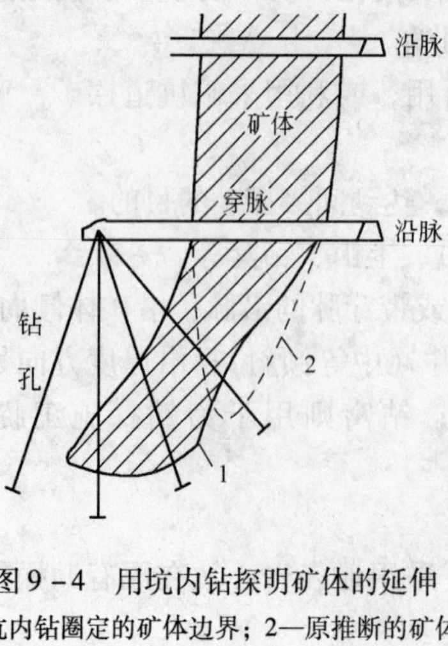

图9-4 用坑内钻探明矿体的延伸

1—用坑内钻圈定的矿体边界；2—原推断的矿体边界

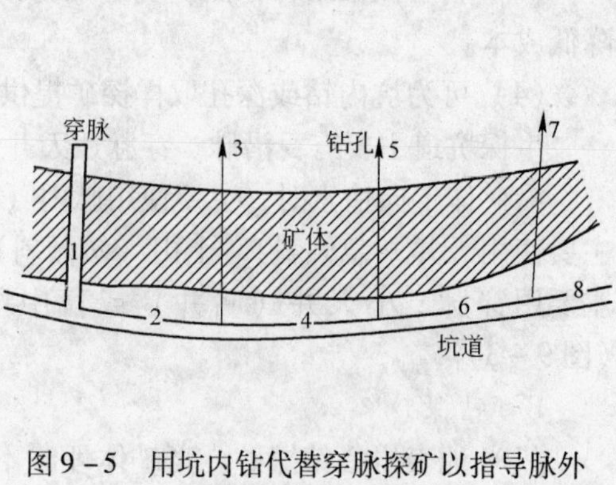

图9-5 用坑内钻代替穿脉探矿以指导脉外平巷掘进示意平面图

1~8—施工顺序

4）用坑内钻代替副穿，圈定矿体工业品级界线（图 9－7）。

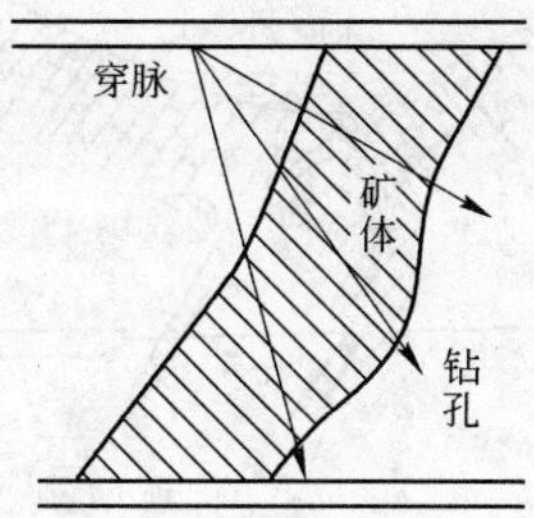

图 9－6　用坑内钻代替天井及副穿探矿示意剖面图

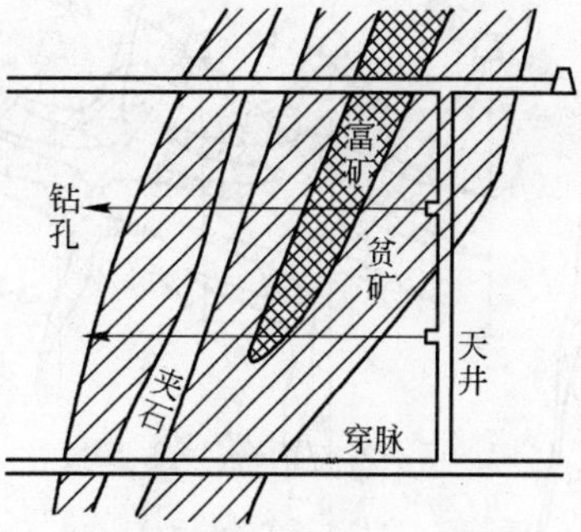

图 9－7　用坑内钻代替副穿探矿示意剖面图

5）用坑内钻代替穿脉加密工程，提高储量级别（图 9－8）。

6）用坑内钻探明矿体下垂及上延部分，圈定矿体边界（图 9－9）。

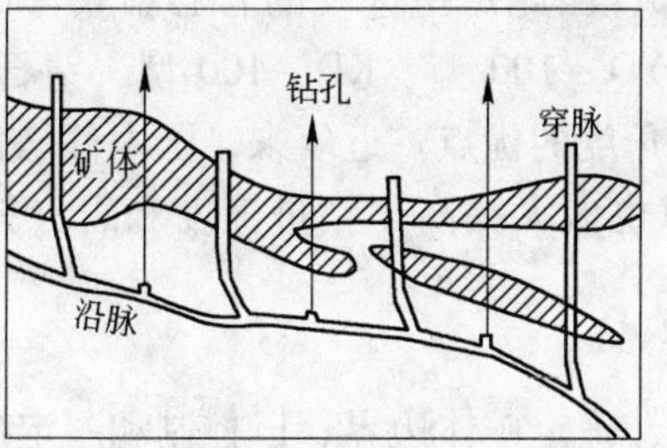

图 9－8　用坑内钻代替穿脉加密工程示意平面图

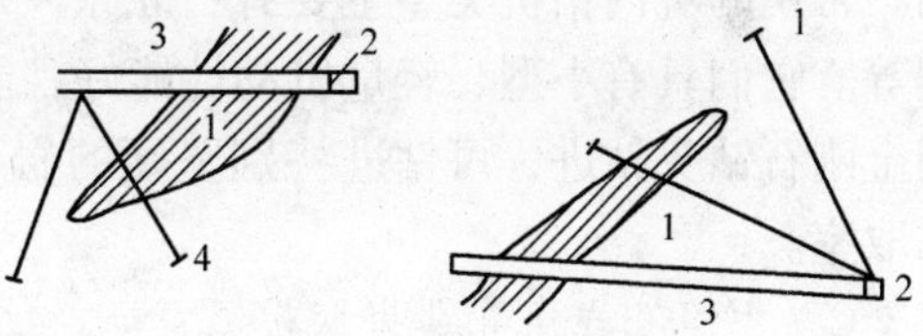

图 9－9　坑内钻探下垂和上延部分剖面图

1—矿体；2—沿脉坑道；3—穿脉坑道；4—钻孔

7）坑内钻探构造错失矿体的剖面图（图 9－10）。

8）利用水平坑内钻探矿体边部或空白区寻找盲矿体（图 9－11）。

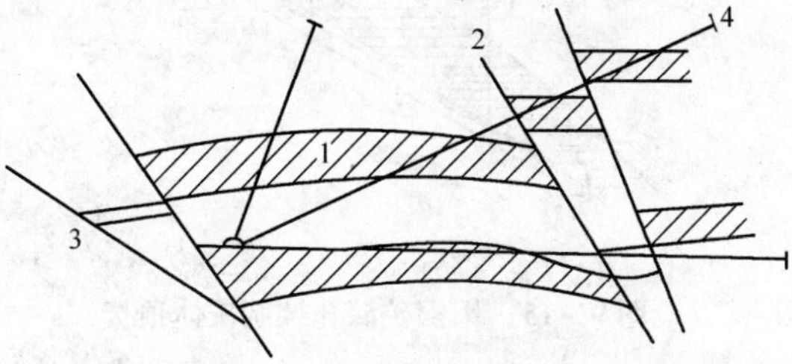

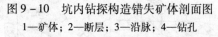

图 9－10　坑内钻探构造错失矿体剖面图

1—矿体；2—断层；3—沿脉；4—钻孔

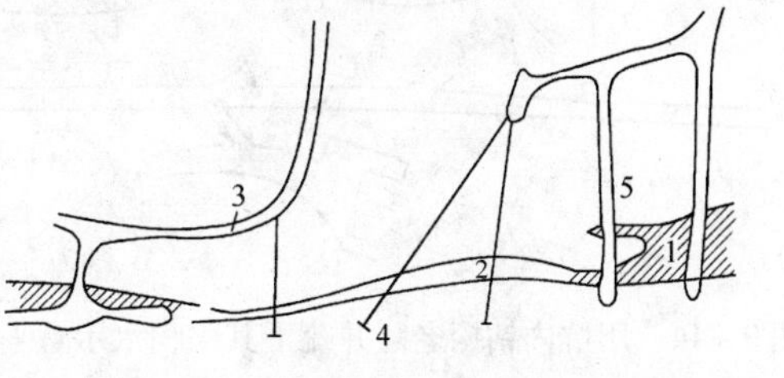

图 9－11　用坑内钻追索边部矿体和寻找盲矿体

1—矿体；2—盲矿体；3—沿脉坑道；4—钻孔；5—穿脉

9）控制形态复杂不规则矿体（图 9－12）。

10）对于水文地质条件复杂、坑内涌水量大的矿山，坑内钻常用于超前探明含水层位置、溶洞、暗河、老窿积水，以指导坑道掘进，或利用钻孔疏排积水（图 9－13，图 9－14）。

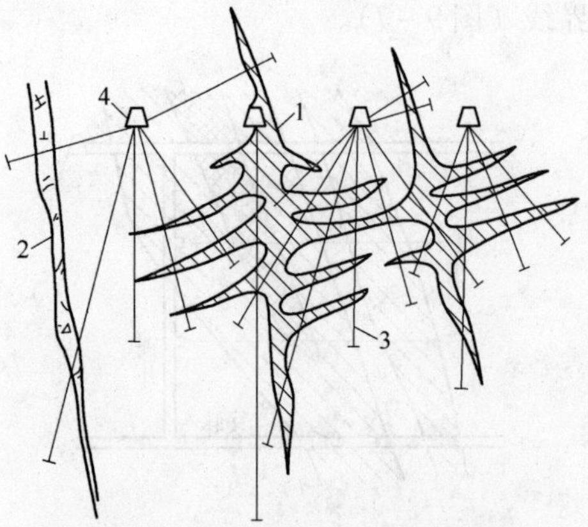

图 9－12　用坑内钻控制层脉相交复杂矿体
（松树脚锡矿 10 号矿群）
1—矿体；2—断层；3—钻孔；4—钻窗

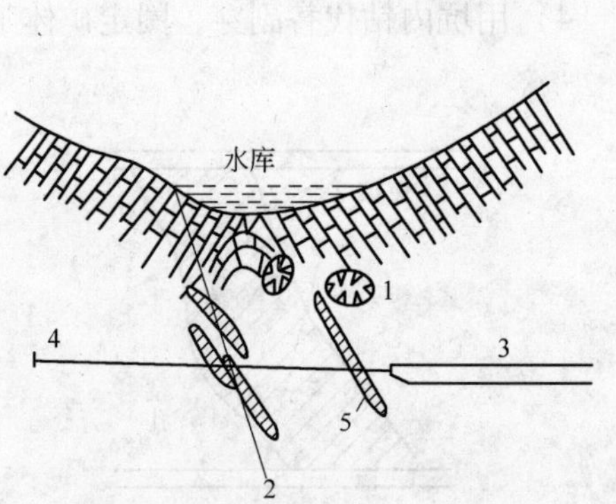

图 9－13　坑内钻探含水层剖面图
1—溶洞；2—断层；3—穿脉坑道；4—钻孔；5—矿体

由于生产勘探大多局限于中段之间或块段内部，因此短距进尺的岩心钻获得广泛采用。常用的坑内钻机类型主要有：北京－200 型、YQ－100 型、KD－100 型、钻石－100 型等。它们具有小型、轻量机动性能好，能打各种角度的优点。近年来，国内外已普遍采用金刚石钻头钻进，可钻进特别坚硬的岩石，同时也大大提高了钻进速度和岩（矿）心采取率。

C　中深孔或深孔凿岩探矿

指利用各种中深孔凿岩机打眼收集岩粉、岩泥，确定矿体边界，以控制和圈定矿体的探矿方法。一般用于探顶（图 9－15）；代替部分穿脉以加密工程控制（图 9－16）以及回采前对矿体的最后圈定（图 9－17）等。

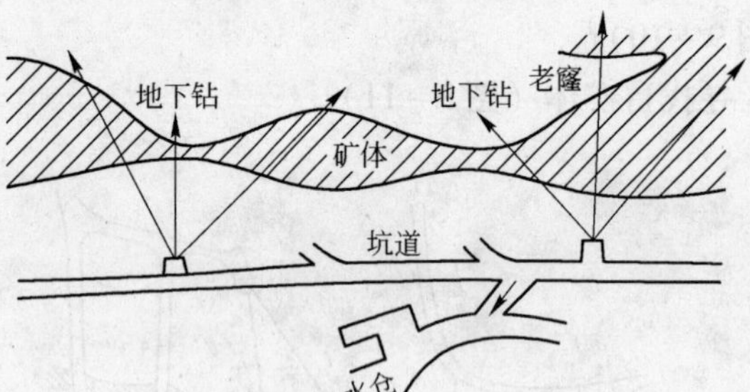

图 9－14　用坑内钻探老窿并疏干其中积水示意平面图

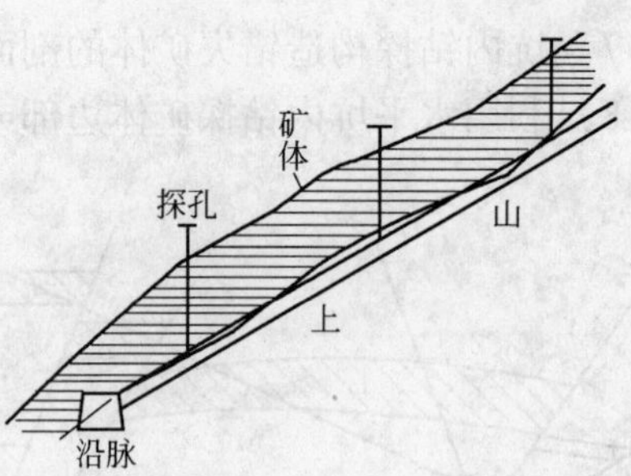

图 9－15　用探矿深孔控制矿体顶板

凿岩机探矿的优点是：设备的装卸、搬运比坑内钻更为方便，要求的作业条件也更为简单，特别是用它在采场内进行生产探矿，更具优越性，比一般坑内钻更适于打各种向上孔。与坑内钻相比效率更高、成本更低，可以生产探矿两用（爆破用的炮孔通过取样，可起到探矿作用）。其缺点是不适于

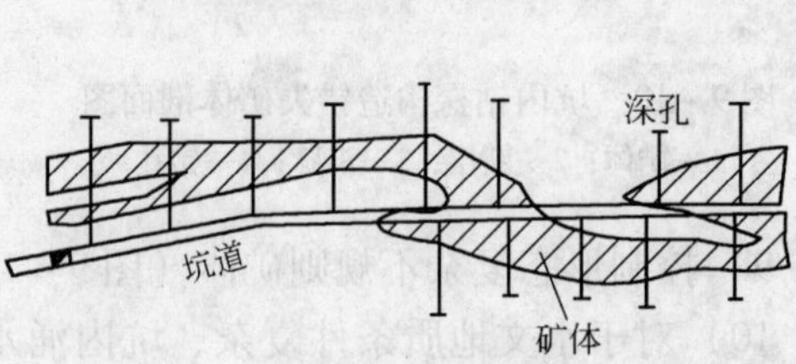

图 9－16　用深孔凿岩设备代替穿脉
探矿示意平面图

打向下孔，所取样品不易鉴定岩性、岩层产状及地质构造等。特别是不易确定矿体与围岩的准确界线。

凿岩机探矿手段确定见矿位置（即矿体与围岩界线）的方法是：当岩泥与矿泥颜色不同时，可根据孔中流出的泥水颜色变化进行确定；当岩泥和矿泥从颜色上不易区分时，则必须分段取样通过化验进行确定。如果需要测定品位，则尽管根据泥水颜色可以确定矿体界线，也必须进行取样和化验。

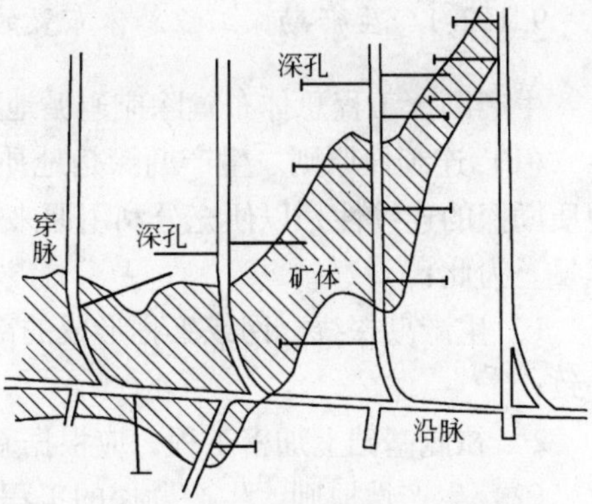

图9－17　用凿岩深孔加密探矿工程控制示意平面图

近年来，一些矿山试验采用某些物理方法确定探矿中是否见矿及见矿位置，如荡坪钨矿创造光电测脉仪以测定探孔中所见钨矿脉，取得良好效果。此外，加上适当探头的手提式同位素X射线荧光分析仪，也可用于探孔中对某些矿石品位的测定和确定矿体边界。

生产勘探时期使用的各种工程的主要技术特征和适用条件见表9－1。

表9－1　生产勘探工程技术特征

工程种类	工程名称		主要技术规格	工效①	基本作用
槽井探	探　槽	山地探槽	底宽0.5～1.0m；壁坡度70°～80°；长度为矿体或矿带宽度	0.5～1.0	揭露埋深小于5m的矿体露头
		平盘探槽	断面（宽×深）1.0m×0.5m；长度为矿体或矿带宽度	5～10	剥离露天采场平台上的人工堆积物
	浅　井		断面（0.6～1.0）m×（1.0～1.2）m；深度一般小于20m	0.5～1.0	揭露埋深大于5m的矿体；多用于砂矿或风化堆积矿床
	砂矿浅钻		孔径130～335mm；孔深15～30m	10～15	探砂矿
钻　探	露天炮孔		孔径130～335mm；深度15～30m	15～20	取岩泥、岩粉，控制矿石品位
	地表岩心钻		孔径130～320mm；深度50～200m，最大600m	3～5	探原生矿床，多用于露天采矿
	坑内钻	岩心钻	孔径130～320mm；深度一般50～200m，最大600m	5～10	配合坑道探各类原生矿床
		爆破深孔	孔径45～100mm；深度15～50m	15～20	探各类原生矿床
坑　探	平巷（穿脉、沿脉）		断面，坡度，弯道与生产坑道一致，纯探矿坑道断面（宽×高）（1.5～2.0）m×（1.8～2.0）m，坡度可达5‰	0.2～0.8	在中段、分段平面上，沿脉控制矿床走向，穿脉控制矿体宽度
	上山，下山		断面同平巷，坡度15°～40°	0.2～0.8	用于缓倾斜矿体，在中段间控制矿体沿倾斜变化
	天　井			0.2～1.0	用于急倾斜矿体，在中段间控制矿体变化

①工效单位：探槽为m^3 /（工·班），浅井为m /（工·班），钻探及坑道为m /（台·班）。

9.1.2 生产勘探工程的总体布置

9.1.2.1 生产勘探工程总体布置的原则

生产勘探工程总体布置除应遵循地质勘探工程布置的原则外，还应考虑下述原则：

（1）连续性原则。生产勘探是地质勘探的继续和深化，其工程布置应尽可能保持与地质勘探的连续性，以便充分利用原来已有的地质资料，进行地质综合研究，减少生探工程量。为此：

1）生产勘探线、网或工程形成的剖面系统应与原地质勘探工程系统保持总体方向上一致；

2）在此基础上加密工程，应根据新获的资料对原剖面内的内容进行修改。

（2）生产性原则。生产勘探的工程布置应充分考虑采矿生产工程布置的特点。例如，地下开采矿山各勘探平面间的垂直间距应与各开拓中段的间距一致，或在此基础上加密，加密工程的标高应考虑各种采准工程（如电耙道，凿岩平巷等）的分布标高以利于探采结合；各勘探剖面的水平距离应尽可能与采场划分长度一致，或在此基础上加密。露天矿山当采用探槽进行生探时，各勘探水平就是各开采平台，各勘探水平的垂直间距就是开采平台的高度。

（3）灵活性原则。对于矿体的局部地段，特别是形态产状变化较大的矿体，生产勘探工程的布置应有较大的灵活性。例如矿体的某地段产状与总体产状形态不一致（勘探地段矿体走向与勘探线不垂直且交角小于60°）时，不能机械地照搬原地质勘探线方位，而应进行局部方位调整（图9－18），工程的灵活性布置不仅体现在工程系统的方向或间距可以有所改变，还体现在一些个别工程可以脱离总的布置系统而单独布置在某些必要地点。

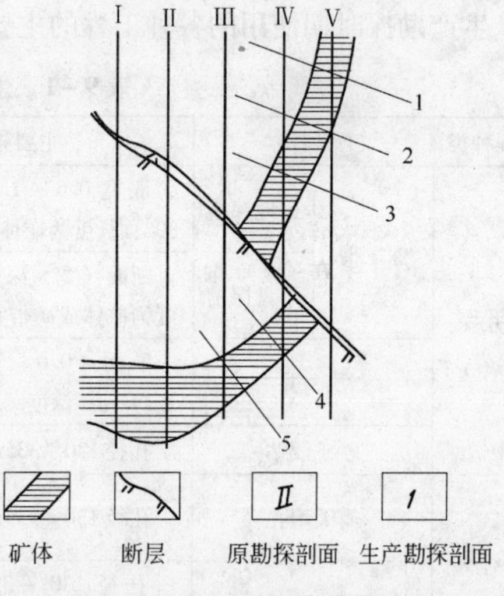

图9－18 生产勘探剖面与原勘探剖面关系示意图

9.1.2.2 生产勘探工程总体布置的方式

（1）水平面式布置。水平面式布置即把生探工程系统地布置在不同标高的水平面上，相当于地质勘探中的“水平勘探”式。

水平面式布置，在地下开采矿山主要用于矿体走向长度不大，而且矿体在水平断面上形状及产状复杂的条件下，由于水平钻孔或水平坑道往往不能平行布置（不能形成系统剖面），而只能在不同标高的水平面上布置水平扇形孔（图9－19）或方向多变的坑道追索和圈定矿体以取得不同中段的地质平面图；露天矿山当使用探槽对各开采平台进行生产勘探时，也采用此种布置方式。

（2）垂直面式布置。垂直面式布置即把生探工程系统地布置在互相平行的垂直面上，

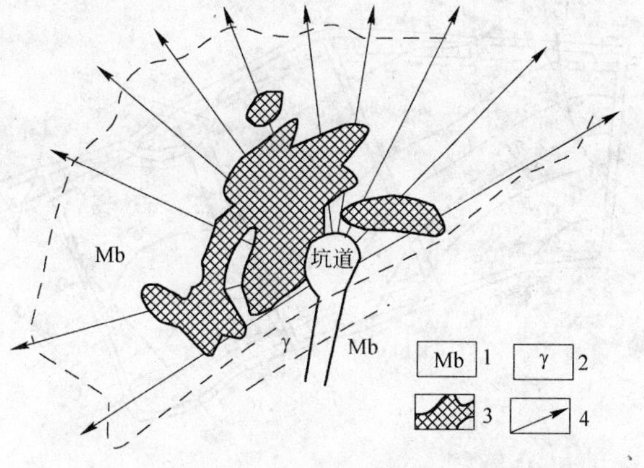

图9-19 用水平扇形钻孔进行生产勘探示意平面图

1—大理岩；2—花岗岩；3—矿体；4—钻孔

各垂直面均垂直于矿体走向。相当于地质勘探中的“勘探线”式。其不同点是：生探工程不是布置在线上，而是系统地布置在一些垂直面上。

垂直面式布置常用于生产勘探地段尚未有开采巷道工程条件下。例如，地下开采矿山对深部尚未开拓地段进行生产勘探；露天矿山利用岩心钻对深部进行生产勘探；个别地下开采矿山由于特殊原因主要采用地表岩心钻进行勘探等。此外，地下开采矿山当利用垂直扇形孔取样进行二次圈定时也往往在局部地段采用此种布置方式。

（3）格架式布置。这种布置实际上是水平面式布置与垂直面式布置相结合，即探矿工程既要布置在一定标高的平面上，同时又要在一定的垂直剖面上，组成由平面和剖面构成的格架状（图9-20），这种布置适用于具有一定厚度的矿体正在开采地段的生产勘探；露天矿山采用探槽与钻孔（或爆破深孔取样）相结合进行生产勘探，也属于此种方式。这种布置方式可以取得更多的有工程控制的地质剖面图和平面图，是生产勘探最常用的方式。

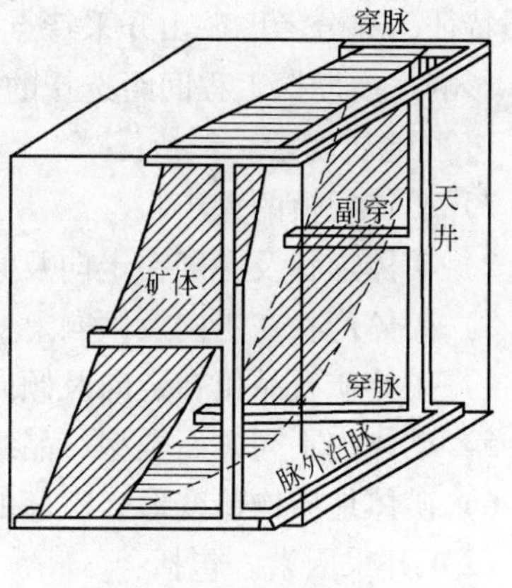

图9-20 最简单的格架式生产勘探工程总体布置示意图

（4）棋盘式布置。棋盘式布置是利用沿脉，天井或上山等坑道工程揭露矿体。这些工程把矿体分割成长方形（或方形）矿块，并组成了状如棋盘的坑道系统。这种布置方式主要适用于矿体厚度可被这些工程全部揭露的薄矿体。例如某些急倾斜薄矿脉可用矿块上、下脉内沿脉和两侧的天井包围揭露矿体；某些缓倾斜薄矿层，可用矿块上、下脉内沿脉和两侧的上山揭露矿体（图9-21）。

9.1.3 生产勘探工程的间距（网度）及施工顺序

9.1.3.1 生产勘探工程间距的确定

生产勘探工程网度系指每个穿透矿体的勘探工程所控制的矿体面积或系统布置的工程

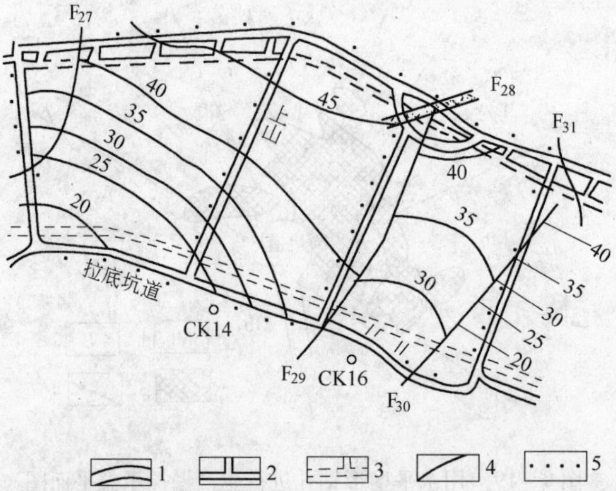

图 9－21　某矿以棋盘式生产勘探工程总体布置水平投影图

1—矿层底板等高线；2—矿层中坑道；3—矿层底板中坑道；4—断层；5—厚度测点

中，单个工程的间距，通常以工程沿矿体走向的距离和沿倾斜的距离来表示。即走向距离×倾斜距离。如用坑探，其网度为：中段高×穿脉×天井或上、下山间距。

生产勘探工程间距的正确确定，是保证质量而又经济地进行生产勘探的关键。

生产勘探工程间距除了在原地质勘探工程间距的基础上系统加密外，还要根据矿床的地质特征，充分考虑矿山开采特点和探矿费用等进行合理的选择。

影响生产勘探工程间距选择的因素如下。

（1）地质因素。包括：

1）矿体规模的大小；

2）矿体形状及厚度在走向及倾向上变化的复杂程度；

3）矿体产状在走向及倾向上变化的复杂程度；

4）矿体矿石品位在走向及倾向上变化的复杂程度；

5）矿体内不同矿石类型、品级及夹石等分布的复杂程度；

6）矿体地质构造变形、破坏的复杂程度等。

（2）开采因素。包括：

1）矿床开采方式及系统；

2）矿床的采矿方法及对矿石损失、贫化的要求；

3）各种开采工程的具体布置及间距等。

（3）经济因素。生产勘探网度加密必然增加勘探费用，但却可减少采矿设计的经济风险。当两者综合经济效果处于最佳状态时的网度就是最优工程网度。此外，矿产本身的经济价值以及矿床勘探手段与生产勘探工程密度也有一定关系：价值高的矿产与价值低的矿产比较，其勘探程度可以较高，相应的工程网度也允许较密。坑道掘进较困难，成本较高，采用的密度不宜过大；而坑内钻成本较低，较机动灵活，其间距可以更密。

一般情况下，地质因素是基本的因素，开采因素也取决于地质因素，但开采因素常常也决定了地质因素中哪些因素应该为主要考虑的因素。例如，沉积型铁矿床一般规模较大，延展可达数公里，显然控制矿体边界成了次要问题，而如果地质构造对矿层破坏严重，对开采影响很大，那么地质构造就成为选择合理工程间距的主要考虑因素；如果地质构造简单，而品位或厚度变化复杂，则品位或厚度的变化便成为主要考虑因素。

9.1.3.2 生产勘探工程间距的确定方法

（1）经验法，也称类比法。即根据地质条件相似的已有矿床勘探工程的布置情况，参照相关的国家或部门规范的规定以确定勘探工程间距的一种方法。主要用于矿山的补充勘探，或在矿山开采的初期，当还没有大量实际开采资料可作为对比资料时使用。类比时，除考虑矿床地质特征（勘探类型）外，还要考虑采矿方式方法，探矿工程种类等因素。

（2）验证法，也称试验法。又分为以下两种：

1）工程密度抽稀验证法。选择试验地段并确定探求的资源储量类型，以最密网度进行勘探，然后逐次抽稀工程网度，对相同地段不同网度的勘探结果进行对比，以最密网度的成果作为对比标准，选择逐次抽稀后不超出确定的资源储量类型允许误差规定的抽稀工程密度作为今后生探采用的工程间距。

2）探采资料对比验证法。选择对比地段，以一定的工程间距进行勘探，将取得的资料与实际开采获得的资料进行对比。以开采资料作为标准，选择不超出规定的资源储量类型允许误差的最稀密度作为今后生产勘探采用的工程间距。

验证法应符合以下要求：选择的对比地段应具有代表性；确定参与对比的基本工程间距及其空间构成合理；选择对比的内容与参数正确；确定的误差衡量指标合理；验证结果经过周密综合分析，结论可靠。

（3）计算法。对主要地质变量用数理统计法、地质统计学方法进行计算，以求取合理的工程间距的方法。

（4）采用计算机以矿床地质为基础，以矿体的准确控制为目标，对生产勘探工程间距进行确定。

上述各种方法中，最常用的是探采资料对比验证法。该法应以最终开采资料为对比标准。但由于开采周期较长（特别是厚大矿体），完整的资料要待开采结束，而且某些采矿方法在回采过程中不易获得系统而准确的地质资料。这时可用生产勘探和所有开拓、采准、切割以至深孔取样等工程所获得的地质资料作为对比的基础资料。这是一种介于抽稀法与探采对比法之间的一种对比方法。对比分析内容主要有以下几方面：

（1）矿产资源误差的对比。即勘探资源储量与实际开采真实资源储量的对比。生产勘探的控制程度以其查明的资源储量误差来确定，应针对不同类型资源储量进行误差对比，其误差标准可参考表 9 – 2。

表 9 – 2 资源储量允许误差标准

资源储量类型	准确探明的	探明的	控制的
资源储量误差/%	<8	<15	<30
计算范围	回 采	采 准	开 拓

（2）矿体厚度及形态误差对比。可以从矿体厚度误差、矿体平面及剖面面积的总体误差及形态歪曲误差分别衡量对矿体形态的控制程度。

所谓面积总体误差，是指一定间距的工程所圈定的面积与矿体较真实面积相比较的误差，而较真实面积就是根据最密工程或开采实际资料圈定的矿体面积。其计算公式为：

$$面积总体误差 = \frac{S_u - S_c}{S_u} \times 100\% \qquad (9-1)$$

式中 S_u——矿体较真实的面积，m^2；

S_c——一定间距工程所圈定的矿体面积，m^2。

在其他因素不变的情况下，可用资源储量类型的误差允许范围作为面积总体误差允许范围（表9-2）。

所谓形态歪曲误差，是指一定工程间距所圈定的矿体平面或剖面的形态与矿体较真实形态相比较，所有歪曲面积总和（不考虑其正负号）的误差。其计算公式为（参考图9-22）

$$形态歪曲误差 = \frac{\sum S_n + \sum S_p}{S_u} \times 100\% \qquad (9-2)$$

式中 S_n——圈定的面积比真实面积多出的局部面积，m^2；

S_p——圈定的面积比真实面积减少的局部面积，m^2。

形态歪曲误差是正负歪曲误差绝对值之和，可以储量允许误差的倍数为其允许范围。例如（根据表9-2），准确探明的储量误差为<8%，形态歪曲误差则为<16%；探明的储量误差为<15%，形态歪曲误差则为<30%；控制的资源储量误差为<30%，形态歪曲误差则为<60%。

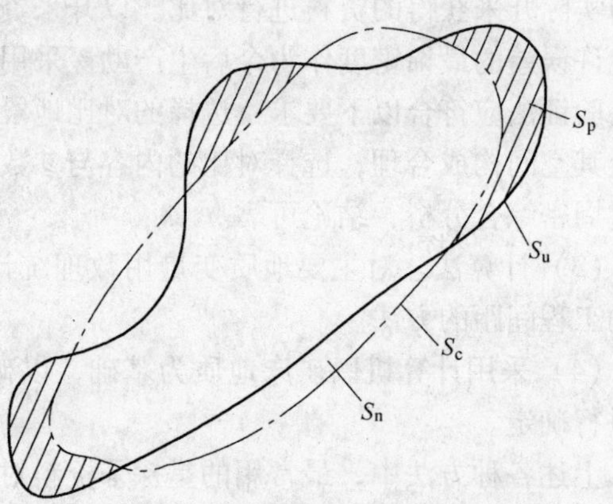

图9-22 矿体圈定的形态歪曲示意图
（图中符号同公式（9-1）、公式（9-2））

（3）矿体空间位置误差的对比。矿体空间位移一般以矿体重合率和底板位移程度来衡量。一般来说，矿体底板边界线位移误差比顶板位移误差对开采工程布置有更大影响，而顶板边界线对深孔设计有影响，因此都应引起重视。

1）矿体（面积）重合率 D_r（平面或剖面对比）的计算：

$$D_r = \frac{S_d}{S_c} \times 100\% \qquad (9-3)$$

式中 S_d——勘探工程圈定与开采实际揭露的矿体重合部分的面积，m^2；

S_c——勘探工程所圈定的矿体面积，m^2。

2）矿体底板边界线位移的计算：

在水平、断面图上，以开采揭露的矿体底板边界线为基础，沿走向按规定的勘探线距测定底板位移值，并按<2m，2~5m，5~10m，10~15m，15~20m，>20m等（位移）间距分别统计不同区间的位移间距所占长度的百分比，用加权平均法计算平均位移值，并注明最大位移值。另一种方法是以探、采底板线构成的位移面积除以底板直线长度求得平均位移距离，并注明最大位移值。

矿体边界允许误差标准见表9－3。

表9－3 矿体边界允许误差标准

资源储量类型	准确探明的	探明的	控制的
矿体重合率/%	≥90	≥80	≥70
底板位移/m	2～5	5～8	8～15
计算范围	回 采	采 准	开 拓

（4）矿体产状及地质构造误差的对比。包括对矿体产状、破坏矿体的褶曲及断层、对矿体有影响的岩浆侵入体以及缓倾斜层状矿体等高线的了解及控制程度的对比。

矿体产状的允许误差，应根据其是否影响开拓系统及采矿方法的设计及施工，是否影响露天开采境界线等因素而定。

地质构造方面的误差，主要是检查有无未被勘探工程控制的较大断层（在矿山一般指断距在10～20m以上的断层）；对已控制的断层还要检查所确定的断层的类型、空间位置和断距等是否正确。

（5）矿石质量误差的对比。主要包括以下方面：

1）矿石品级及类型的圈定界线有无重大变化；

2）矿石的平均品位有无重大变化；

3）伴生有益及有害组分的控制程度。

矿山生产勘探工程间距可参考表9－4。

表9－4 部分矿山地质勘探及生产勘探工程网度

序号	矿 区	勘探类型	地质勘探网度/m	生产勘探网度/m	备 注
1	孝义铝矿	Ⅰ	钻、浅井、槽 C 200×200 B 100×100	钻、浅井 C 200×200 B 100×100 指导剥离 50×50	
2	老厂砂锡矿	Ⅲ	砂钻、浅井 C(50～70)×(50～70) B(25～60)×(25～60)	砂钻、浅井 B(50～70)×(50～70)	水力开采
3	白银铜矿	Ⅲ	钻 C 100×100	钻 B 50×25 局部 25×25	
4	老虎头稀有金属矿	Ⅲ—Ⅳ	钻 C 200×100	平盘探槽 25 钻 B（50～100）×50	
5	金川镍矿	Ⅱ	钻 C 100×(100～150) B 100×(50～75)	坑 A 30×(25～30)	
6	因民铜矿	Ⅱ	钻 C（60～120）×40 坑 B 60×40	坑 A 60×(10～20)	
7	桃林铅锌矿	Ⅱ—Ⅲ	钻 C 100×50 坑 B 20×25	坑 B 40×25×(30～50)	

续表 9-4

序号	矿 区	勘探类型	地质勘探网度/m	生产勘探网度/m	备 注
8	杨家杖子钼矿	Ⅱ—Ⅲ	钻 C 100×100	坑 B 40×25×50	
9	西华山钨矿	Ⅲ	钻 D(80~100)×(80~100) C 80×(40~50)×50	坑 B(10~25)×(20~30)×(20~30) 坑内钻 10	

注：1. 序号1~4为露天采矿，5~9为地下采矿；

2. 钻探网度：走向×倾向；

3. 坑探网度：段高×穿脉×天井或上、下山；

4. 平台探槽网度：台阶高×走向；仅有一个数值指走向。

9.1.3.3 生产勘探工程的施工顺序

为了贯彻探采结合原则，生产勘探地段的推进必须体现自上而下，由顶到底，由近及远的采掘顺序，与矿块采矿推进方向一致。

在具体安排工程施工顺序时，应充分考虑以下超前和指导关系：

(1) 生产勘探超前采矿准备。勘探工程、探采结合工程应优先施工。

(2) 坑钻组合勘探时，钻探一般起指导掘进作用，钻探应超前施工。

(3) 沿脉带穿脉掘进时，当沿脉位置要求严格，穿脉应优先施工，以指导沿脉掘进。切割坑道与运输大巷同时掘进时，切割应超前于大巷，优先施工；

除远离矿体的工程外，脉内工程一般应超前于脉外工程。

(4) 按掘进顺序，上中段工程应指导下中段工程，正常中段指导盲中段工程。

(5) 探水与探矿工程同时施工时，应优先掘进探水工程。

(6) 露天采场钻孔施工时，对确定最终境界线及边坡角有影响部位，采场底边矿体空间位置和边界，永久公路及建筑物，矿体地质构造复杂、地质情况不明处等，均应优先施工。

在实际施工过程中，如发现工程布置及施工顺序安排不当，应及时作出调整。

9.1.4 生产勘探中的探采结合

所谓探采结合，是将生产勘探与采矿生产统一组织实施的一体化工作方法。一方面，生产勘探所布置的探矿工程，在探清矿体的前提下，应考虑尽可能被采矿所利用；另一方面，充分利用采矿施工的采、切工程和爆破中深孔等收集地质资料，准确圈定矿体，提高储量精度。

探采结合可减少单纯探矿坑道的掘进量，提高探采工程利用率，节省大量人力、物力和资金。因此，已在矿山广泛推广。

图9-23与图9-24是胡家峪铜矿实行探采结合前后开拓水平坑道系统的对比。可以看出，在实行探采结合前，单纯探矿工程量很大，而且探矿坑道与开拓坑道各成一套，坑道系统紊乱，互相干扰，探采结合后，中段水平探矿工程大部分利用了开拓工程，使整个中段水平坑道的布置更趋合理。

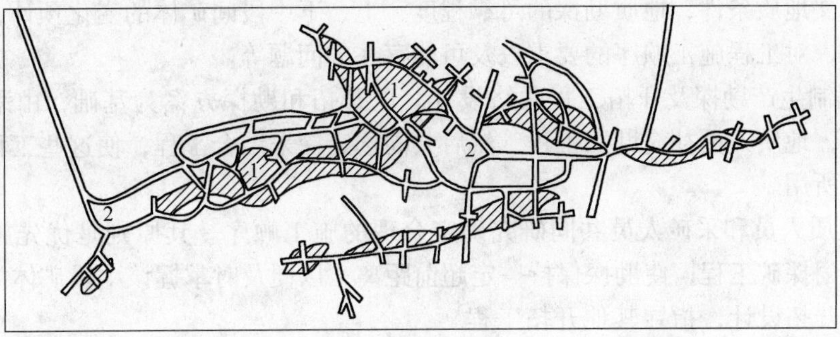

图9－23　胡家峪铜矿探采结合前3～5号矿体二中段的开拓与探矿工程
1—矿体；2—坑道

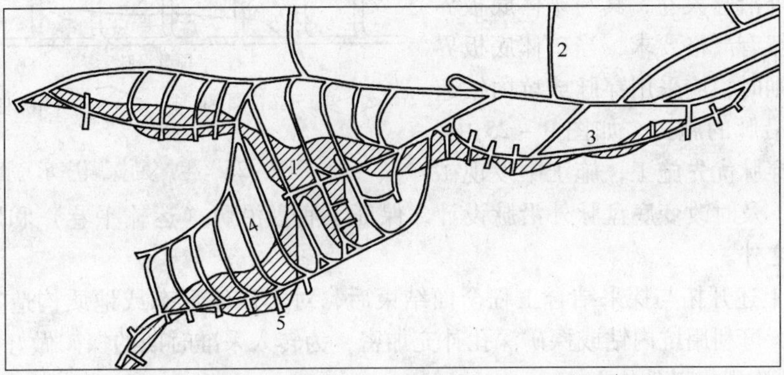

图9－24　胡家峪铜矿探采结合后3～5号矿体二中段的开拓与探矿工程
1—矿体；2—石门；3—沿脉运输道；4—穿脉循环运输道；5—专门探矿穿脉

9.1.4.1　露天开采的探采结合

露天采矿在剥离前，一般已完成一定工程密度的生产勘探，矿体界线已经探明。因此，探采结合主要在爆破回采阶段。这时，可用于探采结合的工程主要是爆破用深孔、台阶坡面、爆破硐室、堑沟等。

9.1.4.2　地下开采的探采结合

地下开采的开拓、采准及回采阶段的探采结合各有特点，现分述如下。

A　开拓阶段的探采结合

a　开拓阶段可用于探采结合的工程

这些工程主要有脉内沿脉运输大巷、环形联络运输道（可作穿脉用）等，这类工程部分或大部分切入矿体，能起探矿作用（图9－24）。

b　生产勘探与开拓结合的步骤与方法

（1）由地质人员根据地质勘探资料和上中段生产勘探及生产地质资料编制新开拓中段的预测平面地质图，并向采矿人员提供必要文字说明。

中段地质说明书主要内容包括：中段地层岩性，岩体分布，构造特征，矿体分布及矿化特点，水文地质条件，地质勘探的可靠程度，上、下中段间矿体的变化预计，探矿要求达到的目的，对工程施工顺序的要求以及可能存在的问题等。

（2）编制生产勘探及开拓工程联络设计。以开拓和勘探方案为基础，由采矿人员布置开拓工程，地质人员补充勘探工程，然后共同选定探采结合工程，使这些工程尽可能为探采两方面所用。

（3）地质人员和采矿人员共同研究确定合理的施工顺序。其原则是优先施工探采结合工程和专门探矿工程，使勘探保持一定超前距离，以便及时掌握该中段矿体的形态变化并适当修改开拓设计，指导其他开拓工程的掘进，以防止由于矿体形态变化而使其他开拓工程掘进方向发生过多的摆动，不利于以后运输使用。特别是对于沿矿体底板掘进的脉外沿脉大巷，其与矿体底板界线的距离一般有严格要求，当矿体底板界线形态不规则时，应采用穿脉或坑内钻超前指导脉外沿脉的施工。如图 9 - 25 中，顶盘沿脉及穿脉优先施工，施工中发现矿体厚度增大，及时改变底盘脉外沿脉设计，保证了底盘沿脉（运输平巷）和风井位于采矿崩落范围之外。

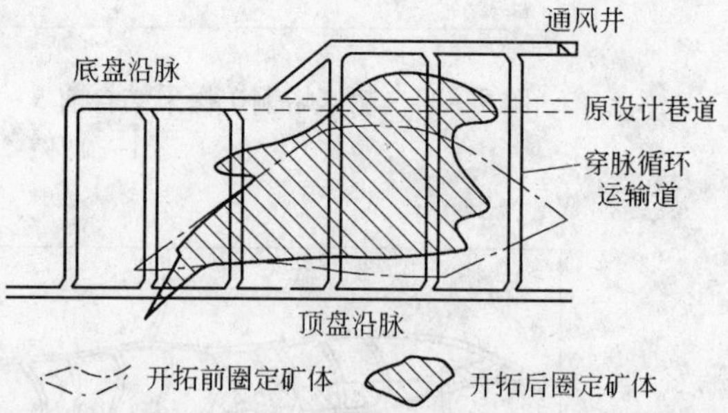

图 9 - 25　生产勘探顺序示意图

（4）在上述开拓与探采结合工程全面结束后，对于矿体形态或地质构造复杂而控制不够的地段，可利用坑内钻或探矿深孔补充加密，为转入采准时期的探矿做好准备。

B　采准阶段的探采结合

a　采准中的沿脉运输平巷以及带穿脉性质的工程大多可以作为探采结合工程

（1）薄矿体。当坑道断面能揭露矿体全厚度时，所有脉内沿脉性质的坑道（如沿脉运输平巷、拉底坑道等）和脉内天井或上山均可作为探采结合工程。当上述坑道断面不能揭露矿体全厚度时，这些坑道仍然起到探矿作用（追索矿体走向和倾向），但必须辅以某些简便的探矿工程，如坑内钻或短穿脉、天井等。当沿脉运输平巷布置于矿体底板围岩中时，一般不起直接探矿作用，但对探查破坏矿体的地质构造，或以此打坑下钻，也可起到间接的探矿作用。

（2）中厚矿体和厚矿体。所有具穿脉性质的坑道都可作为探采结合工程，包括：电耙道（或电耙联络道）、进风道、回风道、凿岩道（或穿脉进路）及切割工程，以及凡是能切过矿体边界的采准天井、上山、溜井及切割天井等，部分爆破用中深孔或深孔取样也可用于探矿。

哪些工程能用于探采结合要具体情况具体分析，只要选择部分有结合条件的工程实行探采结合，便可达到地质上的要求，并满足生产上的需要。但对不起探矿作用的开采工程，仍然要进行地质编录工作。

b　生产勘探与采准结合的步骤与方法

（1）首先由地质人员根据上、下中段所获得的地质资料，提供将要进行开采方法设计地段的初步地质资料，以作为采矿方法方案选择的依据。

（2）由采矿人员根据相关地质资料初步确定采矿方法和采矿方案。

(3) 地质人员和采矿人员共同研究确定探采结合方案，联合进行采场探采结合施工设计；探采结合的采准工程以采矿人员为主进行设计；专门探矿工程则由地质人员设计。并共同研究确定合理的施工顺序，原则是保证尽快探清矿体，特别是应优先施工那些探矿意义大的工程，以及那些即使矿体有变化但不影响其在采矿中使用的工程。例如，某些用沿脉电耙道开采的采场，矿体底板边界线的变化对电耙道位置选择影响很大，可以在矿体探清后施工；而对切割道的布置却影响不大，可以优先施工上一分层的穿脉切割道，以查清矿体底板界线，指导下一分层电耙道位置的选择及施工。

(4) 在采准探采结合工程和专门探矿工程竣工后，由地质人员根据新的资料对块段进行二次圈定，再由采矿人员据此进行全面的采准设计和施工安排。

(5) 采准工程全部结束后，如果某些地段对矿体的控制程度还不能满足回采设计的要求，可补加一些专门而简易的探矿工程或利用爆破深孔，对矿体作最后圈定，以作为回采依据。

在探采结合过程中，应注意探矿工程系统与开采工程系统的协调一致。例如，勘探剖面方向尽可能与开采穿脉坑道方向一致，探矿工程间距尽可能与开采工程间距一致或成简单的比例关系等。还要注意探采结合工程的断面规格、弯道系数及坡度等必须满足开采使用的要求。

9.1.5 坑道水平钻在矿山找矿中的应用

利用普通岩心钻在坑内打水平孔进行普查找矿，在一些矿山已取得了很好的效果。例如个旧松树脚锡矿自 1966 年以来的 20 多年中，共竣工水平孔 1300 多个，进尺 20 余万米，孔深平均 160m（最深 370m），见矿孔 900 多个，见矿率 70% 左右，揭露工业矿点 600 多个。经坑道检查和勘探，探获锡、铅金属储量占矿山累计探明储量的 27%，对延长矿山服务年限起到了积极的作用。

(1) 坑道水平钻一般用于矿区外围或邻近空白区的普查以及对已知矿体上、下延伸的中段控制，其作用是指导坑探工程，一般不直接圈定矿体和计算储量。

(2) 坑道水平钻的布置：在水平中段上，选择有利成矿地段的适当位置布置若干钻窝，钻孔设计应尽量垂直含矿带或矿体走向。由于钻孔需要一定的仰角（+5°左右），所以一般应从矿体底板穿过；存在多组方向矿体时，尽量利用一个钻窝多孔控制（即扇形孔），钻孔的终孔间距尽量相等，并基本符合勘探网度要求。在垂直方向上，先在条件较好的大中段进行超前控制，以便于指导加密中段坑道施工。

(3) 坑内水平钻使用的钻机可用经改进的 XB300、XV650、KD100 型等，其最大孔深分别为 180m、300m、80m，月效率 500 ~ 800m。

(4) 坑内水平钻可进行多组多方位钻进，控制面宽，特别利于成群、成带产出的矿体的普查找矿工作；可由单中段或双中段的勘探变为多中段勘探，比用坑道按小中段逐步摸清矿体速度提高一倍以上，从而加速了对整个矿带的评价，为顺序开采创造有利条件；实行“水平钻先行，以钻指坑”，将使坑探工程布置更为合理，更具针对性，减少不必要的坑探工程；另外，水平钻成本较低，约为坑探工程成本的 10%，100m 坑探成本可打 1000m 钻探，即：如果坑探控制的是一个点，那么钻探控制的可能是 10 个点，这将大大提高见矿的可能性；水平钻孔的岩矿心采取率较高，也完全符合质量标准。

9.2　矿山地质管理

矿山地质部门与矿山其他生产、技术部门共同参与的生产管理，统称为矿山地质管理。主要包括以下几个方面的工作。

9.2.1　矿产资源储量管理

生产矿山保有的各类、各级工业矿石储量是矿山生产的物质基础，储量的平衡和管理是矿山地质部门的基本任务之一。

9.2.1.1　生产矿山储量的构成

生产矿山保有储量由地质储量和生产储量（亦称为生产矿量）构成。

地质储量是衡量矿床勘探程度的标志，生产矿量是衡量矿山采矿准备程度的标志。

（1）地质储量。是经过地质勘探、基建勘探或生产勘探，依据矿床勘探程度和储量的可靠程度而划分计算的矿产储量。地质储量由平衡表内（能利用的）储量（相当于经济的基础储量111b、121b、122b）和平衡表外（暂不能利用）储量（相当于边际经济基础储量及次边际经济资源量）构成。按储量的控制程度划分为A、B、C、D各级。

（2）生产矿量。是在矿床开采过程中，依据采矿准备程度划分和计算的矿产储量，它是平衡表内地质储量中可以采出的那一部分（即经济的基础储量中的111、121、122）。其数量等于生产地段工业矿石储量减去设计损失量。

生产矿量的划分：露天开采（包括砂矿床开采）分为开拓与采准（或备采）二级，称为“二级储量”；地下开采分为开拓、采准、备采三级，称为“三级矿量”。

三级矿量中，开拓矿量是工业储量的一部分，采准矿量是开拓矿量的一部分，备采矿量是采准矿量的一部分。地质储量与生产矿量的关系见表9－5。

表9－5　生产矿量与矿产储量对比关系

<table>
<tr><td colspan="3" rowspan="2">类　别</td><td colspan="3">查明矿产资源（储量/矿量）</td><td>潜在矿产资源</td></tr>
<tr><td>探明的</td><td>控制的</td><td>推断的</td><td>预测的</td></tr>
<tr><td rowspan="6">经济的</td><td rowspan="4">可采储量</td><td rowspan="3">生产矿量</td><td colspan="2">备采矿量</td><td rowspan="10"></td><td rowspan="10">预测资源</td></tr>
<tr><td>采准矿量</td><td></td></tr>
<tr><td colspan="2">开拓矿量</td></tr>
<tr><td>储　量</td><td>111、121</td><td>122</td></tr>
<tr><td colspan="2" rowspan="4">基础储量</td><td>111b、121b</td><td>122b</td></tr>
<tr><td colspan="2">经济的基础储量</td></tr>
<tr><td rowspan="2">边际经济的</td><td>2M11、2M21</td><td>2M22</td></tr>
<tr><td colspan="2">边际经济的基础储量</td></tr>
<tr><td rowspan="2">次边际经济的</td><td colspan="2" rowspan="3">资源量</td><td>2S11、2S21</td><td>2S22</td></tr>
<tr><td colspan="2">次边际经济的资源量</td></tr>
<tr><td>内蕴经济的</td><td>331</td><td>332</td><td>333</td><td>334</td></tr>
</table>

9.2.1.2 矿山储量的平衡和管理的意义

在矿山基建过程中，井巷工程和探矿工程所揭露的地质情况与原地质勘探所提供的地质资料会有程度不同的变化，而在矿山生产过程中，随着生产勘探的开展以及采掘（采剥）工程的进行，又使资源储量的类别和规模始终处于动态变化中：一方面是生探提高了矿床的勘探程度，引起储量的增减；另一方面由于不断采出和损失而造成储量的减少。如果新增储量与消耗储量（采出和损失）平衡失调，就会造成生产的被动。因此，要定期对矿山保有的矿产储量进行变动、核减和注销，随时掌握地质储量、生产矿量之间的变化，并据此调整勘探与开采作业（包括开拓、采准、备采）之间的衔接关系，以保证矿产储量在一定保有标准上的平衡。此外，为了减少开采中矿石的损失，也必须开展资源储量管理工作。

9.2.1.3 储量管理工作的内容

A 储量变动的平衡统计

由于矿石的不断采出、开采过程中矿石的损失以及生探过程中对矿体边界品位等的修改，新矿体的发现，矿山保有储量结构（如升级）和数量（如增减）处于不断变化之中。为了掌握储量变动情况，便于指挥管理生产，矿山地质部门必须对储量的变动进行及时统计平衡。包括：

（1）以采场为单位建立资源储量台账。其目的在于掌握该采场从采准到开采结束，各时期矿量的采出、损失及结存的变化情况。

（2）按年度（必要时按季度）对全矿山开采的矿量变动进行统计，编制年度（或季度）生产矿量（即三级矿量）变动报告表。

表9-6 20××年度生产矿量平衡表

矿种：　　　　　　　　　　　　　　　　　　　　计算单位：矿石量：10^4t

金属量：t

品　位：%

保有期限：开拓及采准（年）

备采（月）

矿区或中段	项目	20××年度实际保有						本期开采量			本期损失量			本期因掘进增（+）减（-）			本期因重算增（+）减（-）			20××年度实际保有						存窿（堆场）
		开拓		采准		备采														开拓		采准		备采		
		总量	其中矿柱	总量	其中矿柱	总量	其中矿柱	开拓	采准	备采	开拓	采准	备采	开拓	采准	备采	开拓	采准	备采	总量	其中矿柱	总量	其中矿柱	总量	其中矿柱	
1	2	3	4	5	6	7	8	9	10	11	12	13	14	15	16	17	18	19	20	21	22	23	24	25	26	27

（3）按年度编制矿产资源储量平衡表，上报国家有关主管部门。

B 高级储量保有程度的检查

矿山保有一定数量的控制的经济基础储量（相当于C级以上储量）是确保矿山正常生产的基本条件之一，但直接保证生产和提供采矿准备工程设计用的是高级储量（探明的经济基础储量—相当于生探 A 级储量和地质勘探的 B 级储量)。因此，矿山企业除了要求保有足够数量的工业储量外，还特别要求保有一定数量的高级储量。高级储量的保有程度以能保证生产衔接为原则，其保有期限应根据具体的采掘（剥）条件确定，一般应不低于开拓储量保有期限的要求，矿山地质部门应对高级储量的保有程度进行定期检查。

表 9 – 7　20 × × 年度地质储量平衡表

矿种：　　　　　　　　　　　　计算单位：矿石量：10^4t
金属量：t
品　位：%
保有期限：年

矿区或中段	储量级别	项目	20××年1月1日保有		开采量	损失量	因勘探增（+）减（-）	因重算增（+）减（-）	20××年1月1日保有		备注
			表内	表外					表内	表外	
1	2	3	4	5	6	7	8	9	10	11	12
	A + B	矿石量									
		品　位									
		金属量									
		保有期限									
	C	矿石量									
		品　位									
		金属量									
		保有期限									
	A + B + C	矿石量									
		品　位									
		金属量									
		保有期限									
	D	矿石量									
		品　位									
		金属量									
		保有期限									

C　三级矿量保有期限的检查与分析

三级矿量（露天矿山为二级矿量）是指矿山在采掘（剥）过程中，依据不同的开采方式和采矿方法的要求，用不同的采掘（剥）工程所圈定的矿量，包括开拓矿量、采准矿量和备采矿量。

划分三级矿量并确定一定的保有期限，是保证开拓、采准和回采衔接周期，即保证各工序衔接（开拓超前于采准，采准超前于切割）的各级储量所必需的规定时间，换句话说，较低一级矿量应能为获取较高一级矿量的采矿工序提供足够的数量（即保有期限）。通常备采、采准、开拓三级矿量的保有期限应大致保持在 1∶2∶3 的比例关系。见表 9 – 8。

表 9-8 生产矿山保有期限的一般规定

类别	开拓矿量/a	采准矿量/a	备采矿量/月
地下开采	>3	>1	>6
露天开采	>1	—	4~6
露天砂矿	>1	—	3~6

矿山地质部门有责任对三级矿量的保有情况进行经常检查与分析，并督促有关部门及时采取措施，保证达到保有期限指标的要求。

三级矿量实际保有期限根据矿山生产能力，矿石回收率以及允许的贫化等因素进行核算，其通用公式为：

$$T=\frac{Q(1-\varphi)}{A(1-P)} \tag{9-4}$$

式中 T——某级矿量保有期限（年、月）；

Q——期末结存的该级矿量；

A——矿山年产量（或月产量）；

P——计划贫化率；

φ——计划损失率。

地质（工业）储量保有年限计算亦适用于本公式。

矿山地质储量（指C级以上工业储量）保有年限根据矿山实际情况确定，一般不应少于10~15年。当矿山生产后期达不到一定标准时，被称为危机矿山（见表9-9）。

表 9-9 矿山资源危机标准

矿产种类	生产能力/$t \cdot d^{-1}$	地质储量保有期限/a
有色金属	<500	<3
	500~3000	<5
	>3000	<5
黑色金属	中小型	<5
	大型	<10

D 资源储量的变动与注销

生产勘探活动、矿石的采出以及由于采选技术和市场环境变化引起的矿床工业指标的改变等，均会带来资源储量的增减。矿山地质部门每年均需进行生产勘探及采掘（剥）工程控制地段资源储量的增减计算，并填报矿产资源储量表和管理台账（如前所述）。此外，针对由于开采减少、开采境界外技术上难于单独开采或单独开采经济上不合理、设计中必须保留的永久矿柱、工业指标变动引起的储量减少，以及自然因素不能回收等情况，矿山地质部门应通过编制年度资源储量表上报地矿主管部门，申请注销这部分储量，并待地矿主管部门审查批准后，从平衡表中将这部分储量消减。

E 矿石损失的管理

矿石生产中应尽可能减少矿石的损失，以充分回收国家资源。开采中矿石的损失既与矿床的地质条件有关，也与采矿工作有关，因此必须由矿山地质部门和采矿部门共同参与矿石损失的管理工作。

9.2.2　矿石质量管理

矿石质量管理是矿山企业全面质量管理的重要组成部分，是为了充分合理地利用矿产资源，满足使用单位对矿石质量的要求，按照国家下达的指标而进行的一项经常性工作。其主要内容如下。

9.2.2.1　*矿石质量计划的编制*

矿石质量与产量计划是矿山采掘（剥）生产技术计划的核心，规定要求矿石质量计划必须与采掘（剥）计划同时编制、上报、考核、验收和下达。通常，矿石产量计划由采矿技术部门及计划部门编制；矿石质量计划由地质部门制定。但在具体工作中，两者必须紧密配合，在保证满足规定的质量指标（包括有益、有害组分的含量规定等）要求的前提下，按矿床中矿石质量分布的特点，结合采掘技术政策，编制出矿石回采作业进度、顺序以及各采场出矿数量计划。

通过矿石质量计划的编制：

（1）明确得出计划期内将进行生产的矿石能够达到的质量指标；

（2）根据测算的矿石质量指标及计划采矿地段矿床的具体条件，预先采取措施，调整生产计划；

（3）做到有目标，按计划地指导矿石质量均衡（配矿）工作；以保证采、选（冶）均衡生产。

以上第一个问题由矿山地质部门得出；后两个问题在采矿部门参与下共同讨论拟定。

矿石质量计划应与采掘（剥）计划同步，一般按年、季、月，必要时可按日、班编制。

矿石质量计划的编制最终结果必须达到矿石质量指标要求，否则各地段的采矿量、开采顺序及进度等必须重新调整，直至满足质量指标要求为止。

9.2.2.2　*采出矿石质量的预计和预告*

如上所述，编制矿石质量计划的重点是预计采出矿石的质量（即出矿品位）。显然，矿山生产的安排必须围绕达到预计出矿品位进行。同时，矿石加工利用部门也可根据矿山预计出矿品位采取相应的加工技术措施。所以，矿石质量预计不仅是编制矿石质量计划的需要，同时也为了向采、选部门提出预告。

由于矿山生产是动态的，采出矿石质量随时处于变化之中，这就要求矿山地质人员在矿床开采前和开采过程中随时对未采矿石的质量（如矿石类型、品级、品位、厚度等）和采下矿石的质量进行预计（与采掘（剥）计划同步），以便采、选及有关部门掌握矿石质量变化动态，按照各阶段矿石质量指标的要求，以保证入选矿石和矿产品的质量。

采出矿石质量的预计方法，按下面公式进行：

$$C_n = C(1 - P) \tag{9-5}$$

式中 C_n——预计采出矿石品位；

C——原矿石地质平均品位；

P——预计贫化率。

当围岩含品位时：

$$C_n = (1-r)c + rc' \tag{9-6}$$

式中　c'——围岩品位；

r——废石率。

预计贫化率可按照下面公式进行计算：

$$P = \frac{Q'(C-C')(1-K)}{C[Q+Q'(1-K)]} \tag{9-7}$$

式中　P——预计贫化率

Q'——预计开采时将混入夹石（或围岩）的重量；

Q——原矿石的重量；

C——原矿石的地质平均品位；

C'——夹石（或围岩）的地质平均品位；

K——预计废石挑选率，即 $K=R'/Q'$；

R'——预计可能挑选出来的废石的重量。

以上 Q 与 Q' 可根据地质图件资料用储量计算方法求得；C 与 C' 则根据原矿石和夹石（或围岩）化学取样资料计算求得；K 一般根据本矿生产经验确定。

预计矿石质量的方法还有回归分析法、滑动平均法等。

9.2.2.3　*矿石质量的均衡*

各地段、各品级、各类型矿石的地质品位，是矿石本身所固有，为了满足输出矿石质量规定指标的要求，同时也是为了充分利用矿产资源和减少输出矿石品位的波动，必须进行矿石质量均衡（或称为配矿）工作。

矿石质量均衡工作是指利用矿山设计、开采、运输以及装卸等各个环节，有计划有目的地使不同品位矿石相互混合所进行的工作。其目的是为了使矿山所生产的矿石质量稳定，并达到选、冶部门所要求的质量指标，以利于矿石加工；同时也是使某些不符合工业要求的矿产资源得到充分利用所采取的措施和手段。（即有计划地搭配部分低品级、低品位矿石，相对提高其价值）。这项工作贯穿于从开采设计到矿石输出等一系列生产过程中，矿山地质部门要进行检查和督促。但质量均衡方案的实施却主要由采矿技术部门和生产技术部门负责进行，因此，采矿工作者也必须懂得下列有关质量均衡的知识。

A　*矿石质量均衡的原则*

（1）贫矿石的加入量，必须保证高质量矿石品位降低后仍能达到利用的规定标准。

（2）两种矿石品位及特征相差悬殊时，不能搭配，否则将给选冶部门造成技术上的困难。

（3）不同自然类型和工业类型的矿石，因其加工利用方式、方法不同，也不能搭配。

（4）两种颗粒规格相差过大的矿石不能搭配，因其质量不同、用途不同、价值也不同。

（5）耐火材料及某些利用其特殊物理性质的矿石，一般不能搭配。

B　*矿石质量均衡的环节和方法*

矿石质量均衡主要是指配矿（矿石采下后的分选—矿石与废石分拣，也属于矿石均衡的范畴)。

矿石均衡主要通过以下环节进行。

(1) 编制开采设计和采掘作业计划时同时编制配矿计划，有针对性地合理安排各计划中段（台阶)、地段（爆区）矿石的采矿方向、出矿顺序及产量比例，做到矿石质量均衡。

(2) 生产时配矿的主要环节是:

1) 爆破配矿。合理安排不同品位矿石的爆破量及爆破顺序，使爆破下来的矿石自然混合或电铲倒堆混合，并达到质量要求指标，一般露天采场适用此法。

2) 采场（或露天掌子）的配矿。根据各采场（或掌子）矿石质量特点，合理安排出矿顺序和出矿量，达到配矿目的。

3) 入仓或栈桥翻板配矿。将各掌子（或采场）调来的矿车按品位和产量搭配其翻车数量和顺序，以控制其质量指标。

(3) 矿石初步分选。矿石初步分选是指对采下矿石或在其运输过程中进行工业矿石与废石的分拣，以达到提高正式入选矿石质量的目的，也称为矿石预选。地下开采矿山一般在采场手拣分选或在矿仓口利用隔筛进行手拣分选。

C 矿石质量均衡的计算

为了使不同质量矿石搭配后能满足一定的质量指标要求，需要进行一定的计算。不同情况采用不同的计算方法:

(1) 两种矿石（品位）配矿时：可用下式计算允许搭配的低品位矿石数量:

$$X = \frac{Q_1(C_1 - C)}{C - C_2} \tag{9-8}$$

式中 X——允许搭配的低品位矿石量，t;

Q_1——较高品位的矿石量，t;

C_1——较高品位矿石的平均品位（$C_1 > C$),%;

C——要求达到的品位指标,%;

C_2——低品位矿石的平均品位 $C_2 < C$,%。

(2) 各种不同品位矿石进行配矿时，需要计算每个采区（或采场、台阶、中段）的均衡能力系数（质量中和能力系数）F_i。其计算公式为:

$$F_i = D_i(C_i - C) \tag{9-9}$$

式中 D_i——各采区（采场、中段）计划出矿量，t;

C_i——各采区（采场、中段）预计平均出矿品位,%;

C——要求达到的平均品位指标,%。

式 (9-9) 中，当 F_i 为正值时，可搭配一部分低品位矿石，当 F_i 为负值时，则需要搭配部分高品位矿石。最终必须使各采区（采场、中段）矿石品位的均衡能力系数之和满足下列要求:

1) 当进行有益组分均衡时:

$$\sum F_i = F_1 + F_2 + \cdots + F_n \geqslant 0 \tag{9-10}$$

即 $$D_1(C_1 - C) + D_2(C_2 - C) + \cdots + D_n(C_n - C) \geqslant 0$$

式中 F_1，F_2，…，F_n——各采区（采场、中段）质量均衡能力系数;

D_1，D_2，…，D_n——各采区（采场、中段）计划出矿量；

C_1，C_2，…，C_n——各采区（采场、中段）预计出矿平均品位。

2）当进行有害组分均衡时：

$$\sum F_i' = F_1' + F_2' + \cdots + F_n' < 0 \tag{9-11}$$

即 $$D_1(a_1 - a) + D_2(a_2 - a) + D_n(a_n - a) < 0$$

式中 F_1'，F_2'，…，F_n'——各采区（采场、中段）预计有害组分均衡能力系数；

a_1，a_2，…，a_n——各采区（采场，中段）预计有害组分平均含量；

a——有害组分最大允许含量。

如不能满足上述要求，则必须重新调整各采区（采场、中段）的出矿量，并进行适当配矿。

9.2.2.4 *矿石贫化的管理*

矿石贫化的管理工作是矿石质量管理工作的主要内容。矿石开采中的贫化，将增加采矿及矿石选矿或冶炼的生产成本，有时甚至可以使矿石转化为废石。矿石的贫化有的与矿床地质条件有关，有的与采矿工作有关。因此，矿山贫化的管理工作必须由矿山地质部门和采矿部门共同参与完成。

9.2.3 现场施工生产中的地质管理

矿山现场施工和生产的重要特点之一是，工作面和工作对象处于不断变动之中，井巷掘进的工作面或采场工作面每天都在推进。随着工作面的推进，必然会出现各种新的地质情况，有些新情况可能是生产勘探中未发现和采掘设计中未考虑到的，这就需要地质人员和采矿人员一起采取一定的应对措施，必要时甚至修改原设计。另外，对于施工中的质量（方向、坡度、规格等）问题，地质人员也必须随时检查、监督，起到“眼睛”的作用。

9.2.3.1 *井巷掘进中的地质管理*

在井巷掘进过程中，矿山地质部门除了要及时进行地质编录及取样等工作以外，还要进行以下经常性管理工作。

（1）掌握井巷掘进方向。例如，沿脉巷道要沿矿体或紧贴矿体底板掘进，而运输大巷一般应在含矿层底盘并保持与矿体底板一定距离，如发现矿体界线与原设计有变化而使巷道有所偏离，地质人员应及时指出，并和采矿人员一起研究解决；另外，对于施工之中巷道偏离设计方位，要及时发现和纠正。

（2）掌握井巷掘进的终止位置。例如，多数穿脉要求穿透矿体顶底板后（一般为1～2m）即终止掘进，地质人员应经常到现场观察，及时指出终止地点；又如，有的沿脉在掘进中发现矿体尖灭，地质人员应到现场调查并判断矿体是否可能再现或侧现，以决定是停止掘进还是继续掘进。

（3）掌握构造变动情况。包括：对掘进影响很大的断层，地质人员应及时到现场观察，判断断层的类型、产状、破碎带的可能宽度，破碎带的胶结程度以及两盘相对位移方向等情况，以便掘进施工部门及时采取有效的过断层措施；对于断层错断而且断距较大的矿体，要确定矿体错失位置，以便采矿人员及时修改设计；发现生产勘探中未发现的褶皱构造，应及时判明情况，提请有关部门采取适当措施等。

（4）参加安全施工管理。矿山生产中有许多安全问题直接与地质条件有关，如井巷中的冒顶、片帮或突水事故等。地质部门应及时发现其征兆，及时向生产部门预告，并会同有关部门商讨预防事故的措施。

（5）参加井巷工程的验收。井巷施工告一段落后，地质部门要会同掘进队及采矿、测量人员对井巷工程进行验收。验收主要内容有：工程布置的位置、工程方向、工程的规格质量及进尺是否达到原设计要求等。

9.2.3.2 采场生产中的地质管理工作

在采场生产过程中，矿山地质部门除了要进行地质编录和取样等工作外，还应进行下列经常性的地质管理工作。

（1）开采边界管理。开采边界不正确，会造成开采中矿石的损失与贫化。回采中常有实际边界与生产勘探所圈定的边界不符的情况，此时，对于用深孔采矿的地下采场，可利用打深孔取矿（岩）泥的方法对矿体进行二次圈定，以保证开采边界的准确；对于浅孔采矿的地下采场，地质人员应与采矿人员密切配合，在现场用油漆或粉浆等标出开采边界，以指导生产；对采场帮上的残留矿石，也应标出并及时扩帮。

在开采过程中，有时会出现一些支脉，地质人员应认真收集资料，必要时可进行补充勘探，即所谓“边采边探”，如支脉有一定规模，往往可能新增部分储量。若采场有条件时可以同时开采已探清部分，即所谓“边探边采”。余下部分待探清和条件具备时再进行开采。

露天开采的边界管理：除要掌握剥离境界外，更要指导矿、岩分别爆破及分别装运。为了指导分爆、分装及分运，矿山地质部门应提供“爆破区地质图”之类的图件，并用一定标志（如小旗、木牌等）在现场直接标出矿、岩分界。

（2）现场矿石质量管理。实际上，上述开采边界管理也包括了部分质量管理，即通过掌握开采边界而减少矿石贫化。除此之外，现场管理中主要是保证矿石质量计划和质量均衡方案的实现。如：指导不同类型、不同品级矿石的分爆、分装及分运工作；指导现场矿石质量均衡（配矿）工作等。

（3）参加安全生产管理。地下采场中也可能遇到与地质条件相关的安全问题（如断裂构造、顶板岩石的稳固性等），特别是采场往往有更大的暴露面。地质人员应协同采矿人员加强这方面的管理；在露天采场，地质人员应经常注意边坡稳定情况，与采矿人员共同研究预防边坡滑动或垮落的措施。

（4）参加结束采场的验收。

9.2.4 采掘单元停采或结束时的地质工作

指采场、中段（或露天矿平台）、采区（或坑口）或整个矿山（泛称采掘单元）停采或结束时的地质工作。

9.2.4.1 采掘单元停采中的地质工作

大型采掘单元（如矿山或坑口）的停采，是一种不常有的情况，一般是由于发现了开采或利用条件更优越的矿床，或由于原来生产的矿石品种暂不需要，或由于技术经济政策上的原因等。而小型采掘单元（如地下采场或中段）的停采，则可由矿山采掘顺序的调整或矿石产量的调整等原因造成。

应该说，停采只是开采的暂时中断，因此，停采时的地质管理工作，目的是为了给以后重新恢复生产打下基础。具体地说，一方面是为了给复产提供必要的地质资料，另一方面则是为了便于以后复产时地质工作的衔接。其主要工作内容是：

（1）完成停采时已有采掘工程的地质调查和原始地质编录工作；

（2）系统整理出停采地段的综合地质图件及其他地质资料；

（3）统计出已采矿量和尚存储量

9.2.4.2 采掘单元结束时的地质工作

采掘单元的结束，大部分是由于已无继续可开采的矿石，但也可能是由于发生重大事故（如大面积岩体移动）破坏了继续开采的条件，或由于地质条件与设计时所掌握的地质资料发生重大变化，以致在现有技术经济条件下已不具备继续开采的价值或可能。

采掘单元结束时，需要报销储量和拆除设备，因此，必须极为慎重。此时的地质管理工作，目的在于确保充分回收国家矿产资源，同时也是为了系统积累已采地段的矿床地质资料存档备查，总结经验教训以指导未开采地段今后的工作。

A 结束采场、中段的地质管理工作

（1）检查设计的应采矿石是否已采完；

（2）检查采下矿石是否全部出完；

（3）确定残矿是否需补采或补出；

（4）重新核实原始储量，统计采出矿量与开采中的损失贫化；

（5）系统整理出有关单元的地质资料并归档。

对于因重大事故等原因而被迫结束的单元，还需会同采矿及安全部门检查鉴定是否确属已无法恢复生产，统计已采矿量与残存矿量，计算其损失及贫化。

B 矿山（坑口）闭坑的地质管理工作

所谓“闭坑”，是指矿山、坑口或某一特定地区生产结束，并关闭全部生产系统。这是矿山生产中具有全局性的一项重要工作，必须慎重对待。

闭坑时的地质工作内容与结束采场、中段的地质工作内容相似，但如果属正常开采结束，还应着重检查应采的矿柱或矿体分支等是否已全部回采，以及在结束地段范围内或其附近是否已确无再发现盲矿的可能。除此之外，地、测、采部门还应共同提出正式闭坑的总结资料，报送有关部门审查和批准。

9.2.5 矿石贫化与损失的计算及管理

9.2.5.1 矿石贫化、损失的概念及其分类

A 矿石贫化与损失

矿石贫化是指在开采过程中，由于地质条件和采矿技术等方面的原因，使采下矿石中混入废石（围岩、夹石和表外贫矿），或部分有用组分溶解和散失而引起工业矿石品位降

低的现象，简称“贫化”。“贫化”有两种表达方式：

(1) 采下矿石的品位降低数与原矿体（或矿块）平均品位的百分比，称为品位降低率，又称为贫化率；

(2) 废石混入量与采下矿石总量（工业矿石 + 废石）的百分比，称为废石混入率，又称为废石率。

矿石损失是指在开采过程中，由于地质条件复杂、采矿方法不当和放矿、运输等方面的原因，造成工业矿石未被全部采下，或采下矿石丢失的现象。“损失”也有两种表达方式：

(1) 采矿过程中损失的工业矿石量与该采场（采区）内拥有的矿石储量的百分比，称为矿石损失率，表示工业矿石损失的程度。与矿石损失率对应的是矿石回收率，即采出的工业矿石量与该采场（采区）原拥有的工业矿石量之百分比。矿石回收率 = 1 - 矿石损失率。

(2) 对于金属矿山，在采矿过程中所损失的工业矿石的金属量与该采场（采区）原拥有的金属储量的百分比，称为金属损失率，与之对应的则是金属采收率，即：采出矿石中的金属总量与该采场（采区）原拥有金属储量的百分比。显然，当混入废石不含有用组分（即废石品位为零）时，金属采收率 = 1 - 金属损失率；否则，金属采收率 > 1 - 金属损失率。

对于非金属矿产，一般只需计算废石混入率、矿石损失率和矿石回收率；而金属矿山则还需计算矿石贫化率和金属采收率（金属损失率等同于矿石损失率）。

B　*矿石贫化与损失的分类*

a　贫化的分类

(1) 不可避免贫化，也称设计贫化或第一次贫化。指开采设计允许采下的围岩或夹石所造成的贫化。如电耙道切割部分围岩、过薄矿体为保证足够的采幅将部分围岩采下，以及深孔分段崩落法按设计必须将夹石或部分表外贫矿石与工业矿石一并采下等（图 9 - 26）。

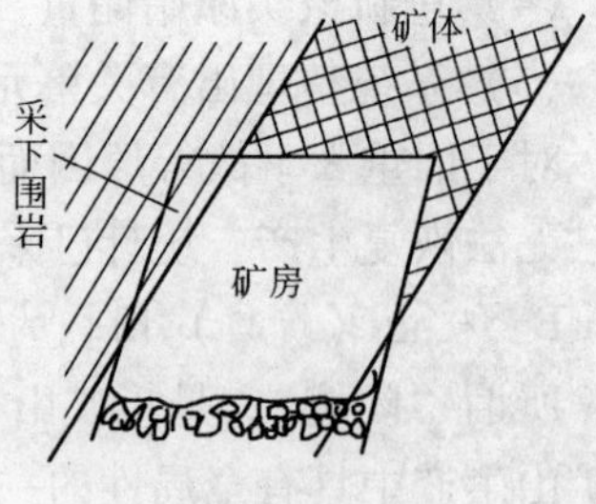

图 9 - 26　将围岩与矿石一并采下造成的贫化

(2) 可避免贫化，也称二次贫化。指开采设计不允许采下的无矿围岩（夹石）及低品位矿石、人为因素造成的贫化。其原因是采矿作业过程中，或因组织与技术管理不善、技术措施不当、技术不正规；或因矿体界线圈定不准确等（图 9 - 27）。

可避免贫化是贫化管理工作的重点。

b　损失的分类

(1) 开采损失。开采损失指矿床开采过程中、因采矿方法、开采技术、施工技术管理、采矿作业质量等所造成的矿石损失。开采损失又分未采下损失和采下损失两种。未采下损失包括设计损失，如各种矿柱（图 9 - 28）、护顶所造成的损失（图 9 - 29），以及由于矿体形态复杂、矿体界线不清或技术措施不当、采矿技术条件等原因所造成的未采矿石部分的损失（也称施工损失）；采下损失是指矿石采下后，在放矿、装车、运输及充填过程中所产生的

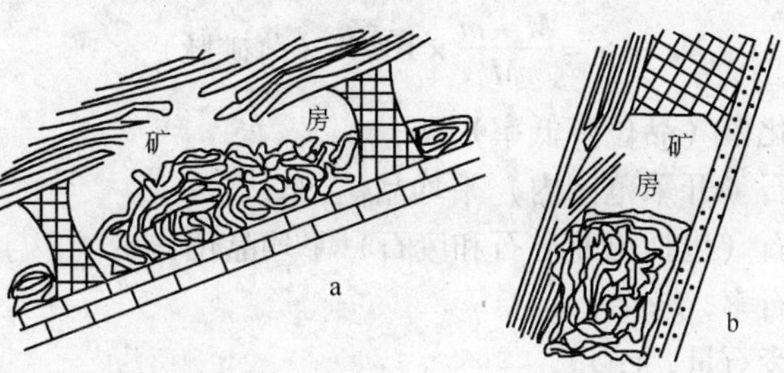

图 9-27 顶盘围岩下落造成的贫化

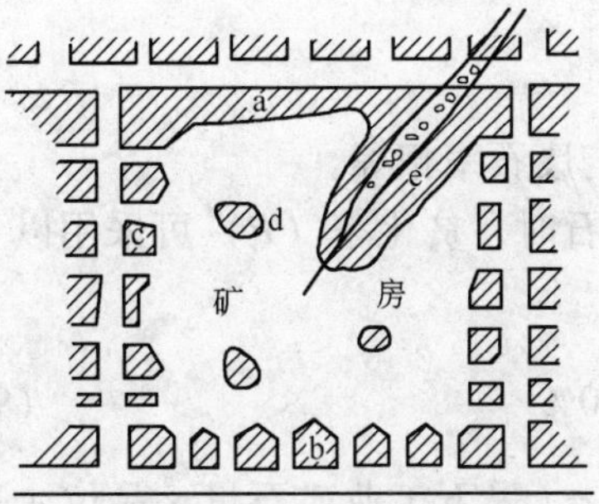

图 9-28 采场纵投影图

a—顶柱；b—底柱；c—矿壁；d—房柱；

e—保护破碎带而留下的矿柱

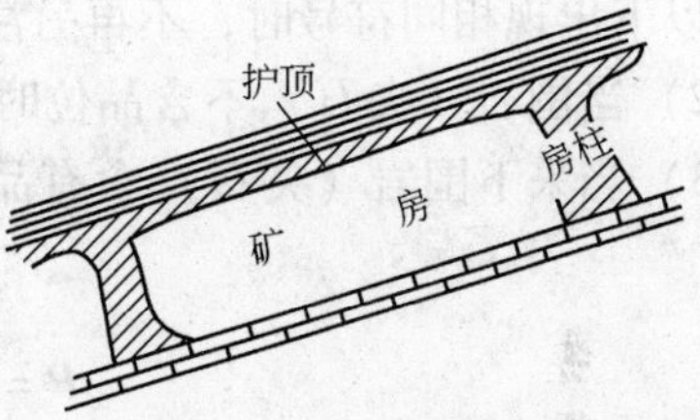

图 9-29 为保护顶盘而留下护顶

损失。

(2) 非开采损失。非开采损失是指与采矿方法、采矿技术管理工作无关的损失。包括因地质、水文条件，安全条件等不能开采的矿石损失；或因保护井筒、地面建筑、河流水库、交通要道留下的保安矿柱等所造成的永久损失。

在矿山地质工作中，开采损失及其管理是最主要的。

9.2.5.2 *矿石贫化与损失的计算*

采矿贫化与损失的计算方法分为直接法和间接法两种。

A 直接法

适用于地测人员可以进入的采场，即可以在采场（矿房）内直接测定采下或损失矿石量，采下混入的废石（围岩、夹石等）量及有关品位，并用以与原工业矿石储量和品位进行比较计算，求得相应贫化率和损失率的方法。其优点是可按爆破分层计算，准确度较高，并能与采场生产管理相结合，易于直接查明贫化损失的地点、数量及原因，便于及时采取纠正措施。其计算简便，效率较高，因此应用较为广泛。

a 贫化率与废石率的计算

(1) 基本公式

$$P = \frac{C - C_0}{C} \times 100\% \tag{9-12}$$

$$\gamma = \frac{y}{Q_0} \times 100\% \tag{9-13}$$

或

$$\gamma = \frac{M - m}{M} \times 100\% \text{（薄矿脉）} \tag{9-14}$$

式中　P——矿石贫化率（品位降低率），%；

C——工业矿石（开采范围内）平均品位，%；

C_0——采出矿石（包括工业矿石和废石）平均品位，%；

γ——混入废石率，%；

y——混入的废石量，t；

Q_0——采出矿石量（工业矿石与废石量之总和），t；

M——实际采幅，m；

m——实际脉幅，m。

（以下出现相同符号时，不再另注）

（2）当围岩（夹石）不含品位时，矿石贫化率与废石率相等。

（3）当采下围岩（夹石）含有品位及非工业矿石时，贫化率（P）可采用以下公式计算：

$$P = 1 - \frac{C_1 - C_2}{C - C_2} \times 100\% \tag{9-15}$$

式中　C_1——实测采下矿岩总量的平均品位，%，C_1 =（采下工业矿石量×品位+采下非工业矿石量×品位+采下围岩量×品位）/（采下工业矿石量+采下非工业矿石量+围岩量）；

C_2——实测采下非工业矿石和围岩的平均品位，%；C_2 =（采下非工业矿石量×品位+采下围岩量×品位）/（采下非工业矿石量+围岩量）。

b　矿石损失率与矿石采收率及金属损失率与金属采收率的计算

（1）矿石损失率、矿石采收率的计算：

$$\varphi = \frac{q'}{Q} \times 100\% \tag{9-16}$$

$$K_\varepsilon = \frac{q_c}{Q} \times 100\% \tag{9-17}$$

或

$$K_\varepsilon = 1 - \varphi \tag{9-18}$$

式中　φ——矿石损失率，%；

K_ε——矿石采收率，%；

q_c——采场采出工业矿石量，t；

Q——采场工业矿石储量，t；

q'——矿石损失量，t。

（2）金属损失率、金属采收率的计算：

$$\varphi_j = \frac{q'C}{QC} \times 100\% \tag{9-19}$$

$$\varepsilon = \frac{q_c C + y C_y}{QC} \times 100\% \tag{9-20}$$

式中　φ_j——金属损失率，%；

ε——金属采收率，%；

y——采场采出废石量，t；

C_y——废石平均品位，%。

当废石不含品位时，$\varepsilon = 1 - \varphi_j$；当废石含品位时，$\varepsilon > 1 - \varphi_j$。

B 间接法

当不能或不必在采场内直接测定矿石量、废石量及有关品位参数时，采用间接方法求出采矿量、废石量及相应品位值，并与原工业矿石储量和品位进行比较计算，以求得贫化率、废石率及损失率的方法，称为间接法。

间接法可用于任何一种采矿方法，而对于地下开采不能进入的采场（如深孔崩落法）则是唯一的方法。

间接法可反映采矿和放矿过程中总的贫化与损失以及设计采场（块段）范围内的矿石回收情况，其计算结果与“实际”较一致。缺点是在矿块开采结束前无法计算，也无法区分一、二次贫化或可避免贫化与不可避免贫化。所以，间接法的使用条件应是矿床（矿块）生产勘探程度较高，采准中“二次圈定”资料较准确；各采场（或矿块）有单独放矿系统，能保证出矿量与出矿品位资料齐全、准确和系统；同时要有专人制作管理台账的情况下。如此才能取得比较可靠的结果。

计算公式：

（1）当围岩（夹石）含品位时：

$$P = \frac{C - C_f}{C} \times 100\% \tag{9-21}$$

$$\gamma = 1 - \frac{C_f - C_y}{C - C_y} \times 100\% \tag{9-22}$$

$$\varphi = 1 - \frac{T(C_f - C_y)}{Q(C - C_y)} \times 100\% \tag{9-23}$$

式中 C——工业矿石地质品位，%；

C_f——采场出矿品位，%；

C_y——废石平均品位，%；

T——采场出矿量，t；

Q——矿块矿石储量，t。

（2）当围岩（夹石）不含品位（即 $C_y = 0$）时：

矿石贫化率与废石率相等，即：

$$P = r = \frac{C - C_f}{C} \times 100\% = 1 - \frac{C_f}{C} \times 100\% \tag{9-24}$$

矿石损失率与金属损失率相等，即：

$$\varphi = 1 - \frac{TC_f}{QC} \times 100\% \tag{9-25}$$

9.2.5.3 矿石贫化与损失的管理

A 矿石贫化与损失管理的意义

矿山生产过程中，由于矿石的贫化，会降低选矿回收率和精矿的产量，并加大选矿厂的矿石处理量，从而增加生产费用；由于矿石损失，会造成矿山有限的矿产资源不能充分有效地利用，还会使分摊到每吨矿石的基建费用相应增加，提高了生产费用，并引起采准工作与回采工作的脱节，矿石损失加大了矿石的消耗，从而缩短了矿山寿命（服务年限）。所以，经常检查、分析矿石贫化损失情况，及时提出降低贫化损失的措施，是矿山地质部门的重要任务。

采矿贫化率和损失率是直接衡量矿山采矿工作好坏的主要技术经济指标，是衡量矿山技术管理水平高低和分析采矿方法是否合理的基本考核指标。力争把贫化与损失降至最低的合理限度是矿山地质与采矿部门的重要职责之一。而可避免的贫化与损失则是矿山生产管理的工作对象和重点。

概括起来，采矿贫化与损失管理的意义在于：

（1）有助于矿石的合理开采，降低采、选（冶）成本，提高生产效率；

（2）有助于保护矿产资源，延长矿山服务年限；

（3）为编制矿山生产计划，进行矿石质量管理和矿石储量平衡与管理提供依据；

（4）通过对不同采矿方法贫化与损失的分析，有助于选择更为先进和合理的采矿方法。

B　*矿石贫化与损失管理的内容*

矿石贫化与损失管理包括：制作贫化与损失统计报表、确定合理的矿石贫化率与损失率指标和制定降低贫化与损失的措施等。

a　矿石贫化与损失的统计报表

要求定期按采场（块段）、矿体、中段（露天采矿按台阶、井区）计算和统计矿石贫化与损失的有关参数，并分别建立相应统计台账（表9－10）；并据此按月、季、年填制报表（表9－11）并呈报主管部门。

表9－10　采矿过程中贫化与损失统计台账

采区　　中段（平台）　　　　　　　　采场　　矿体

日期	采矿方法	矿种	采下矿石			采下围岩			采下矿岩总量			贫化率/%	未采下矿石			未运出矿石			损失总矿量			损失率/%	备注
			矿石量/t	品位/%	金属量/t	围岩量/t	品位/%	金属量/t	矿岩量/t	品位/%	金属量/t		矿石量/t	品位/%	金属量/t	矿石量/t	品位/%	金属量/t	矿石量/t	品位/%	金属量/t		
1	2	3	4	5	6	7	8	9	10	11	12	13	14	15	16	17	18	19	20	21	22	23	24

表9－11　贫化与损失年或季度报告表

项目	设计开采矿岩总量/t	实际采下矿石量		一次贫化围岩量/t	贫化率/%		未采下损失 [损失量/t / 储量/t]		采下损失 [损失量（t）/ 储量（t）]	未采下损失量/t	总损失率/%	备注
		总量/t	其中围岩量/t		总的	可避免的	矿房	矿柱				
1	2	3	4	5	6	7	8	9	10	11	12	13
甲												
乙												
⋮												

填写贫化与损失统计报表的具体要求：

(1) 对地质原始资料的要求。设计图件与掌子面素描图上要准确圈定矿体；矿石与围岩体重尽可能采用实测资料；工业矿石储量的计算以设计指定范围的备采储量为基础；矿石及围岩品位必须以生产取样为准，不能采用经验数据；采出矿石平均品位可依据矿石量与金属量用反求法确定。

(2) 对生产记录资料的要求。实际出矿量应根据实测资料填写；出矿品位应按矿车或漏斗口矿堆取样确定。累计总数可依据出矿量及金属总量反求法确定。

(3) 对开采损失率统计的要求。分别按未采下损失及采下损失进行统计，一般以前者为主。金属矿产应分别统计矿石损失率和金属损失率。当采场回采结束时，必须将历次计算的原始资料加以整理，计算采场总损失率。回采矿柱、残矿要单独计算，整个中段或台阶回采结束要进行矿石总损失率计算。

(4) 对开采贫化统计的要求。其统计程序与损失率相同。对于实际贫化率，非金属矿山一般只统计废石混入率；金属矿山则还应统计品位降低率（贫化率）；如果有害组分影响显著，则需统计有害组分增高率。

b 贫化与损失指标的确定

矿石贫化率与损失率是矿山生产管理的重要技术经济指标，它取决于矿床地质条件及采矿方式、方法与技术管理水平等。

如何确定矿山合理的贫化与损失，是矿山地质技术综合研究的主要课题之一。各个矿山应根据实际情况进行综合分析，查明影响贫化损失的因素及其主次，制定合乎矿山实际的贫化与损失管理指标，实行指标管理。

贫化率和损失率指标是可变的，而且影响因素很多，但合理的贫化、损失率指标总的应遵循价值大于成本和盈利的基本原则。一般认为，矿山应以损失率为主要考核指标，原因是多采一吨矿石的价值往往要比多采一吨废石的成本要高得多。如果贫化率增大可以减少矿石的损失，可考虑适当增大贫化率以降低损失率；但如果贫化率增大到所投入的采选成本大于损失率减少所获得的价值时，也是不合理的。显然，贫化率与损失率都会降低是最佳目标。合理的贫化率指标计算如下：

设
$$C\sum_2 a = FK \tag{9-26}$$

又令 $\sum_2 = (1-P)\ \sum x$，代入式（9－26）得：

$$P = 1 - \frac{FK}{C\sum xa} \tag{9-27}$$

式中 C——矿石地质品位，%；

$\sum_2$——金属总回收率，%；

a——产品价格，元/t（因精矿含量（%）而不同）；

F——矿石采选总成本，元/t；

K——利润系数；

$\sum x$——选矿金属回收率，%；

P——采矿贫化率，%。

式（9－27）为合理贫化率计算公式，当 $K=1$ 时，计算所得为不盈不亏贫化率；当 $K>1$ 时，即有盈利。按我国企业一般利润下限为7%评价，则 $K=1.07$ 时，计算所得的贫化率为允许的最大贫化率。同理，亦可计算合理损失率指标。

又因 $P=\frac{C-C_f}{C}\times 100\%=1-\frac{C_f}{C}\times 100\%$，则 $1-P=\frac{C_f}{C}\times 100\%$，代入式（9－27）得：$C_f=\frac{FK}{\sum xa}$（式中 C_f 为出矿品位）。从式中可以看出，当矿石采选总成本与利润系数一定时，出矿品位可随选矿回收率或产品精矿价值的升高而降低，即可适当增大废石混入率或贫化率。特别是对于有色金属与贵金属矿床，以品位指标圈定矿体，其围岩一般都含品位，这时，增大贫化率也增大了金属的回收率。所以在一定条件下，可以适当增大贫化率指标。

露天开采贫化率在0.4%～5.7%之间，一般不超过3%；损失率在2.2%～7.8%之间，一般约为4%。地下开采指标可参考表9－12。

表9－12　各种采矿方法贫化与损失率推荐指标

采矿方法	损失率/%	贫化率/%	采矿方法	损失率/%	贫化率/%
全面法	5～12	5～8	深孔留矿法	10～15	10～15
房柱法	8～15	8～10	长壁陷落法	5～15	5～10
分段法	10～12	7～10	分段崩落法	15～20	15～20
阶段矿房法	10～15	10～15	阶段崩落法	15～20	15～20
浅孔留矿法	5～8	5～8	充填法	<5	<5

C　降低采矿贫化与损失的措施

各矿山影响采矿贫化与损失的因素是不同的，应进行全面分析，并抓住主要因素；同时要认真研究逐年贫化与损失的变动情况，确定合理的贫化与损失指标。为确保指标的实现，必须采取相应的具体措施，主要有：

（1）把好地质关。准确的地质资料是选择采矿方法、进行开采设计与正确选择采矿工艺的唯一依据。所以，加强生产勘探，提高勘探程度，准确控制矿体形态、产状及矿石质量，提高储量可靠程度，为生产提供规范、准确的地质资料，是降低采矿贫化与损失的首要措施。

（2）认真贯彻采掘生产技术政策。主要是：遵循合理的采掘顺序；贯彻正确的采掘（剥）技术方针，探采并重，探矿超前，保证生产的正常衔接；坚持大小、贫富、厚薄、难易、远近矿体尽可能兼采的原则；生产计划要当前与长远相结合，防止片面追求产值、产量、利润指标而乱挖滥采、采富弃贫，造成资源浪费等短期行为。

（3）选择合理的采矿方法。即选择工艺先进、工效高、安全性好，且矿石贫化与损失率低，经济效益好的最佳采矿方法。并且要把好设计关，做好采掘生产总体设计和单体工程设计，未经严格审批的设计不能交付施工。

（4）把好采掘工程施工质量关。云锡公司在有底柱分段崩落法采场施工作业过程中要求：把好施工质量关、打眼关、装药爆破关和放矿管理关，以及易门铜矿的“三强”（强掘、强采、强放）经验都极有成效，应予推广。

（5）加强地测部门的监督管理。严格执行设计—施工—验收制度。针对产生贫化与损失的具体原因，及时研究并提出降低贫化与损失的措施，贯彻“以防为主，防治结合”的方针。

（6）运用经济手段考核生产管理和贫化与损失指标，做到有奖有惩。

（7）提高群众对采矿贫化与损失的认识，增强整体与全局观念，以主人翁姿态，开展“全员”、“全过程”、“全面”质量管理活动。这是降低贫化与损失、保证矿石质量的根本措施。

10 矿床水文地质

自然界中的水，存在于大气、地壳表面和地壳内。大气中的水称为大气水，地壳表面的水称为地表水，地壳内的水则称为地下水。专门研究地下水的成因、分类、物理性质、化学成分及其运动规律的科学称为水文地质学。因此，常把与地下水有关的问题称为水文地质问题；把与地下水有关的地质条件称为水文地质条件。

10.1 地下水的基本知识

地下水是指埋藏在地表以下岩石和松散堆积物中的水体，井和泉是它的人工和天然露头。地下水主要是地面水下渗聚集而形成的。

10.1.1 地下水的赋存状态

岩土中的空隙是地下水存在的环境。地下水在岩土空隙中存在的形式有：气态水、吸着水、薄膜水、毛细水、重力水和固态水（图 10－1）。吸着水和薄膜水吸附在颗粒表面，一般不运动。毛细水充填于毛细管中，受表面张力的作用逆重力方向运动。重力水在重力影响下作垂直向下或水平运动。

10.1.1.1 岩土中的空隙性

岩土中存在着空隙，地下水的存在和运动规律取决于岩石空隙的大小、多少、连通程度和分布状况等。根据岩石空隙成因和结构的不同，岩土的空隙可分为孔隙、裂隙和岩溶溶洞。

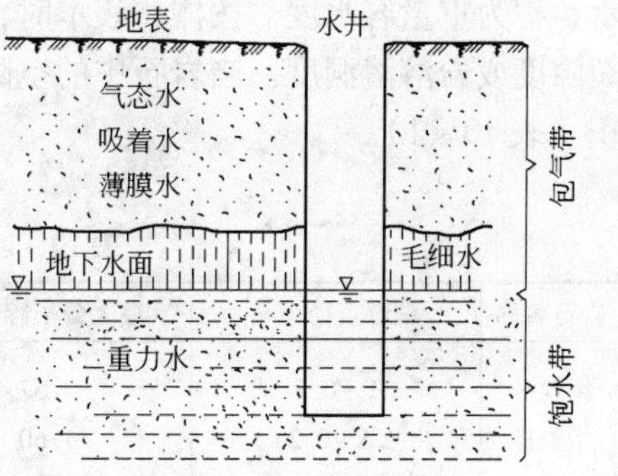

图 10－1 各种形式的水在地壳中的分布图

（1）孔隙。土和碎屑岩等沉积岩的颗粒和颗粒集合体间存在的空隙称为孔隙。不同岩土孔隙的大小和多少不一样。常用孔隙度（n）表示孔隙的发育程度。孔隙度为孔隙体积（V_n）与包括孔隙在内的岩石总体积（V）之比，以小数或百分数表示，其表示式如下：

$$n = \frac{V_n}{V} \quad \text{或} \quad n = \frac{V_n}{V} \times 100\% \tag{10-1}$$

岩土孔隙度的大小受很多因素的影响，如颗粒的排列情况、均匀程度，颗粒形状和颗粒间的胶结情况等。松散沉积物的孔隙度一般常介于 26% ~47.6% 之间。当颗粒大小比较均匀时，形状越不规则，棱角越大，孔隙度也越大；颗粒大小越是不均匀的岩土，孔隙度越小。没有完全胶结的沉积岩，胶结程度越差，孔隙度越大，胶结好的岩石则孔隙度小。

（2）裂隙。存在于岩石中的各式各样的裂缝，称为裂隙。裂隙在岩石中的分布是不均匀的，大小悬殊也很大，往往某些地方裂隙特别发育，另一些地方则发育较差或根本不发育，特别是断裂带的构造裂隙，这种不均匀性更为明显。衡量裂隙发育程度的指标是裂隙度（K_t），也称为裂隙率，它是裂隙体积（V_t）与包括裂隙在内的岩石总体积（V）之比，用百分数表示。其表示式如下：

$$K_t = \frac{V_t}{V} \times 100\% \tag{10-2}$$

（3）岩溶溶洞。在可溶性岩层（如石灰岩、石膏、岩盐等）中形成的洞穴称为岩溶溶洞。岩石中岩溶溶洞的不均匀性较裂隙更甚，大的体积可达数十万立方米以上。衡量岩溶溶洞发育程度的指标称为溶洞度（K_k），也称为岩溶率。它等于可溶性岩层中岩溶溶洞的体积（V_k）与包括岩溶溶洞在内的岩石总体积（V）之比，用百分数表示。其表示式如下：

$$K_k = \frac{V_k}{V} \times 100\% \tag{10-3}$$

10.1.1.2　岩土的水理性质

地下水存在和运动于岩土空隙中，当水与岩土发生关系时，岩土所表现出来的各种性质，称为岩土的水理性质。它主要包括容水性、持水性、给水性和透水性。

（1）容水性。岩土空隙所能容纳水的性能称为容水性。表示它的指标称为容水度，也称为饱和水容度。若以岩土中所能容纳的水的重量与岩土在干燥时重量之比的百分数表示，称为重量容水度。按体积表示时，称为体积容水度，它在数值上等于岩土的孔隙度、裂隙度或岩溶溶洞度。当岩石中的空隙完全被水所充填时，水的体积就等于岩石空隙的体积（表 10－1）。

表 10－1　各种岩石容水度的比较

岩石名称	颗粒直径/mm	最大分子容水度	岩石名称	颗粒直径/mm	最大分子容水度
粗粒砂	1～0.5	1.57	砂　尘	0.1～0.05	4.75
中粒砂	0.5～0.25	1.60	淤　泥	0.05～0.005	10.18
细粒砂	0.25～0.1	2.73	黏　土	<0.005	44.58

（2）持水性。在重力作用下，岩土依靠分子力和毛细力在其空隙中能保持一定水量的性能称为持水性。在数量上以持水度（u）表示，即在重力影响下，岩石空隙所能保持的水量（V_1）与包括空隙在内的岩石总体积之比。其表示式如下：

$$u = \frac{V_1}{V} \times 100\% \tag{10-4}$$

持水度与岩石颗粒大小有关（表 10－2）。

（3）给水性。被水饱和了的岩土在重力作用下，自由排出重力水的性能称为给水性。表示它的指标称为给水度或给水率（μ）。它在数值上等于以体积之比或质量之比表示的岩土容水度减去持水度。砾石及砂土的给水度见表 10－3。

对于坚硬的裂隙和岩溶岩石来说，由于持水度近于零，因此给水度、容水度、裂隙度或岩溶溶洞度在数值上几乎是相等的。

表 10－2 持水度与颗粒直径的关系

岩石名称	颗粒直径/mm	持水度/%	岩石名称	颗粒直径/mm	持水度/%
粗粒砂	1～0.5	0.75	砂尘	0.1～0.05	4.75
中粒砂	0.5～0.25	1.60	淤泥	0.05～0.005	10.18
细粒砂	0.25～0.1	2.73	黏土	<0.005	44.85

表 10－3 砾石及砂土的给水度

岩石名称	给水度/%	岩石名称	给水度/%
砾石	35～30	细砂	20～15
粗砂	30～25	极细砂	15～10
中砂	25～20		

(4) 透水性。岩土能使水透过本身的一种性能称为透水性。岩石透水性与岩石的孔隙、裂隙的大小及其是否互相连通有关。若岩石的孔隙和裂隙大，而且又互相连通，则岩石的透水性大。反之则小。表示岩土透水性能大小的指标，称为渗透系数，用符号 K 表示。岩石根据透水程度可分为三类：

1）透水的岩石。如砂岩、砾岩、裂隙和喀斯特比较发育的岩石及未胶结的岩石都属于透水岩石。

2）半透水的岩石。如黄土、黏土质砂岩及砂质黏土岩都属于半透水岩石。

3）不透水的岩石。如黏土、裂隙不发育的坚硬岩石都属于不透水岩石。

10.1.2 地下水的化学成分

地下水的化学成分，指地下水中所溶解的盐分和气体。循环在岩石中的地下水，在各种自然地理和地质因素的影响下，富集着各种离子、分子、胶体物质和气体等。根据研究证明，地下水中已发现60余种化学元素。常见的离子成分中阳离子有：H^+、Na^+、K^+、NH_4^+、Mg^{2+}、Ca^{2+}、Fe^{3+}、Mn^{2+} 等，阴离子有：OH^-、Cl^-、SO_4^{2-}、NO_2^-、NO_3^-、HCO_3^-、CO_3^{2-}、SiO_3^{2-} 及 PO_4^{3-} 等；化合物分子状态存在的有：Fe_2O_3、Al_2O_3 及 H_2SiO_3 等；气体成分的有：N_2、O_2、CO_2、CH_4、H_2S 以及放射气体 Rn 等。其中 Cl^-、SO_4^{2-}、HCO_3^-、Na^+、K^+、Ca^{2+} 及 Mg^{2+} 七种离子在地下水中分布最广泛，地下水的化学定名和评价就是根据这七种离子进行的。

在评价地下水的化学成分时，一般必须研究地下水的总矿化度、pH 值、硬度和有机物等。

(1) 总矿化度。单位体积水中所含盐分的总量称为水的总矿化度，单位为 g/L。通常用地下水的试样将水蒸干（105～110℃）所得的干涸残余物的含量来表示。总矿化度也可以用各个离子的分析结果来计算，其方法是取离子含量的总和（但 HCO_3^- 仅取一半）。按总矿化度的大小，地下水可分为五种（表 10－4）。

(2) pH 值。水的酸碱浓度常用“氢离子浓度”，即 pH 值来表示。根据 pH 值的大小，把地下水分为五种（表 10－5）。

(3) 硬度。地下水的硬度和水中 Ca^{2+} 与 Mg^{2+} 的含量有关。硬度对供水来说很重要，例如用硬水烧锅炉会造成水垢，使锅炉的导热性变坏，甚至引起爆炸；用硬水做菜煮肉，

表 10－4 按总矿化度的地下水分类

水的分类	淡 水	弱半咸水	强半咸水	咸 水	盐 水
总矿化度/$g \cdot L^{-1}$	<1	1～3	3～10	10～50	>50

表 10－5 地下水按 pH 值的分类

水的分类	强酸性水	弱酸性水	中性水	弱碱性水	强碱性水
pH 值	<5	5～7	7	7～9	>9

就不容易熟。

硬度可分为总硬度、暂时硬度和永久硬度。总硬度由暂时硬度和永久硬度组成。暂时硬度是水沸腾后，由于钙镁重碳酸盐的破坏，以碳酸盐形式而沉淀出来的 Ca^{2+} 和 Mg^{2+} 的含量。永久硬度是水沸腾后水中残留的 Ca^{2+} 和 Mg^{2+} 的含量。硬度一般用德国度和毫克当量/升表示。一个德国度即相当于在 1L 水中含有 10mg 的 CaO 或者 7.2mg 的 MgO。1mmol/L 的硬度＝2.8 德国度。根据水的总硬度可把天然水分为五类：即极软水、软水、弱硬水、硬水和极硬水（表 10－6）。

表 10－6 根据水的总硬度天然水的分类

水的分类	总硬度/$1mmol \cdot L^{-1}$（德国度）	水的分类	总硬度/$1mmol \cdot L^{-1}$（德国度）
极软水	<1.5（<4.2°）	硬 水	6.0～9.0（16.8°～25.2°）
软 水	1.5～3.0（4.2°～8.4°）	极硬水	>9.0（>25.2°）
弱硬水	3.0～6.0（8.4°～16.8°）		

（4）有机物。由于生物的作用，地下水中也常含有有机物。有机物经过分解，可以产生 NH_4^+、NO_3^- 和 NO_2^-，有些 Cl^- 和 K^+ 也是来自有机物。有机物的存在，可以成为水受污染的标志。

在地下水中，由于所含物质成分的不同，地下水的化学性也随之而改变。了解地下水的化学性，才能对水质进行评价；掌握地下水对矿山掘进、支护、运输和排水等的设备有无不利影响，同时，还可根据地下水成分分析，提供矿区寻找盲矿体的标志。

10.1.3 地下水的水质评价

（1）水对金属侵蚀性的评价。矿床在开采过程中的各种金属设备，如水泵、金属管道、钢轨、支架、采掘机械等，与水接触时，产生化学反应遭受腐蚀的作用，称为水对金属的侵蚀性。如酸性水对金属设备具有较强的侵蚀作用。

（2）水对混凝土的侵蚀性评价。地下水破坏各种混凝土构筑物的能力称为水对混凝土的侵蚀性。水对混凝土的侵蚀性主要有碳酸侵蚀和硫酸盐侵蚀两种：

1）碳酸侵蚀。当含有 CO_2 的地下水与混凝土接触时，就会溶解混凝土中的碳酸钙，使其结构遭受破坏。

2）硫酸盐侵蚀。当硫酸根离子含量高的水渗入混凝土时，可形成使混凝土膨胀和破坏的硫酸盐类，由于硫酸盐结晶体积增大，使混凝土结构胀松而破坏。如生成石膏

($CaSO_4 \cdot 2H_2O$) 时，其体积会增大一倍。

(3) 饮用水的水质评价。根据国家卫生部颁布的生活饮用水卫生规程规定，饮用水在物理性质方面要求无色、透明、无嗅、无味，温度最高不能超过当地的平均气温。在化学成分上，要求各种离子的含量及矿化度都低，即总矿化度不超过1000mg/L，总硬度不超过25°。pH 值在6.5 ~9 之间。饮用水还严格规定有害成分有极限含量，如铅不超过0.1mg/L，砷不超过0.05mg/L，氟化物不超过1.5mg/L，适宜的浓度为0.5 ~1.0mg/L，铜不超过3.0mg/L，锌不超过5.0mg/L，铁总量不超过0.3mg/L，不能含汞、六价的铬和钡等。但在缺水的地区，对水质的要求可适当放宽。

地下水化学成分的分析应用较广，除用于评价外，还可用它来研究矿坑水的来源及化学找矿等。

10.1.4 地下水的基本类型及特征

地下水根据埋藏条件和含水层的空隙性质分为以下主要几种类型：

(1) 上层滞水。上层滞水是埋藏在离地表不深，包气带中局部隔水层上的重力水(图10-2)。包气带是指岩土空隙未被地下水充满的地带。

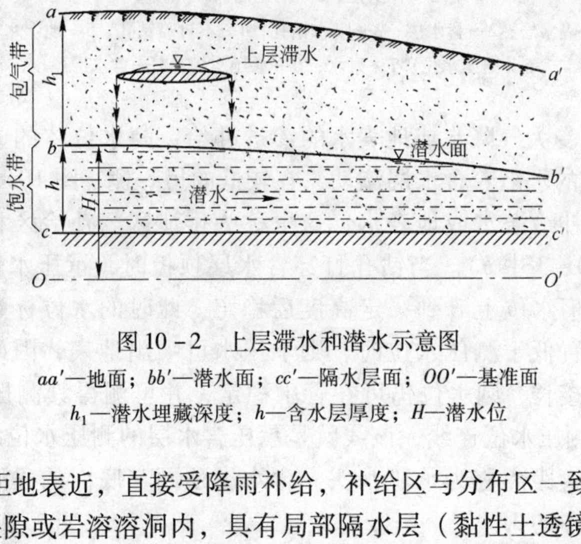

图10-2 上层滞水和潜水示意图

aa'—地面；bb'—潜水面；cc'—隔水层面；OO'—基准面

h_1—潜水埋藏深度；h—含水层厚度；H—潜水位

上层滞水由于距地表近，直接受降雨补给，补给区与分布区一致。上层滞水通常在包气带中的孔隙、裂隙或岩溶溶洞内，具有局部隔水层（黏性土透镜体）上形成，因其范围有限，厚度小，水量少，季节性存在，一般只能作小型或暂时性供水水源。上层滞水常沿着不透水透镜体的边缘流散，在某些情况下，还可以补给潜水，但大部分消耗于土壤内部的蒸发。

(2) 潜水。潜水是埋藏在地表以下第一个稳定隔水层以上，具有自由水面的重力水（图10-2)，其自由水面称为潜水面。潜水面至地表的距离称为潜水埋藏深度，潜水面至隔水层顶面的距离称为潜水含水层厚度，潜水面上任一点的标高称为该点的潜水位。

潜水一般埋藏在第四纪松散沉积层的孔隙、坚硬基岩的裂隙及可溶岩的岩溶溶洞内。潜水主要由大气降水、凝结水和地表水补给，其潜水面的高度，常随地形起伏而起伏，随季节变化而变化，雨季时，下渗水较多，潜水面升高；旱季时，潜水面则降低，潜水面在旱季与雨季的变化区间称为地下水的季节变动带。由于潜水具有自由水面，不承受静水压力，为无压水，它只能在重力作用下，由潜水位较高处向潜水位较低处流动，在潜水面附近表现出近水平流动的特点。通常井水面与泉水面是潜水面的露头。

(3) 承压水（自流水）。承压水是充满于两个隔水层间的重力水，又称为层间水（图10-3）。层间水受两隔水层所限，而岩层大多数为倾斜，低位水体承受高位水体的静压力而形成承压水。

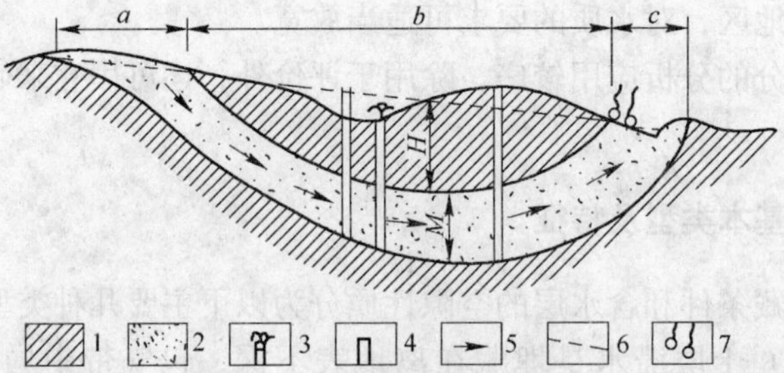

图10-3　自流盆地构造图

a—补给区；*b*—承压区；*c*—排泄区

1—隔水层；2—含水层；3—喷水钻孔；4—不自喷钻孔；5—地下水流向；

6—测压水位；7—泉水；*H*—承压水头；*M*—含水层厚度

承压水主要接受大气降水或地表水的渗透补给，高水位体的一侧称为补给区（图10-3中*a*）。渗入的水沿着含水层流动，在较低的另一侧（图10-3中*c*）以泉的形式出露于地表，或者补给潜水或地表水，这里称为排泄区。补给区和排泄区之间的区域称为承压区（图10-3中*b*）。当钻孔打穿含水层顶板时，承压水便涌入孔内，此点标高称为初见水位。但水位上升到一定高度后稳定，此时的水位标高称为测压水位或静止水位。当孔口位置低于测压水位时，则承压水可喷出地表，因此又称承压水为自流水。如将钻孔套管接长，则水位仍可在管中稳定，并可测得其测压水位。如果将图10-3中不同位置的测压水位连线，该线就是承压含水层的测压水位线。从某点测压水位到含水层顶板的垂直距离称为承压水头。含水层顶面与底面的垂直距离称为含水层的厚度，如图10-3中的*M*。

(4) 孔隙水。存在于松散岩层孔隙中的水称为孔隙水。松散岩层包括第四系及部分第三系坚硬基岩的风化壳。孔隙水的存在条件和特征取决于岩土的孔隙情况。一般情况下，颗粒大而均匀，则含水层孔隙也大，透水性好，地下水水量大，运动快，水质好；反之则含水层孔隙小，透水性差，地下水运动慢，水质差，水量也小。

孔隙水由于埋藏条件的不同，可形成上层滞水、潜水或承压水，即分别称为孔隙-上层滞水、孔隙-潜水和孔隙-承压水。

孔隙水的补给来源主要为大气降水，其补给量的大小受气候及地形因素的影响。

(5) 裂隙水。埋藏在基岩裂隙中的地下水称为裂隙水。它受岩石裂隙性质的控制，运动较复杂，通常流动较快。裂隙水可能是无压的潜水，也可以是有压的承压水，分别称为裂隙-潜水、裂隙-承压水。裂隙水的来源是大气降水或由其他水来补给，与气候的关系较为密切。

（6）岩溶水。存在于可溶性岩石溶蚀洞穴和裂隙中的水称为岩溶水，也称为喀斯特水。由于地下水溶滤了可溶性岩石——主要是石灰岩、大理岩和白云岩等碳酸盐类岩石，而在该岩石中形成的地质现象称为岩溶现象（喀斯特）。在岩溶现象发育的地区，地下水往往将这些地区的岩石溶解，形成溶洞和裂隙，并不断扩大，形成良好的通道（图10－4）。另外，地下水也在构造裂隙中运动，流到很深的地方。有岩溶水的地方，水流速度较快，涌水量大。在岩溶水分布多的地区进行采矿时，要特别引起注意。

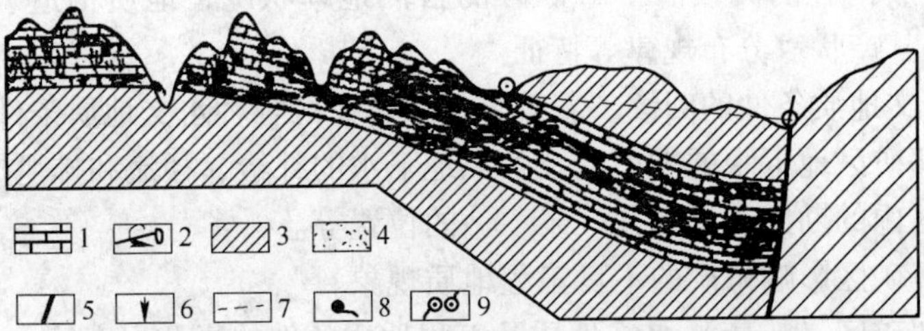

图10－4　石灰岩地区岩溶水形成条件示意图

1—石灰岩；2—溶蚀裂隙与孔道；3—非喀斯特化岩层；4—松散沉积物；5—断裂带；6—水的流向；7—水位；8—季节性存在的泉水；9—常年存水的下降与上升泉水

在岩溶化岩层中的地下水，可以是潜水，也可以是承压水。一般在裸露的石灰岩分布区的岩溶水主要是潜水；被其他岩层所覆盖的岩溶化岩层，岩溶－潜水可能转变为岩溶－承压水。岩溶水的来源主要是大气降水和区内地表水。岩溶含水层上部的地下水矿化度低，适用工业用水和饮用。

10.2　矿区（矿床）水文地质图

10.2.1　矿区（矿床）水文地质图的概念

水文地质图与地质图不同，地质图上仅表现地形与地质两个要素的互相关系。水文地质图则需要反映地形、地质及地下水等三个要素之间的关系。根据国家颁布的矿区水文地质工作规范规定，矿区（矿床）水文地质图与一般矿区地质图的比例尺应相同，为1/2000～1/10000。该图一般应反映下列主要内容：

（1）主要突出矿层、顶底板隔水层和主要含水层的埋藏及其水文地质特征、含（蓄）水构造，地下水类型及其补给、径流和排泄情况。

（2）矿区有关的自然地理和构造地质现象，岩溶发育规律及其含水情况；控制地下水形成和运动的各种断裂构造形迹及其透水与富水的特征。

（3）地下水动态观测点的位置及其特征值；矿床开采后可能或已发生的与地下水有关的问题，坍陷范围的预测等。

（4）矿坑充水预测分区以及必要的探、防水与疏干措施的建议。

（5）某些必要的水化学成分资料及一定量的实际资料和地形地物等。

从上述编制的内容可以看出，矿区（矿床）水文地质图是一张大比例尺的综合性的图件。如果将所有的内容都集中在这幅图上，阅读起来就显得困难。为简化这张图的内容，可同时编制有其他一些辅助性图件，并可编成一套图。如地貌图、第四纪地质图、地下水等水位（压）线图、地下水化学类型或离子分布图、裂隙或溶洞发育规律图、老窿分布图、顶底板等厚线图等。矿区水文地质剖面图是不可缺少的附图。

10.2.2　矿区水文地质图的阅读

矿区水文地质图的阅读方法也和阅读其他地质图一样，先看图名、比例、熟悉图例。然后再开始对矿区水文地质图的主要内容进行分析和阅读。其阅读顺序如下：

（1）图内一般内容的阅读。了解矿区的自然地理状况，地质构造、地层地质年代、岩性（矿床）及其产状、分布规律等特征。

（2）图内水文地质条件的阅读。着重分析了解矿区各种水文地质条件。

1）分析了解矿区地下水的类型以及各类地下水的补给、径流和排泄情况等。

2）了解矿区内的勘探工程及井、泉、钻的位置等。

3）分析了解矿区影响采矿的不良工程地质现象。

4）分析了解矿区（矿床）水文地质及工程地质条件的复杂程度等。

下面以华岭矿区水文地质图（图 10－5）为例，介绍矿区水文地质图的阅读方法及步骤。

10.2.2.1　图内一般内容的阅读

（1）自然地理状况。华岭矿区位于阳河的河谷平原中，其海拔绝对标高不超过 90m。在矿区以南和矿区西北部为丘陵地带，其最高海拔标高为 180m。阳河顺着东西方向由东向西流经矿区北部，为该矿区的侵蚀基准面，矿床全部位于侵蚀基准面以下。在矿区西边，有柏树河注入阳河。矿区南边有人工河由东往西注入柏树河，这条人工河是截断以前流经露天矿坑的几条小河而开挖的。

（2）地层、岩性和地质年代。从图例、平面和剖面图上看，矿区基底是太古代片麻岩，表面风化裂隙发育。其上为老第三纪地层，它的底部由凝灰质的砂岩、砾岩、页岩及玄武岩组成，露天矿的南帮就是由这些岩石构成的，它们的裂隙发育，含水，厚度约 80m；中部为矿层，厚度达 100m，即为开采矿体；矿体的上部由泥质页岩、油页岩和绿色、灰绿色的灰质页岩组成，其厚度约为 140m，其中泥质页岩、油页岩裂隙不发育，而灰质页岩裂隙发育，含水。分布在阳河流域的冲积层，为第四纪松散的砾石，粗、细粒的砂，以及冲积亚黏土组成，其厚度约十几米。在露天矿南面的丘陵北麓，有坡积含碎石的亚黏土分布，其中含有潜水。

（3）地质构造条件。从剖面图上看，整个矿区是一个巨大的向斜，其中向斜北翼被逆断层所切，使老第三纪的地层与太古代片麻岩直接接触，断层破碎带含水。而向斜的南翼未受破坏，保持完整，其倾角约为 20°～30°。

10.2.2.2　图内水文地质条件的阅读

A　本矿区地下水的类型有如下两种

（1）孔隙潜水。孔隙潜水主要分布在阳河、柏树河等河谷平原上的第四纪冲积的砂、砾石层中。潜水的流向可通过等水位线进行分析。在露天矿坑北部，有两条标高 70m 的

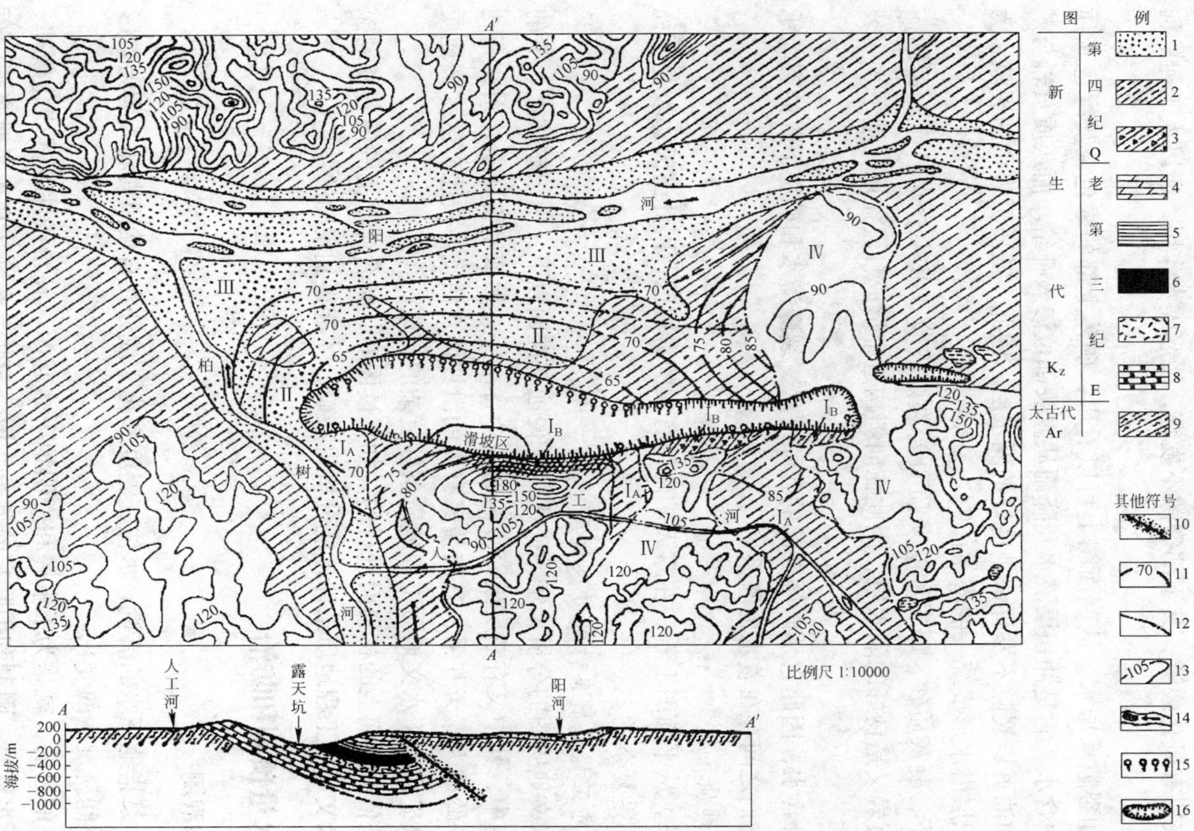

图 10－5　华岭矿区水文地质图

1—冲击砂、砾石层，厚约十几米；2—冲击亚黏土，其厚度包括在冲击砂、砾石层中；3—坡积含碎石亚黏土，埋藏潜水；4—绿色、灰绿色灰质页岩，裂隙发育，含水，厚约40m；5—泥质页岩、油页岩，厚约100m，裂隙不发育；6—矿（体）层，厚约100m；7—玄武岩，裂隙发育，含水，厚约十几米；8—凝灰质砂岩、砾岩和页岩，裂隙发育含水，厚约70m；9—片麻岩，露头风化裂隙发育；10—断层角砾岩充水带；11—潜水等水位线；12—水文地质分界线；13—地形等高线；14—河流及流向；15—泉、带状泉；16—露天采坑；I_A—补给露天坑非工作帮的冲积层潜水分布区；I_B—补给露天坑非工作帮的坡积层潜水分布区；Ⅱ—补给露天坑工作帮的冲积层潜水分布区；Ⅲ—补给阳河的冲积层潜水分布区；Ⅳ—基岩分布区等水位线，因此证明中间存在有地下水的分水岭，即图中索线表示的位置。索线以北，潜水流向阳河，即潜水补给阳河水；而索线以南，潜水流向露天矿坑，并以带状泉排泄至露天矿坑内。上述现象证明，露天矿坑北部水是由降雨补给的。露天矿坑西部根据潜水等水位线可以看出，柏树河的河水补给潜水，潜水以泉的形式排泄至露天矿坑内。露天矿坑南部的潜水，由降雨补给，也以泉的形式排泄至露天矿坑内。值得说明的是，人工河开挖在太古代片麻岩上，表层有风化裂隙，其下部裂隙不发育，能起隔水作用，所以人工河的河水不会渗入矿坑内。

（2）裂隙潜水和裂隙承压水。从剖面图上可以看出，矿体上部的绿色、灰绿色灰质页岩裂隙发育，其中含水。它是冲积层潜水及降雨从露头部位渗入补给。而灰质页岩与矿体之间为泥质页岩和油页岩裂隙不发育，是良好的隔水层。因此，灰质页岩中的裂隙水为裂隙潜水，它和冲积层潜水形成统一的潜水面。

矿（体）层以下，凝灰质砂、砾岩和凝灰质页岩裂隙发育，其中含水，而上覆的矿体和泥质页岩、油页岩又是良好的隔水层，因此在向斜构造中形成自流盆地，地下水为裂隙承压水。

断层破碎带本身含水，因此它是矿层上部的孔隙潜水、裂隙潜水和矿层下部的裂隙承压水的联系通道，它们之间存在着水力联系。

B　不良的工程地质条件

该矿为露天开采，从平面图上看，在露天矿南帮有大的滑坡区，因此露天边坡是不稳定的，工程地质条件是复杂的。

C　矿床水文地质工程地质条件的复杂程度

根据华岭矿区水文地质图的分析，华岭矿床位于侵蚀基准面以下，由于矿体上、下的含水层处于向斜构造中，其中又有断层破碎带沟通各个含水层，形成水力联系，因此有利于地下水的富集。华岭矿为露天开采，其南帮又有大的滑坡体在活动。按照矿区水文地质工作规范的划分，该矿应属于水文地质工程地质条件复杂的矿床。

上面分析仅仅是依据图面上的材料而进行的。如果读图时，结合矿区范围内各种勘探和试验的资料，其水文地质工程地质条件才能分析得准确，才能得到正确的结论。

10.3　地下水涌水量预测和防治

10.3.1　地下水动态观测

地下水的动态，是指地下水的流量、水位、温度和化学成分在自然因素和人为因素影响下，随着时间、空间所发生的变化。

研究地下水动态的目的，就是为了掌握和查明地下水起源、补给条件及其变化规律，从而合理地利用地下水资源，限制和消除它的危害作用。为此，必须建立水文地质站，布置观测孔，对水文地质复杂的矿床，在疏干设计中，一般都要布置适当数量的观测孔，及时掌握降落漏斗的变化情况，以便指导施工。同时还要观察疏干效果，及时发现问题，才能紧密配合采矿，进行安全生产。此外，要积累地下水动态资料，进一步加深对矿区水文地质条件的认识，为矿山后期疏干工程布置提供依据。

总而言之，要掌握地下水的动态，必须借助长期观测，并将所得资料，进行综合分析整理，在此基础上，提出利用或排除的措施。

10.3.2 地下水向井运动的基本规律

垂直地面打的水井或者钻孔，统称为井。揭露潜水含水层的称为潜水井（图 10－6）；揭露承压水含水层的称为承压水井（图 10－7）。无论是潜水井还是承压水井，如果井一直打到含水层底板隔水层时，就称为完整井，否则称为非完整井。

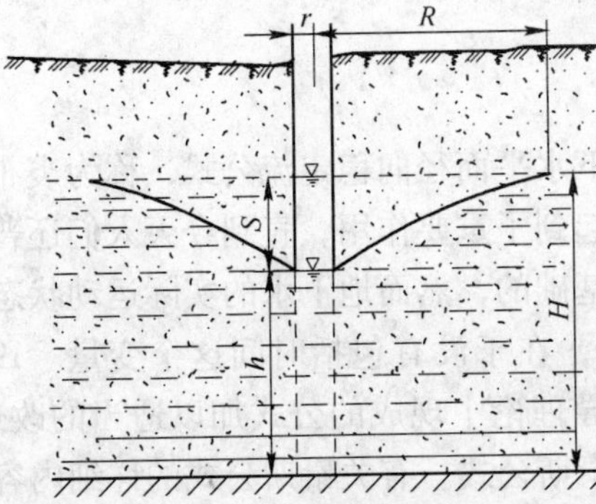

图 10－6 潜水完整井

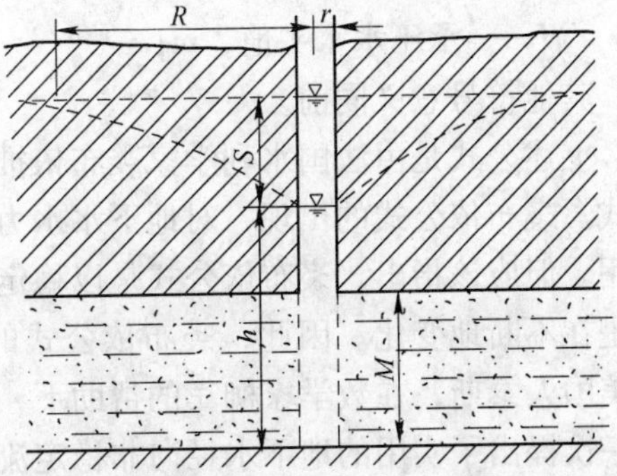

图 10－7 承压水完整井

当从潜水完整井中抽水时（图 10－6），水位开始剧烈下降，井壁周围的地下水形成水头差，于是井壁周围的水向井流动，在井的周围逐渐形成漏斗状的潜水面，称为降落漏斗。此时消耗的水量一部分为漏斗内的静储量，另一部分是从周围流来的动储量，如图 10－6 所示。在漏斗未稳定前，地下水为非稳定流，随着漏斗的扩大而逐渐趋于稳定，地下水的运动则呈现稳定流状态，所消耗的水量全为周围流来的动储量。假定为层流条件，含水层为均质的，含水层水平分布无限广阔，其中没有蒸发和渗入，由于抽水，地下水形成径向辐射流，则井涌水量计算公式如下。

10.3.2.1 潜水完整井涌水量计算公式

$$Q = 1.366k\frac{(2H - S)S}{\lg R - \lg r} \qquad (10-5)$$

式中 Q——井的涌水量（或称为排水量），m^3/d；

k——潜水含水层的渗透系数，m/d；

H——潜水含水层厚度，m；

S——井中稳定的水位降深，m；

R——稳定时漏斗半径，也称影响半径，m；

r——井的半径，m。

10.3.2.2 承压水完整井涌水量公式

$$Q = 2.73k\frac{MS}{\lg R - \lg r} \qquad (10-6)$$

式中 M——承压含水层的厚度，m；

其他符号意义同前。

当从承压完整井中抽水时，当井中水位下降至含水层顶部隔水层以下时，如果下降漏斗稳定，地下水称为稳定流，此时形成潜水－承压水完整井，假如为层流条件，它的涌水量计算公式为：

$$Q = 1.366k\frac{(2HM - M^2 - h^2)}{\lg R - \lg r} \tag{10-7}$$

式中 h——井中水位值，m；

H——承压水水头值，m；

其他符号意义同前。

上述公式是由法国水利学家裘布依推导出的地下水平面径向稳定流公式，称为裘布依公式。裘布依公式的出现，对地下水水力学的发展起到了重要作用，直到今天人们还普遍应用。但应该指出，裘布依公式是以稳定流理论为基础的，然而地下水的实际运动状态却总是在不断地变化。因此，裘布依公式的最大缺陷，在于没有包括时间这个变量。1935年美国人泰斯，在数学家柳宾的帮助下，利用热传导理论中现成的公式加以适当的改造，第一次提出了实用的地下水径向非稳定流公式，即泰斯公式。有关泰斯公式的详细内容参见水文地质学书籍。

10.3.2.3 水文地质参数的确定

水文地质参数是预测矿坑涌水量的重要依据，一般多在实验室或野外进行各种试验取得。

（1）抽水试验测定渗透系数（k）和导水系数（T）。抽水试验是野外测定渗透系数的一个比较准确的方法。抽水试验就是使用抽水机械，如水泵等，从井中抽出某一定量的水。由于抽水井中水位下降，井周围形成一个下降漏斗，随抽水时间的延续，下降漏斗不断扩展，直至抽出的水量和补给的水量相等，即井中水位、涌水量和下降漏斗都达到稳定状态时，用公式（10－5）、公式（10－6）求出含水层的渗透系数（k）值：

潜水：

$$k = 0.73\frac{Q(\lg R - \lg r)}{(2H - S)S} \tag{10-8}$$

承压水：

$$k = 0.36\frac{Q(\lg R - \lg r)}{MS} \tag{10-9}$$

导水系数（T）是指含水层的渗透系数（k）与含水层厚度（M 或 H）的乘积，即 $T = kM$（或 H），利用抽水试验或室内试验求得的渗透系数（k）值代入即可求得。

（2）影响半径（R）值的测定。测定影响半径（R）值的方法较多，如根据多孔抽水试验的观测孔或井、泉等观测资料，用图解法作图确定。此外，确定影响半径（R）值的经验公式也较多，可通过查阅有关的水文地质手册进行计算。

10.3.3 矿坑涌水量的预测方法简介

正确地预测未开采井巷及地段的涌水量，是矿床水文地质勘探的最终目的之一，它对矿床的技术经济评价有着很大的影响，并且也是开采设计部门制定疏干措施和选定排水设备及其生产能力的重要依据。若预测涌水量小于生产实际的，会造成矿坑涌水量超过排水能力而妨碍正常生产，甚至出现淹井事故；如果预测涌水量大于生产实际的，则导致疏干和排水设备过多的浪费，甚至矿床被误认为水大而不能开采。

目前国内外常用的预测方法很多，下面将以坑道系统的水动力学法（大井法）、水均衡法、水文地质比拟法为例，简要介绍矿坑涌水量的预测和计算方法。

10.3.3.1　坑道系统的水动力学法（大井法）

在预测坑道系统涌水量时，把坑道系统所占面积理想化为一个圆形的大井，然后应用地下水向井运动的公式预测坑道系统的涌水量，因此又称此法为大井法。但是坑道系统所占面积比起井来要大得多，所遇到的水文地质条件也较复杂。因此应用大井法要注意以下几个问题：

（1）坑道系统的长度与宽度的比值应小于10。

（2）坑道系统的引用影响半径 R，在大井法计算中按下列公式计算（图10－8）：

$$R_0 = R + r_0$$

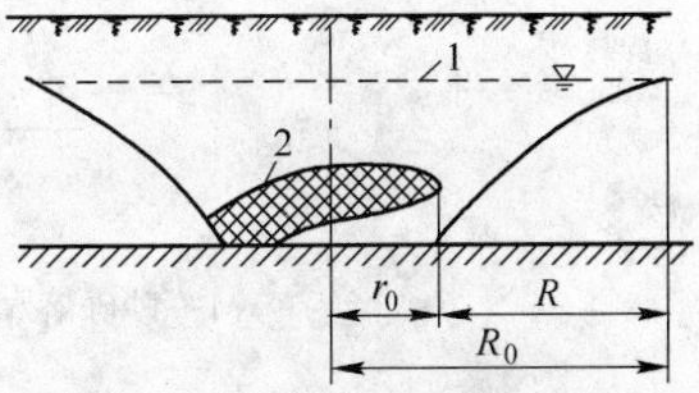

图10－8　引用影响半径示意图

1—地下水静止水位；2—矿体；

R_0—引用影响半径；

R—影响半径；r_0—引用半径

［例1］　如图10－9所示，某矿矿层埋藏在二叠纪砂岩含水层以下，砂岩具有承压水。矿层和地层被断层切割，断层透水而富水性不强。坑道系统面积1.09km^2，引用半径 $r_0 = 590$m，影响半径 $R = 910$m，则 $R_0 = R + r_0 = 1500$m，渗透系数为0.2m/d，砂岩含水层厚度30m，地层倾角13°，平均水头高度 $H = 100$m，坑道系统布置在隔水层页岩上。其矿坑涌水量采用潜水－承压水完整井公式计算，则

$$Q = 1.366k\frac{(2H - M)M}{\lg R_0 - \lg r_0} = 1.366 \times 0.2 \times \frac{(2 \times 100 - 30)30}{\lg 1500 - \lg 590} = 3666\text{m}^3/\text{d}$$

实际开采涌水量为3600m^3/d，基本一致。

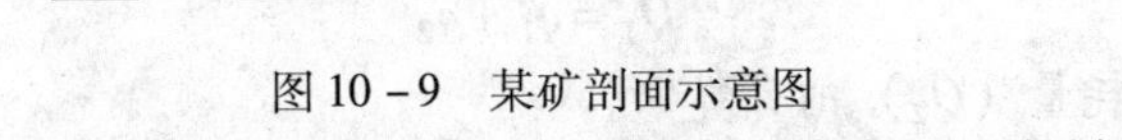

图10－9　某矿剖面示意图

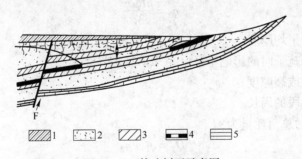

1—冲积层；2—砂岩页岩互层；3—页岩；4—矿层；5—石灰岩；H—承压水的平均水头

10.3.3.2　水均衡法

水均衡法是在详细分析矿区地下水来源的基础上，分别计算出不同补给来源所决定的矿坑涌水量，各部分涌水量的总和将是未来矿坑的可能总涌水量。该法计算起来较为复杂，但在计算露天采矿场和不深的地下坑道时，能取得较好效果。

在矿床开采初期，矿坑的总涌水量等于静储量（Q_1）与动储量（Q_2）消耗量的总和。所以根据水均衡法测定涌水量时不仅要测定静储量，更主要的是确定动储量。水均衡法的具体计算方法如下（图 10－10）。

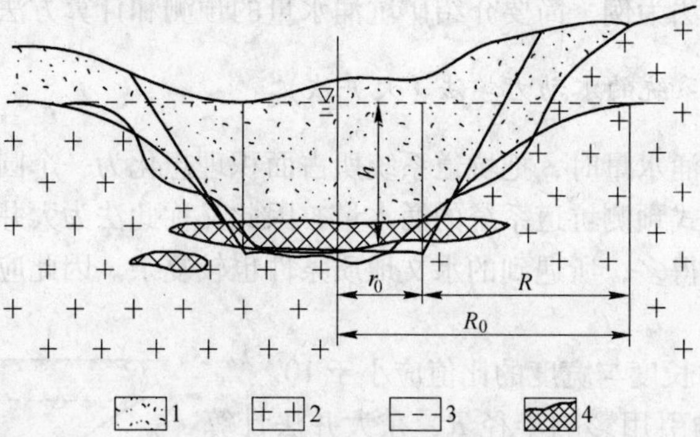

图 10－10　某钼矿区剖面图

1—砂砾潜水层；2—基岩裂隙潜水层；3—水位；4—矿体

A　静储量总消耗量（Q_1）计算

如图 10－10 所示，露天采矿场面积上静储量的消耗量（q_1）为：

$$q_1 = \frac{V\mu}{t} \tag{10-10}$$

式中　V——采矿场内疏干岩层的体积；

μ——给水度或裂隙度；

t——疏干时间（一般以一年为一均衡期）。

在时间 t 内，由于露天采矿场的疏干，在采矿场周围形成降落漏斗，漏斗范围内的静储量的消耗量（q_2）为：

$$q_2 = \frac{hR\mu L}{3t} \tag{10-11}$$

式中　h——含水层平均厚度；

R——采矿场疏干时的影响半径（由采矿场边界算起）；

μ——给水度或裂隙度；

L——疏干地段的周长。

因此，静储量的总消耗量为：

$$Q_1 = q_1 + q_2$$

B　动储量总消耗量（Q_2）的计算

动储量总消耗量也由两部分组成，即直接降落在露天采场内的大气降水以及由采矿场外围降水渗入的水量：

$$Q_2 = q_3 + q_4 \tag{10-12}$$

$$q_3 = \frac{AF_1}{t}$$

$$q_4 = \frac{\varphi AF}{t}$$

式中　Q_2——动储量的总消耗量；

q_3——采矿场面积上由降水补给的动储量消耗量；

q_4——矿区集水面积上降水渗入的消耗量；

A——一年平均降雨量；

F_1——露天采矿场面积；

t——一年时间；

F——不包括露天采矿场面积在内的矿区集水面积；

φ——地下径流系数。

采矿场的总涌水量等于静储量与动储量消耗量的总和，即

$$Q = Q_1 + Q_2 = q_1 + q_2 + q_3 + q_4$$

根据矿区具体的水文地质条件，矿坑水的补给来源也可能有所补充或减少。因此，参加水均衡法计算的内容也相应地有所增减。所以利用水均衡法确定矿坑涌水量时，必须对矿区的水文地质条件进行全面了解。

10.3.3.3　水文地质比拟法

水文地质比拟法是根据地质、水文地质条件相同或相近似的生产矿坑的排水资料来换算设计矿坑的可能涌水量。根据国内外经验，只要建立的比拟关系式符合于客观规律，用这种方法预测的矿坑涌水量就是比较接近的。

10.4　矿坑涌水量的测量方法

生产矿山的矿坑涌水量的测量，是矿山在开采时期的一项重要水文地质工作。根据测量矿坑水的水量变化规律，可以验证和校核水文地质勘探时期矿坑充水分析与预测涌水量的准确程度，可以为预计矿坑突水的可能性，为排水，为矿山扩建预测涌水量等提供可靠的矿坑涌水量资料。

10.4.1　直接观察法

在坑道中，选择较为合适的已知过水断面面积为 F 的排水沟的地段上，测出排水沟中水流速度 v，就可计算出矿坑涌水量 Q(m^3/s)，其计算公式为：

$$Q = 0.8Fv \tag{10-13}$$

水流流速 v 是用浮标法测得的，为了消除误差，一般需要在同一水沟中进行多次测量。水沟的水流速度 v 也可用流速仪测定。

10.4.2　堰测法

在排水沟中垂直水流方向，设置水流流量堰板，使排水沟中的水，通过固定形状的堰口，测量出溢水堰口的高度，即可求出涌水量。根据堰口形状的不同，可分为三角堰、梯形堰等，三角堰（图 10-11a）和梯形堰（图 10-11b）的计算：

三角堰

$$Q = 0.014h^2\sqrt{h} \tag{10-14}$$

式中　Q——流量，L/s；

h——测量水流流过堰口的水头高度，cm。

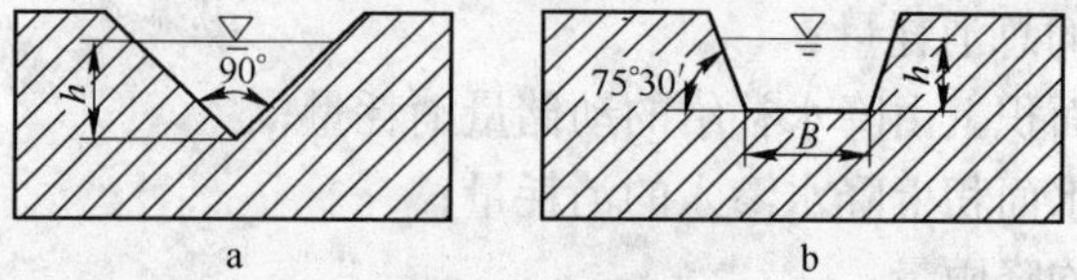

图 10-11 堰板

a—三角堰；b—梯形堰

梯形堰
$$Q = 0.0186Bh^2\sqrt{h} \quad (10-15)$$

式中 B——堰口底的宽度，cm；

其余符号同前。

10.4.3 容积法

在一定的时间内，把要测量的矿坑水引入已知水平截面积的储水池中，根据水位上升的高度，即可测出准确的涌水量。

10.4.4 水仓水泵观测法

此法的步骤是：首先用水泵抽水，将水仓内的原水位降低到一定深度，随即停止水泵运转，让水仓进水，待水位恢复到原来水位时，记下所需时间，再开动水泵将水排到原来深度，并记录所需时间。根据水泵每小时实际的抽水量及抽水时间，即可按下式计算出该矿坑的总涌水量（Q）。

$$Q = \frac{Q_0 t_2}{t_1 + t_2} \quad (10-16)$$

式中 Q——矿坑每小时内的总涌水量，m^3/h；

Q_0——水泵的实际出水量，m^3/h；

t_1——从停泵到水仓水位恢复到原水位所需的时间，h；

t_2——水泵排水水仓由原水位排到一定深度所需的时间，h。

根据国内外资料，矿坑涌水量的测定正在向自动化方面发展，有无人管理的水仓和水泵房，有自动记录矿坑涌水量的仪器和仪表。

10.5 矿坑水害的防治

矿坑涌水及突水是矿产开发过程中经常遇到的一种水患。矿坑突水，特别是大型突水，不仅危害矿山本身，影响采矿业的发展，而且由于单纯排水，大幅度降低地下水位，疏干含水层，还常引起区域性水源枯竭、水质污染、破坏地面生态环境等问题。此外，由于受采矿工程与矿坑排水的影响，使地下水头压力、矿山压力与围岩之间失去平衡，从而引起一系列环境工程地质问题，如地下采空区顶板冒落及塌陷、巷道底板鼓胀、露天采矿场边坡的滑动、碎屑流的溃入等。因此，矿坑涌水的防治必须从经济、技术、社会效益出发，兼顾采矿、供水、环境保护等诸多利益统筹考虑。

10.5.1 矿区地面防排水

矿区地面防排水工程是指为防止降水和地表水涌入或渗入矿坑而采取的预防性措施。

它是减少矿坑涌水量，保证矿山安全生产的第一道防线，主要有挖沟排（截）洪、矿区地面防渗、整治河道和修筑防水堤坝等。

10.5.1.1 截水沟（防洪沟、排水沟）

在矿床有可能受缓坡、高地雨后流来地表水的补给，可建设截水沟截断水流，并将水导出采区。截水沟设计要与采矿场排水设计统筹考虑，应注意防止对下游村庄、农田、水利等方面产生不良影响。

10.5.1.2 矿区地面防渗

对于矿区内有严重渗漏的含水层露头、陷落区、老窑以及未密封钻孔等应采取地面防渗措施。常用的措施有：

(1) 对产生渗漏但未塌陷的地段，可用黏土或亚黏土铺盖夯实，其厚度以不再渗漏为度。

(2) 对有较大的塌陷坑和裂缝等充水通道的，可先用块石充填好，再用黏土夯实，并且使其高出地面约0.3m，以防自然密实后重新下沉积水。

(3) 对底部露出基岩的开口塌洞，先封死洞口，再回填土石。当回填至地面附近时，改用黏土分层夯实，并使其高出地面约0.3m。

(4) 对于范围较大的、不易填堵的低洼区，则可考虑在适当部位设置移动泵站，排除积水，以防内涝。对矿区内较大的地表水体，应尽量设法截源引流，防渗堵漏，以减少地表水下渗量。

10.5.1.3 河流改道

当采掘工作遇到下列情况之一时，应考虑河流改道。

(1) 当河流直接流过矿体上方，采用充填法或保留矿柱法采矿仍不能保证安全或经济上不合理。

(2) 当河流穿越露天采场，或穿越坑内开采崩落区，或穿越受排水影响的塌陷区。

(3) 河流虽位于上述范围之外，但因河水大量渗入采区，对边坡或开采有严重不良影响，而又不便于采用防渗措施。

10.5.1.4 修筑防水堤坝

当抽水塌陷区、坑内开采崩落区或露天采场横断有小型河流时，在地形、地质条件不宜采用河流改道或采用时技术经济不合理的情况下，可考虑采用水库调洪措施，调洪水库应设排洪平硐或排洪渠道泄洪，以达到保护矿坑安全的目的。

10.5.2 矿床地下水疏干的原则

矿床疏干是采用各种排水工程（如巷道、疏水孔、明沟等）和排水设备（如水泵、排水管道等）的疏水方法，在基建以前或基建过程中，降低开采区的地下水位，以保证采掘工作正常和安全进行的一种措施。

10.5.2.1　采用预先疏干的一般原则

在下列任何一种情况下，应考虑预先疏干。

（1）矿体及其顶底板含水层的涌水，对矿山生产工艺和设备效率有严重影响。

（2）矿床虽赋存于隔水层或弱含水层中，但矿体顶底板岩层中存在有含水丰富或水头很大的含水层；矿体顶板的含水层，虽然含水不丰富，水头也不大，但属于流砂层。

（3）露天开采时，由于地下水的作用，使被揭露的岩土物理力学性能变坏，造成露天边坡不稳定。

10.5.2.2　疏干方案选择的原则

矿床疏干方案选择，主要取决于矿区水文地质和工程地质条件，矿床开采方法以及采掘工程对疏干的要求，通过综合的技术经济比较确定。不论采用何种方案，其疏干方法在技术上必须满足以下要求。

（1）采用的疏干方法，必须与矿区水文地质条件相适应，并能保证有效的降低地下水位形成稳定降落漏斗。

（2）应使地下水所形成的降落曲线低于相应时期的采掘工作标高或获得允许的剩余水头值。

（3）疏干工程的施工进度和时间，需要满足矿床开拓、开采计划的要求。

10.5.3　矿床常用的地下水疏干方法

目前比较常见的矿床地下水疏干方法主要有深井泵疏干法、巷道疏干法、疏水钻孔、明沟疏干法以及联合疏干法。

10.5.3.1　深井泵疏干法

在地表施工大口径钻孔，安装深井泵或深井潜水泵，依靠孔内水泵工作而降低地下水位的一种方法，也称为地表疏干法。

深井泵疏干法适用于疏干渗透性好，含水丰富的含水层；疏干深度一般不宜超过国产水泵的最大扬程；设置水泵的地面，深井抽水后不发生塌陷或沉降。

该方法的优点有：

（1）施工简单，施工期限短。

（2）因在地面施工，劳动和安全条件好。

（3）疏干工程布置的灵活性强，可以根据水位降低的要求，分期施工降水孔或灵活地移动疏水设备。

该方法的缺点是：

（1）受疏干深度和含水层渗透性等条件的限制，使用上有较大的局限性。

（2）深井泵运转的可靠性比矿山用其他水泵差，效率一般也比较低，运转中的管理、维修也比较复杂。

（3）如供电发生故障，疏干效果受到影响。

深井系统布置的形式：主要取决于矿区地质、水文地质条件，疏干地段的轮廓等因素。最常用的布置形式有单直线孔排、单环形孔群、任意排列的孔群。

10.5.3.2 巷道疏干法

利用巷道或通过各种类型的疏水钻孔降低地下水位的疏干方法称为巷道疏干法，亦称为地下疏干法。疏干巷道根据其与含水层的相对位置有：巷道直接掘进在含水层中，巷道直接起疏干作用，一般在基岩含水层中使用；巷道掘进在隔水层中，巷道仅起引水作用，而通过放水孔对含水层进行疏干。地下水由钻孔中自流进入巷道，再排出地表。这种方法一般在涌水量较大的含水层中采用。

巷道疏干法的优点：

（1）适用于本疏干方法的地质、水文地质条件比较广泛。

（2）疏干强度大，比较彻底，特别是位于含水层中的疏干巷道此优点更为突出。

（3）排水设备运转的可靠性强，检修和管理比较方便，效率比深井泵高，在有利的地形条件下地下水可以自流排出地表，从排水设备正常运转角度出发，不受地表沉降限制。

（4）水仓能容纳一定量的地下水，暂时停电水仓可起缓冲作用，对疏干影响不大。

巷道疏干法的缺点：

（1）由于疏干工程在井下施工，劳动和安全条件差，当巷道在含水层中掘进时，施工更加困难。

（2）有时要施工很长的专用巷道，施工期限较长，基建投资大。

10.5.3.3 疏水钻孔

在隔水层中掘进疏干巷道的同时施工的各种疏水钻孔，使顶、底板含水层中的地下水通过这些疏水钻孔以自流方式进入疏干巷道。

（1）从状放水孔。布置在疏干巷道或疏干硐室内，孔径 75～110mm，成丛状的放水孔。孔口装置分为带闸阀和不带闸阀两种。从节能、安全、便于管理的角度出发，带孔口闸阀比不带孔口闸阀具有较大的优越性，适用于基岩含水层。

（2）直通式放水孔。它是由地表施工，在垂直方向穿过含水层，而与井下疏干巷道旁侧的放水硐室相贯通的垂直放水孔。

（3）打入式过滤器。打入式过滤器是直径不大，顶端为尖形的筛管，向巷道的顶、底板或两侧打入含水层中，使地下水位降低的一种疏水孔。它只适用于疏干距巷道不超过 5～8m 的松散含水层。

10.5.3.4 明沟疏干法

在地表或露天矿台阶上开挖明沟以拦截地下水流入采矿场的一种疏干方法。这种疏干方法一般只用于露天开采的矿区。地下开采时，为了防止覆盖层的地下水流入，也可使用。明沟疏干法在矿床疏干中，很少以单一形式出现，它经常以辅助疏干手段与其他疏干方法配合使用。当它呈单一形式出现时，一般只适用于疏干埋藏不深、厚度不大、透水性较好、底板有稳定隔水层的松散含水层。与其他疏干方法配合使用时，则不受含水层埋深和厚度的限制。明沟结构形式简单，节省材料，施工速度快，投资少。缺点是使用的局限性大。

10.5.3.5 联合疏干法

在矿区水文地质及工程地质条件复杂，使用单一的疏干方法不能满足要求或不经济的情况下，联合使用两种或两种以上的疏干方法，称为联合疏干法。在有下列情况之一时，应考虑采用联合疏干方法：

(1) 矿区存在多个互相无水力联系的含水层，这些含水层都妨碍采掘工作的正常进行时。

(2) 由于深井设备扬程的限制，或由于深井长期排水的不合理，在疏干的后一阶段不得不用其他的疏干方法来接替。

(3) 由于露天矿区边坡稳定性要求，对某些含水层的疏干，当采用上述方法效果不佳时，可采用其他特殊疏干方法。

10.5.4 注浆堵水

注浆堵水是指将注浆材料（水泥、水玻璃、化学材料以及黏土、砂、砾石等）制成浆液，压入地下预定位置，使其扩张固结、硬化，起到堵水截流，加固岩层和消除水患的作用。

注浆堵水是防治矿井水害的有效手段之一，其优点是：减轻矿坑排水负担；不破坏或少破坏地下水的动态平衡，有利于保护水源和合理开发利用；改善采掘工程的劳动条件，提高工效和质量；加固薄弱地带，减少突水几率；避免地下水对工程设备的浸泡腐蚀，延长使用年限。注浆堵水在矿山生产中的应用有以下5种方法。

(1) 井筒注浆堵水。在矿山基建开拓阶段，为使井筒顺利通过含水层，或者成井后防治井壁漏水，可采用注浆堵水方法。井筒注浆堵水按注浆施工与井筒施工的时间关系可分为井筒地面预注浆、井筒工作面预注浆和井筒井壁注浆三种。

(2) 巷道注浆。巷道穿越裂隙发育、富水性强的含水层时，则巷道掘进可与探放水作业配合进行，将探放水孔兼作注浆孔，埋没孔口管后进行注浆堵水，从而封闭了岩石裂隙或破碎带等充水通道，减少矿坑涌水量，使掘进作业条件得到改善，掘进效率大为提高。

(3) 注浆升压，控制矿坑涌水量。当矿体有稳定的隔水顶底板存在时，可用注浆封堵井下突水点，并埋设孔口管，安装闸阀的方法，将地下水封闭在含水层中。当含水层中水压升高，接近顶底板隔水层抗水压的临界值时，则可开阀放水降压；当需要减少矿井涌水量时（雨季、隔水顶底板远未达到突水临界位、排水系统出现故障等），则关闭闸阀，升压蓄水，使大量地下水被封闭在含水层中，促使地下水位回升，缩小疏干半径，从而降低矿井排水量，以缓和防止地面塌陷等有害工程地质现象的发生。

(4) 恢复被淹矿井。当矿井或采区被淹没后，采用注浆堵水方法复井生产是行之有效的措施之一。注浆效果好坏的关键在于找准矿井或采区突水通道的位置和充水水源。

(5) 帷幕注浆。对具有丰富补给水源的大水矿区，为了减少矿坑涌水量，保障井下安全生产，可在矿区主要进水通道建造地下注浆帷幕，切断充水通道，将地下水堵截在矿区之外。这不仅减少矿坑涌水量，还可以避免矿区地面塌陷等工程地质问题的发生，因此具有良好的发展前景。但是帷幕注浆工程量大，基建投资多，确定使用该方法应十分审慎。

10.5.5 漏水钻孔封堵

地面施工的各类勘探钻孔一般进行了封孔。少数封孔质量不高的钻孔在坑内开采时被揭露，造成涌水，这些垂直钻孔在某些地方穿过数个含水层，每天涌水量可达数千立方米，危及矿井生产安全。坑内施工的钻探孔或已完成任务的放水孔，这些钻孔的涌水增加了排水费用，必须进行封堵。

(1) 地面钻孔的封堵。由于地面钻孔封孔的质量不佳，造成向坑内涌水。当漏水孔已在坑内揭露时，可在漏水钻孔底部下入止水塞堵住涌水，再向孔内注入水泥浆，或用水泥水玻璃双液浆进行封堵。若漏水孔未被巷道揭露，顺岩石裂隙涌水时，可采用在坑内巷道寻找钻孔法和地面寻找钻孔法，找到漏水孔，然后下入止水器，注浆堵水。在地面找到的漏水孔，止水方法可以用橡皮球、海带、黄豆、牛皮筋止水塞等，当水被止住后，再用泵向孔内送入水泥浆，或用水泥水玻璃双液浆进行封堵。

(2) 坑内漏水钻孔封堵。坑内施工的勘探孔、已完成疏干任务的放水孔，一旦发生漏水就会增加排水费用，应该进行封堵。这些钻孔已不再使用，可考虑永久性封堵。

10.5.6 矿坑酸性水的防治与处理

一般矿坑水都属于中性或弱碱性水。某些含硫较高的矿床如硫铁矿床，由于金属硫化物的氧化和水解，矿坑水中硫酸铁含量的增加以及游离硫酸的出现，使矿坑水的酸性增强。大部分矿坑酸性水的 pH 值在 2 ~ 3 之间，也有小于 2 的，个别地区可能接近 1。

10.5.6.1 *矿坑酸性水的危害*

矿坑酸性水中由于含有大量的酸和硫酸盐（特别是硫酸铁和硫酸铝），不仅直接污染了矿区地下水和地表水，而且具有较强的侵蚀性和高度的化学活性，当与之采矿作业的各种金属设备、混凝土构筑物接触时，会对其产生极大的腐蚀与破坏，使之效率降低甚至提前报废。当矿坑水 pH 值小于 4 时，井下铁轨、钢丝绳等在此水中浸渍几天或十几天即损坏得不能使用，高速运转中的水泵叶轮腐蚀损坏得更快，铁质水泵往往只能连续排水十余小时；酸性水中的 SO_4^{2-} 能与水泥中的某些成分相互作用，生成含水硫酸盐结晶，由于这些盐类生成时体积胀大，使水泥结构膨松而破坏。

10.5.6.2 *矿坑酸性水的防治与处理*

酸性水作为一类特殊的矿坑水，鉴于它的特点及其危害性，在采矿作业过程中必须对其进行特殊的预防和处理。

(1) 防治措施。包括：尽量缩短矿井排除酸性水所需要的时间，留够浅部矿柱，减少大气降水沿矿体露头渗入矿井；避免不同水源的混合。

(2) 处理措施。包括：

(1) 提高排水设备的耐腐蚀性能。用合金或有色金属代替黑色金属；用非金属材料（如塑料、陶瓷、耐酸岩石等）代替金属材料；采用金属镀层（如镀锌、镀铅）或非金属涂料（如喷涂油漆、塑料、橡胶、树脂等）保护金属设备：使用阴极保护法来防止井下金属设备遭受酸性水的腐蚀。

（2）改进排水方法。设立专门排水系统，在有条件的矿井可以集中排出酸性水；采用分级排水，尽量降低水泵扬程。

（3）中和酸性水。把生石灰加水搅拌成石灰浆，在酸性矿坑水流入水仓之前，将石灰浆均匀地放入进水水沟内，使其与酸性水充分作用，可降低或消除其酸性。也可以用熟石灰（$Ca(OH)_2$）、纯碱（Na_2CO_3）或烧碱（NaOH）等代替生石灰作中和剂。

11 固体矿产勘查资料的整理、评审及应用

矿产勘查资料就是指地质部门所提交的矿产勘查总结报告。固体矿产地质勘查报告是综合描述矿产资源/储量的空间分布、质量、数量，论述其控制程度和可靠程度，并评价其经济意义的说明文字和图表资料，是对勘查对象调查研究的成果总结。地质勘查报告可作为矿山建设设计或对矿区进一步勘查的依据，也可作为以矿产勘查开发项目公开发行股票及其他方式筹资或融资时，以及探矿权或采矿权转让时有关资源储量评审认定的依据。

11.1　固体矿产勘查资料的评审及应用

固体矿产勘查地质报告是按《固体矿产勘查地质报告编写规范》（DZ/T 0033—2002D）标准进行编制的，该报告的评审工作由省、部级国土资源评审部门进行，一般中、小型金属矿床由省级国土资源评审部门进行评审认定，大型矿床和上市发行股票的金属矿床项目报告由国土资源部评审部门进行评审认定。评审工作完成后，评审专家写出评审意见书，报送国土资源资源储量管理部门，资源储量管理部门以文件的形式对该报告的资源储量进行备案，并给予备案证明。同时，国土资源评审部门通知矿权业主领取备案证明，之后，报告编制单位对地质报告的资料按格式要求进行资料汇交，至此，整个评审工作全部完成。

11.1.1　固体矿产勘查资料完善程度的评审

作为一部完备的固体矿产勘查地质报告，主要包括文字资料、图件资料、表格资料和必要的附件等。在评审中应检查这些资料的内容是否齐全。

11.1.1.1　文字资料

文字资料部分应包括下列内容。

A　绪论

绪论的主要内容有：勘查目的和任务，勘查工作区位置、交通，勘查工作区自然地理、经济状况，以往工作评述，本次工作情况。

B　区域地质

以1:50000比例尺的区域地质调查资料（1:50000比例尺未工作过的地区，可用1:200000比例尺区调资料）为基础，简明扼要的说明矿床在区域构造中的位置，区域内对矿田（床）成因有影响的主要地层及岩浆岩种类、特征及分布、主要构造的特征及分布。

C　矿区（床）地质

矿区（床）地质应详细说明矿区（床）所在范围内，对成矿作用有影响和对矿体有破坏作用的地层、构造、岩浆活动、变质作用、围岩蚀变；赋矿层位及矿化等特征。

D　矿体（层）地质

（1）矿体（层）特征。综合叙述矿体（层）的总数目、总厚度、含矿率、空间分

布范围、分布规律及相互关系等。分别说明主要工业矿体（层）的赋矿岩石、空间位置、形态、产状、长度、宽度（延深）、厚度、沿走向倾向的变化规律、连接对比的依据和可靠程度、成矿后断层对矿体连接的影响。矿体（层）多时，小矿体特征可列插表说明。

(2) 矿石质量。按矿石性质分带（氧化带、混合带、原生带），分别说明矿石的结构、构造、矿物成分、有用矿物的含量、有用矿物的粒度、晶粒形态、嵌布方式、结晶世代、矿物生成顺序和共生关系；说明矿石的化学成分，主要有用组分和伴生有用、有益、有害组分的含量、赋存状态和变化规律等。对于以物理力学性能为主要评价指标的矿产，则应对其物理力学性能进行详细论述。

(3) 矿石类型和品级。阐述矿体氧化带、混合带、原生带的分布范围。说明矿石的自然类型、工业类型、工业品级种类以及划分的原则和依据。对选冶性能有明显差异的各类矿石，应详细说明其所占比例和空间分布规律。

(4) 矿体（层）围岩和夹石。说明主要矿体（层）上下盘围岩的种类，近矿围岩的矿物成分，有用、有益和有害组分的大致含量，蚀变情况及其与矿体（层）的接触关系；说明矿体（层）内夹石（层）的岩性种类、分布规律、数量，有用、有益和有害组分的大致含量，夹石（层）对矿体完整性的影响程度。

(5) 矿床成因及找矿标志。简述矿床成因、成矿控制因素、矿化富集规律和找矿标志，指出矿区远景及找矿方向。

(6) 矿区（床）内共（伴）生矿产综合评价。对于在勘查主矿体的同时综合勘查的共生矿产、伴生矿产，应进行综合评价，说明其综合勘查的程度、规模、分布规律、矿石质量特征等。

E 矿石加工技术性能

(1) 采样种类、方法及其代表性。说明各种类型矿石加工试验样品的采样目的、要求（包括投资人、矿山设计单位对试验种类和数量的要求）、采样种类、采样方法、采样的工程种类及编号、样点的数目，并从矿石类型、样品的空间分布、品位等方面评述样品的代表性。

(2) 试验种类、方法及结果。说明各种类型矿石加工技术试验种类，采用的加工、选矿方法及试验流程，并叙述所取得的各项试验成果。

(3) 矿石工业利用性能评价。根据矿石加工技术试验结果，做出矿石可选冶性能和工业利用性能的评价，说明矿石中有用组分回收利用和有害杂质处理的可能性，提出共（伴）生组分综合利用的途径。

对于矿石类型简单、或属于已开发矿床的深部（或走向）延伸部分矿体的勘查，矿石类型和已开发部分一致或相似，不需进行选冶试验，仅与邻近同类型生产矿山进行矿石类型、结构构造、物质成分等实际资料对比的，应对其矿石可选冶性，综合回收利用情况进行说明。

F 矿床开采技术条件

(1) 水文地质。其内容包括：

1) 简述矿区所处水文地质单元的位置；矿区地形地貌、水文气象特征；地下水的补给、径流、排泄条件，矿床最低侵蚀基准面和矿井最低排泄面标高。

2）论述矿床开采疏干排水影响范围内各含（隔）水层的岩性、厚度、分布、岩溶裂隙发育程度；主要充（含）水层的富水性、导水性、水头高度、水质、水量、水温、补给条件及其与相邻含水层和地表水体的水力联系程度；构造破碎带、风化裂隙带及岩溶的发育程度、分布、含（导）水性及其对矿床充水的影响；地表水、老窿水对矿床充水的影响程度。

3）预测矿坑涌水量。确定矿床的充水因素及其水文地质边界，建立水文地质模型，选择合理的计算方法及水文地质参数，计算矿坑第一开拓水平的正常和最大涌水量，估算矿坑最低开拓水平的涌水量，并对水量可靠性进行评述，推荐作为矿山开采设计的矿坑涌水量。

4）矿区供水水源评价。对矿坑水的排供结合与综合利用的可能性及矿区内可作为供水水源的地表水、地下水、地热水、矿泉水的水质、水量进行初步评价。如矿区内不存在可作为供水的水源地，则应指出供水方向，并提出进一步工作的意见。对盐类矿床上、下可能存在的卤水资源也应进行评价。

（2）工程地质。其内容包括：

1）论述矿体（层）围岩的岩性特征、结构类型、风化蚀变程度、物理力学性能及各种软弱夹层的岩性、厚度、分布及其物理力学性能和水理性质；统计各类岩石的RQD值（岩石质量指标），评述岩体的质量；论述矿床范围内，特别是对矿床开采、工业场地布置有影响的断裂（破碎带）的规模、性质及分布、充填物的性质和胶结程度，坑内开采的矿床应论述矿体及其近矿围岩的节理的规模、产状、充填物的性质、节理密度、各类结构面（层面、节理裂隙面、断裂面、软弱层面）的组合关系，评述岩体的稳定性；论述风化带深度和岩溶发育带的发育深度，矿区内各类不良自然现象及工程地质问题。

2）结合矿床（可能）的开拓方案，对矿体及其顶底板岩石的稳固性、露天采场边坡的稳定性以及矿床的工程地质条件做出综合评价，预测可能出现的主要工程地质问题，提出防治意见。

（3）环境地质。其内容包括：

1）阐明矿区及其附近地震活动历史，地震烈度，地形地貌条件及新构造特征，对矿区的稳定性做出评价；评述矿区目前存在的崩塌、滑坡、泥石流等地质灾害和环境污染问题。

2）依据各种自然地质作用和采矿活动对地质环境可能造成的破坏和影响程度，评述矿区地质环境质量。

3）对矿床开采中可能引起的区域地下水位下降、山体开裂、滑坡、泥石流、地表沉降和塌陷、地表水及地下水的污染、放射性及其他有害物质的污染等环境地质问题进行预测评价，提出防治意见。

4）煤矿应叙述井内瓦斯、煤尘和煤的自燃等方面的基本测试结果，结合井田地质条件和井田内邻近生产矿井的有关资料，分析其变化规律，评述其对未来矿井的建设、生产可能产生的影响。

5）深埋矿床和地温异常矿床，应叙述井田、矿床的地温状况，恒温带深度、温度、地温梯度及变化；高温区的分布范围与分级、地温背景、热源。

6）放射性背景值较高的矿床，应对放射性背景值及其变化规律进行论述，划出对人体有危害的高背景值区。

G 勘查工作及其质量评述

（1）勘查方法及工程布置。此项用于说明勘查类型、勘查手段、方法的选择，勘查工程布置原则，工程间距的确定及依据。对矿体（层）的厚度、矿石品位、矿产资源/储量等进行数值和变化系数的计算，或进行地质统计学方法的分析，说明使用的勘查工程间距对矿体（层）的控制程度，以及所采用的工程间距的合理性。

（2）勘查工程质量评述。此项用于：

1）说明钻孔结构、岩矿心直径及其合理性。包括：钻孔孔斜和方位角测定所采用的仪器及测量方法和质量评述；孔深校正、岩矿心采取的质量评述；钻孔封孔方法、封孔质量检查及评述；孔口立桩标记及钻探班报表质量、岩矿心管理工作评述；简易水文观测及其质量评述；水文地质孔的止水、抽水试验质量评述；地下水动态长期观测工作质量评述。

2）说明槽、井、坑探工程规格、质量，评述其取得的地质效果。

3）对工程质量存在的问题，但又参与资源/储量估算的工程，应逐一进行质量评述。

（3）地形测量、地质勘查工程测量及其质量评述。此项用于简述控制测量的等级和实测精度；采用的平面坐标和高程系统；地形测量的成图方法及质量；地质勘查工程的测量方法及质量。

（4）地质填图工作及其质量评述。此项用于说明矿区地质图和地质剖面的测制方法及其精度。

（5）物探、化探工作及其质量评述。此项用于简述地面物探、化探的工作方法、工作量、资料处理和地质解释方法、主要成果，并做出质量评述。

（6）采样、化验和岩矿鉴定工作及其质量评述。此项用于：

1）说明光谱分析、全分析、基本分析、组合分析、物相分析等样品的采集方法、规格及其确定的依据；采样工作质量及样品的代表性；采样工作的检查结果。样品加工及 K 值（缩分系数）选择的依据。

2）对各种化验分析内检、外检情况及质量评述。

3）对岩矿鉴定工作质量评述；

4）对自然重砂、人工重砂、单矿物、同位素年龄及稳定同位素（包括硫、铅、锶等）组成样、精矿样品等的加工、分析、鉴定工作质量的评述。

5）对水样、岩矿物理力学性能测试样的采样、测试及其质量评述。

H 资源/储量估算

（1）资源/储量估算的工业指标。说明有关工业指标的文件、文号，引述工业指标的内容。

（2）资源/储量估算方法的选择及其依据。从矿体的形态、产状及勘查工程的布置方式等方面论述所选择的资源/储量估算方法的合理性及其依据，并阐述该方法的主要计算公式。

（3）资源/储量估算参数的确定。论述参与资源/储量估算的面积、体积质量（体重）、单工程平均品位、块段平均品位、矿床平均品位、特高品位、矿体平均厚度等参数的测定、计算和处理方法。

（4）矿体（层）圈定的原则。说明根据矿床地质特征、成矿控制因素及矿化规律等所确定的矿体圈定和连接、内外推的原则。

（5）资源/储量的分类。根据矿体的勘查控制程度、地质可靠程度、可行性评价结果，对勘查工作所获得的资源/储量进行分类，说明各类型资源/储量的具体划分条件及其在地质空间的分布。

（6）资源/储量估算结果。说明各种类型资源/储量估算结果、总资源/储量，各类型资源/储量所占矿床总资源/储量的比例。资源/储量估算结果可用附（插）表说明。

（7）资源/储量估算的可靠性。抽取一定数量的块段用其他方法进行验算，根据验算结果来评述资源/储量估算的可靠程度。

（8）共（伴）生矿产的资源/储量估算方法及结果：分别说明各种共（伴）生矿产的取样方法、基本分析或组合样数目，块段平均品位、矿床平均品位的计算方法、资源/储量估算方法及结果。资源/储量估算结果可用插表说明。

I　矿床开发经济意义概略研究

（1）论述国内、外资源状况，市场供求、市场价格及产品竞争能力。

（2）概述矿床的资源储量、矿石加工技术性能及矿床开采技术条件。

（3）概述供水、供电、交通运输、原料及燃料供应、建筑材料来源及其他外部条件的概况。

（4）简要说明未来矿山生产规模、服务年限及产品方案。

（5）简要说明预计的开采方式、开拓方式、采矿方法、选矿方法、选矿流程等。

（6）论述评价方法的选择及技术经济指标（类似企业的经验指标或扩大指标）的选取。

（7）经济效益计算（附有关表格）及敏感性分析。

（8）简要说明企业经济效益和社会效益、环境保护问题。

（9）对建设项目进行综合评价，确定矿床开发有无投资机会，是否需要进一步勘查、是否制定长远规划或工程建设规划。

J　结论

（1）对矿床勘查控制程度、地质报告资料的完备程度及其质量等做出概括的、结论性的评述。

（2）总结矿床成矿基本规律，做出远景评价。

（3）评价开采技术条件和地质环境问题。

（4）指出矿床开采的经济效果。

（5）总结地质工作中的主要经验教训及存在问题。

（6）提出对今后生产地质勘查和矿山开采的建议。

结论之后附照片图版，照片图版也可单独成册。

11.1.1.2　图件资料

图件资料很多，主要的有以下32种：

（1）矿区勘查工作程度图（绘出前人历次区调、勘查的范围，并注明工作年限和勘查阶段）。

（2）区域地质图。

（3）矿区（床）地形地质图（包括图切地质剖面图、地层综合柱状图、探矿工程分布位置）。

（4）矿区测量控制点分布图。

（5）物探、化探数据图、成果图。

（6）采样平面图。

（7）含矿地层及矿层对比图。

（8）勘探线剖面图（有时可与资源/储量估算剖面图合并）。

（9）矿体（层）纵剖面图。

（10）砂矿和缓倾斜矿体（层）顶底板等高线和矿层等厚线图。

（11）矿体（层）水平断面图或中段平面图。

（12）构造控制程度图（附主要矿层底板等高线图）。

（13）资源/储量估算水平投影或垂直纵投影图。

（14）钻孔柱状图（全部钻孔）或工程地质钻孔综合柱状图。

（15）槽探、浅井、坑道工程素描图（全部工程）。

（16）老硐（窿）分布图和新老坑道联系图。

（17）地貌和第四纪地质图。

（18）区域水文地质图。

（19）矿区水文地质图。

（20）矿区工程地质图。

（21）矿区环境地质图。

（22）井巷水文地质工程地质图。

（23）钻孔抽水试验综合成果图。

（24）水文地质工程地质剖面图。

（25）地下水、地表水、矿坑水动态与降水量关系曲线图。

（26）矿坑涌水量计算图。

（27）矿床主要充水含水层地下水等水位（水压）图。

（28）矿体直接顶（底）板隔水层等厚线图。

（29）岩石强风化带厚度等值线图。

（30）中段岩体稳定性预测图或露天采场边坡稳定性分区图。

（31）外剥离量计算及剥离比等值线图。

（32）等温线图。

11.1.1.3　表格资料

表格资料有以下20种：

（1）测量成果表（包括三角点测量成果、各种勘查工程包括勘探线端点测量成果）。

（2）钻探工程质量一览表、煤层综合成果表、封孔情况一览表。

（3）采样及样品分析结果表（全部的基本分析、组合分析、内外部检查分析、光谱分析、全分析、物相分析、单矿物分析等)；岩矿鉴定结果表、重砂分析结果表。

(4) 矿石、岩石物理性能测定结果表、岩石力学试验成果表。

(5) 各工程、各剖面、各块段的矿体平均品位、平均厚度计算表。

(6) 矿石体重、湿度测定结果表。

(7) 资源/储量估算综合表。

(8) 块段资源/储量表、矿体资源/储量表、矿床总资源/储量表。

(9) 主要含水层钻孔静止水位一览表。

(10) 钻孔抽水试验成果汇总表。

(11) 钻孔水文地质工程地质综合编录一览表。

(12) 地下水、地表水、矿坑水动态观测成果表。

(13) 气象资料综合表。

(14) 风化带、构造破碎带及含水层厚度统计表。

(15) 矿坑涌水量计算表。

(16) 井、泉、生产矿井和老窿调查资料综合表。

(17) 水质分析成果表。

(18) 土样分析试验结果汇总表。

(19) 地温测量结果表。

(20) 矿区环境地质调查资料汇总表。

11.1.1.4 附件资料

在固体矿产勘查地质报告中还有一些附件，如矿石加工技术性能试验报告、可行性研究或预可行性研究报告、工业指标推荐报告；有关确定工业指标的文件；勘查许可证或采矿许可证（复印件)；探矿权人或采矿权人对报告中资料真实性的书面承诺；投资人或上级主管部门初审意见；投资人的委托勘查合同书（或上级主管部门的项目任务书)、委托（预）可行性研究合同书、委托监理合同书；勘查监理单位和监理人资格证书（复印件)、项目监理报告；矿产资源储量主管部门对资源/储量的评审认定文件（本文件在报告评审认定之后补入)；记录有矿床全部钻孔孔口坐标、测斜资料、样品化验分析数据的软盘或光盘；记录有矿床全部探槽、浅井、坑道工程测量数据和全部样品化验分析数据的软盘或光盘、记录有主要图件的软件光盘等。

11.1.2 勘探和研究程度的评审

在《矿产勘探规范总则》中，对矿床勘探和研究程度有明确要求，因此在矿产勘查资料的评审工作中应对以下几个方面的勘探和研究程度着重审查：

(1) 矿床（区）地质特征和矿山建设范围内矿体总的分布情况。应审查是否对区域地质特征，对矿床和矿体的矿区构造、岩浆作用、矿化特征、含矿层位、成矿规律等进行了系统、全面的调查研究。对矿床（区）的褶皱、断层、裂隙和破碎带等构造的研究程度是否达到要求；对破坏矿体和划分井区范围及确定基建主要开拓井巷有影响的较大断层、破碎带，是否已用工程实际控制其产状和断距；对较小的断层、破碎带是否已调查研究了其分布范围和规律。对在矿山建设范围内矿体总的分布范围和总储量是否已查清；准备露天开采的矿床是否已有工程系统控制矿体四周和采场底部的边界，准备地下开采的矿床是否已用工程系统控制主要矿体的两端、上下盘的界线和延伸情况；对矿化带或含矿层是否布置有一定的控制钻探工程穿透其整个厚度进行控制；对矿区内具有工业价值的小矿体总的分布范围和赋存规律是否已查清；对于砂矿床是否已对第四纪地质及砂矿层底板原形地形地貌进行了研究等。

（2）矿体的空间位置、外部形态和内部结构。主要是审查对主矿体的形状、产状和空间位置的勘探和研究程度是否达到了要求；矿体边界范围内的各种矿石类型、工业品级和夹石（或岩脉等）的形态、规模、空间分布、变化规律及其相互关系是否已探明，且对不同地段矿石的品位及其变化、不同矿石类型及品级的正确界线以及不同矿石类型和品级各自储量所提供的资料是否齐全。

（3）矿石的物质成分和选冶性能。该项指标主要由有关部门的地质、选矿、冶炼工作者参加评审。

（4）综合勘探和综合评价。这方面的资料需有关部门的地、采、选、冶工作者联合进行评审。采矿工作者应注意审查：在勘探主矿种和主矿体的同时，是否也对矿体及其上下盘围岩和切穿矿体的岩脉、岩体内的一切具有工业价值的共生矿产、伴生有益组分进行了综合勘探和综合评价；它们的含量、赋存状态是否已查清；应分采的共生矿产或可综合回收其中伴生有益组分的矿石，是否已单独圈定和分别计算其中所含各种有用组分的储量等。

（5）矿区开采技术条件。该部分应着重审查对采掘范围内岩石、矿石的性质及断层、破碎带、节理裂隙、岩溶、泥化带、流沙层的发育程度和分布规律是否已进行了调查研究，盲矿体之覆盖岩层的厚度及岩性等是否已查清；对矿体及其顶底板近矿围岩的坚固性和露天开采边坡的稳定性是否已进行了调查研究和评价；对与开采技术有关的岩石、矿石物理力学性能和开采时对人体有害的物质成分是否进行了调查；对老窿的分布范围、充填情况是否进行了调查研究等。所提供的资料是否达到了要求。

（6）矿区水文地质。采矿工作者主要评审水文地质的勘探和研究程度是否满足矿山防排水设计需要；是否满足解决岩体稳定问题研究的需要等。

（7）矿产资源/储量分类。该部分要根据国家发布的固体矿产资源/储量分类（GB/T 17766—1999）的有关指标进行审查。

11.1.3 其他方面的评审

（1）勘探深度方面。矿床勘探深度的评审应根据以下原则进行。对于矿体延深不大的矿床，一般要求一次勘探完毕。对延伸很大的矿床，其勘探深度一般在400~600m左右，而且要求同一矿体不同地段的勘探深度应大约一致，只需打少量深钻，控制远景矿体，为矿山整体规划提供资料。

（2）勘查工程间距（网度）方面。主要审查所采用的勘查工程间距（网度）是否有充分的依据。对于没有相类似矿床成熟的工程间距可借鉴的矿床，应提供用抽稀法进行验证的资料。

（3）勘查质量方面。应着重评审钻探的质量。审查钻孔的顶角弯曲及方位弯曲是否按规定距离进行了实测，钻孔的弯曲是否符合国家有关部门规定的技术要求以及弯曲度大的钻孔是否进行了投影校正等；审查钻探的岩芯及岩芯采取率是否达到国家有关部门规定的要求；审查勘探钻孔是否已进行了封孔以及封孔的质量是否达到要求。

(4) 取样和样品化验或测试方面。着重审查化学取样的方法、规格及样品加工流程和其系数（k 值）的选择是否有可靠的依据，若无相类似矿床成熟经验可供参考的，应提供进行这方面验证对比工作的验证结果资料；审查化学取样样品化验项目是否齐全，化验是否进行过内检及外检，内检及外检的样品比例及化验误差是否符合国家有关部门规定的要求，对误差超标的样品是如何处理的及处理是否合理；审查岩石及矿石物理机械性能试验样品的取样是否有足够的代表性，样品加工及测试质量是否合格等。

(5) 矿产资源/储量估算方面。应侧重审查矿产资源/储量估算方法的选择是否合理，是否便于矿山设计的使用；矿体界线及不同类型、不同品级矿石界线的圈定是否合理，是否符合上级下达的工业指标；各计算块段所确定的储量级别是否达到国家有关规定的要求，尤其是控制该块段的勘查工程间距及工程质量是否达到要求，对特高品位处理的原则和方法是否合理等。

(6) 矿产经济评价。主要审查评价中所考虑的综合因素是否全面，所选用的技术经济参数是否正确；评价中计算是否有差错，综合分析的问题是否全面，其结论是否正确等。

此外，还需注重对地形、地质图质量方面的审查。对于这些图纸的种类、比例尺、测量精度和图纸内容，除按矿产勘查部门有关规定进行审查外，还应审查图幅及图纸内容是否满足矿山设计等工作的使用要求，主要地质界线的连接是否合理等，以便及时纠正。

11.1.4　矿产勘查资料的在矿山建设中的应用

矿产资源勘查的目的就是为矿产资源的开发利用提供资料。因此，一旦地质勘查工作完成，其地质报告经过评审、备案后，将转为矿山的开发建设。矿产勘查资料在矿山开发建设中主要用于矿山的设计及基建，在矿山投产后还要以这些资料作为基础，通过矿山地质工作对其进一步的修改和补充后，应用到矿山生产的各项工作中去。这些资料中，往往一种资料可以用于多种工作，同时某种工作又可能综合利用到几方面的资料。

(1) 矿床（区）地质特征和矿山建设范围内矿体总的分布的资料。这些资料主要用于满足矿山总体设计的需要。如用于确定矿床的开采方式和露天开采的境界线，地下开采方案的选择，井区范围的划分，工业场地的选择及确定等。

(2) 矿体（床）空间位置、外部形态和内部结构的资料。矿体空间位置、外部形态的资料主要用于开拓系统的选择和采矿方法的选择；内部结构的资料则用于确定矿山产品方案，对不同矿石类型、品级及夹石等是否进行分采，是否分别进行选、冶加工等。矿体（床）内部结构资料经过矿山地质工作的修改和补充后，还应用于生产矿山矿石质量管理等工作。

(3) 矿石的物质成分和选、冶性能的资料。此类资料主要用于矿石的选、冶加工工艺流程的选择及选矿厂或冶炼厂的设计依据，同时也作为确定矿石综合利用的方向及其选择综合利用方案与措施的依据。

(4) 矿床综合评价的资料。该资料主要用于确定矿床的工业价值以及主要矿床周围伴生的其他矿种矿床是否应进行综合开采等。也可以作为开展矿产资源综合利用的依据。

（5）矿床开采技术条件的资料。这些资料主要用于确定开拓工程的布置和主要开拓井巷的施工方案，采矿工艺的有关技术参数及有关设备的选型；对于露天开采矿山主要用于爆破设计、确定边坡角及进行边坡的维护，对于地下开采矿山则主要用于采矿方法的设计及地压管理。从地质角度来说则是为矿山的生产技术管理和安全工作提供参考资料。

（6）矿区水文地质资料。矿区水文地质资料主要用于确定矿山防排水方案及矿山供水方案。从水文地质角度是为矿山安全工作提供参考资料，且作为选择采矿方法的依据之一。

（7）矿产资源/储量估算资料。这些资料主要应用于确定矿山生产能力以及为矿山开采计划与采掘（剥）计划的编制提供依据。

11.2　矿山地质资料的评审及应用

11.2.1　矿山地质资料的种类

矿山地质资料是指矿山地质工作中所取得的矿产勘查资料。矿山地质工作是矿产地质勘查的再深入和再延续，是对矿床认识、研究的不断深化，因此矿山地质资料是在原来矿产勘查资料的基础上的进一步修改或补充，也有新增的资料，主要有以下三种。

11.2.1.1　图件资料

（1）区域性图件。区域性图件包括矿区交通位置图、区域矿产分布图、区域地质图、综合地层柱状图、区域构造地质图、地质构造综合剖面图、区域水文地质图、其他图件（如区域重砂、露头采样分布图及物探、化探图件等）。

（2）矿区性图件。包括：

1）原始地质图件。①槽探素描图；②浅井素描图；③钻孔柱状图；④坑道素描图；⑤其他（如各种专用素描图等）。

2）地质基础性图件。①地表、露天采场台阶、井下采矿阶段或分段取样位置平面图；②阶段（或台阶）地质平面图；③勘探线剖面图；④储量计算平面图、剖面图。

3）生产性图件。①生产勘探、地质勘探设计平面图、剖面图；②供编制采掘（剥）技术计划用的有关图件；③供开拓、采准、切割、落矿设计用的图件；④其他生产所需的各种图件。

（3）地质综合性图件。包括：

1）地下开采矿山。矿区综合地质图，矿区（矿床）地质地形图，矿区水文工程地质图，矿区地表（阶段）取样分布图，矿区勘探程度或勘探工程分布图，矿区地层综合柱状图及地质构造剖面图，阶段地质平面图，矿体纵横（或水平）投影图，矿层顶底板等高线图，勘探线剖面图，储量计算图等。

2）露天开采矿山。矿区综合地质平面图，勘探线剖面图，台阶地质平面图，矿层顶（底）板等高线图，矿床（矿体）剥采比等值线图，边坡工程地质平面图和剖面图，基岩等高线图，钻孔取样分布图，储量计算图及其他专用图。

3）综合研究性图件。综合研究性图件包括矿石物质组成及含量变化研究方面的图件；矿体形态、产状研究方面的图件；岩相、蚀变带研究方面的图件；矿床地质构造研究方面的图件；物探、化探研究方面的图件；矿床成因、成矿预测研究方面的图件；探采对比研究方面的图件；其他图件（如矿床经济效益图，最低工业品位计算图，有害元素分布图等）。

11.2.1.2 表格资料

表格资料包括取样、化验结果登记表；探矿工程完成量统计表；储量计算表；储量平衡表；生产矿量统计表；矿石损失、贫化统计表；矿岩各种物理测定登记表；采场档案卡片等。

11.2.1.3 文字资料

文字资料包括勘探设计说明书及提交地质资料的说明书；年度地质工作总结；矿量报销的地质资料；勘探工作总结；各种专题报告；各种专题研究成果等。

矿山地质资料大部分与前述对矿产勘查资料的要求相似。在生产矿山中采矿工作者在应用这些资料时同样要对这些资料的完备程度、勘探和研究程度以及其他工作质量进行一定的评审。

11.2.2 矿山地质资料的应用及完备程度的评审

在生产矿山不同阶段的工作中，要应用到不同的矿山地质资料。因此矿山地质资料完备程度的评审与生产矿山资料的应用是相互关联的。即生产中的某项工作要应用到哪些资料，在评审中就要检查矿山地质部门是否已提供了这些资料，如果有的不能满足一定要求，应向矿山地质部门提出，以便及时补充和和修改。生产矿山经常进行的几项主要工作所要求应用的矿山地质资料如下。

11.2.2.1 新中段开拓设计中要求应用的地质资料

矿山在进行新中段开拓设计前，要求矿山地质部门提供新中段开拓设计地质说明书，其主要的地质资料应该如下：

（1）较详细的关于设计中段及邻近地段矿体空间位置、形状、产状的资料。

（2）影响开拓的地质构造和有关岩石物理力学性能的资料。

（3）设计地段矿石质量特征和矿石储量及其级别的资料。

（4）其他必要的资料，当水文地质条件复杂时，还必须有新中段水文地质条件及涌水量计算等的资料。

以上内容往往以地质图纸为主，辅以简练的文字说明及数据表格资料。以上资料主要图件应该有：

（1）矿区（床）地形地质图。

（2）设计中段的水平断面地质图，上一中段的坑道地质平面图以及下一中段的预测地质平面图。

（3）与设计中段开拓有关的勘探线地质剖面图。

（4）矿体纵投影图：矿体倾角大于45°时应为垂直纵投影图，矿体倾角小于45°时应为水平纵投影图。

(5) 设计中段矿产资源/储量估算图纸（有时可与上述某些图纸合并，如勘探线地质剖面图）。

以上是生产矿山在新中段开拓设计中需提供的基本的矿山地质资料。在具体矿山生产中，由于地质条件和开拓方法的不同，还可以有一些其他的要求（如用斜井—平巷开拓的缓倾斜矿层矿山还要求提供底板等高线图等）。

11.2.2.2 采矿方法设计要求应用的地质资料

矿山在进行采矿方法设计前，要求矿山地质部门提供采矿方法设计地质说明书，其主要的地质资料应该有：

(1) 较准确的关于设计范围及其邻近地段矿体空间位置、形状及产状的资料。

(2) 与采矿方法设计有关的地质构造、岩石和矿石物理力学性能的资料。

(3) 设计地段不同类型、不同品级矿石的分布和矿体内夹石、岩浆侵入体等分布的资料。

(4) 设计地段矿石品位分布和按开采块段计算的平均品位及储量的资料。

以上内容往往以地质图纸为主，辅以简练的文字说明及数据表格资料。以上资料主要图件应该有：

(1) 设计地段及其邻近地段上、下中段的坑道地质平面图。

(2) 设计地段及其邻近地段的勘探线剖面图。

(3) 设计地段的矿石品位分布图及矿产资源/储量估算图（它们可以合并为一种图纸）。

(4) 其他辅助地质平面图或剖面图。凡是准备布置采准或回采工程的平面或剖面，都必须有地质平面图或剖面图，以便在图上画出工程位置。

以上是生产矿山在采矿方法设计中需提供的基本的矿山地质资料。在具体矿山生产中，由于地质条件和采矿方法的不同，还可以有一些其他的要求（如某些缓倾斜矿层矿山还要求有底板等高线图、矿体等厚线图等）。

11.2.2.3 采掘（剥）进度计划编制要求应用的地质资料

在年度采掘（剥）进度计划的编制中，要求提供的主要地质资料有：

(1) 矿区地质简介。

(2) 计划采掘（剥）地段矿体赋存条件，包括矿体的空间分布、形状、产状及顶底板围岩等。

(3) 计划采掘（剥）地段的主要开采技术地质条件，如对开采有重大影响的大断层、大溶洞等。

(4) 计划采掘（剥）地段的矿石特征，如不同类型、不同品级矿石的分布、比例及品位分布等。

(5) 矿石储量资料，包括矿山保有的工业储量及各级别储量的比例，计划采掘（剥）地段各级别储量的分布及数量，以及三级矿量的保有数量等。

以上资料应该提供的主要附图应有：

(1) 矿区（床）地形地质图。

(2) 中段地质平面图（露天采矿矿山为露采平台地质平面图），计划中的主要采掘或剥离工程及其进度就填绘在此种图上。

（3）矿体垂直纵投影图或水平纵投影图，此图上应标出不同级别储量的分布地段，主要采掘或剥离工程及其进度也要填绘在此图上。

（4）有代表性的勘探线地质剖面图。

11.2.3 生产勘探程度及其他工作质量的评审

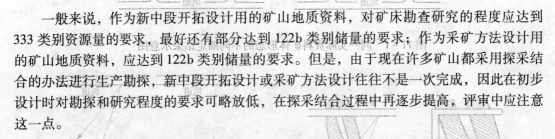

11.2.3.1 生产勘探程度方面

一般来说，作为新中段开拓设计用的矿山地质资料，对矿床勘查研究的程度应达到333类别资源量的要求，最好还有部分达到122b类别储量的要求；作为采矿方法设计用的矿山地质资料，应达到122b类别储量的要求。但是，由于现在许多矿山都采用探采结合的办法进行生产勘探，新中段开拓设计或采矿方法设计往往不是一次完成，因此在初步设计时对勘探和研究程度的要求可略放低，在探采结合过程中再逐步提高，评审中应注意这一点。

11.2.3.2 勘探工程间距及勘探线方向方面

在生产勘探中，为了便于探采结合和使采掘工程尽可能布置在有探矿工程控制的平面或剖面上，往往探矿工程间距和采掘工程间距一致或呈简单的整数比，因此在评审中要注意不能要求探矿工程间距符合矿产勘查时期的规定，而应以能控制各种主要地质界限，满足矿山有关工作需要为准。同样，在勘探线方向问题上也应按此原则办理。

11.2.3.3 取样及样品化验或测试方面

如果在矿产勘查时期，对岩（矿）石物理力学性能及矿石加工等测试工作的成果是可靠的，在生产勘探中可免做这方面的工作。但对于化学取样和化验仍然是生产矿山经常性的大量工作，因此应尽早通过试验找出适合本矿地质条件的最经济合理的取样方法、取样规格和样品加工流程。在评审这方面资料时也不应要求矿山地质部门照搬矿产勘查时的老框框。此外，在化验方面，若本矿化验质量一直良好，也可大大减少内检和外检的次数和样品数。

11.2.3.4 地质图纸质量方面

一般可按评审矿产勘查资料时的要求评审，但在采矿方法设计中，对于地质图纸质量的要求更高。在评审时应着重审查地质界线的可靠程度。

（1）矿体形态的圈定是否合理。在评审矿体形态圈定是否合理时，应注意其圈定是否符合本矿床的成矿规律和该地段的地质条件。如图11－1所示，是在同一实际资料有可能圈定的四种不同结果。此时，可根据上一中段矿体形态的规律性来圈定，若确实无如何圈定的可靠根据时，则应要求补加探矿工程或采用探采结合办法以进一步探明。

（2）矿体倾角的确定是否可靠。当矿体产状不稳定时，在一个矿块的地质剖面上，至少要有三个不同标高的工程控制矿体的产状（图11－2）；对于剖面上只有一个工程控制的地段（图11－3a），则应在适当部位补加探矿工程以探明之（图11－3b）。

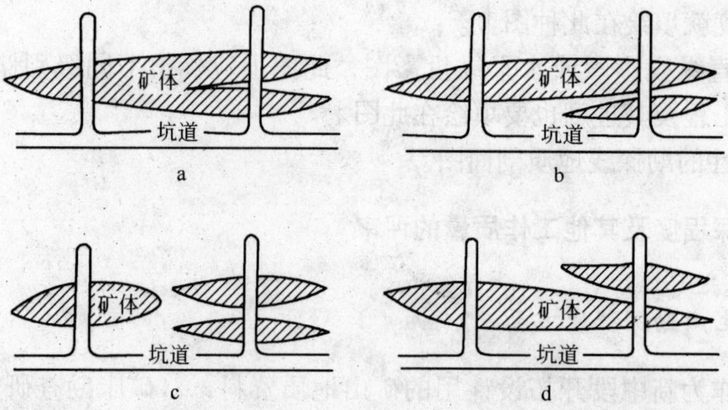

图 11－1 同一实际资料矿体形态的不同圈定结果示意图

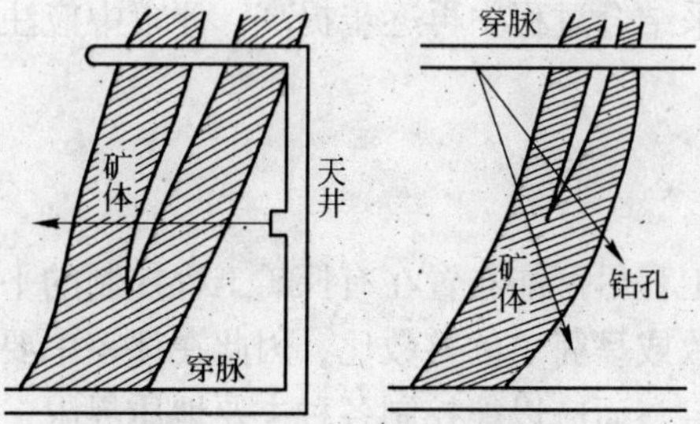

图 11－2 用 3～4 个探矿工程控制矿体产状

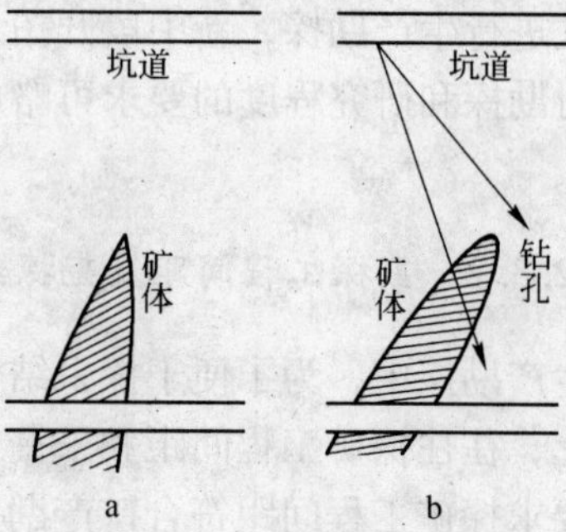

图 11－3 矿体倾角的工程控制

a—控制程度不足；b—补加工程控制

（3）设计有影响的地质构造的圈定是否正确。如图 11－4 所示，断层对矿体的破坏可以有三种不同的方式，究竟是哪一种，必须有现场调查或邻近剖面的可靠依据，否则应补加探矿工程或以探采结合工程探明。

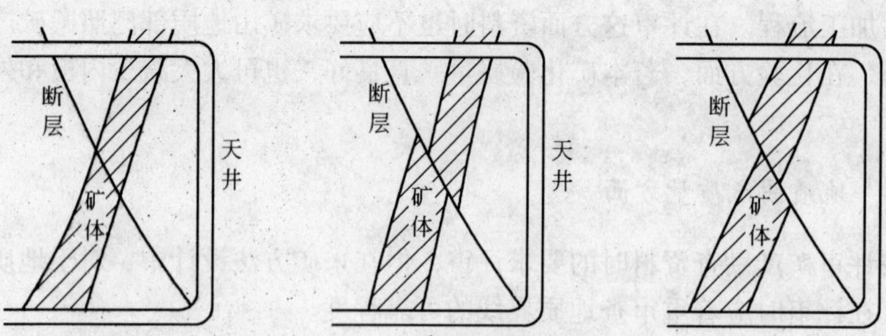

图 11－4 断层对矿体破坏的不同方式

a—平移断层；b—正断层；c—逆断层

（4）矿体延展边界的圈定是否可靠。用有限推断法或无限推断法所推断的矿体延展边界，多数情况下不能作为矿块设计的依据。若要作为设计矿块，则必须按设计要求补加探矿工程或采取探采结合办法以探明边界（图 11－5）。

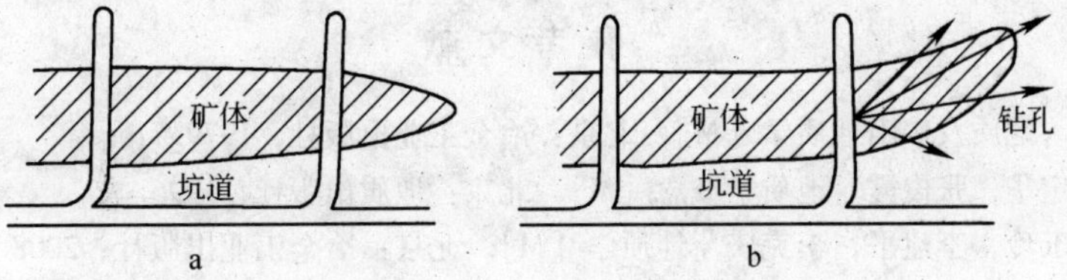

图 11 - 5　矿体延长边界的圈定

a—推断圈定；b—工程圈定

11.2.3.5　*矿产资源/储量估算方面*

除评审矿产勘查资料中提及到应注意的问题外，还应注意审查：计算块段的划分是否与采掘单元一致；对于矿体内也有井巷工程的计算块段，井巷中的副产矿石储量是否已进行了计算。

此外，还要审查在生产勘探中是否贯彻了采掘技术政策等。

参考文献

[1] 李志新，等. 地质及矿山地质学［M］. 北京：冶金工业出版社，1979.
[2] 叶俊林，黄定华，张俊霞. 地质学概念［M］. 北京：地质出版社，1996.
[3] 徐九华，谢玉玲，李建平，李克庆. 地质学［M］. 北京：冶金工业出版社，2008.
[4] 王昌贤. 地质学基础［M］. 重庆：重庆大学出版社，1998.
[5] 徐开礼，朱志澄. 构造地质学［M］. 北京：地质出版社，1984.
[6] 宋春青，邱维理，张振青. 地质学基础［M］. 北京：高等教育出版社，2005.
[7] 宋春青，张振春. 地质学基础［M］. 北京：高等教育出版社，1996.
[8] 李树基，张志信，江育南，等. 个旧锡矿地质［M］. 北京：冶金工业出版社，1984.
[9] 庄永秋，王任重，杨树培，等. 云南个旧锡铜多金属矿床［M］. 北京：地震出版社，1996.
[10] 秦德先. 个旧锡矿深部与外围成矿预测及矿山增储研究［R］. 云南省省院省校合作项目，2002.
[11] 武俊德. 个旧锡矿区和外围玄武岩成矿作用及增储研究［R］. 云锡集团公司项目，2005.
[12] 翟裕生. 矿田构造学概述［M］. 北京：冶金工业出版社，1984.
[13] 孙绍有. 个旧矿区高松矿田成矿条件成矿—控矿模式［C］. 首届有色系统青年地质工作者学术论文集，1995.
[14] 袁见齐，朱上庆，翟裕生. 矿床学［M］. 北京：地质出版社，1985.
[15] 李守义，叶松青. 矿产勘查学（第二版）［M］. 北京：地质出版社，2003.
[16] 西南地质勘查局三〇八队. 云南省个旧市个旧矿区高松矿田芦塘坝锡矿普查、详查报告［R］. 1994.
[17] 武俊德. 云南省个旧锡矿高松矿田深部及外围地质找矿研究［R］. 2009.
[18] 杨宝富. 云南省个旧市老厂东铜锡矿接替资源勘查报告［R］. 2008.
[19] 段永生. 云南省个旧市大白岩铜锡矿接替资源勘查报告［R］. 2008.
[20] 地质部西南地质局501勘探队. 个旧矿区（砂锡矿）地质勘探报告书（1954年度）［R］. 1955.
[21]《中国矿床》编委会. 中国矿床［M］. 北京：地质出版社，1994.
[22] 赵鹏大. 矿产勘查理论与方法［M］. 武汉：中国地质大学出版社，2001.
[23] 赵鹏大. 云南个旧锡铜多金属矿床找矿预测研究报告［R］. 2008.
[24] 杨言辰，叶松青，王建新，吴国学. 矿山地质学［M］. 北京：地质出版社，2009.
[25] 矿山地质手册编辑委员会. 矿山地质手册（下）［M］. 北京：冶金工业出版社，1995.
[26] 地矿部地质词典办公室. 地质词典（五）：地质普查勘探技术方法分册［M］. 北京：地质出版社，1982.
[27] 王大纯，张人权. 水文地质学基础［M］. 北京：地质出版社，2001.
[28] 章至洁. 水文地质学基础［M］. 徐州：中国矿业大学出版社，2004.
[29] 中华人民共和国国家标准［S］. 固体矿产地质勘查规范总则（GB/T 13908—2002）.
[30] 中华人民共和国国家标准［S］. 固体矿产资源/储量分类（GB/T 17766—1999）.
[31] 中华人民共和国地质矿产行业标准［S］. 铁、锰、铬矿地质勘查规范（DZ/T 0200—2002）.
[32] 中华人民共和国地质矿产行业标准［S］. 钨、锰、汞、锑矿地质勘查规范（DZ/T 0201—2002）.
[33] 中华人民共和国地质矿产行业标准［S］. 铜、铅、锌、银、镍、钼矿地质勘查规范（DZ/T 0214—2002）.
[34] 中华人民共和国地质矿产行业标准［S］. 岩金矿地质勘查规范（DZ/T 0205—2002）.
[35] 中华人民共和国地质矿产行业标准［S］. 固体矿产勘查/矿山闭坑地质报告编写规范（DZ/T 0033—2002）.
[36] 中华人民共和国地质矿产行业标准［S］. 固体矿产勘查 原始地质编录规定（DZ/T 0078—93）.

[37] 中华人民共和国地质矿产行业标准 [S]. 固体矿产勘查 地质资料综合整理、综合研究规定 (DZ/T 0079—93).
[38] 中华人民共和国地质矿产行业标准 [S]. 固体矿产勘查报告格式规定 (DZ/T 0131—1994).
[39] 中华人民共和国地质矿产行业标准 [S]. 地质矿产钻探岩矿芯管理通则 (DZ/T 0032—1992).
[40] 中华人民共和国地质部 固体矿产普查勘探 地质资料综合整理规范 (1980 年颁布实施).